"十二五"江苏省高等学校重点教材

供配电技术及设备

黄 伟 黄红生 黄甦昕 编 著
叶小松 主 审

机 械 工 业 出 版 社

本书分为8章，包括供配电系统概述、工厂用电负荷计算、工厂电力网络及供电线路、低压电器及设备、电力变压器的技术性能及使用、高压电器及成套设备、预装式变电站及保护、电气照明及节约用电等内容。

本书内容紧密结合实际，反映了现场使用的真实情况，与实际应用技术保持同步。每章都安排了课堂练习，练习题的题型灵活、内容实用。本书还将供配电技术发展状况等内容列入阅读资料，供读者参考。

本书可作为高职高专电气类及相近专业的教材，也可作为电气类工程技术人员的参考书。

本书配有电子课件、课堂练习的答案要点与解答思路等资源，需要的教师可登录机械工业出版社教育服务网 www. cmpedu. com 免费注册后下载，或联系编辑索取（微信：15910938545，电话：010-88379739）。

图书在版编目（CIP）数据

供配电技术及设备／黄伟，黄红牛，黄甦昕编著．—北京：机械工业出版社，2022.1

“十二五”江苏省高等学校重点教材

ISBN 978-7-111-69172-3

Ⅰ.①供…　Ⅱ.①黄…②黄…③黄…　Ⅲ.①供电系统-高等学校-教材②配电系统-高等学校-教材　Ⅳ.①TM72

中国版本图书馆 CIP 数据核字（2021）第191072号

机械工业出版社（北京市百万庄大街22号　邮政编码100037）
策划编辑：曹帅鹏　责任编辑：曹帅鹏　王　荣
责任校对：张　征　王　延
责任印制：常天培
北京九州迅驰传媒文化有限公司印刷
2022年1月第1版第1次印刷
184mm×260mm · 18.5印张 · 456千字
标准书号：ISBN 978-7-111-69172-3
定价：69.00元

电话服务	网络服务
客服电话：010-88361066	机　工　官　网：www. cmpbook. com
010-88379833	机　工　官　博：weibo. com/cmp1952
010-68326294	金　　书　　网：www. golden-book. com
封底无防伪标均为盗版	机工教育服务网：www. cmpedu. com

PREFACE

前 言

本书是根据高职高专电气类及相近专业的教学需求，对已出版教材《供配电技术及成套设备》的修订编写，特别包含了现场应用广泛的内容，如低压元件及成套设备、电力变压器、高压元件及成套设备、预装式变电站等，本书将介绍相应的标准、产品特性、技术参数、选用与维护等知识。

本书具有的特点如下：

(1) 讲解配电设备　本书结合实际，注重技术性能与技术参数的讲解，力求让学生理解相关标准的含义与内容，有助于学生迅速适应专业岗位。

工厂供配电的载体是高低压电气成套设备，根据编者在企业从事专业技术岗位的工作体会，在讲解供配电基本理论及技术基础上，还收集了技术资料，介绍了低压电气元件和高压电气元件，讲解高低压元件及成套设备、高压元件及成套设备、预装式变电站等。

(2) 内容实用　本书的编者在工程现场的经历与经验丰富，因此在编写本书时注重理论与实际结合，强调技能培养。例如：讲解一个元件或产品时，按照功能与使用场所→型号表示与含义→技术参数→关键技术参数含义解释→产品尺寸与外形→选用与安装→常见故障的排除与使用维护的顺序编写；在讲解电力变压器时，侧重讲解电力变压器的技术结构、参数、联结方式、选择、使用及维护等，突出实际应用。

(3) 易引起学习兴趣　本书中的一些元件、产品及其布线方式的介绍，不再是呆板的绘制图，而是选用了现场图片与实物照片，直观、不枯燥，易引起读者的学习兴趣。本书还对技术参数表格中的一些关键名词进行了解释。对重要的知识点，本书会列出专题进行讨论，如接地开关、“五防”技术、典型高压元件的维护等内容，这些内容可以作为阅读资料，也可以作为专业岗位的技术参考资料。

(4) 练习题灵活　本书根据章节内容，安排了较多的课堂练习题，这些练习题紧扣章节内容，题型灵活，结合实际，充分体现技术性。

(5) 配有阅读资料　本书的一些章节，在介绍基本理论、基本原理基础上，还提供了相应的阅读资料。这些阅读资料突出技术性、技术发展的实际状态及技术方案，便于读者了解供配电技术的设备知识。阅读资料内容包括变压器知识、高压开关知识、限流式熔断器及重合器知识、电缆线路知识、互感器知识、手车保护知识和接地技术知识。相应章节提供了视频资料（二维码形式）。

本书由黄伟、黄红生、黄甦昕共同编著，江苏宏安变压器有限公司高级工程师黄红生编写了第3、4章，江苏镇安电力设备有限公司工程师黄甦昕编写了第6、8章，其余章节则由镇江高等专科学校研究员级高级工程师黄伟编写。黄伟对全书结构进行总体规划，并对全书进行了统稿定稿。

本书由江苏镇安电力设备有限公司研究员级高级工程师叶小松担任主审，叶小松认真审阅了全书内容并提出了许多建议。本书编写过程中得到了许多帮助，镇江市亿华系统集成有限公司高级工程师李阿福、江苏科技大学教授李彦、南京工业职业技术大学教授胡春花等提出了许多建议与修改意见。本书还参考了一些文献及资料，谨在此向这些作者表示衷心感谢！

限于编者水平，书中难免有错漏或不尽合理之处，敬请选用本书的师生和读者提出宝贵意见。

编　者

CONTENTS

目 录

第1章 供配电系统概述

1.1 供配电系统及输送电网

1.1.1 工厂供电的作用和要求

1. 供电的作用

工厂供电就是工厂用电设备所需电能的供应和分配。工厂供电一般可理解为供电公司对工厂的变电站提供的电力输送，且可以改变电压。工厂围墙内变电站的电能传输及分配到各个车间设备的过程称为配电。配电不能改变电压。

电能是现代工业化生产和生活的主要能源和动力。电能可以由其他能源形式转化而来，也可以转化为其他的能源形式。电能的传输和分配简单经济，可定量控制、调节和测量，实现自动化。现代社会的信息化和相应的高新技术都建立在电能应用基础上。因此，电能在现代化工业生产以及国民经济及生活应用中极为广泛。

工业化生产中，电能是工业生产的动力和能源，但在产品生产成本中所占的比重一般很小，如在机械工业中，电费开支仅占产品成本的5%左右，不过电化工、金属冶炼行业用电成本占生产成本的比例相对较高，需考虑用电的节电措施与管理。从投资角度分析，一般机械工业企业在供电设备方面的投入估计占总投资额的5%左右。工业电气化可以很方便地实现自动控制，能够明显提高产品产量，改善产品质量，提高生产效率，降低生产成本，降低工作人员的劳动强度，改善劳动环境，这是电力能源的优点。但电力能源也存在缺陷，如电力能源供应可能会发生停电，某些对供电可靠性要求很高的工厂，即使极短时间的停电，也可能引起重大设备损坏，或引起大量产品报废，甚至可能发生重大的人身事故，造成社会不安定的因素。典型的生产设备，如炼钢设备在运行时不能断电；与生活紧密相关的场所，如医院等也不能停电。

2. 供电要求

工厂供电应能满足工业生产的用电需求，还需节能、环保，并达到以下基本要求：

（1）安全　在电能供应、分配和使用中，要注意安全保护，不能发生人身事故和设备事故。

(2) 可靠　满足电能用户对供电可靠性的要求，保证连续供电，满足生产及生活需要。

(3) 优质　满足用户对电压和频率等质量的要求，如电压的波动、频率的不准确都可能影响供电质量。

(4) 经济　供电系统投资少，运行费用要低，并尽可能地节约电能和减少有色金属消耗量。

(5) 节约用电　电力用户应积极采取措施，节能节电，按照动力设备与系统的要求制定管理制度并严格执行。

供电可靠性涉及供电单位、用电单位、供配电技术、电气成套设备管理和企业供电安全管理等，它包括几个方面：其一是采用高可靠性的供电设备，认真管理维护，防止误操作。其二是用不停电电源供电，提高送电线路的可靠性，重要设备与用电单位采用双回路供电或双电源供电。其三是供电线路方案应合理，可选择适当的供电系统方案、结构和接线。其四是供电容量充分，保证适当的用电容量、容量裕度。其五是运行分工，制定合理的运行方案。其六是采用自动装置，高压系统的运行必须满足供电标准规定和供电管理部门的规定。其七是综合保护，按标准要求，对高压输送电系统，同样要采用自动装置，如自动重合闸装置、变电站按频率自动减负装置等。其八是采用快速继电保护装置。其九是对重要复杂的供用电系统，应采用计算机检测装置。其十是采用综合保护技术。

课堂练习

(1) 工厂供电的基本要求有哪些?

(2) 如何理解供电的可靠含义，请进行叙述。

1.1.2　电力系统概述

1. 电力系统组成

电力系统由发电厂、高低压控制装置、电气线路、变配电所和电力负荷（用户）等部分组成，工厂供配电系统指从电源线路进场起到高低压用电设备进线端为止的整个电路系统，它由工厂变配电所、配电线路和用电设备构成，可实现工厂内的电能接收、分配、变换、输送和使用。工厂供配电系统是电力系统的主要组成部分，也是电力系统的主要用户。

图 1-1 所示为电力系统示意图，点画线框内即为工厂供配电系统示意。工厂供配电系统中，变配电所承担接收电能、变换电压和分配电能的任务，配电线路承担输送和分配电能的任务，用电设备指消耗电能的电动机、电焊机、加热设备、照明设备等。

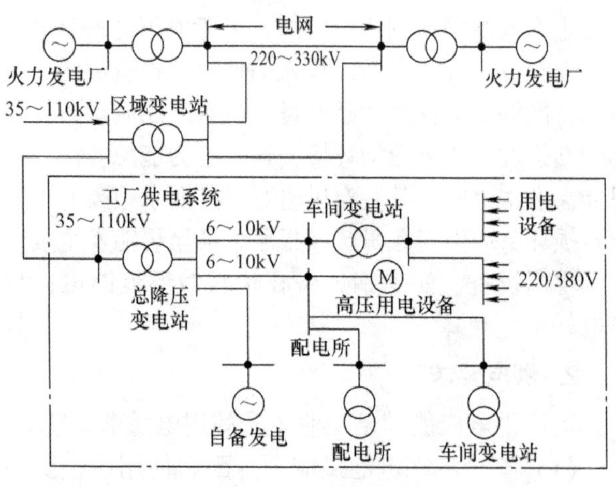

图 1-1　电力系统示意图

不同类型的工厂，供电系统组成各不相同。大型工厂及某些电源进线电压为 35kV 及以上的中型工厂，一般经过两次降压，也就是电能进厂以后先经总降压变电站，将 35kV 及以上的电源电压降为 6 ~ 10kV 的配电电压，然后通过高压配电线路将电能送到各个车间变电站，也有的工厂使电能经高压配电所送到车间变电站，最后经配电所内的变压器降为一般低压用电设备所需要的电压等级。

一般中型工厂的电源进线电压是6～10kV。电能先经高压配电所集中，然后再由高压配电线路将电能分送到各个车间变电站或直接供给高压用电设备。车间变电站内装设有电力变压器，将6～10kV的高压降为一般低压用电设备所需的电压（如220/380V），然后由低压配电线路将电能分送到各用电设备使用。

对一般小型工厂，由于所需容量多数不大于1000kV·A，因此只设1个降压变电站，将6～10kV电压降为低压用电设备所需的电压。当工厂所需容量不大于160kV·A时，一般采用低压电源进线，工厂只需设一个低压配电间即可。

2. 典型供电系统及输送电网构成

电力系统是电能生产、输送、分配变化和使用的统一整体，由发电厂、电网和用户等组成。图1-2所示为电力系统及用户动力系统示意图。

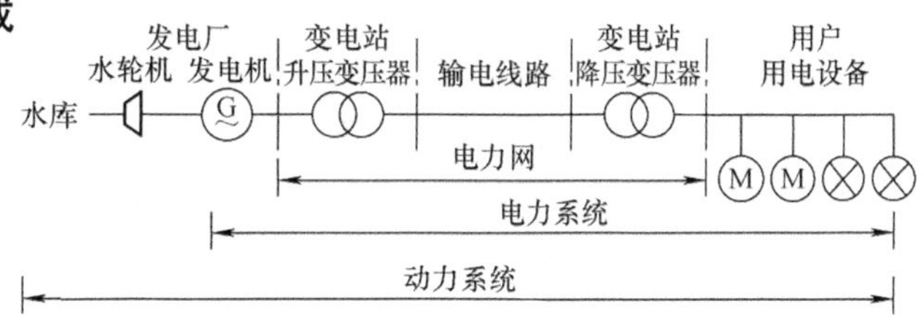

图1-2　电力系统及用户动力系统示意图

（1）发电厂　发电厂是产生电能的场所，其种类很多，根据所利用能源，分为火力发电厂、水力发电厂、核能发电厂、地热发电厂、潮汐能发电厂、风力发电厂和太阳能发电厂等。根据发电厂规模和供电范围，可分为区域性发电厂、地方发电厂和自备专用发电厂等。

（2）电网　电网由变配电所和各种电压等级的线路组成，可将发电厂生产的电能输送、变换和分配到电能用户。电网按电压高低和供电范围分为区域网和地方网。区域网供电范围大，且电压一般在220kV以上；地方网供电范围小，最高电压一般不超过110kV。

（3）高、低压控制装置　高、低压控制装置主要用于配电的整个过程，控制高压线路接到环网柜，然后由环网柜到变压器，经变压器降压到低压配电装置，最后连接各个用电的配电箱，完成配电任务。

（4）用户　用户指将电能转化为其所需的其他形式能量的工厂和用电设备。

随着电力系统的发展，各国建立的电力系统容量及范围越来越大。建立大型电力系统可以经济合理地利用用于产生电能的一次能源，降低发电成本，减少电能损耗，提高电能质量，实现电能的灵活调节和调度，大大提高供电可靠性。

课堂练习

（1）供电电网的构成主要有哪些环节？

（2）发电主要有哪些方式？它们的能源转换是如何实现的？

（3）查阅风力发电、太阳能发电等相关资料，这两种发电方式尽管环境污染小，但将所发电能送到电网去，必须要经过哪个环节？这个环节给电网带来何种不利因素？

3. 工厂供电的典型结构

（1）6～10kV进线的中型工厂供电系统　一般工厂电源进线为6～10kV。电能首先经过高压配电所，由高压配电线路将电能分送到各个车间变电站，车间变电站内安装有电力变压器，将6～10kV的高电压降为低压设备能够使用的电压，一般是220/380V，如工厂内有6～10kV的高压用电设备，则高压配电所可直接提供电能给这些高压设备。

图1-3所示是典型中型工厂供电系统结构简图，图中用单线表示三相线路，也只绘制了开关而没有绘制其他电器；图中的母线一般称汇流排或母线，其作用是汇集和分配电能。

可看出，高压配电所有4条出线，供电给3个车间变电站。其中，1号车间变电站和3号车间变电站各安装1台配电变压器，但2号车间变电站安装了2台配电变压器，分别由两条母线供电，低压侧采用单母线分段方式，至于重要的低压设备，可由两条低压母线交叉供电。各个车间变电站的低压侧都设有低压联络线，可提高供电系统运行的可靠性和灵活性。

另外，在高压配电所还有一条高压配电线，直接给高压电动机供电，同时这条线还直接与一组高压并联电容器连接。3号车间变电站低压母线上也直接连了一组低压并联电容器，用来补偿系统的无功功率，提高功率因数。

将图1-3所示的供电结构设计成的供电系统平面布置，如图1-4所示，可以基本看到配电站、变电所的位置布置和进出线。

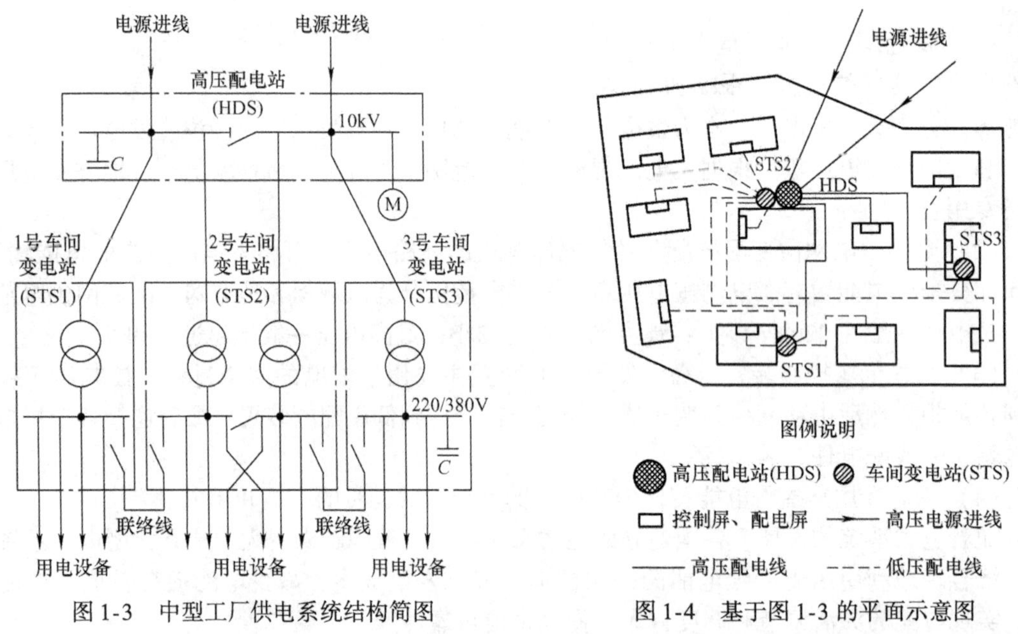

图1-3 中型工厂供电系统结构简图

图1-4 基于图1-3的平面示意图

（2）35kV及以上进线电压的大中型工厂供电系统　中型工厂及中型以上的大型企业采用35kV及以上进线电压大中型工厂供电系统，这种系统通常会有两次降压，即电能进入工厂后，经安装有较大容量电力变压器的总降压变电站，将35kV及以上的电压降为6～10kV的配电用电压，再经过6～10kV高压配电线将电能送到各车间变电站。根据工厂用电状况，也有经过高压配电所再送到车间变电站的。

车间变电站安装有配电变压器，将10kV电压降为一般用电设备所需的220/380V。这种供电系统的结构简图如图1-5所示。

也有35kV进线的工厂只经过1次降压，直接将进线引到靠近工厂负荷中心的车间变电站，经过车间变电站配电变压器，将35kV电压直接降为一般用电设备所需的220/380V，如

图 1-6 所示，这种方式称为高压深入负荷中心的直接配电，可以省去中间的变压过程和设备，简化供电系统，降低电能损耗，节约有色材料，提高供电质量。但这种高压的进线引进车间负荷中心时，必须考虑进线的安全。

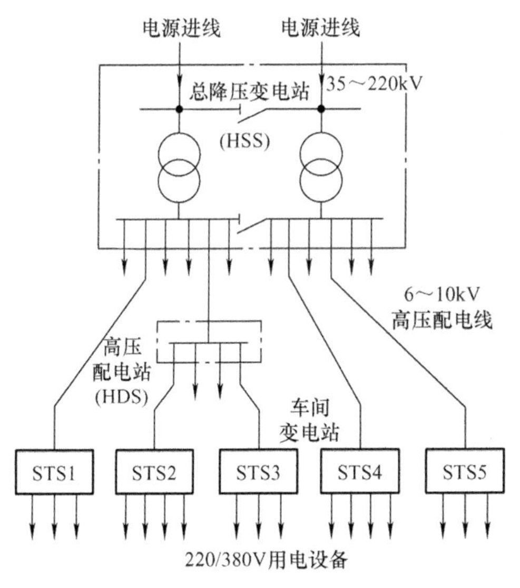

图 1-5 总降压变电站的工厂供电系统示意图

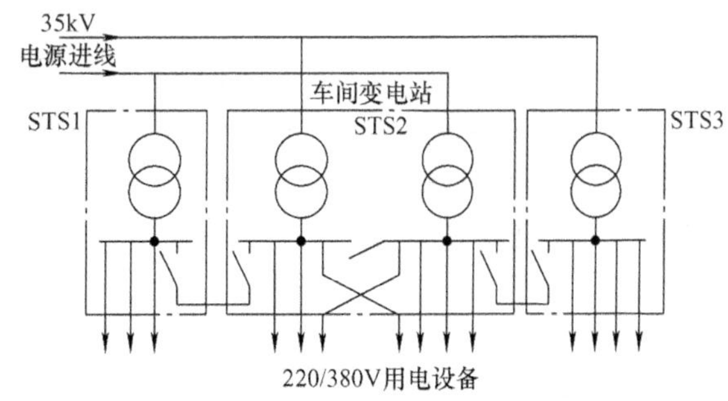

图 1-6 高压送电到负荷中心系统

（3）小型工厂供电系统 小型工厂一般可只设立 1 个降压变电站，将 6 ~ 10kV 经过降压变电站降为 220/380V，直接提供给用电设备，如图 1-7 所示。如用电容量不大于 160kV · A 的小型工厂，可采用 220/380V 低压电源线直接进线，提供给用电设备，如图 1-8 所示。

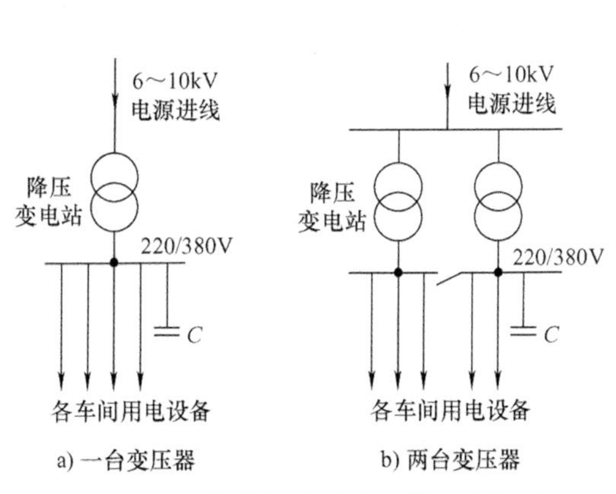

a) 一台变压器 b) 两台变压器

图 1-7 一个变电站的小型供电系统图

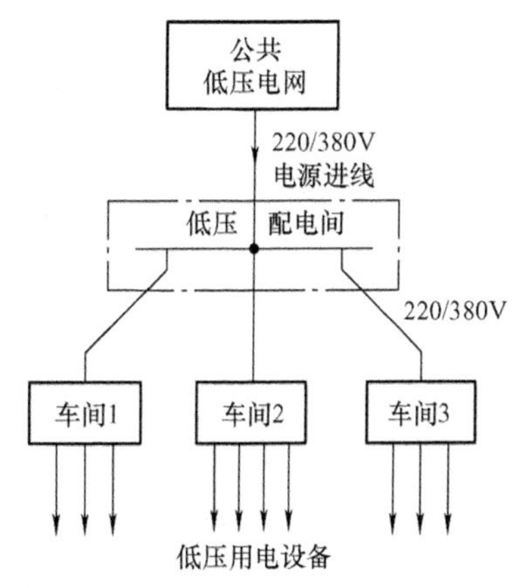

图 1-8 用电小容量工厂的低压进线供电系统

通过以上供电系统介绍可知，配电系统任务是接受和分配电能，不能改变电压；变电站任务是接受电能、改变电压和分配电能。

工厂供电系统，是先从电源进线到高压设备，经过降压再到用电设备的所有电路系统，包括工厂内的变电站、配电所及全部的高低压配电设备、配电线路。

课堂练习

（1）工厂供电的典型结构有哪些？请分别叙述其特点。

（2）常见的有工厂供配电的说法，实际上包括了供电和配电两个部分，请叙述供电和配电各自的特点。

（3）对于某个企业，如果采用35kV高压直接送电到车间负荷中心，要满足最关键的条件是什么？

（4）图1-9所示是典型电力系统示意图，请回答以下问题：

1）该电力系统示意图主要包括几个环节？各有哪些主要设备？

2）工厂供配电系统在图中是哪个部分？主要由几个环节组成？

3）工厂供配电系统如何取得电能？有几种方式取得电能？

4）从工厂降压变电站传输电能到车间变电站是两级降压，对于高压负荷如高压电动机则是车间变电站直接高压供电。如果除了高压负荷需要将35～110kV电压降为6～10kV电压外，是否可以将35～110kV电压直接降为380/220V电压？请叙述理由。

5）工厂供电系统中，降压部分为什么称为变电站？车间部分为什么既有变电站也有配电所？变电站与配电所有什么不同？

（5）图1-10所示是某大型电力系统图，请回答以下问题：

1）该电力系统中，有几种电能的发生形式？这个电网由几个部分构成？从发电厂引出来的变压器是升压变压器还是降压变压器？说明理由。

2）请查阅资料，说明地区变电站和区域电网的功能。

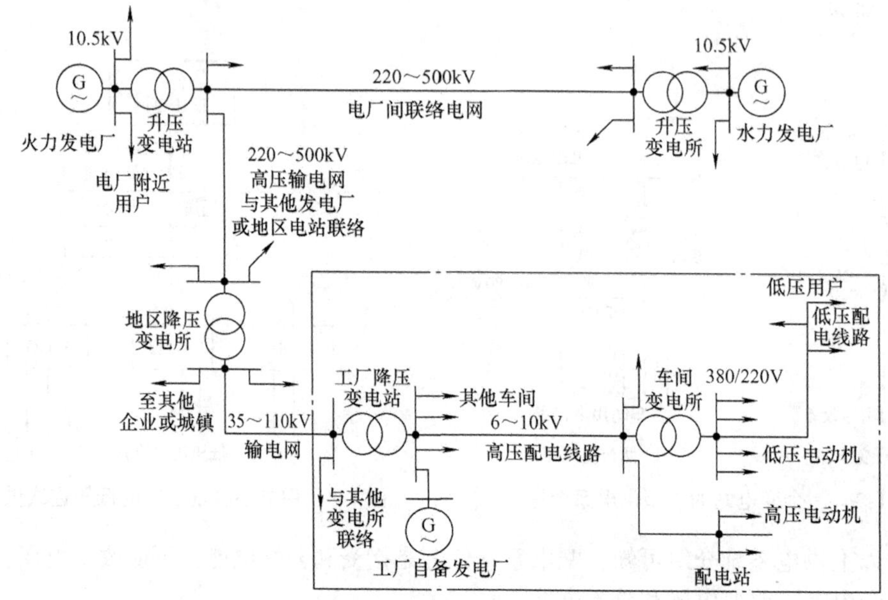

图1-9　电力系统示意图

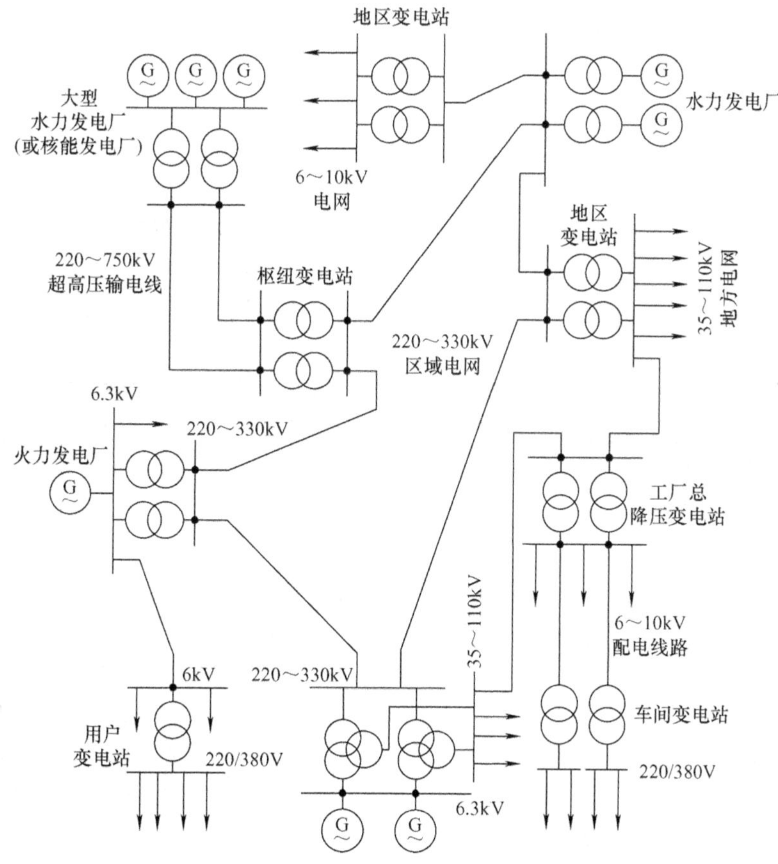

图 1-10　某大型电力系统图

1.2 配电线路及中性点运行方式

1.2.1 电力系统的运行方式概述

工厂内高压配电线路主要用作厂内输送、分配电能，将电能送到各个车间及用电设备。为减少投资，便于维护与检修，早期的工厂高压配电线路一般为架空线路，纵横交错，并受潮湿气体及腐蚀性气体影响，可靠性较差，占用厂内空中区域，管理麻烦，影响美观。随着电缆制造技术的发展，电缆质量提升，成本不断下降，为扩大厂内区域空间、美化环境，高压配电线路目前已采用地下走线。

工厂内低压配电线路主要向低压用电设备供电，户外敷设低压配电线路多采用架空线路。厂房或车间内部根据具体状况确定，可采用明线配电线路，也可采用地下电缆配电线路。在厂房或车间内，由动力配电箱到电动机配电线路一律采用绝缘导线管敷设或采用电缆线路。

车间内电气照明线路和动力线路一般分开，可由一台配电用变压器分别向照明和动力线路供电，如采用 380/220V 三相四线制线路供电，动力设备由 380V 三相线供电，照明负荷可以由220V相线和中性线供电，各相所供应的照明负荷应尽量平衡。如动力设备冲击负荷使电压波动较大时，照明负荷应当由单独的变压器供电。事故照明必须由可靠的独立电源供电。工厂内配电线路距离不长，但用电设备多，支路多；设备功率不大，电压较低，但电流较大。

中性点不接地方式即电力系统的中性点不与大地相连接。在电力发展史上，最初因电力系统的容量不大、电压不高、线路不长，采用中性点不接地的方式作为主要工作方式能满足可靠性和用户供电要求。但随着电力工业的迅速发展，电力系统的容量增大，输电电压逐步提高，输电距离也逐步变长，因此，线路的对地电容电流随之增大，当系统中发生单相接地时，接地处就有较大的电容电流通过，这会产生强烈的电弧，且电弧不能自行熄灭，从而引起事故的进一步扩大。

根据线路对地电容电流大小，电力系统中性点运行方式分大接地电流系统和小接地电流系统。中性点直接接地或经过低阻抗接地的系统称大接地电流系统，中性点绝缘或经过消弧线圈及其他高阻抗接地的系统称为小接地电流系统。从运行可靠性、安全运行和人身安全考虑，目前广泛采用中性点直接接地、中性点经消弧线圈接地和中性点不接地三种运行方式。

中性点直接接地运行方式的主要缺点是供电可靠性低。当系统中发生一相接地故障时，故障点、变压器的中性点与大地就形成短路回路，出现很大的短路电流，引起线路跳闸。为减少供电线路事故停电次数，采用中性点不接地运行方式比较有效。中性点不直接接地的系统中，当两相故障时，不构成短路回路，线电压不变，出现故障的线路可继续带故障点运行2h，这时其他两个非故障相对地电压变为线电压。因此，中性点不接地系统的电气设备对地绝缘应按线电压考虑。对电压等级较高的系统，电气设备的绝缘投资将提高很多，降低绝缘水平要求带来显著的经济效益。

我国110kV及以上的系统，一般采用中性点直接接地的大接地电流方式。对电压6～10kV系统，单相接地电流小于30A，或20kV及以上系统，单相接地电流10A时，采用中性点不接地方式。35～60kV的高压电网多采用中性点经消弧线圈接地方式。对低压用电系统，为获得220/380V两种供电电压，习惯采用中性点直接接地，构成三相四线制供电方式。

1. 中性点不接地的电力系统

(1) 正常运行　电力系统中三相导线之间，以及各相导线对地之间存在分布电容，沿导线全长也有电容分布。为便于分析，假设三相系统对称，各相对均匀分布的电容可由集中电容 C 表示，如图1-11a所示，因导线间电容电流数值较小，可不考虑。

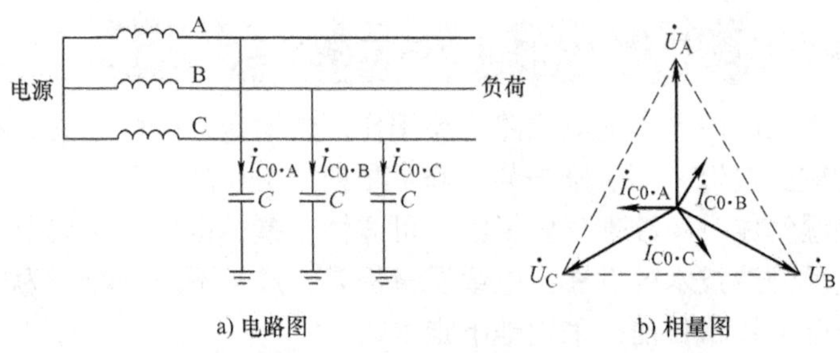

图1-11　正常运行时的中性点不接地电力系统

中性点不接地系统正常运行时，3个相电压 $\dot{U}_1$、$\dot{U}_2$、$\dot{U}_3$对称，三相对地电容电流 $\dot{I}_{C1}$、$\dot{I}_{C2}$、$\dot{I}_{C3}$对称，向量和为零，所以中性点没有电流流过。各相对地电压就是相电压，如图1-11b所示。

(2) 故障运行　当系统任何一相绝缘受到破坏而接地时，各相对地电压、对地电容电流都要发生改变。当故障相，如C相完全接地时，如图1-12所示，接地的C相对地电压为零，非接地相A相对地电压和B相对地电压均升高为$\sqrt{3}$倍，变为线电压，由于A、B两相对地电压升高为$\sqrt{3}$倍，该两相对地电容电流也相应地增大为$\sqrt{3}$倍；接地的C相对地电容电流为零。

正常情况下，中性点不接地系统一相接地电容电流为正常运行时每相对地电容电流的3倍。中性点不接地系统发生一相接地时有如下特点：

经故障相流入故障点的电流为正常时本电压等级每相对地电容电流的3倍；中性点对地电压升高为相电压；非故障相的对地电压升高为线电压；线电压与正常时的相同。

2. 中性点经消弧线圈接地的电力系统

中性点不接地电力系统中，有一种情况比较危险，即在发生一相接地时，如一相接地电流大于规定数值时，出现的电弧将不能自行熄灭，可能使线路发生电压谐振现象。

由于电力线路有电阻和电容，在线路发生一相电弧接地时，可能形成RLC串联振荡电路，此时线路中出现高电压，一般可能达到相电压的2.3～3倍，线路中如存在薄弱环节，绝缘将被破坏或击穿。

为防止一相接地时接地点出现断续电弧，避免发生过电压，在一相接地电流大于某设定值时，保证故障点能自行灭弧，一般采用中性点经消弧线圈接地措施，电路和相量图如图1-13所示。消弧线圈实际是具有可调铁心的电感线圈，电阻值很小、感抗很大，装设于变压器或发电机中性点与大地之间。

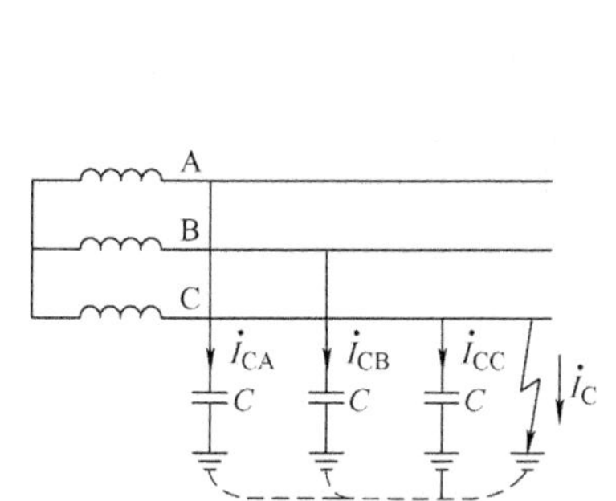

图1-12　一相接地时中性点不接地系统

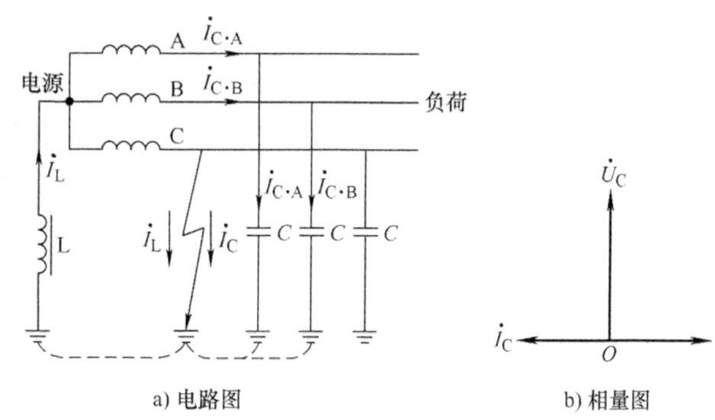

图1-13　中性点经消弧线圈接地系统发生一相接地

当发生一相接地故障时，流过接地点的电流是电容电流和经过消弧线圈的电感电流的矢量之和，如图1-13b所示，电容电流和电感电流之间的矢量关系，是形成1个与接地电流大小基本相等、方向相反，对接地电流起补偿作用，使接地点的电流与其相互抵消而减小或近于零，不发生谐振，从而消除接地点的电弧及电弧所产生的危害。此外，当电流过零而电弧熄灭后，消弧线圈还能减小故障相电压的恢复速度，从而减少电弧重燃的可能性。因此，中性点经消弧线圈接地是确保安全运行的有效措施。

中性点经消弧线圈接地的三相系统与中性点不接地的系统相同，允许在发生单相接地故障后约2h内的继续运行，但保护装置要及时发出单相接地的报警信号。中性点经消弧线圈接地的电力系统在单相接地时，其他两相对地电压也会升高为线电压。

3. 中性点直接接地或经低阻抗接地的电力系统

为防止单相接地时产生间歇电弧及过电压，可以使中性点直接接地，如图1-14所示，在中性点直接接地的电力系统中，当发生一相接地时，故障相直接经过大地形成一相短路，保护继电器立即动作，断路器跳闸，切断故障电路，不会产生间歇性电弧。

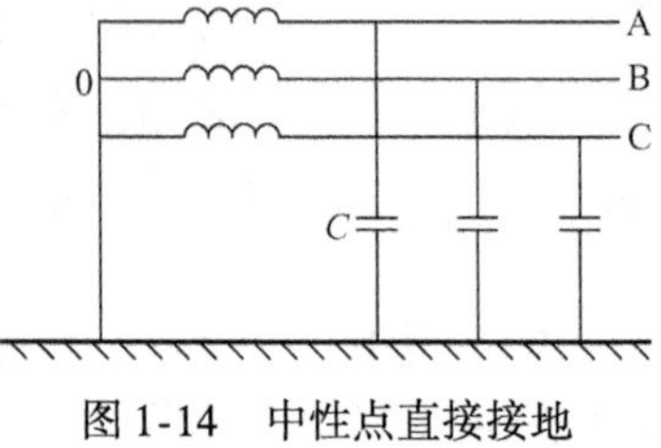

图 1-14　中性点直接接地

因中性点直接接地后，中性点电位为接地体所固定，不再产生中性点偏移。发生一相接地时，其他两相对地电压不升高，因此，中性点直接接地的系统中供、用电设备绝缘只需按相电压考虑，无需按线电压考虑。这对 110kV 及以上的超高压系统很有经济价值，因为高压电器的绝缘问题会影响电器的设计和制造。电器绝缘要求低，可降低成本，改善电器性能。我国 110kV 及以上超高压系统电源中性点通常采用直接接地的运行方式。

（1）发生一相接地　此时，系统中形成一相对地短路，断路器动作，中断供电，影响供电可靠性。为减轻影响，目前人们已广泛采用自动重合闸装置，实践表明，高压电网中，大多数的一相接地故障都具有瞬时性质，故障部分断开后，接地处的绝缘可迅速恢复，此时让断路器自动复位，系统恢复正常运行，确保供电可靠性。

（2）中性点直接接地系统　一相接地时，短路电流很大，系统容量选择大一些，而且因单相短路电流较大，引起电压降低，影响系统稳定性。另外当大短路电流在导体中流过时，周围磁场较强，可能干扰附近通信线路，因此，大容量电力系统中，为减小接地电流常采用中性点经电抗器接地的方式。

现代化城市电网中，由于广泛采用电缆取代架空线路，电缆线路一相接地电容电流比架空线路的大很多，所以，采用中性点经消弧线圈接地的方式无法完全消除接地故障点的电弧，也无法抑制由此引起的危险的谐振过电压。因此我国城市 10kV 电网中性点采取低电阻接地运行方式。在系统发生一相接地故障时，断路器迅速切除故障线路，系统的备用电源投入工作，恢复对重要负荷的供电。目前城市电网中，通常采用环网供电方式，而且保护装置完善，供电可靠性相当高。

课堂练习

（1）请叙述中性点运行方式的几种形式，并说明各自的特点。

（2）中性点直接接地系统中，为提高供电可靠性，已经广泛采用自动重合闸装置。请查阅资料，了解某一种型号的自动重合闸装置产品的特点、技术参数。

1.2.2　低压配电系统的运行方式

1. 几种功能介绍

（1）中性线功能　中性线俗称 N 线，作用是接额定电压为系统相电压的单相用电设备构成回路、传导三相系统中不平衡电流和单相电流以及减小负荷中性点的电位漂移。

（2）保护线功能　保护线俗称 PE 线，是保护人身安全、防止发生触电事故用的接地线。系统中所有设备的外露可导电部分，正常不带电压但故障情况下可能带电压的易被触及的导电部分，如设备的金属外壳、金属构架等，通过保护线接地，可在设备发生接地故障时减少触电危险。

(3) 保护中性线功能　保护中性线俗称 PEN 线，兼有中性线和保护线功能。保护接地形式有两种，一种是设备外露可导电部分经各自的保护线直接接地，另一种是设备外露的可导电部分经公共的保护线或保护中性线接地。

2. IT、TN 以及 TT 系统介绍

IT、TN 及 TT 系统中，第一个字母表示电源端与大地的关系，其中 T 指电源变压器中性点直接接地，I 指电源变压器中性点不接地，或通过高阻抗接地；第二个字母表示电气装置外露可导电部分与地的关系，其中 T 指电气装置外露可导电部分直接接地，此接地点在电气上独立于电源端的电气连接，N 指电气装置外露可导电部分与电源端接地点有直接电气连接。

(1) IT 系统　IT 系统是在中性点不接地三相三线制系统中采用的保护接地方式，也可经过 1000Ω 阻抗接地，电气设备不带电金属部分直接经接地体，如图 1-15 所示。

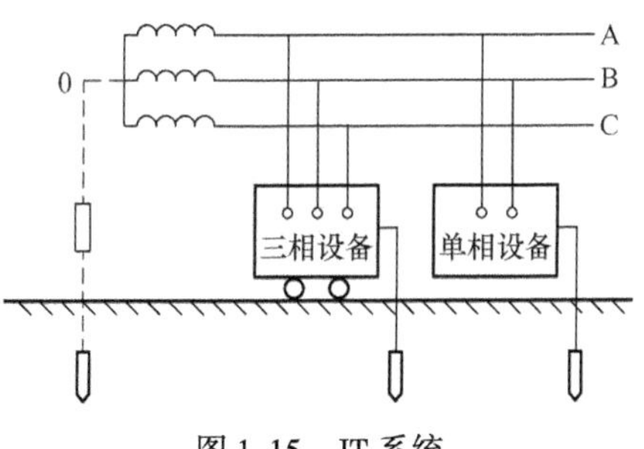

图 1-15　IT 系统

(2) TN 系统　TN 系统是中性点直接接地三相四线制系统中采用的保护接地方式。根据电气设备的接地方法，分 TN－C 系统、TN－S 系统和 TN－C－S 系统。

1) TN－C 系统：TN－C 系统如图 1-16 所示，中性线（N）和保护线（PE）合用 1 根线，即保护中性线（PEN），所有设备外露可导电部分（如金属外壳等）均与 PEN 线相连。当三相负荷不平衡或只有单相用电设备时，PEN 线上有电流通过，不过 PEN 线电流可能对一些设备产生电磁干扰。此系统一般能够满足供电可靠性要求，投资小，节约有色金属，在我国低压配电系统中应用最为普遍。

如 PEN 断线，接 PEN 线设备的外露可导电部分带电，这将产生危险。因此，该系统不适用于抗电磁干扰要求高及安全要求高的场合，如安全要求高的住宅建筑和写字楼等。

2) TN－S 系统：TN－S 系统如图 1-17 所示，N 线和 PE 线分开，设备外露可导电部分均与公共 PE 线相连，公共 PE 线在正常时没有电流通过，不会对接在 PE 线上的其他用电设备产生电磁干扰。此外，由于 N 线与 PE 线分开，N 线即使断路也不影响接在 PE 线的用电设备，因此可提高防间接触电的安全性。此系统多用于环境条件较差、对安全可靠性要求高及用电设备对电磁干扰要求较严的场所。

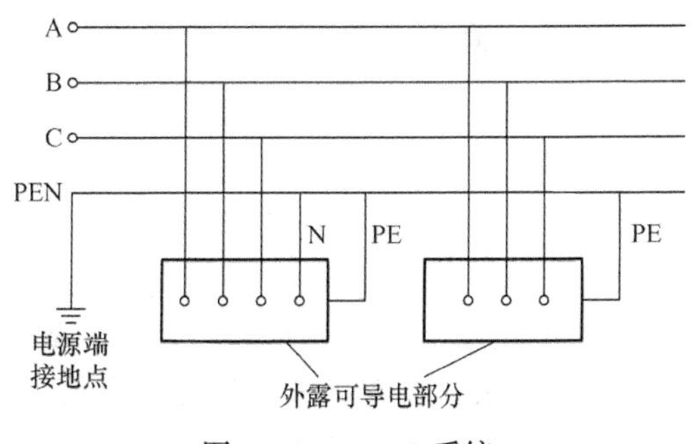

图 1-16　TN－C 系统

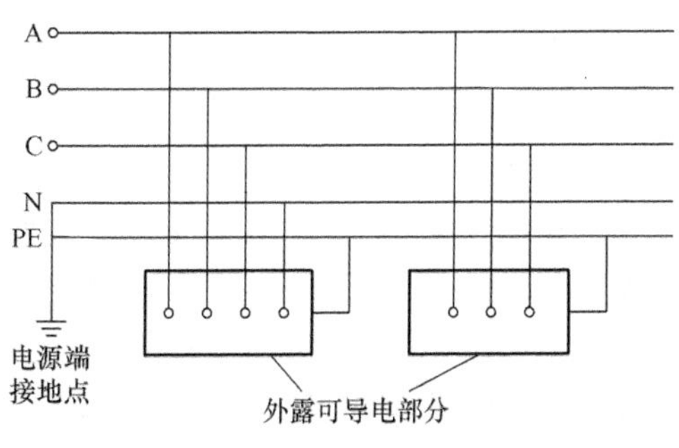

图 1-17　TN－S 系统

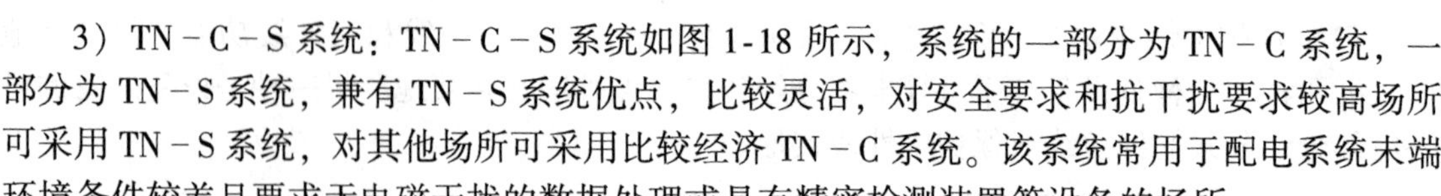

3）TN－C－S 系统：TN－C－S 系统如图 1-18 所示，系统的一部分为 TN－C 系统，一部分为 TN－S 系统，兼有 TN－S 系统优点，比较灵活，对安全要求和抗干扰要求较高场所可采用 TN－S 系统，对其他场所可采用比较经济 TN－C 系统。该系统常用于配电系统末端环境条件较差且要求无电磁干扰的数据处理或具有精密检测装置等设备的场所。

3. TT 系统

TT 系统是中性点直接接地的三相四线制系统中的保护接地方式，如图 1-19 所示，配电系统中性线 N 引出，但电气设备的不带电金属部分经各自的接地装置直接接地，与系统接地线无关系。发生一相接地、机壳带电故障时，系统通过接地装置形成单相短路电流，使故障设备电路中的过电流保护装置动作，迅速切除故障设备，减少人体触电的危险。

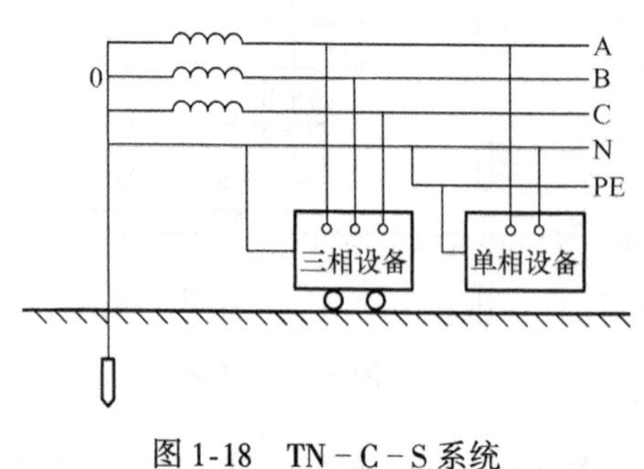

图 1-18　TN－C－S 系统

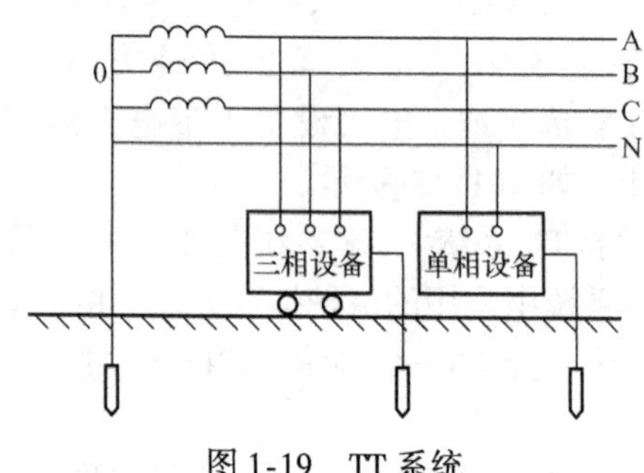

图 1-19　TT 系统

课堂练习

（1）供电系统的中性点及电气设备的保护接地分几种形式？各有哪些特点？

（2）TN 系统又分为 TN－C 系统、TN－S 系统和 TN－C－S 系统三种形式，请叙述三种形式的使用要求。

1.3 供配电系统的技术指标

1.3.1 供电质量

供电质量主要指标有电压偏差、电压波动、频率偏差、高次谐波（电压波形畸变）及三相电压不平衡度等。

1. 频率

我国电力系统额定频率为 50Hz，如频率高于额定值，会使接入系统的异步电动机转速升高、功率损失，使转速要求严格的生产过程如造纸、轧钢、拉丝等的产品质量下降或报废，也会使电子设备受影响；如频率低于额定值，会使异步电动机转速下降，生产率降低，影响电动机寿命，也会使上述生产过程的产品质量下降或报废。如频率大幅降低，水泵、风机等电动机的功率会减少，锅炉和汽轮发电机组的功率会受影响，电力系统有功功率不足；如频率再降低，可能导致大面积停电。

电力系统正常时，电网装机的有功功率为300万kW及以上的供电频率偏差允许值为±0.2Hz；电网装机的有功功率在300万kW以下的偏差值可为±0.5Hz。在电力系统非正常时，供电频率偏差允许值不应超过±0.1Hz。

频率的调整主要依靠电力系统，对供电系统而言，提高电能质量主要是电压质量和供电可靠性。

2. 电压及波形

（1）电压等级　额定电压为100V及以下，如12V、24V、36V等，主要用于安全照明、潮湿工地的局部照明、小负荷的电源；额定电压为100V以上、1000V以下，如127V、220V、380V、660V等，用于低压电源和照明电源。

（2）工厂供电电压的选择　工厂供电电压主要取决于当地电网的供电电压等级，还应考虑工厂用电设备的电压、容量和供电距离等。同样的输送功率和输送距离，配电电压越高，线路电流越小，所需线路导线或电缆的截面面积越小，越有利于减少线路的初期投资，并可减少线路电能及电压损耗。各级电压线路合理的输送功率和输送距离见表1-1。

表1-1　各级电压线路合理的输送功率和输送距离

线路电压/kV	0.38	0.38	6	6	10	10	35	66	110	220
线路结构	架空线	电缆线	架空线	电缆线	架空线	电缆线	架空线	架空线	架空线	架空线
输送功率/kW	≤100	≤175	≤1000	≤3000	≤2000	≤5000	2000~10000	3500~30000	10000~50000	10000~500000
输送距离/km	≤0.25	≤0.35	≤10	≤8	6~20	≤10	20~30	30~100	50~150	100~300

原电力工业部1996年发布施行《供电营业规则》规定，供电企业及电网的额定电压，低压有单相220V，三相380V；高压有10、35、66、110、220kV。规定除发电厂直配电压可采用3kV或6kV外，其他等级的电压要过渡到这些额定电压。

（3）工厂高压配电电压的选择　工厂高压配电电压主要取决于工厂高压用电设备的电压及容量、数量等因素。工厂高压配电电压通常选择为10kV，如工厂有较多的6kV高压设备，可通过专用的6.3kV变压器单独供电；如6kV高压的设备较少，可选择10kV作为工厂供电电压。目前已基本不采用3kV作为高压配电电压，如有3kV用电设备，可采用10/3.15kV专用变压器单独供电。

（4）工厂低压配电电压的选择　工厂低压配电电压一般采用220/380V，线电压380V者接三相动力设备和380V单相设备，相电压220V者接照明灯具和其他单相设备。

矿山、煤矿井下等特殊场合采用660V甚至1140V电压，因井下用电负荷距离变压器较远，应选择比220/380V较高的电压配电，可增加配电范围，提高供电能力，简化供电系统。

提高低压配电电压有明显的经济效益，是节能的有效措施之一，但还没有成为供电配电的电压标准。因为将380V升高为660V或1140V，对配电变压器设备制造和各种线路及接头的绝缘等级都有较高要求，我国只限于采矿、石油及化工等采用660V或1140V电压。

3. 电压高低的划分

关于电力系统电压高低的划分，依据交流、直流电压等级划分标准GB/T 2900.50—2008、GB/T 12326—2008，系统或设备额定电压为1000V及以下属于低压，1000V以上属于高压。此外，330KV 以上电压属于超高压，1000kV 以上属于特高压。我国三相交流电网和电力设备额定电压见表 1-2。系统的额定电压、最高电压和高压设备的额定电压见表 1-3。

表 1-2　三相交流电网和电力设备的额定电压

分类	电网和用电设备额定电压/kV	发电机额定电压/kV	电力变压器额定电压/kV	
			一次绕组	二次绕组
低压	0.38	0.40	0.38	0.40
	0.66	0.69	0.66	0.69
高压	3	3.15	3 及 3.15	3.15 及 3.3
	6	6.3	6 及 6.3	6.3 及 6.6
	10	10.5	10 及 10.5	10.5 及 11
	—	13.8，15.75，18，20，22，24，26	13.8，15.75，18，20，22，24，26	—
	35	—	35	38.5
	66	—	66	72.5
	110	—	110	121
	220	—	220	242
	330	—	330	363
	500	—	500	550
	750	—	750	825（800）
	1000	—	1000	1100

表 1-3　系统的额定电压、最高电压和高压设备的额定电压

系统的额定电压/kV	3	6	10	35
系统的最高电压/kV	3.5	6.9	11.5	40.5
高压开关、互感器及支柱绝缘子的额定电压/kV	3.6	7.2	12	40.5
穿墙套管的额定电压/kV	—	6.9	11.5	40.5
熔断器的额定电压/kV	3.5	6.9	12	40.5

4. 电压偏差

电压偏差又称电压偏移，指用电设备端电压 U 与用电设备额定电压 U_N 之差对额定电压 U_N 的百分数，即

$$\Delta U = \frac{U - U_N}{U_N} \times 100\%$$

加在用电设备的电压在数值上偏移额定值后，对感应电动机有很大影响。感应电动机最大转矩与端电压的二次方成正比，当电压降低时，电动机转矩显著减小，导致转差增大，使定子、转子电流显著增大，引起温升，加速绝缘老化，甚至烧毁电动机。另外，因转矩减小，转速下降，电动机拖动的生产机械生产效益降低，产量减少，产品质量下降；当电压过高，励磁电流与铁损耗都大大增加，引起电动机过热，效率降低。电压偏移对照明灯具的影响较大，如

白炽灯端电压降低 10%，发光率下降 30% 以上，灯光明显变暗；端电压升高 10% 时，发光效率提高 1/3，但使用寿命只有原来的 1/3。电压偏差对荧光灯等气体放电灯的影响不明显，但也有影响，当端电压偏低时，灯管不易点亮，如反复多次点亮，灯管寿命将大受影响。

电压偏移由供电系统改变运行方式或电力负荷缓慢变化等因素引起，变化相对缓慢。GB 50052—2009 规定，系统正常运行时，用电设备端子电压偏差允许值采取额定电压的百分数表示，应符合要求，电动机的电压偏差允许值为 ±5%；电气照明一般工作场所电压偏差允许值为 ±5%，对远离变电站的小面积工作场所，难满足上述要求时，电压偏差允许值可为 -10% ~ +5%，应急照明、道路照明和警卫照明等电压偏差允许值为 -10% ~ +5%；其他用电设备当无特殊规定时，电压偏差允许值为 ±5%。

5. 电压波形

电力系统供电标准波形是正弦波，当不是标准正弦波时即表示有谐波存在。谐波影响电动机效率与正常运行，电力系统高次谐波可危及设备安全、影响电子设备正常工作，造成电力系统功率因数下降。变压器铁心饱和、没有三角形联结的绕组或负荷中有大功率整流设备等都会产生高次谐波，应采取相应措施防止。

（1）波形畸变　随着电力电子整流/逆变设备、微机网络和各种非线性负荷的使用，大量谐波电流注入电网，若放任不管，会造成电压正弦波波形畸变，供电质量降低，给供用电设备带来严重危害，增加损耗，严重者可使某些用电设备不能正常运行，甚至引起系统谐振，使线路产生过电压，击穿线路设备绝缘。还可能造成系统继电保护和自动保护装置发生误动作，对附近的通信设备和线路产生干扰等。

（2）电压波动　电压波动主要由系统中的冲击负荷引起，电压波动会引起照明灯闪烁，使人眼疲劳和不适，降低工作效率；使电视机画面亮度发生变化并垂直和水平幅度摇动；影响电动机正常起动，甚至无法起动；导致电动机转速不均匀，危及设备的安全运行；影响产品质量，如降低精加工机床制品的光洁度，产生废品等；使电子仪器设备（如示波器）、计算机、自动控制设备工作不正常；使硅整流器输出波动，换流失败；影响对电压波动较敏感的工艺或操作，如实验结果出差错等。

（3）三相电压不平衡度　三相电压不平衡度偏高，说明电压负序分量偏大。电压负序分量的存在使电力设备运行不良，如电压负序分量使感应电动机出现反向转矩，削弱电动机输出转矩，降低电动机效率，同时电动机绕组电流增大，温升增高，加速绝缘老化，缩短使用寿命。三相电压不平衡还会影响多相整流设备触发脉冲的对称性，出现更多高次谐波，影响供电质量等。

1.3.2　电压调整的措施

1. 供电可靠性

供电可靠性是衡量供电质量的重要指标，列在质量指标的首位。供电可靠性可用供电企业对用户全年实际供电小时数与全年总小时数（8760h）的百分比衡量；如全年时间为 8760h，用户全年平均停电时间为 87.6h，即停电时间占全年的 1%，供电可靠性为 99%，也可用全年停电次数及停电持续时间来衡量。原电力工业部 1996 年发布施行《供电营业规则》规定：供电企业应不断改善供电可靠性，减少设备检修和电力系统事故对用户的停电次数及每次停电持续时间。供用电设备计划检修应统一安排。供电设备计划检修时，对 35kV 及以上电压供电的用户的停电次数，每年不超过1次；对10kV电压供电的用户，每年不超过3次。

2. 变压器调载

变压器调载可选择无载调压型变压器的电压分接头或采用有载调压型变压器，工厂供电系统中6～10kV电力变压器一般是无载调压型，高压绕组设 $U_N \pm 5\% U_N$ 的电压分接头，并装设无载调压分接开关以调节空载电压，电力变压器的分接开关如图1-20所示。

对电压要求严格的用电设备，当无载调压不能满足要求，而这些设备单独装设自动调压装置在技术经济上不合理时，可采用有载调压型变压器以保证设备端电压稳定。

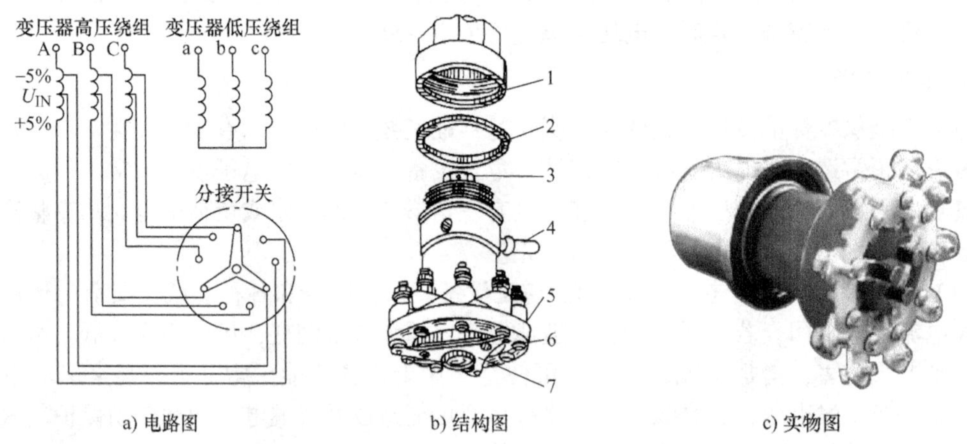

a) 电路图　　b) 结构图　　c) 实物图

图1-20　电力变压器的分接开关及产品图

1—螺帽　2—密封垫圈　3—操动螺母　4—定位钉　5—绝缘盘　6—静触点　7—动触点

3. 合理减小系统阻抗

供电系统中电压损耗与各个元件包括变压器、线路的阻抗成正比，如必要，可减少系统的电压级数、增大电缆截面积或以电缆取代架空线等办法减小系统阻抗，降低电压损耗以缩小电压偏差。但是，增大电缆截面积将增加投资成本，电缆取代架空线将影响现场空间的利用率，具体实施中，要考虑技术性和经济性。

4. 合理改变系统运行方式

电力变压器的负荷要满足生产需要，如季节性生产变化、昼夜之间的生产变化等，适时地切除变压器并由低压联络线供电，或对两台变压器并联运行的变电站，可在轻负荷时切除一台变压器。

电力变压器在使用过程中，重负荷时电压偏低，轻负荷或无负荷时的线路电压偏高，可以考虑切除变压器改为低压联络线供电。

5. 尽量使三相负荷均衡

在有中性线的低压配电系统中，如果三相负荷不均衡将使负荷端中性点电位偏移，造成有的相电压升高，从而增大其线路的电压偏差，因此三相负荷的平衡有助于减小电压偏差。

6. 采用无功功率补偿装置

为提高系统的功率因数以减少其无功损耗，可接入并联电容器或同步补偿机，考虑经济性，应首选并联电容器的补偿方式。

课堂练习

（1）对于工厂供电系统而言，供电质量主要包括的技术指标有哪些？

（2）在正常的供电系统中，我国的标准频率是50Hz，如果频率提高较多，对用电设备将产生哪些危害？

（3）我国的供电电压等级如何划分的？

（4）电压调整的措施有哪些？

1.3.3　电压波动及抑制

1. 电压波动及危害

电压波动指电网电压方均根值（有效值）的连续快速变动。电压波动值以用户公共供电点相邻时间的最大与最小电压方均根值 U_{max} 与 U_{min} 之差，对电网额定电压 U_N 的百分值表示，即

$$\delta_U = \frac{U_{max} - U_{min}}{U_N} \times 100\%$$

电压波动，由负荷急剧变动或冲击性负荷所引起，如大功率电动机的起动、某种设备负荷的突然增加，使得电网电压损耗变动，公共用户端的电压出现较大的变动。

电压波动较大时，就可能引起危害，如影响电动机的正常起动或可能不能起动；对同步电动机还可引起转子振动；使计算机和电子设备无法正常工作；使照明灯发生明显的闪烁，严重者影响视觉；以及使传感测试数据受到影响。

2. 电压波动的抑制措施

采用专用线路或专用变压器，对负荷变动剧烈的大型电气设备单独供电来抑制电压波动，此法简单有效。

设法增大供电容量，减小系统阻抗，如将单回路线路改为双回路线路，或将架空线路改为电缆线路，降低系统电压损耗，从而减小负荷变动引起的电压波动。

当系统出现严重的电压波动时，减少或切除引起电压波动的负荷。

对大容量电弧炉的炉用变压器，宜由短路容量较大的电网供电，一般采用更高电压等级的电网供电。

对大型冲击性负荷，如采用上述措施达不到要求时，可装设能“吸收”冲击无功功率的静止型无功补偿装置，这是一种能吸收随机变化的冲击无功功率和动态谐波电流的无功补偿装置，有多种类型，以自饱和电抗器型的效能最好。如并联型晶闸管控制电抗器（TCR）无功补偿装置产品如图1-21所示。

图1-21　一种TCR无功补偿装置

1.3.4　电网谐波及抑制

1. 电网谐波

谐波是对周期性非正弦量进行傅里叶级数分解所得到的大于基波频率整数倍的各次分

量，通常称为高次谐波，基波是频率与工频（50Hz）相同的分量。

谐波由谐波源产生，谐波源就是向公共电网注入谐波电流或在公共电网中产生谐波电压的电气设备，如大型变频设备、直流逆变焊机、电弧炉等。电力系统三相交流发电机发出的电压波形中，基本上无直流和谐波分量，但因电力系统中存在各种谐波源，特别是高次谐波源已经严重影响电力系统供电质量。

2. 谐波的产生与危害

电网谐波的产生主要原因是电力系统中存在的非线性元件，如大功率电力电子变流设备、电弧炉、写字楼里单个功率不大但使用很多的节能灯、计算机开关电源等。

谐波对电气设备的危害很大，谐波电流进入变压器，使变压器铁心损耗明显增加，导致变压器过热，磁性特性下降，效率降低，变压器使用寿命缩短。谐波电流进入电动机，同样使得铁心损耗明显增加，可能产生电动机的转子振荡，将影响拖动负荷的工作质量。

高次谐波比基波电流的频率更高，凡是与其电流频率相关联的电气设备均会受到影响，即缩短寿命或损坏，如果电力系统发生电压谐振，谐振的过电压有可能击穿线路或设备的绝缘，造成系统的继电保护和自动装置误动作，并可能干扰附近通信线路和设备的正常工作。

3. 电网谐波的抑制措施

（1）采用 Yd 或 Dy 联结组别　三相整流变压器采用 Yd 或 Dy 联结组别，是抑制谐波最基本的方法。由于 3 次及 3 的整数倍次谐波电流在 D 联结的绕组内形成环流，而 Y 联结绕组内不可能产生 3 次及 3 的整数倍次谐波电流，因此采用 Yd 或 Dy 联结组别的整流变压器，能使注入电网的谐波电流中消除 3 次及 3 的整数倍次的谐波电流。另外，电力系统中非正弦交流电压或电流是正、负两半波对称的，不含直流分量和偶次谐波分量，因此采用 Yd 或 Dy 联结组别的整流变压器后，注入电网的谐波电流只有 5，7，11，……次谐波。

（2）增加整流变压器二次侧的相数　整流变压器二次侧的相数增加得多，对高次谐波抑制的效果相当显著，因为波形的脉动多，次数低的谐波消去得也多。

（3）各整流变压器二次侧互有相位差　多台相数相同的整流装置并联运行时，使各台整流变压器二次侧互有相位差，在原理上与增加整流变压器二次侧相数效果相同，可大大减少注入电网的高次谐波。

其他的办法还有装设分流滤波器、通过串联谐振电路吸收奇次谐波电流、选用 Dyn11 联结组别的三相配电变压器抑制高次谐波、限制电力系统中接入变流设备和交流调压装置等的容量、提高对大容量非线性设备的供电电压以及将谐波源与不能受干扰的负荷电路从电网的接线上分开等。

课堂练习

（1）造成电网电压的波动原因有哪些？可以查阅资料，找到更多的造成波动的原因和可能产生的危害。

（2）电压波动的抑制措施有哪些？

（3）谐波产生的原因有哪些？如何抑制谐波？可以查阅资料，查找如煤矿、钢铁厂、写字楼的谐波及抑制方法。

第2章 工厂用电负荷计算

2.1 工厂电力负荷及负荷曲线

2.1.1 电力负荷

1. 电力负荷分类

电力系统中，电力负荷指用电设备或用电单位，也可指用电设备或用电单位所消耗的功率或电流，一般称用电量。

电力负荷按用户性质分为工业负荷，农业负荷，交通运输负荷和生活用电负荷等；按用途分为动力负荷和照明负荷，动力负荷多为三相对称电力负荷，照明负荷为单相负荷；按电设备工作时间分为连续（或长期）工作制负荷、短时工作制负荷、断续周期工作制负荷或反复短时工作制负荷。

（1）连续工作制负荷　这种设备长期连续运行，负荷比较稳定。如通风机、空气压缩机、各类泵、电炉、机床、电解电镀设备、照明设备等。

（2）短时工作制负荷　这种设备工作时间较短，停歇时间相对较长。如机床上的某些辅助电动机、水闸用电动机等。这类设备的数量很少，求计算负荷时一般不考虑短时工作制的用电设备。

（3）断续周期工作制负荷　这种设备周期性地工作-停歇-工作，如此反复运行，工作周期不超过10min。如电焊机和起重机械等。工作特征通常用“负荷持续率”或称“暂载率”表示。负荷持续率为一个工作周期内的工作时间与整个工作周期的百分比值。即

$$\varepsilon = \frac{t}{t + t_0} \times 100\% = \frac{t}{T} \times 100\%$$

式中　T——工作周期；

t——工作时间；

t_0——停歇时间。

如起重设备标准暂载率一般有15%、25%、40%、60%等；电焊机的标准暂载率一般有50%，65%、75%、100%等。

对断续周期工作制的负荷，额定容量对应于一定的负荷持续率，计算工厂电力负荷时，对不同工作制负荷的容量需按规定进行换算。

2. 电力负荷的分级及对供电电源的要求

根据 GB 50052—2009 可知，工厂电力负荷根据其对供电可靠性的要求及中断供电所造成的损失或影响程度，分为一级负荷、二级负荷和三级负荷。

（1）一级负荷　一级负荷为中断供电将造成人身伤亡，或中断供电将在政治、经济上造成重大损失者，如一旦中断供电会造成重大设备损坏、大量产品报废、用重要原料生产的产品大量报废、国民经济中重点企业的连续生产过程被打乱需要长时间才能恢复等。

在一级负荷中，当中断供电将发生中毒、爆炸和火灾等情况的负荷，以及特别重要的场所不允许中断供电的负荷，应视为特别重要的负荷。

一级负荷属于重要负荷，绝对不允许断电，要求有两路独立电源供电。当一路电源发生故障时，另一路电源能继续供电。一级负荷中特别重要的负荷，除上述两路电源除外，还必须增设应急电源。常用的应急电源有独立于正常电源的发电机组、供电网络中独立于正常电源的专用馈电线路、蓄电池和干电池等。

（2）二级负荷　二级负荷为中断供电将在政治经济上造成较大损失，这些损失如主要设备损坏、大量产品报废、连续生产过程被打乱需要长时间才能恢复和重点企业大量减产等。

二级负荷也属重要负荷，要求两路供电，供电变压器通常也采用两台，保证在其中一条供电线路或一台变压器发生故障时，二级负荷不致断电，或断电后能迅速恢复供电。

（3）三级负荷　三级负荷为一般电力负荷，所有不属于一、二级负荷者均属三级负荷。三级负荷对供电电源没有特殊要求，一般有一条线路供电即可。

2.1.2 负荷曲线

负荷曲线是表征电力负荷随时间变动情况的曲线，可直观反映用户用电的特点和规律。按负荷功率性质，负荷曲线分有功负荷曲线和无功负荷曲线；按时间单位，负荷曲线分日负荷曲线和年负荷曲线；按负荷对象，负荷曲线分工厂车间或某类设备负荷曲线；按负荷绘制方式，负荷曲线分以点连成的复合曲线和阶梯形复合曲线。

1. 负荷曲线的绘制

负荷曲线通常绘制在直角坐标系上，纵坐标表示负荷大小（有功功率以 kW 为单位，无功功率以 kvar 为单位），横坐标表示对应的时间，一般以 h 为单位。

负荷曲线中应用较多的为年负荷曲线，通常根据典型的冬季和夏季负荷曲线绘制，反映全年负荷变动与对应的负荷持续时间关系，全年一般按 8760 个小时计算。此曲线称年负荷持续时间曲线。

注意，一般夏季和冬季在全年负荷计算中所占天数根据地理位置和气候决定。如我国南方取夏季 200 天、冬季 165 天；我国北方取夏季 165 天、冬季 200 天。负荷曲线如图 2-1 所示。

图 2-2 所示是一班制工厂的日有功负荷曲线，为便于计算，负荷曲线多绘成梯形，横坐标一般按半小时分格，可以确定“半小时最大负荷”。

从各种负荷曲线可直观了解电力负荷变动规律，获得用电运行资料，对工厂而言，可借助负荷曲线计划安排车间班次或大容量设备的用电时间，降低负荷高峰，填补负荷低谷。使负荷曲线比较平坦，提高供电能力。

2. 关于负荷的几个名词

（1）年最大负荷　年最大负荷用 P_{max} 表示，指全年中负荷最大的工作班内消耗最大电

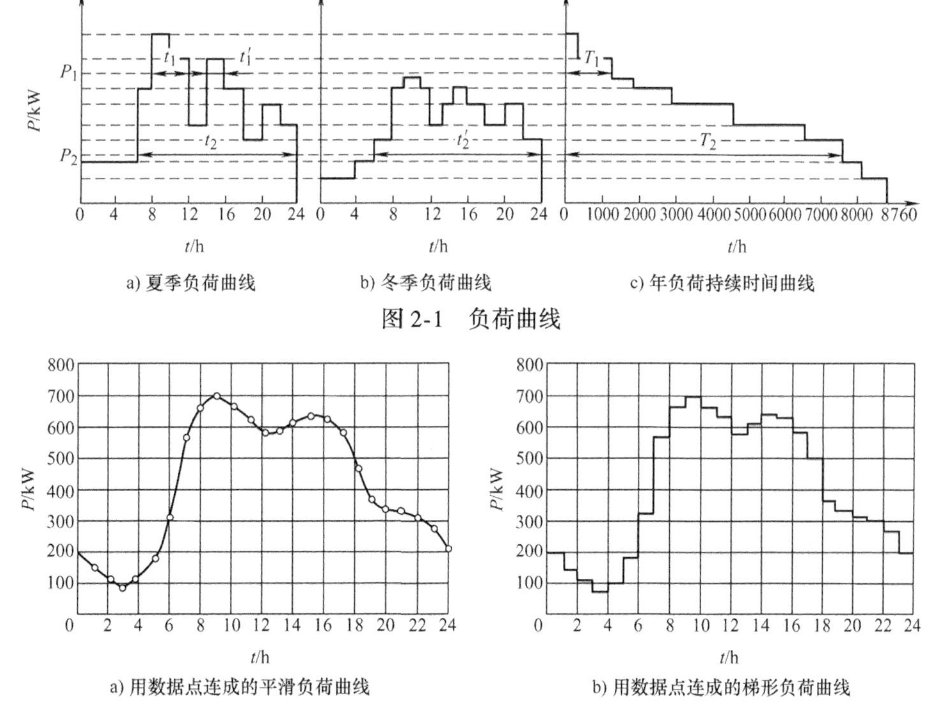

a) 夏季负荷曲线　b) 冬季负荷曲线　c) 年负荷持续时间曲线

图 2-1　负荷曲线

a) 用数据点连成的平滑负荷曲线　b) 用数据点连成的梯形负荷曲线

图 2-2　日有功负荷曲线

能的半小时平均功率。年最大负荷也称为半小时最大负荷，用 P_{30} 表示。

（2）年最大负荷利用小时　年最大负荷利用小时用 T_{max} 表示，当负荷以年最大负荷持续运行一段时间后，消耗的电能恰好等于该电力负荷全年实际消耗的电能 W_a，这段时间就是年最大负荷利用小时 T_{max}。

年最大负荷利用小时是反映工厂负荷是否均匀的重要参数，该值越大，负荷越平稳。年最大负荷利用小时与工厂的生产班制有较大关系，比如一班制工厂，T_{max} 取 1800 ~ 3000h；两班制工厂，T_{max} 取 3500 ~ 4800h；三班制工厂，T_{max} 取 5000 ~ 7000h。

（3）平均负荷　平均负荷用 P_{av} 表示，指电力负荷在一定时间内平均消耗的功率，如在 t 这段时间内消耗电能为 W_t，则 t 时间内的平均负荷为 $P_{av} = W_t/t$。

年平均负荷是指电力负荷在一年内消耗功率的平均值。如用 W_a 表示全年实际消耗的电能，则年平均负荷为 $P_{av} = W_a/8760$。

（4）负荷系数 K_1　负荷系数用 K_1 表示，指平均负荷与年最大负荷的比值，即 $K_1 = P_{av}/P_{max}$。负荷系数又称负荷率或负荷填充系数，用来表征负荷曲线不平坦的程度。此值越大，则曲线越平坦，负荷波动越小，反之亦然。对工厂来说，应尽量提高负荷系数，这样可充分发挥供电设备的供电能力，提高供电效率。有时人们用 α 表示有功负荷系数，用 β 表示无功负荷系数。一般工厂 α 取 0.7 ~ 0.75，β 取 0.76 ~ 0.82。

另一种年每日最大负荷曲线，按全年每日最大负荷绘制，通常取每日最大负荷半小时平均值，横坐标依次以全年 12 个月的日期分格，如图 2-3 所示。

年每日最大负荷曲线可用来确定多台变压器在一年中不同时期应当投入几台运行，以达到经济运行方式，降低电能损耗。

最大负荷和年最大负荷利用时间如图 2-4 所示，年平均负荷如图 2-5 所示。

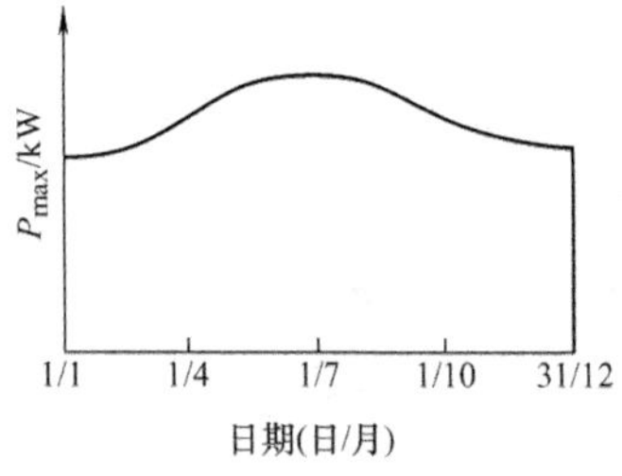

图 2-3　年每日最大负荷曲线

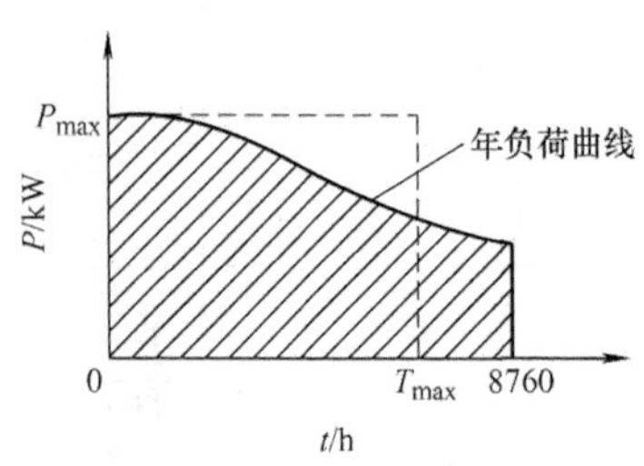

图 2-4　最大负荷和年最大负荷利用时间

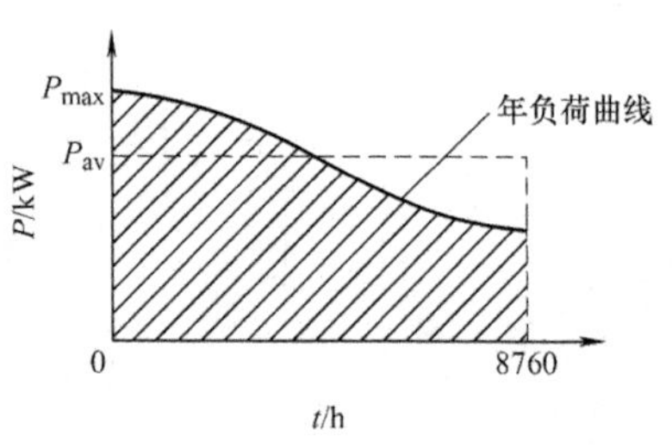

图 2-5　年平均负荷

课堂练习

(1) 电力负荷的类型有几种？各有什么特点？

(2) 工作制有几种类型，各有什么特点？

(3) 关于负荷的几个名词，请认真体会含义。

2.1.3　典型工厂电力负荷及分类

1. 生产加工机械设备

生产加工机械、拖动设备是工厂电力负荷的主要组成部分，包括机床设备和起重运输设备。机床设备是工厂金属切削和金属压力加工的主要设备，包括车床、铣床、刨床、插床、钻床、磨床、组合机床、镗床、冲床、锯床、剪床、砂轮床及加工中心等。这些设备的动力装置一般是异步电动机，根据工件加工需要，一些加工设备有几台甚至十几台电动机，如T610 型镗床有主轴电动机、液压泵电动机、润滑泵电动机、工作台旋转电动机、尾架升降电动机、主轴调速电动机、冷却泵电动机等七台电动机。这些电动机一般长期连续工作，电动机总功率从几百瓦到几十千瓦不等，如 CW6163B 型卧式车床动力部分有三台电动机，主轴电动机功率为 10kW，冷却泵电动机功率为 0. 09kW，快速进给电动机功率为 1. 1kW。

起重运输设备主要用于工厂中起吊、搬运物料和运输客货，如起重机、输送机、电梯及自动扶梯等。

另外，空气压缩机、通风机、水泵等是工厂常用的辅助动力设备，由异步电动机供给动力，属长期连续工作方式，设备容量可以从几千瓦到几十千瓦，单台设备的功率因数在 0. 8 以上。

(1) 电焊设备　电焊设备主要用于船舶制造、车辆制造、锅炉制造、机床制造等企业，其数量多、功率大；中小型机械类工厂中通常用作辅助加工设备，负荷不大。电焊设备包括利用电弧高温实施焊接的电弧焊、利用电流通过金属连接处产生电阻高温实施焊接的电阻焊、利用电流通过熔化焊剂产生热能实施焊接的电渣焊等。常见电焊机有电弧焊机类和电阻焊机类。

电焊机的工作方式有一定同期性，工作时间和停歇时间相互交替，其功率较大，380V 单台电焊机功率可达 400kV · A，三相电焊机功率可超过 1000kV · A。电焊机功率因数不高，电弧焊机功率因数一般为 0. 3 ~0. 35，电阻焊机功率因数为 0. 4 ~0. 85；一般电焊机的配置不稳定，经常移动。

(2) 电镀设备　电镀的功能是防止腐蚀，增加美观，提高零件的耐磨性或导电性等，如镀铜、镀铬。塑料、陶瓷等非金属零件表面，经过处理形成导电层后也可电镀。由于环保管理要求高，电镀企业受到严格控制，即在一个区域的电镀企业集中管理。

电镀设备是带负荷长期连续工作，供电采用直流电源，需要大功率晶闸管整流设备，容量较大，功率从几十千瓦到几百千瓦，功率因数低，一般为0.4~0.62。

（3）电热设备　工厂电热设备用于产品生产及工件热处理，按加热原理和工作特点可分电阻加热炉、电弧炉、感应炉和其他电热设备。其中，电阻加热炉用于各种零件的热处理，如正火、回火等；电弧炉用于矿石熔炼、金属熔炼，感应炉用于熔炼和金属材料热处理。其他加热设备，包括红外线加热设备、微波加热设备和等离子加热设备等。

电热设备一般长期连续工作方式，电力装置一般视为二级或三级负荷，功率因数较高，小型电阻电热设备可接近1或达到1。

（4）照明设备　电气照明是工厂用电设备的重要部分，照明设计合理，正确选用照明设备，才能保证工作场所得到良好的照明效果。常见的照明灯有白炽灯、卤钨灯、荧光灯、高压汞灯、高压钠灯、钨卤化物灯和单灯混光灯等。

照明设备一般长期连续工作，除白炽灯、卤钨灯功率因数为1外，其他类型的灯具功率因数较低，照明负荷为单相负荷，单个照明设备容量较小，照明负荷占工厂总负荷比例较低，通常为10%左右。

2. 工厂用电负荷的分类

在中小规模机械类工厂中，常用重要电力负荷的级别分类见表2-1。

表2-1　中小型机械类工厂中常用重要电力负荷的级别分类

序号	车间	用电设备	负荷级别
1	金属加工车间	价格较高、作用重大，大型数控机床、加工中心	一级
		价格较高、作用大，数量多的数控机床	二级
2	铸造车间	冲天炉鼓风机、30t及以上的浇铸起重机	二级
3	热处理车间	井式炉用淬火起重机、井式炉油槽抽油泵	二级
4	锻压车间	锻造专用起重机、水压机、高压水泵、油压机	二级
5	电镀车间	大型电镀用整流设备、自动流水作业生产线	二级
6	模具成型车间	隧道窑鼓风机、卷扬机	二级
7	层压制品车间	压塑料机及供热锅炉	二级
8	线缆车间	冷却水泵、鼓风机、润滑泵、高压水泵、水压机、真空泵、液压泵、收线用电设备、漆泵电加热设备	二级
9	空压站	单台60m³/min以上空压机	二级
		有高位油箱的离心式压缩机、润滑油泵	二级
		离心式压缩机润滑油泵	一级

课堂练习

（1）典型工厂电力负荷有哪些？各有哪些特点？

（2）如何理解用电负荷的几个名词？

(3) 通过一次实习活动，调查某个企业或车间的用电数据，绘制成负荷曲线，并对曲线进行分析。

2.2 三相设备的用电负荷

2.2.1 设备容量的确定

工厂中基本是三相交流电源设备，也有少量单相交流电源设备。工厂设备常用有加工设备电动机、电焊机、起重机电动机、电炉变压器组、照明设备等，这些设备用电特点各不相同，有连续工作、断续工作制，此处介绍负荷换算方法。

1. 连续和短时工作制的用电设备

一般长期连续工作制和短时工作制的用电设备组，设备容量就是所有用电设备铭牌额定容量之和。

2. 断续周期工作制用电设备

断续周期工作制的用电设备组，设备容量是将所有设备在不同暂载率下的铭牌额定容量，统一换算到规定暂载率下的容量之和。

(1) 电焊机　按要求统一换算到 $\varepsilon = 100\%$ 时的功率，即

$$P_e = P_n \sqrt{\frac{\varepsilon_n}{\varepsilon_{100\%}}} = S_n \cos\varphi_n \sqrt{\varepsilon_n}$$

式中　P_n，S_n——电焊机的铭牌额定容量；

ε_n——与铭牌额定容量对应的负荷持续率，计算时用小数；

$\varepsilon_{100\%}$——其值是 100% 的负荷持续率；

$\cos\varphi_n$——铭牌规定的功率因数。

(2) 起重机电动机　按要求统一换算到 $\varepsilon = 25\%$ 时的额定功率，即

$$P_e = P_n \sqrt{\frac{\varepsilon_n}{\varepsilon_{25\%}}} = 2P_n \sqrt{\varepsilon_n}$$

式中　P_n——铭牌额定有功功率；

$\varepsilon_{25\%}$——其值是 25% 的负荷持续率。

(3) 电炉变压器组　设备容量是指在额定功率下的有功功率，即

$$P_e = S_n \cos\varphi_n$$

式中　S_n——电炉变压器的额定容量；

$\cos\varphi_n$——电炉变压器的额定功率因数。

(4) 照明设备　不用镇流器的照明设备如白炽灯、碘钨灯的设备容量，就是其额定功率，即 $P_e = P_n$。

用镇流器的照明设备如荧光灯、高压汞灯、金属卤化物灯，设备容量要包括镇流器中的功率损失，即荧光灯的计算方法为 $P_e = 1.2P_n$，高压汞灯、金属卤化物灯的计算方法为 $P_e = 1.1P_n$。

照明设备的设备容量还可按建筑的单位面积容量法估算，即

$$P_e = \rho A / 1000$$

式中 ρ——建筑物单位面积的照明容量，单位为 W/m^2；

A——建筑物的面积，单位为 m^2。

例 2-1 某机修车间 380V 线路，接有金属切削机床共 20 台，其中，10.5kW 的 4 台、7.5kW 的 8 台、5kW 的 8 台，还有电焊机 2 台，其中，每台容量 20kV · A，$\varepsilon_n = 65\%$，$\cos\varphi_n = 0.5$；起重机 1 台，功率 11kW，$\varepsilon_n = 25\%$。请计算此车间的设备容量。

解： 先求各组设备容量，最后确定车间的设备容量。

金属切削机床属于长期连续工作制设备，所以 20 台金属切削机床的设备总容量为

$$P_{e1} = (10.5 \times 4 + 7.5 \times 8 + 5 \times 8)\text{kW} = 142\text{kW}$$

电焊机属于反复短时工作制设备，设备容量应统一换算到 $\varepsilon = 100\%$，选取电焊机的暂载率为 65%，所以 2 台电焊机的设备容量为

$$P_{e2} = 2S_n \cos\varphi_n \sqrt{\varepsilon_n} = 2 \times 20 \times 0.5 \times \sqrt{0.65}\text{kW} = 16.1\text{kW}$$

起重机是反复短时工作制设备，设备容量应统一换算到 $\varepsilon = 25\%$，因此 1 台起重机的设备容量为

$$P_{e3} = 2P_n \sqrt{\varepsilon_n} = 2 \times 11 \times \sqrt{0.25}\text{kW} = 11\text{kW}$$

因此，车间的设备总容量为

$$P_e = (142 + 16.1 + 11)\text{kW} = 169.1\text{kW}$$

2.2.2 用电设备组容量的确定

1. 需要系数法

根据实际工作状况，一个用电设备组中的设备并不一定同时工作，工作设备也不一定都工作在额定状态下，还要考虑到线路损耗、用电设备本身的损耗等，设备或设备组的计算负荷是用电设备组总容量乘以一个小于 1 的系数，称需要系数，需要系数用 K_d 表示。

在所需计算范围内如一条干线、一段母线、一台变压器，将用电设备按其设备性质不同分成若干组，对每一组选用适合的需要系数，计算每组用电设备的计算负荷，再由各组计算负荷求总计算负荷，这种方法称为需要系数法。需要系数法一般用于求多台三相用电设备的计算负荷。需要系数法基本公式为

$$P_{30} = K_d P_e$$

$$P_e = \sum P_{ei}$$

式中 K_d——需要系数；

P_e——设备容量，为用电设备组所有设备容量之和；

P_{ei}——每组用电设备的设备容量。

用电设备组的需要系数 K_d 见附表 1。

（1）单组用电设备组的计算负荷确定

有功计算负荷为 $P_{30} = K_d P_e$

无功计算负荷为 $Q_{30} = P_{30} \tan\varphi$

视在计算负荷为 $S_{30} = \sqrt{P_{30}^2 + Q_{30}^2}$

计算电流为

$$I_{30}=\frac{S_{30}}{\sqrt{3}U_N}$$

使用需要系数法时，应正确区分各用电设备或设备组类别。机修车间的金属切削机床电动机应属于小批生产的冷加工机床电动机。压塑机、拉丝机和锻锤等应属于热加工机床电动机。起重机、行车、电动葫芦、卷扬机等属于起重机类。

（2）多组用电设备的计算负荷　确定多组用电设备的计算负荷时，应考虑各组用电设备最大负荷不同时出现的因素，计入一个同时系数 K_Σ，该系数取值见表 2-2。

表 2-2　同时系数 K_Σ

应用范围	同时系数 K_Σ
确定车间变电站低压线最大负荷 冷加工车间 热加工车间 动力站	 0.7～0.8 0.7～0.9 0.8～1.0
确定车间变电站低压线最大负荷 负荷小于 5000kW 计算负荷为 5000～10000kW 计算负荷大于 10000kW	 0.9～1.0 0.85 0.8

先分别求出各组用电设备的计算负荷 P_{30i}、Q_{30i}，再结合不同情况求得总计算负荷。

总有功计算负荷为 $P_{30}=K_\Sigma\sum P_{30i}$

总无功计算负荷为 $Q_{30}=K_\Sigma\sum Q_{30i}$

总视在计算负荷为 $S_{30}=\sqrt{P_{30}^2+Q_{30}^2}$

总计算电流为

$$I_{30}=\frac{S_{30}}{\sqrt{3}U_N}$$

2. 二项式系数法

在计算设备台数不多，且各台设备容量相差较大的车间干线和配电箱的计算负荷时，可采用二项式系数法。

基本公式为 $P_{30}=bP_e+cP_x$

式中　b、c——二项式系数，根据设备名称、类型、台数查附表 1 选取；

bP_e——用电设备组的平均负荷；

P_e——用电设备组的设备总容量；

P_x——用电设备中 x 台容量最大的设备容量之和；

cP_x——用电设备中 x 台容量最大的设备投入运行时增加的附加负荷。

其余计算负荷 Q_{30}、S_{30} 和 I_{30} 的计算公式与需要系数法相同。

计算时注意以下几点：

① 对一或两台用电设备，可认为 $P_{30}=P_e$，即 $b=1$，$c=0$。

② 用电设备组有功计算负荷的求取直接用公式，其余计算负荷与需要系数法相同。

③ 采用二项式系数法确定多组用电设备的总计算负荷时，应考虑各组用电设备最大负荷不同时出现的因素，与需要系数法不同，这里不是计入一个小于 1 的系数，而是在各组用电设备中取其中一组最大附加负荷 $(cP_x)_{max}$，再加上各组平均负荷 bP_e，求出设备组总计算负荷。

先求出每组用电设备的计算负荷 P_{30i}、Q_{30i}，有

$$P_{30}=\sum(bP_e)_i+(cP_x)_{max}$$

$$Q_{30}=\sum(bP_e\tan\varphi)_i+(bP_x)_{max}\tan\varphi_{max}$$

式中　$(cP_x)_{max}$——各组 cP_x 中最大的一组附加负荷；

$\tan\varphi_{max}$——最大附加负荷 $(cP_x)_{max}$ 的设备组的 $\tan\varphi$。

求出 P_{30}、Q_{30}后，再求出 S_{30}和 I_{30}。

例 2-2　某车间的 380V 线路，接有金属切削机床电动机 20 台，共 50kW，其中较大容量电动机有 7.5kW 者两台，4kW 者两台，2.2kW 者 8 台；另接通通风机两台共 2.4kW；电炉 1 台 2kW。假设同时系数为 0.9，求计算负荷。

解：① 冷加工电动机。查附表 1，取 $K_{d1}=0.2$，$\cos\varphi_1=0.5$，$\tan\varphi_1=1.73$，则 $P_{301}=K_{d1}P_{e1}=0.2\times50\text{kW}=10\text{kW}$

$$Q_{301}=P_{301}\tan\varphi\mathbf{1}=10\times1.73\text{kvar}=17.3\text{kvar}$$

② 通风机。查附表 1，取 $K_{d2}=0.8$，$\cos\varphi_2=0.8$，$\tan\varphi_2=0.75$，则

$$P_{302}=K_{d2}P_{e2}=0.8\times2.4\text{kW}=1.92\text{kW}$$

$$Q_{302}=P_{302}\tan\varphi_2=1.92\times0.75\text{kvar}=1.44\text{kvar}$$

③ 电阻炉。查附表 1，取 $K_{d3}=0.7$，$\cos\varphi_3=1.0$，$\tan\varphi_3=0$，则

$$P_{303}=K_{d3}P_{e3}=0.7\times2\text{kW}=1.4\text{kW}$$

$$Q_{303}=0$$

④ 总的计算负荷为

$$P_{30}=K_{\Sigma}\sum P_{30i}=0.9\times(10+1.92+1.4)\text{kW}=12\text{kW}$$

$$Q_{30}=K_{\Sigma}\sum Q_{30i}=0.9\times(1.73+1.44+0)\text{kvar}=16.9\text{kvar}$$

$$S_{30}=\sqrt{12^2+16.9^2}\text{kV}\cdot\text{A}=20.73\text{kV}\cdot\text{A}$$

$$I_{30}=\frac{20.73\text{kV}\cdot\text{A}}{\sqrt{3}\times0.38\text{kV}}=31.5\text{A}$$

例 2-3　用二项式法计算例 2-1 的车间金属切削机床组的计算负荷。

解：查附表 1，取二项式系数 $b=0.14$，$c=0.4$，$x=5$，$\cos\varphi=0.5$，$\tan=1.73$，则

$$P_x=P_5=10.5\times4+7.5\times1\text{kW}=49.5\text{kW}$$

因此，有

$$P_{30}=bP_e+cP_x=0.14\times142+0.4\times49.5\text{kW}=39.7\text{kW}$$

$$Q_{30}=39.7\times1.73\text{kvar}=68.7\text{kvar}$$

$$S_{30}=\sqrt{39.7^2+68.7^2}$$

$$I_{30}=\frac{79.4}{\sqrt{3}\times0.38}\text{A}=120.6\text{A}$$

掌握三相设备负荷计算后，应能比较需要系数法和二项式系数法的计算不同点、使用场合等，有针对性计算负荷。

例 2-4　试用二项式法计算例 2-3 中的计算负荷。

解：先分别求出各组的平均功率 bP_e 和附加负荷 cP_x。

① 金属切削机床电动机组。查附表 1，取 $b=0.14$，$c=0.4$，$x=5$，$\cos\varphi=0.5$，$\tan\varphi=1.73$，则

$$(bP_e)_1=0.14\times50\text{kW}=7\text{kW}$$

$$(cP_x)_1=0.4\times(7.5\times2+4\times2+2.2\times1)\text{kW}=10.08\text{kW}$$

② 通风机组。查附表 1，取 $b=0.65$，$c=0.25$，$x=2$，$\cos\varphi=0.8$，$\tan\varphi=0.75$，则

$$(bP_e)_2=0.65\times2.4\text{kW}=1.56\text{kW}$$

$$(cP_x)_2=0.25\times2.4\text{kW}=0.6\text{kW}$$

③ 电阻炉。查附表 1，取 $b=0.7$，$c=0$，$x=1$，$\cos\varphi=1$，$\tan\varphi=0$，则

$$(bP_e)_3=0.7\times2\text{kW}=1.4\text{kW}$$

$$(cP_x)_3=0$$

显然，三组用电设备中，第一组的附加负荷 $(cP_x)_1$ 最大，因此总的计算负荷为

$$P_{30}=\sum(bP_e)_i+(cP_x)_1=(7+1.56+1.4)\text{kW}+10.08\text{kW}=20.04\text{kW}$$

$$\begin{aligned}Q_{30}&=\sum(bP_e\tan\varphi)_i+(cP_x)_1\tan\varphi1\\&=(7\times1.73+1.56\times0.75+0)\text{kvar}=10.08\text{kW}\times1.73\text{kvar}\\&=30.72\text{kvar}\end{aligned}$$

$$S_{30}=\sqrt{20.04^2+30.72^2}\text{kV}\cdot\text{A}=36.8\text{kV}\cdot\text{A}$$

$$I_{30}=\frac{36.68}{\sqrt{3}\times0.38}\text{A}=55.73\text{A}$$

3. 单相设备负荷计算

工厂用电设备中，电焊机、照明灯是单相用电，单相设备接于三相线路中，应尽可能均衡分配，使三相负荷尽可能平衡。如均衡分配后，三相线路中剩余单相设备总容量不超过三相设备总容量的 15%，可将单相设备总容量视为三相负荷平衡进行负荷计算。如超过 15%，应先将这部分单相设备容量换算为等效三相设备容量，再进行负荷计算。

三相线路中接有较多的单相设备时，不论单相设备接于相电压还是接于线电压，只要三相负荷不平衡，就应以最大负荷相有功负荷的 3 倍作为等效三相有功负荷，满足系统安全运行要求。

（1）单相设备接入相电压时　等效三相设备容量 P_e 按最大负荷相所接的单相设备容量 $P_{em\varphi}$ 的 3 倍计算，即

$$P_e=3P_{em\varphi}$$

（2）单相设备接入线电压时　容量为 $P_{e\varphi}$ 的单相设备接于线电压时，等效三相设备容量 P_e 为

$$P_e=\sqrt{3}P_{e\varphi}$$

（3）单相设备接入不同线电压时　假设 $P_1>P_2>P_3$，且 $\cos\varphi_1$、$\cos\varphi_2$、$\cos\varphi_3$ 互不相等，按等效发热原理，可等效为 3 种接线的叠加，如图 2-6 所示。

U_{AB}、U_{BC}、U_{CA} 间各接 P_3，等效三相容量为 $3P_3$；U_{AB}、U_{BC} 间各接 P_2-P_3，其等效三相容量为 $3(P_2-P_3)$；U_{AB} 间接 P_1-P_2，其等效三相容量为 $\sqrt{3}(P_1-P_2)$。

则 P_1、P_2、P_3 接不同线电压时的等效三相设备容量为 $P_e=\sqrt{3}P_1+(3-\sqrt{3})P_2$，$Q_e=\sqrt{3}P_1\tan\varphi_1+(3-\sqrt{3})P_2\tan\varphi_2$。

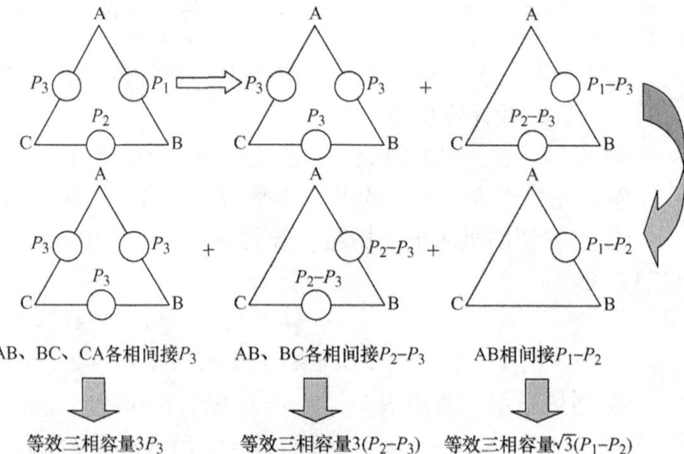

图 2-6　单相设备接不同线电压的等效变换方法

（4）单相设备分别接线电

压和相电压时 先将接线电压的单相设备容量换算为接相电压的单相设备容量，再分相计算各相设备容量和计算负荷，总等效三相有功计算负荷是最大有功计算负荷相有功计算负荷的3倍，总等效三相无功计算负荷是对应最大有功负荷无功计算负荷的3倍，最后按公式计算出S_{30}、I_{30}。具体计算过程不再叙述。

用电负荷计算方法不止一种，需要系数负荷计算与二项式法负荷计算各有特点，前者计算需考虑线路，计算结果可能较小，特别对大负荷台数少的用电设备负荷计算，不一定能反映出来；后者计算不需考虑线路，特别对大负荷台数少的用电设备负荷计算，能反映出来，但负荷计算结果可能较大，实际应用时需综合考虑。

2.3 短路电流计算

2.3.1 短路故障

1. 短路原因

短路故障指运行中电力系统或工厂供配电系统的相与相、相与地之间发生金属性非正常连接，如系统中带电部分的电气绝缘被破坏，过电压、雷击、绝缘材料老化、施工机械破坏、鸟害、鼠害等，或操作人员未按规范操作，将较低电压设备误接到较高电压电路。

以运行人员带大电流分断隔离开关为例，因隔离开关功能是隔离和分断小电流，无灭弧装置或只有简单的灭弧装置，不能分断大电流。如运行人员带大电流分断隔离开关时，将在隔离开关断口形成电弧，隔离开关无法熄灭电弧，即形成“飞弧”，使隔离开关的相与相或相与地出现短路。

2. 短路后果

短路电流比正常电流大很多，尤其在大电力系统中，短路电流达几万甚至几十万安，短路电流对供电系统产生极大危害。

1）短路电流产生很大的电动力和很高的温度，使故障元件和短路电路中的其他元件损坏，很大的电动力可能造成电路接头的损坏；短路电路的电压骤然降低，严重影响其中电气设备的正常运行；短路时保护装置动作造成停电，越靠近电源，停电范围越大，造成损失越大。

2）严重短路影响电力系统运行稳定性，可使并联运行的发电机组失去同步，造成系统解列。

3）不对称短路包括单相短路和两相短路，短路电流将产生较强的不平衡交变磁场，对附近的通信线路、电子设备等产生干扰，影响正常运行，甚至造成误动作。

短路后果十分严重，必须尽力消除可能引起的短路因素，进行短路电流计算，正确选择并可靠地保护电气设备。

3. 短路故障种类

电力系统中，短路故障对电力系统危害最大，按照短路不同，短路类型可分四种。表2-3为各种短路的符号和特点。

表 2-3 短路种类、表示符号、性质及特点

短路种类	符号表示	短路示意图	特点
三相短路	$k^{(3)}$	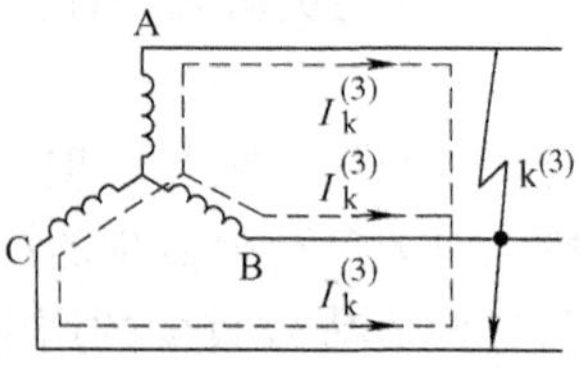	三相电路中都流过很大的短路电流，短路时的电压电流保持对称，短路点电压为零
两相短路	$k^{(2)}$	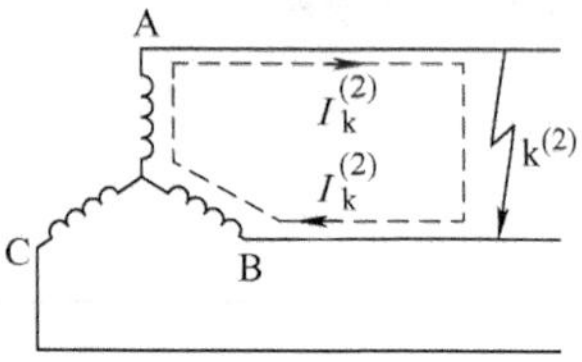	短路回路中流过很大的电流，电压和电流对称性被破坏
单相短路	$k^{(1)}$	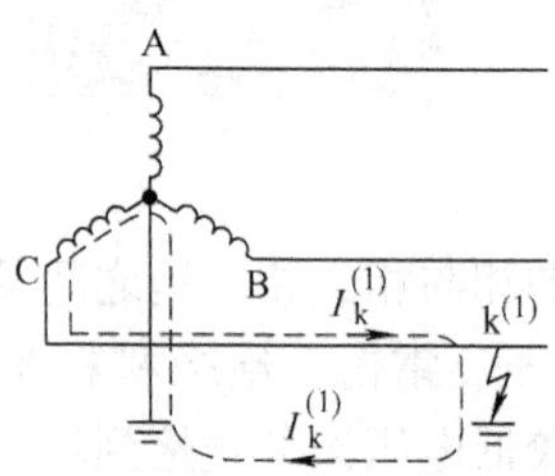 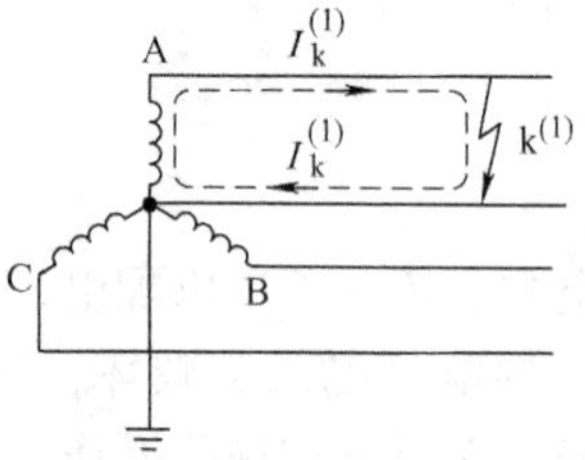	短路电流仅在故障相中，故障相电压下降，非故障相电压会升高
两相接地短路，实质为两相短路	$k^{(1.1)}$ 或 $k^{(2)}$	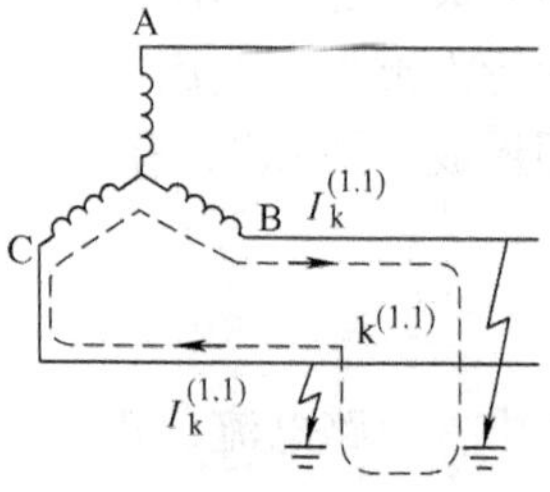 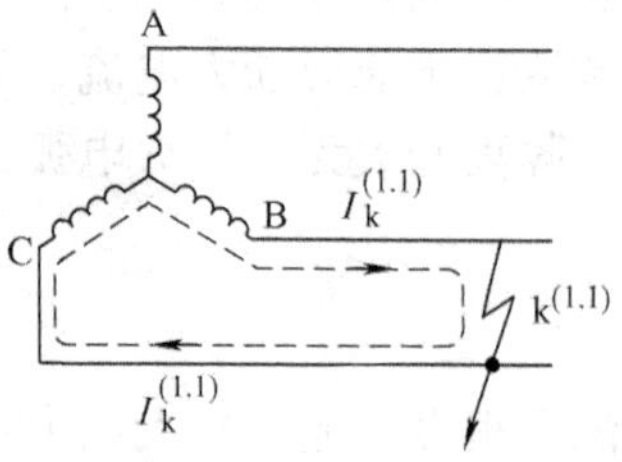	短路回路中流过很大的电流，故障相电压为零

上述三相短路属于对称性短路，其他形式短路属于不对称短路。电力系统中发生单相短路概率最大，发生三相短路可能性最小，但三相短路造成的危害最严重。为使电气设备在最严重的短路状态下能可靠地工作，在选择和校验电气设备用的短路计算中，常以三相短路计算为主。实际上，不对称短路也可按对称分量法将其物理量分解为对称的正序、负序和零序分量，然后按对称性短路研究。对称性三相短路分析是分析研究不对称短路的基础，应以三相短路时的短路电流热效应和电动力效应校验电气设备。

4. 短路参数

短路计算的目的是正确选择和校验电气设备，准确地整定供配电系统的保护装置，避免短路电流损坏电气设备，并确保保护装置能可靠动作。

无限大容量电力系统是理论概念，实际中可近似视为相对于用户供电系统容量大得多的电力系统，当用户供电系统负荷变动或短路时，电力系统变电站馈电母线电压基本保持不变。如电力系统的电源总阻抗不超过短路电路总阻抗的 5% ~10%，或电力系统容量超过用户供电系统容量的 50 倍时，可将电力系统认为是无限大容量系统。

对一般工厂的供电系统，因工厂供配电系统容量远比电力系统容量小，而阻抗较电力系统大得多，工厂供电系统内发生短路时，电力系统变电站馈电母线电压基本保持不变，所以可将电力系统视为无限大容量系统。

图 2-7 所示是无限大容量系统发生三相短路前后电流、电压的变动曲线，短路电流到达稳定值前会经过一个暂态过程，即短路瞬变过程。因短路电流含感抗，暂态过程中电流不突变，且电流存在非周期分量。在此期间，短路电流由两部分构成，即短路电流周期分量 i_p 和短路电流非周期分量 i_{np}。非周期电流衰减完毕后（约 0.2s 后），短路电流达稳定状态。

无限大容量电力系统中，由于系统母线电压维持不变，短路电流周期分量呈现正弦波形，只由系统母线电压和短路后的系统阻抗决定。

短路电流非周期分量是因短路电路存在电感，用以维持短路瞬间的电流不发生突变，而由电感引起自感电动势产生的反向电流，呈指数规律衰减。短路后 0.2s 非周期分量衰减完毕。根据需要，短路计算通常需计算出下列短路参数。

$I''^{(3)}$——短路后第一个周期的短路电流周期分量有效值，称次暂态短路电流有效值，作为继电保护的整定计算和校验断路器的额定断流容量。采用电力系统在最大运行方式时，继电保护安装处发生短路时的次暂态短路电流计算保护装置的整定值。

$i_{sh}{}^{(3)}$——短路后经过半个周期时的短路电流峰值，是整个短路过程中的最大瞬时电流。这一最大瞬时短路电流称短路冲击电流，用以校验电器和母线的动稳定度。

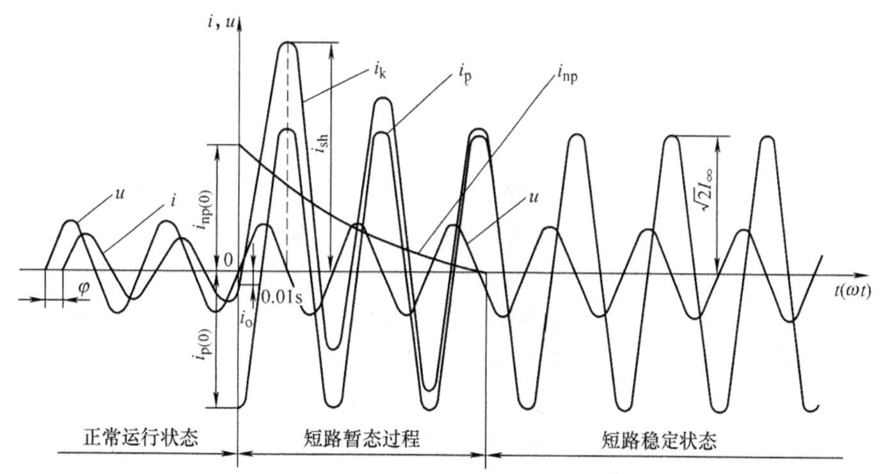

图 2-7 最严重情况时短路全电流的波形曲线图

$I_{sh}{}^{(3)}$——三相短路冲击电流有效值，短路后第一个周期短路电流的有效值，用以校验电器和母线的动稳定度。

对高压电路短路，当高压电路发生三相短路时，$i_{sh}{}^{(3)}=2.55I''^{(3)}$，$I_{sh}{}^{(3)}=1.51I''^{(3)}$。

对不超过 1000kV · A 电力变压器二次侧及低压电路三相短路时，$i_{sh}{}^{(3)}=1.84I''^{(3)}$，$I_{sh}{}^{(3)}=1.09I''^{(3)}$。

$I_k{}^{(3)}$——三相短路电流稳态有效值，用以校验电器和载流导体的热稳定度。

$S''^{(3)}_k$——次暂态三相短路容量，用以校验断路器的断流容量和判断母线短路容量是否超规定值，也作为选择限流电抗器的依据。

5. 短路计算方法简介

短路计算方法有有名值法、标幺值法、短路容量法等，当供配电系统中某处短路时，其中一部分阻抗短接，网络阻抗发生变化，所以短路电流计算时，应先对各电气设备的电阻或电抗参数进行计算。如各种电气设备的电阻和电抗及其他电气参数用有名值，即有单位的值表示，称有名值法；如各种电气设备电阻和电抗及其他电气参数用相对值表示，称标幺值法；如各种电气设备电阻、电抗及其他电气参数用短路容量表示，称短路容量法。

低压系统中，短路电流计算通常用有名值法，因其比较简单；高压系统中通常用标幺值法或短路容量法计算。因为高压系统中存在多级变压器耦合，如用有名值法，当短路点不同时，同一元件的阻抗值不同，必须对不同电压等级中各元件的阻抗值按变压器电压比归算到同一电压等级，短路计算的工作量很大。

用有名值法进行短路计算的步骤：①绘制短路回路等效电路；②计算短路回路中各元件阻抗值；③求等效阻抗，化简电路；④计算三相短路电流周期分量有效值及其他短路参数；⑤列短路计算表。

用标幺值法进行短路计算的步骤：①选择基准容量、基准电压、计算短路点的基准电流；②绘制短路回路等效电路；③计算短路回路中各元件的电抗标幺值；④求总电抗标幺值，化简电路；⑤计算三相短路电流周期分量有效值及其他短路参数；⑥列短路计算表。

2.3.2 无限大容量电源供电系统短路电流计算

1. 概述

短路电流计算时，先绘出计算电路图。在计算电路图上，将短路计算所考虑的各元件按额定参数表示，并将各元件编号，再确定短路计算点。短路计算点的选择应使需要进行短路校验的电气元件有最大可能的短路电流通过。

再按所选短路计算点绘出等效电路图，并计算电路中各主要元件的阻抗。等效电路图中，将被计算短路电流所流经的主要元件表示出来，并标明序号和阻抗值，采用分子标序号、分母标阻抗值的方式，再化简等效电路。对工厂供电系统，由于将电力系统当作无限大容量电源，短路电路比较简单，一般只需采用阻抗串、并联方法即能化简电路，求出等效总阻抗，最后计算短路电流和短路容量。

短路计算中的电流单位为 kA，电压单位为 kV，短路容量和断流容量单位为 MV · A，设备容量单位为 kW 或 kV · A，阻抗单位为 Ω。

2. 欧姆法进行短路计算

无限大容量系统中发生三相短路时，三相短路电流周期分量有效值为

$$I_{\mathrm{k}}^{(3)}=\frac{U_{\mathrm{c}}}{\sqrt{3}\,|Z_{\Sigma}|}=\frac{U_{\mathrm{c}}}{\sqrt{3}\sqrt{R_{\Sigma}^{2}-X_{\Sigma}^{2}}}$$

式中 U_{c}——短路点的计算电压。

因线路首端短路时短路最严重，按线路首端电压考虑，即短路计算电压取为比线路额定电压 U_{N} 高 5%，按电压标准，U_{c} 有 0.4kV，0.69kV，3.15kV，6.3kV，10.5kV，37kV 等；

$|Z_\Sigma|$、R_Σ、X_Σ分别为短路电路总阻抗［模］总电阻和总电抗值。

高压电路短路计算中，总电抗远比总电阻大，一般可只计电抗，不计电阻。在计算低压侧短路时，也只有当短路电路的 $R_\Sigma > X_\Sigma/3$ 时才需计电阻。

如不计电阻，则三相短路电流的周期分量有效值为 $I_k^{(3)} = U_c \sqrt{3} X_\Sigma$，三相短路容量为 $S_k^{(3)} = \sqrt{3} U_c I_k^{(3)}$。

下面再介绍电力系统、电力变压器和电力线路的阻抗计算。供电系统中母线、线圈型电流互感器的一次绕组、低压断路器过电流脱扣线圈及开关的触点等阻抗相对很小，短路计算略去阻抗后，计算所得短路电流稍偏大，用稍偏大的短路电流校验电气设备，可使运行安全性更有保证。

（1）电力系统的阻抗　电力系统电阻相对电抗很小，一般不考虑。电力系统的电抗可由电力系统变电站高压馈电线出口断路器的断流容量 S_{oc} 估算，S_{oc} 看成是电力系统的极限短路容量 S_k。因此电力系统的电抗为

$$X_s = U_c^2 / S_{oc}$$

式中　U_c——高压馈电线的短路计算电压，但为便于短路总阻抗计算，可直接采用短路点的短路计算电压；

S_{oc}——系统出口断路器的断流容量，可查有关手册。

如只有分断电流 I_{oc} 数据，则其断流容量为

$$S_{oc} = \sqrt{3} I_{oc} U_N$$

式中　U_N——额定电压。

（2）电力变压器阻抗

1）变压器的电阻 R_T 可由变压器短路损耗 ΔP_k 近似地计算，因 $\Delta P_k \approx 3I_N^2 R_T \approx 3(S_N/\sqrt{3}U_c)^2 R_T = (S_N/U_c)^2 R_T$，得

$$R_T \approx \Delta P_k \left(\frac{U_c}{S_N}\right)^2$$

式中　U_c——短路点的短路计算电压；

S_N——变压器的额定容量；

ΔP_k——变压器短路损耗，可查有关手册或产品样本。

2）变压器的电抗 X_T 可由变压器短路电压百分值 $U_k\%$ 近似计算，因 $U_k\% \approx (\sqrt{3} I_N X_T / U_c) \times 100\% \approx (S_N X_T / U_c^2) \times 100\%$，得

$$X_T \approx \frac{U_k\% U_c^2}{S_N}$$

式中　$U_k\%$——变压器的短路电压（阻抗电压 U_Z）百分值，可查有关手册得到。

（3）电力线路阻抗

1）线路的电阻 R_{WL}。可由电缆单位长度电阻 R_0 值求得，即

$$R_{WL} = R_0 l$$

式中　R_0——电缆单位长度的电阻，可查阅手册得到；

l——线路长度。

2）线路的电抗 X_{WL}。可由电缆单位长度电抗 X_0 值求得，即

$$X_{WL} = X_0 l$$

式中　X_0——导线电缆单位长度的电抗，可查有关手册得到；

l——线路长度。

如线路结构数据不详时，X_0可按表 2-4 取其电抗平均值。

表 2-4　电力线路每相的单位长度电抗平均值

电压等级	6～10kV	35kV 及以上	220/380V
架空线路单位长度电抗/(Ω/km)	0.35	0.40	0.32
电缆线路单位长度电抗/(Ω/km)	0.08	0.12	0.066

按照无限大容量系统发生三相短路的计算公式，求出 $I_k^{(3)}$，也可按照总电抗远大于总电阻、不计电阻时的三相短路电流的周期分量有效值求出 $I_k^{(3)}$。

注意，计算短路电路的阻抗时，假如电路内含有电力变压器，则电路内各元件阻抗都应统一换算到短路点的短路计算电压。阻抗等效换算的条件是元件功率损耗不变，即由 $\Delta P = U^2/R$ 和 $\Delta Q = U^2/X$ 可知，元件阻抗值与电压二次方成正比，阻抗换算公式为

$$R' = R\left(\frac{U'_c}{U_c}\right)^2 \text{ 和 } X' = X\left(\frac{U'_c}{U_c}\right)^2$$

式中　R、X 和 U_c——换算前元件的电阻、电抗和元件所在处的短路计算电压；

R'、X'和 U'_c——换算后元件的电阻、电抗和短路点的短路计算电压。

就短路计算中考虑的几个主要元件阻抗而言，只有电力线路阻抗有时需换算，例如计算低压侧短路电流时，高压侧线路阻抗需换算到低电侧。而电力系统和电力变压器阻抗，因计算公式中均含有 U_c^2，因此计算阻抗时，U_c可直接代以短路点计算电压，相当于阻抗已换算到短路点的一侧了。

例 2-5　如某工厂供电系统如图 2-8 所示，已知电力系统出口断路器为 SN10－10Ⅱ型，计算工厂变电站高压 110kV 母线 k－1 点短路和低压 380V 母线 k－2 点短路的三相短路电流和短路容量。

解：(1) 求 k－1 点的三相短路电流和短路容量（U_{c1} = 10.5kV）

1) 计算短路电路中各元件电抗及总电抗。

电力系统的电抗 X_1：由附表 16 查得 SN10－10Ⅱ型断路器的断流容量 S_{oc} = 500MV · A，因此

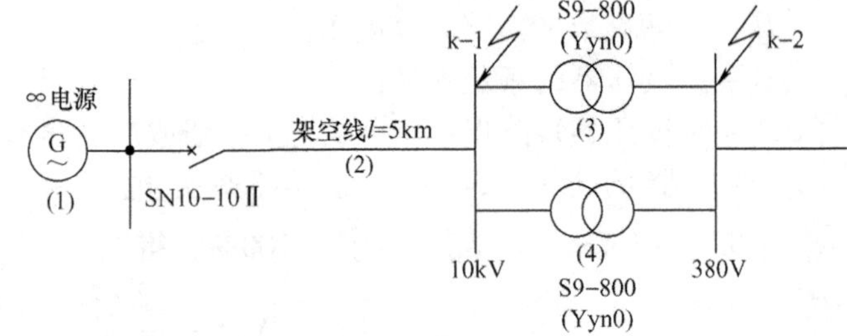

图 2-8　例 2-5 的短路计算电路

$$X_1 = \frac{U_{c1}^2}{S_{oc}} = \frac{(10.5\text{kV})^2}{500\text{MV}\cdot\text{A}} = 0.22\Omega$$

架空线路的电抗 X_2：由表 2-4，可得 X_0 = 0.35Ω/km，因此

$$X_2 = X_0 l = 0.35 \times 5\Omega = 1.75\Omega$$

绘制 k－1 点短路的等效电路，如图 2-9 所示，图上标出各元件的序号（分子）和电抗值（分母），并计算其总阻抗为

$$X_{\Sigma(k-1)} = X_1 + X_2 = (0.22 + 1.75)\Omega = 1.97\Omega$$

2）计算三相短路电流和短路容量。

三相短路电流周期分量有效值为

$$I_{k-1}^{(3)}=\frac{U_{c1}}{\sqrt{3}X_{\Sigma(k-1)}}=\frac{10.5}{\sqrt{3}\times1.97}\text{kA}=3.08\text{kA}$$

三相短路次暂态电流和稳态电流为

$$I''^{(3)}=I_{\infty}^{(3)}=I_{k-1}^{(3)}=3.08\text{kA}$$

三相短路冲击电流及第一个周期短路全电流有效值为

$$i_{sh}^{(3)}=2.55I''^{(3)}=2.55\times3.08\text{kA}=7.85\text{kA}$$

$$I_{sh}^{(3)}=1.51I''^{(3)}=1.51\times3.08\text{kA}=4.65\text{kA}$$

$$I_{k-1}^{(3)}=\frac{U_{c1}}{\sqrt{3}X_{\Sigma(k-1)}}=\frac{10.5}{\sqrt{3X}1.97}\text{kA}=3.08\text{kA}$$

三相短路容量为

$$S_{k-1}^{(3)}=\sqrt{3}U_{c1}I_{k-1}^{(3)}=\sqrt{3}\times10.5\times3.08\text{MV}\cdot\text{A}=56.0\text{MV}\cdot\text{A}$$

（2）求 k－2 点的三相短路电流和短路容量（$U_{c2}=0.4\text{kV}$）

1）计算短路电路中各元件的电抗及总电抗。

电力系统的电抗 X_1'为

$$X_1'=\frac{U_{c2}^2}{S_{oc}}=\frac{(0.4\text{kV})^2}{500\text{MV}\cdot\text{A}}=3.2\times10^{-4}\Omega$$

架空线路的电抗 X_2'为

$$X_2'=X_0l\left(\frac{U_{c2}}{U_{c1}}\right)^2=0.35\times5\times\left(\frac{0.4}{10.5}\right)^2\Omega=2.54\times10^{-3}\Omega$$

电力变压器的电抗 X_3：由附表 2 得 $U_k\%=5\%$，因此

$$X_3=X_4\approx\frac{U_k\%U_c^2}{S_N}=0.05\times\frac{(0.4)^2}{1000}\Omega=8\times10^{-3}\Omega$$

绘制 k－2 点短路的等效电路，如图 2-9 所示，计算总阻抗为

$$\begin{aligned}X_{\Sigma(k-2)}&=X_1+X_2+X_3//X_4\\&=X_1+X_2+\frac{X_3X_4}{X_3+X_4}\\&=3.2\times10^{-4}+2.54\times10^{-3}\\&\quad+\frac{8\times10^{-3}}{2}\Omega=6.86\times10^{-3}\Omega\end{aligned}$$

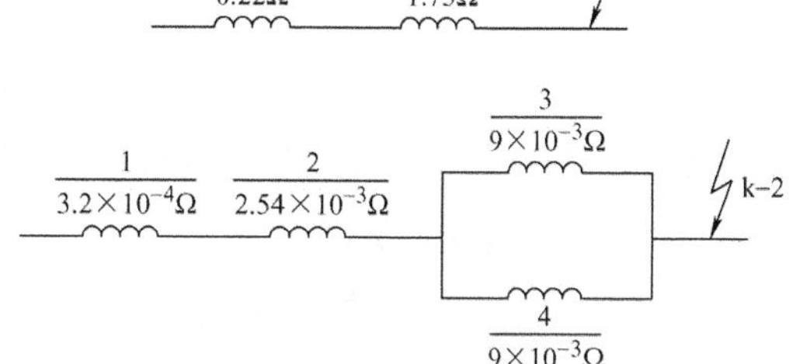

图 2-9　例 2-5 的短路等效电路图

2）计算三相短路电流和短路容量。

三相短路电流周期分量有效值为

$$I_{k-2}^{(3)}=\frac{U_{c2}}{\sqrt{3}X_{\Sigma(k-2)}}=\frac{0.4}{\sqrt{3}\times6.86\times10^{-3}}\text{kA}=33.7\text{kA}$$

三相短路次暂态电流和稳态电流为

$$I''^{(3)}=I_{\infty}^{(3)}=I_{k-2}^{(3)}=33.7\text{kA}$$

三相短路冲击电流和稳态电流为

$$i_{sh}^{(3)}=1.84I''^{(3)}=1.84\times33.7\text{kA}=62.0\text{kA}$$

$$I_{sh}^{(3)}=1.09I''^{(3)}=1.09\times33.7\text{kA}=36.7\text{kA}$$

三相短路容量为

$$S_{k-2}^{(3)}=\sqrt{3}U_{c2}I_{k-2}^{(3)}=\sqrt{3}\times 0.4\times 33.7\text{MV}\cdot\text{A}=23.3\text{MV}\cdot\text{A}$$

工程设计说明书中，一般只列短路计算表，见表2-5。

表2-5　例2-5的短路计算表

短路计算点	三相短路电流/kA					三相短路容量/MV·A
	$I_k^{(3)}$	$I''^{(3)}$	$I_\infty^{(3)}$	$i_{sh}^{(3)}$	$I_{sh}^{(3)}$	$S_k^{(3)}$
k-1	3.08	3.08	3.08	7.85	4.65	56.1
k-2	33.7	33.7	33.7	62.0	36.7	23.3

在高压系统中，用标幺值法进行短路计算，所谓标幺值法即相对单位制法，因其短路计算中有关物理量是采用标幺值而得名。此处不再介绍计算过程，如有兴趣可参阅有关资料，计算例2-5对比，结果应该基本一样。

3. 两相短路电流的计算

无限大容量系统中发生两相短路时，短路电流为

$$I_k^{(2)}=\frac{U_c}{2|Z_\Sigma|}$$

式中　U_c——短路点的计算电压（线电压）。

如只计电抗，则短路电流为

$$I_k^{(2)}=\frac{U_c}{2|Z_\Sigma|}、I_k^{(3)}=\frac{U_c}{\sqrt{3}|Z_\Sigma|}$$

由此求得　　$I_k^{(2)}/I_k^{(3)}=\sqrt{3/2}=0.866$

因此

$$I_k^{(2)}=\frac{\sqrt{3}}{2}I_k^{(3)}=0.866I_k^{(3)}$$

也就是说，无限大容量系统中，同一地点两相短路电流为三相短路电流的0.866倍。因此，无限大容量系统中的两相短路电流，可在求出三相短路电流后再按上式直接求得。

4. 单相短路电流的计算

工程设计中，计算单相短路电流时有

$$I_k^{(1)}=\frac{U_\varphi}{|Z_{\varphi-0}|}$$

式中　U_φ——电源相电压；

$|Z_{\varphi-0}|$——单相短路回路的阻抗［模］。

2.4 短路的效应及危害

电力系统中出现短路故障后，因负载阻抗被短接，电源到短路点的短路阻抗很小，使电源至短路点的短路电流比正常工作电流大很多，强大电流产生的电动力可能破坏电气设备，短路

点电弧也可能烧毁电气设备，短路点附近电压显著降低，可能使供电受到影响或被迫中断。不对称短路造成的零序电流在邻近通信线路内产生的感应电动势也会干扰通信。为正确选择电气设备，保证其在短路时可靠工作，必须用短路电流的电动力效应及热效应对设备进行校验。

2.4.1　短路电流的电动力效应

通电导体周围存在电磁场，如两平行导体分别通过电流时，两导体间由于电磁场相互作用产生力的相互作用。三相线路中三相导体间正常工作时也存在电动力作用，正常工作电流较小，不影响线路的运行，当发生三相短路时，在短路后半个周期（0.01s）内出现的最大短路电流（冲击短路电流）可达到几万安培至几十万安培，导体电动力将达到几千至几万牛顿。

三相导体在同一平面平行布置时，中间一相受到电动力最大，最大电动力 F_m 正比于电流的二次方。对电力系统中硬导体和电气设备，应校验其在短路电流下的动稳定性。

1. 一般电器

对一般电器，要求电器的极限通过电流（动稳定电流）峰值大于最大短路电流峰值，即

$$i_{max} \geqslant i_{sh}$$

式中　i_{max}——电器的极限通过电流（动稳定电流）峰值；

i_{sh}——最大短路电流峰值。

2. 绝缘子

对绝缘子，要求绝缘子的最大允许抗弯载荷大于最大计算载荷，即

$$F_{al} \geqslant F_c$$

式中　F_{al}——绝缘子的最大允许载荷；

F_c——最大计算载荷。

2.4.2　短路电流的热效应

电力系统正常运行时，额定电流在导体中产生的热量被导体吸收，导体温度升高，同时热量传入周围介质中。当产生的热量等于散失热量时，导体达到热平衡状态。电力系统中出现短路时，因短路电流大，发热量大，时间短，热量来不及散入周围介质中去，可认为全部热量都用来升高导体温度。导体达到最高温度 T_m 与导体短路前温度 T、短路电流大小及通过短路电流的时间有关。

计算出导体最高温度 T_m 后，将其与表 2-6 所规定导体允许最高温度比较，若 T_m 不超过规定值，认为满足热稳定要求。

表 2-6　常用导体和电缆的最高允许温度

导体材料与种类		最高允许温度/℃	
		正常时	短路时
硬导体	铜	70	300
	铜（镀锡）	85	200
	铝	70	200
	钢	70	300

（续）

导体材料与种类		最高允许温度/℃	
		正常时	短路时
油浸纸绝缘电缆	铜芯（10kV）	60	250
	铝芯（10kV）	60	200
交联聚乙烯绝缘电缆	铜芯	80	230
	铝芯	80	200

对成套电气设备，因导体材料及截面均已确定，故达到极限温度所需要热量只与电流及通过的时间有关。因此设备的热稳定校验可计算为

$$I_t^2 t \geqslant I_\infty^2 t_{ima}$$

式中 $I_t^2 t$——产品样本提供的产品热稳定参数；

I_∞——短路稳态电流；

t_{ima}——短路电流作用假想时间。

对导体和电缆，通常计算导体热稳定最小截面 A_{min} 的方法为

$$A_{min} \geqslant I_\infty^{(3)} \times 10^3 \sqrt{\frac{t_{ima}}{K_k - K_L}} = I_\infty^{(3)} \times 10^3 \frac{\sqrt{t_{ima}}}{C}$$

式中 C——导体的热稳定系数；

K_k——短路时导体加热系数/($A^2 \cdot s/mm^2$)；

K_L——正常负荷时导体加热系数/($A^2 \cdot s/mm$)。

课堂练习

(1) 什么是短路？短路产生的原因有哪些？它对电力系统有哪些危害？

(2) 短路有哪些形式？哪种短路形式发生的可能性最多？哪种短路形式的危害最为严重？

(3) 什么是无限大容量电力系统？它有什么主要特征？突然短路时，系统中的短路电流将如何变化？

(4) 短路冲击电流 i_{sh}、冲击电流有效值 I_{sh}、短路次暂态电流 I'' 和短路稳态电流 I_∞ 各是什么含义？

第3章 工厂电力网络及供电线路

3.1 工厂电力网络的基本接线方式

电力线路担负输送和分配电能的任务，电力线路按电压高低分为高压和低压线路；按结构分为架空、电缆和室内（车间）线路等。

高压线路一般指 1kV 及以上电压的电力线路，低压线路指 1kV 以下的电力线路。实际工作中通常也将 1～10kV 或 35kV 的电力线路称为中压线路，35kV 或以上至 110kV（或 220kV）的电力线路称为高压线路，将 220kV 或 330kV 以上的电力线路称为超高压线路。

本章中的高压，泛指 1kV 及以上的电压。

工厂电力网络的接线应力求简单、可靠、操作维护方便。工厂电力网络包括厂内高压配电网络与车间低压配电网络，高压配电网络指从总降压变电站或配电站到各个车间变电站或高压设备之间的 6～10kV 配电网络；低压配电网络指从车间变电站到各低压用电设备的 380/220V 配电网络。工厂内高低压电力线路的接线方式有放射式、树干式及环式等三种类型。

3.1.1 高压配电线路的接线方式

1. 放射式接线

高压放射式接线指由工厂变电站、配电所高压母线上引出单独的线路，直接供电给车间变电站或高压用电设备，在该线路上不再分接其他高压用电设备，如图 3-1 所示。这种放射式接线的线路互不影响，因此供电可靠性较高，而且接线方式简洁，操作维护方便，保护简单，便于实现自动化。但使用高压开关设备多，每台高压断路器都要装设一台高压开关柜，投资成本高，当线路故障或检修时，该线路上全部负荷都将停电。为提高供电可靠性，根据具体情况可增加备用线路，提高供电线路的可靠性。

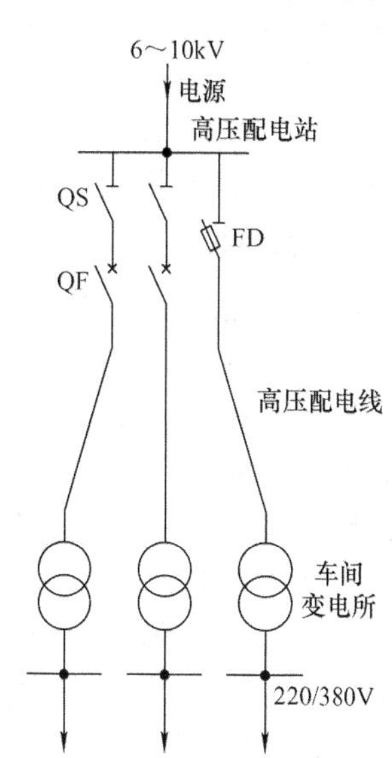

图 3-1　高压单回路放射式接线

如想进一步提高这种放射式线路的供电可靠性，可在各车间变电站高压侧之间或低压侧之间加设联络线，还可采用来自两个电源的两路高压进线，然后经分段母线，由两段母线用双回路对用户交叉供电，如图 3-2 所示的 2 号车间变电站配电的方式。

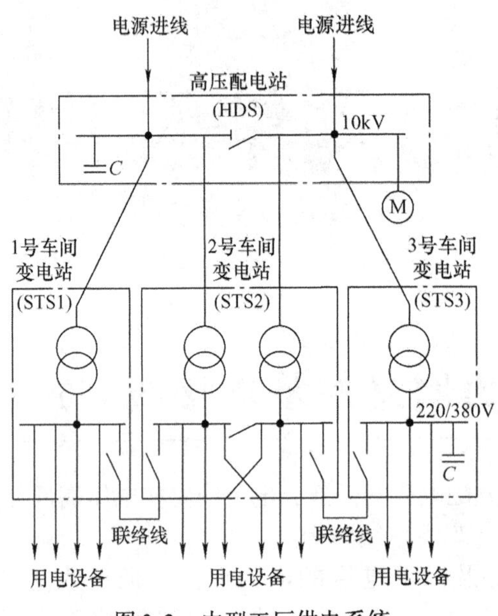

图 3-2　中型工厂供电系统

2. 树干式接线

高压树干式接线指从工厂变配电所高压母线上引出一回路供电干线，沿线分接至各车间变电站或负荷的接线方式。一般干线上连接的车间变电站不超过 5 个，总容量一般在 3000kV · A 以下。

树干式接线如图 3-3 所示，树干式接线与放射式接线相比具有明显的优点，如多数情况下能减少线路的有色金属消耗量；采用的高压开关数量少，投资较省。但也存在缺点，如供电可靠性较低，当高压干线发生故障或检修时，接于干线的所有变电站及设备都要停电，且在实现自动化方面适应性较差。要提高其供电的可靠性，可采用图 3-4a 所示双干线供电或图 3-4b 所示的两端供电的接线方式。

3. 环式接线

环式接线如图 3-5 所示，环式接线实质上与两端供电的树干式接线相同，这种接线方式在现代化城市电网中应用很广。为避免环式线路在故障时影响整个电网，也为环式线路保护提供选择性和参数整定的方便性，绝大多数环式线路采取“开口”运行方式，当干线上任何地方发生故障时，只要找出故障段，拉开其两侧的隔离开关，将故障段切除后，全部线路即可以恢复供电，即环式线路中有一处开关采用断开方式。

工厂高压配电线路并不是只使用以上某一种方式，而是几种接线方式的组合，依具体情况而定。放射式接线的供电可靠性较高且便于运行管理，因此大中型工厂的高压配电系统多优先选用放射式。但放射式接线采用的高压开关设备较多、投资较大，因此对供电可靠性要求不高的辅助生产区和生活区，多采用比较经济的树干式或环式配电。

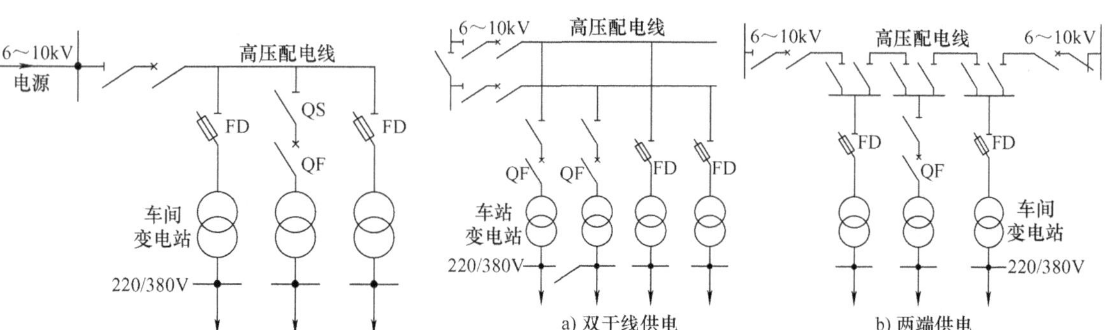

图 3-3　高压树干式接线

图 3-4　高压双回路放射式

（1）请查阅标准或相关资料，了解高压的概念。

（2）高压配电线路的接线方式有几种形式？各有什么特点？

（3）以图 3-5 所示的高压环式接线，具体分析这种线路的优点和缺陷？

3.1.2　低压线路的接线方式

1. 放射式接线

工厂低压配电线路的基本接线方式也可以分放射式、树干式和环式等三种。低压放射式接线如图 3-6 所示，由车间变电站的低压配电屏引出独立的线路供电给配电箱或大容量设备，再由配电箱引出独立的线路到各控制箱或用电设备。这种接线方式供电可靠性较高，任何一个分支出现故障都不会影响其他线路供电，运行操作方便，但所用开关设备及配电线路也较多。放射式接线多用于负荷分布在车间内各个不同方向、用电设备容量大、对供电可靠性要求较高的场合。

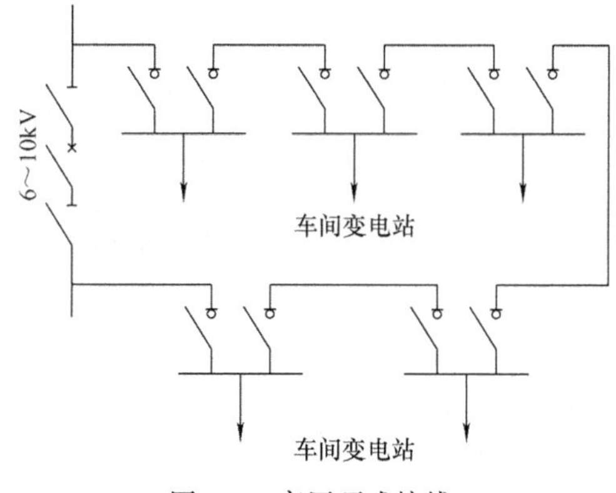

图 3-5　高压环式接线

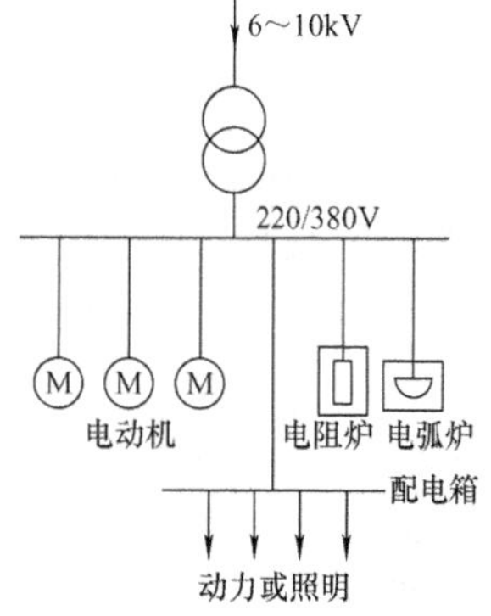

图 3-6　低压放射式接线

2. 树干式接线

树干式接线的特点与放射式接线正好相反，低压树干式接线是将用电设备或配电箱接到车间变电站低压配电屏的配电干线，如图 3-7 所示。这种接线方式的可靠性没有放射式接线高，主要适用于容量较小、分布均匀的用电设备，当干线出现故障时会使所连接的用电设备均受到影响，但这种接线方式引出的配电干线较少，所用开关设备较少，节省资源。

变压器–干线式接线方式是由变压器的二次侧引出线经过断路器或隔离开关直接引至车间内的干线，然后由干线上引出分支线配电，如图 3-7b 所示，这种接线方式可节省变电站的低压侧配电装置，简化变电站的结构，降低成本。图 3-8 所示是链式接线，适用于用电设备距离近，总容量不超过 10kW 的次要设备，设备台数为 3 ~5 台。

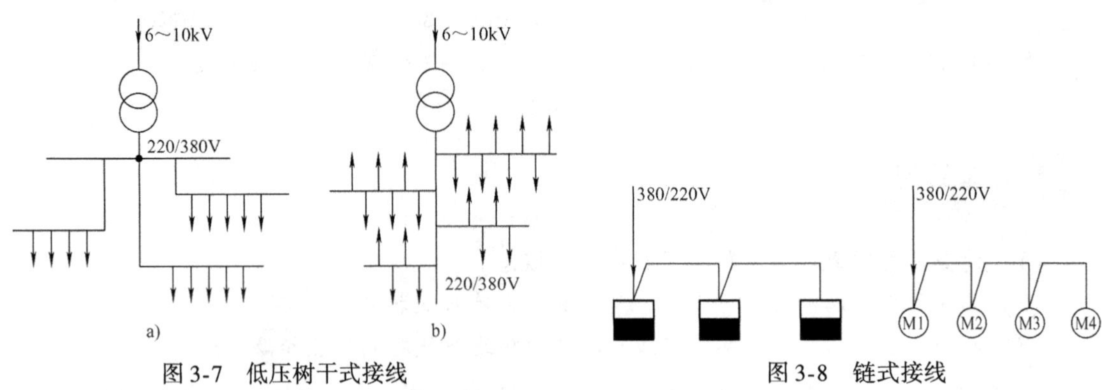

图 3-7　低压树干式接线

图 3-8　链式接线

3. 环式接线

工厂内各个车间变电站的低压侧，可以通过低压联络线连接起来，构成一个环，如图 3-9所示。这种接线方式供电可靠性高，一般线路故障或检修只是引起短时停电或不停电，经切换操作后就可恢复供电。

环形接线可降低电能及电压的损耗，但保护装置及整定的配合比较复杂。如果保护的参数整定配合不当，就容易发生误动作，反而会扩大故障停电范围。实际上，低压环形接线基本采用“开口”方式运行。

工厂低压配电系统应用时也是几种接线方式组合，依具体情况而定。在正常环境的车间或建筑内，若大部分用电设备不是很大且无特殊要求时，一般采用树干式接线配电，因为树干式接线配电较之放射式接线经济，用电单位的供电技术人员对树干式接线也已积累了运行经验。

实际上，工厂电力线路的接线应力求简单。运行经验证明，供电系统如果接线复杂，层次过多，会增加投资成本，维护不便，也由于电路串联的元件过多，因操作失误或元件故障而发生事故的概率增加，事故处理和恢复供电的操作也比较麻烦，延长停电的时间。同时由于配电级数多，继电保护级数相应增加，动作时间也相应延长，对供电系统的故障保护十分不利。

GB 50052—2009 规定：“供配电系统应简单可靠，同一电压等级的配电级数高压不宜多于两级；低压不宜多于三级”。以图 3-10 所示的工厂供电系统为例，工厂总降压变电站直接配电到车间变电站的配电级数只有一级，总降压变电站经高压配电所到车间变电站就有两级了，按规定最多不宜超过两级，对送电距离长、功率大的用电设备，可以采用两级变电送电。此外，高低压配电线路应尽可能深入负荷中心，以减少线路的电能损耗和有色金属用量，提高电压水平。

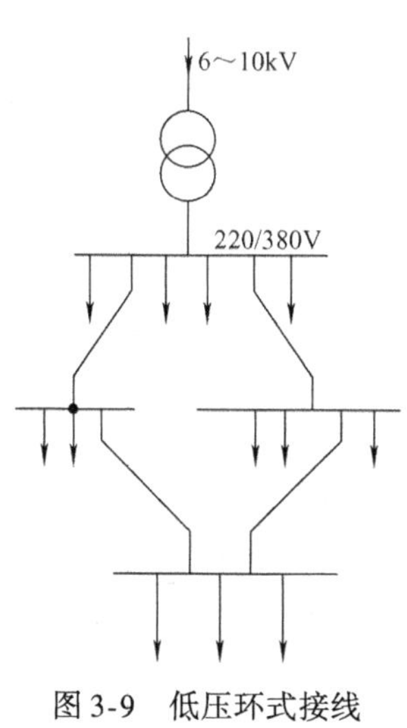

图 3-9　低压环式接线

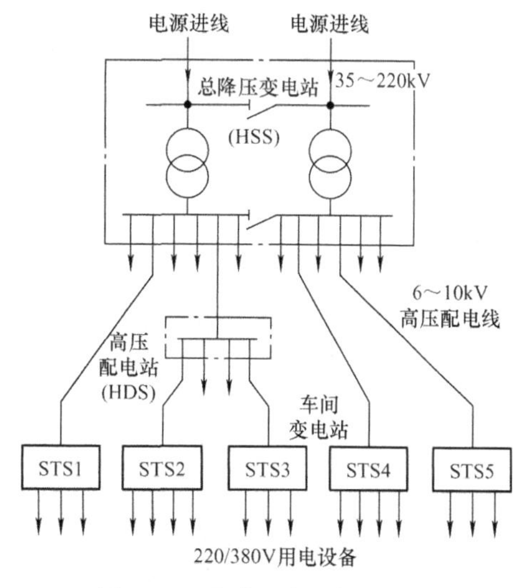

图 3-10　有降压变的供电系统

课堂练习

（1）低压线路的接线方式有几种？各有哪些特点？

（2）以低压线路的一种接线方式，具体分析其特点。

（3）根据 GB 50052—2009 标准规定对图 3-10 为例的工厂供电系统进行分析。

3.2　工厂及车间配电线路

3.2.1　线路的结构和敷设

配电线路所使用的导线多为绝缘线，也可使用电缆、母线或裸导线。

1. 绝缘导线

绝缘导线按线芯材料分类，有铜芯和铝芯两种。由于铜材料成本高，根据“节约用铜，以铝代铜”的原则，在满足导电性能时，一般应优先采用铝芯导线。但在易燃、易爆或其他有特殊要求的场所，应采用铜芯绝缘导线。

绝缘导线按外皮的绝缘材料分橡皮绝缘和塑料绝缘两种。塑料绝缘导线绝缘性能良好，价格较低，在户内明敷或穿管敷设时可取代橡皮绝缘导线。但因绝缘塑料在高温时易软化，在低温时又变硬变脆，施工困难，也影响使用的性能，故一般不在户外使用。

绝缘导线的敷设分明配线和暗配线两种方式。沿墙壁、顶棚、桁架及柱子等敷设导线称为明敷，也称明配线。导线穿管埋设在墙内、地坪内及房屋的顶棚内称暗敷，也称暗配线。所用保护管可以是钢管或塑料管，管径按穿入导线连同外皮保护层在内的总截面选择，不应超过管子内孔截面积的40%，还要考虑施工方便、散热等，可按有关技术规定选择。穿管敷设也有明敷和暗敷两种方式。

电缆线路与架空线路相比，成本高、投资大、维修不便，但运行可靠、不易受外界影响、不必架设电杆、不占地面、不影响环境和空间使用等，特别是在有腐蚀性气体和易燃、易爆场所，只有敷设电缆线路才行。目前，工厂和车间的线路基本不采用架空线路了。

2. 电缆的敷设

(1) 电缆敷设方式　工厂常见电缆敷设方式有多种，包括直接埋地（如图3-11所示）、沿墙（如图3-12所示）、电缆沟（如图3-13所示）和电缆桥架（如图3-14所示）等。大型变电站等电缆数量多又相对集中的场合，多采用电缆排管方式，如图3-15所示，还有电缆隧道方式等。

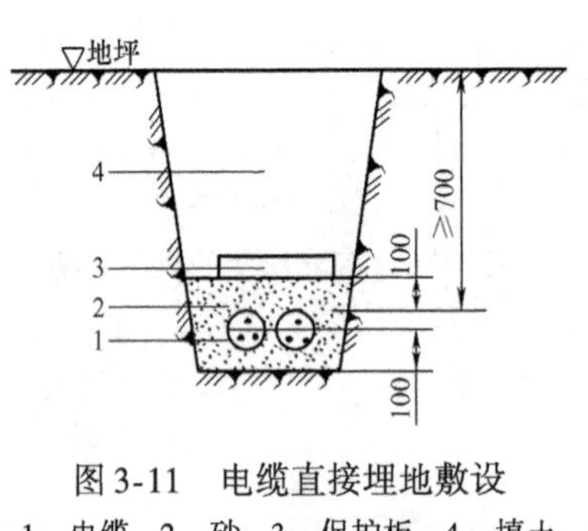

图3-11　电缆直接埋地敷设

1—电缆　2—砂　3—保护板　4—填土

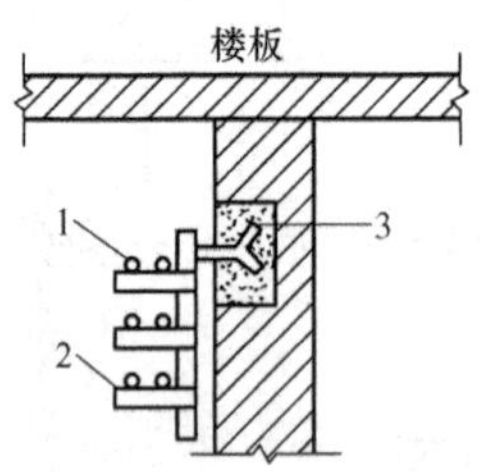

图3-12　电缆沿墙敷设

1—电缆　2—支架　3—预埋件

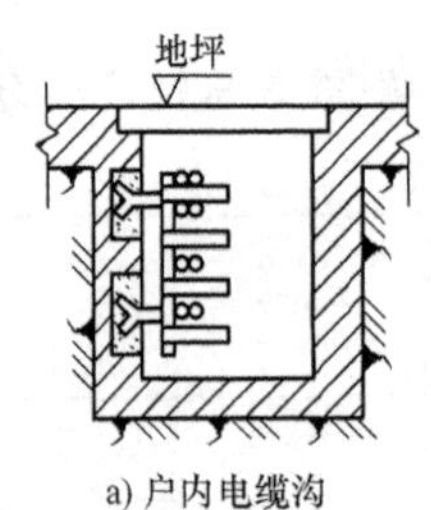

a) 户内电缆沟

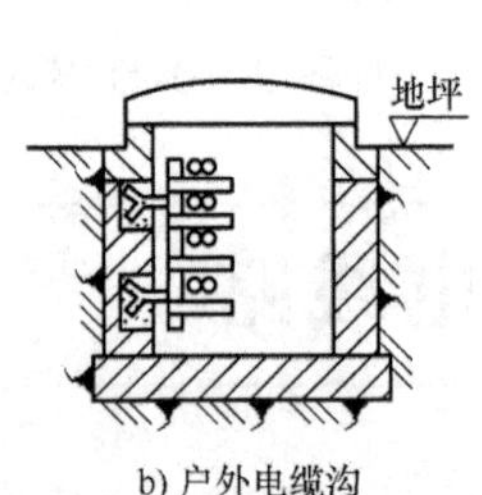

b) 户外电缆沟

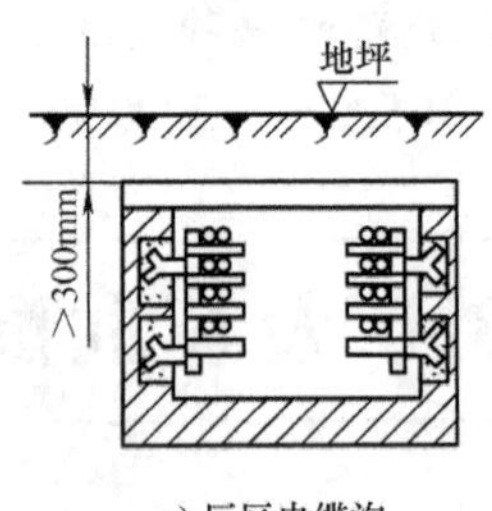

c) 厂区电缆沟

图3-13　电缆沟敷设

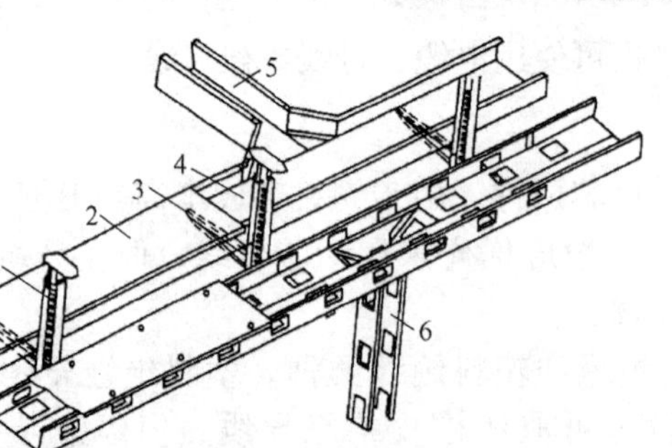

图3-14　电缆桥架

1—支架　2—盖板　3—支臂　4—线槽　5—水平线槽　6—垂直线槽

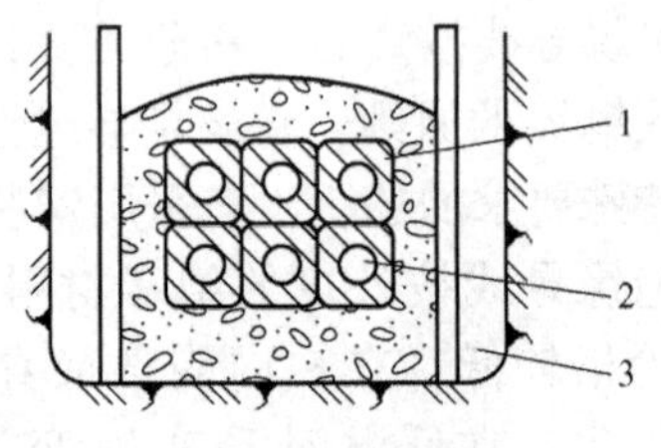

图3-15　电缆排管

1—水泥排管　2—电缆穿管　3—电缆沟

(2) 电缆敷设路径及要求　电缆敷设路径选择应避免电缆遭受机械性外力、过热及腐蚀等危害的地段，在满足安全要求条件下使电缆线路较短，便于运行维护，且避开将要挖掘

施工的地段。

电缆敷设的一般要求如下。

电缆长度一般按实际线路长度考虑5%～10%的裕量，在安装、检修时备用；直埋电缆时应采用波浪形埋设。

一些场合的非铠装电缆应采取穿管敷设，在电缆进出建（构）筑物处、电缆穿过楼板及墙壁处、从电缆沟引出至电杆，或沿墙敷设电缆距地面2m高度及埋入地大于0.3m深度的一段，以及与公路和铁路交叉的一段，电缆保护管内径应大于电缆外径或多根电缆包络外径的1.5倍。

多根电缆敷设在同一侧多层支架上时，电力电缆应按电压等级由高至低的顺序排列，控制、信号电缆和通信电缆应按强电至弱电的顺序排列，支架层数受通道空间限制时，35kV及以下相邻电压等级的电力电缆，可排列在同一层支架，1kV及以下电力电缆也可与强电控制、信号电缆配置在同一层支架，同一重要回路的工作电缆与备用电缆实行耐火分隔时，应配置在不同层次的支架。

明敷电缆不可平行敷设于热力管道上边。电缆与管道之间无隔板保护时，相互间距应符合表3-1的要求。

表3-1　线路边导线与建筑物间的最小水平距离

线路电压/kV	<3	3～10	35	66
水平距离/m	1.0	1.5	3.0	4.0

电缆应远离爆炸性气体释放源。敷设在爆炸性危险较小的场所时，若易爆气体比空气重，电缆应在较高处架空敷设，并对非铠装电缆采取穿管保护或置于托盘、槽盒内；易爆气体比空气轻时，电缆敷设在较低处的管、沟内，沟内非铠装电缆应埋沙。

电缆沿输送易燃气体的管道敷设时，应配置在危险程度较低的管道一侧，易燃气体比空气重时，电缆宜在管道上方；易燃气体比空气轻时，电缆在管道下方。

电缆沟应符合防火和防水的要求，电缆沟从厂区进入厂房处应设置防火隔板；电缆沟纵向排水坡度大于0.5%，不得排向厂房内侧。

直埋于非冻土地区的电缆，外皮至地下构筑物基础的距离大于0.3m；至对面距离大于0.7m；位于公路车行道或耕地下方时应适当加深，一般大于1m。直埋敷设电缆严禁位于地下管道的正上方或正下方。有化学腐蚀的土壤中不可直埋敷设电缆。

电缆的金属外皮、金属电缆头及保护钢管和金属支架等，均应可靠接地。

总之，敷设电缆应严格按标准、技术规范和设计要求，竣工后按规定程序检查、验收。

3.2.2　车间线路的敷设

车间线路包括室内配电和室外配电线路，车间线路敷设要符合前述规定外，还需满足车间的具体要求。厂房内配电线路大多采用绝缘导线，但配电干线多采用裸导线或母线，少数采用电缆。室外配电线路指沿车间外墙或屋檐敷设的低压配电线路，也包括车间之间短距离的低压架空线路，一般都采用绝缘导线。

1. 绝缘导线

（1）绝缘导线结构　绝缘导线有铜芯和铝芯的线缆，重要场合、安全可靠性要求高的线路，如办公楼、实验楼、图书馆和住宅等，以及高温、振动和对铝有腐蚀的场所，应采用铜芯绝缘导线，除此可选用铝芯绝缘导线。

绝缘导线按绝缘材料分为橡皮和塑料绝缘。橡皮绝缘导线的绝缘和耐热性能好，但耐油和抗酸碱腐蚀能力较差，价格较贵。塑料绝缘导线的绝缘性能好，耐油和抗酸碱腐蚀，价格较低，室内明敷和穿管敷设可以优先选用塑料绝缘导线。室外敷设及靠近热源的场合，优先选用耐热性较好的橡皮绝缘导线。绝缘导线型号的表示如下：

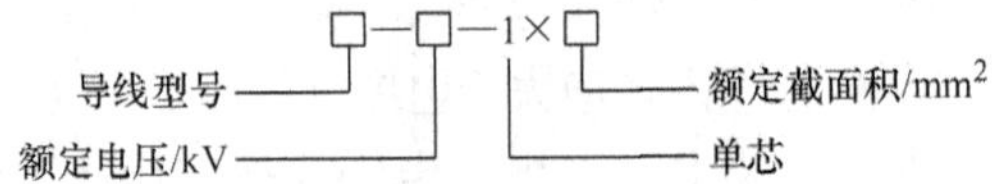

常用的聚氯乙烯绝缘导线有 BV（BLV），即铜（铝）芯聚氯乙烯绝缘导线；BVV（BLVV），即铜（铝）芯聚乙烯绝缘聚氯乙烯护套圆形导线；BVVB（BLVVB），即铜（铝）芯聚氯乙烯绝缘聚氯乙烯护套平型导线；BVR，即铜芯聚氯乙烯绝缘软导线。

常用的橡皮绝缘导线有 BX（BLX），即铜（铝）芯橡皮绝缘棉纱或其他纤维编织导线；BXR，即铜芯橡皮绝缘棉纱或其他纤维编织软导线；BXS，即铜芯橡皮绝缘双股软导线。

绝缘导线可采用明敷或暗敷，明敷是导线直接或穿管子、线槽等敷设于墙壁、顶棚的表面及桁架、支架等处；暗敷是导线穿管子、线槽等敷设于墙壁、顶棚、地坪及楼板等的内部，或者在混凝土板孔内敷设。

（2）绝缘导线的敷设　线槽布线和穿管布线的导线，在中间不许接头，接头必须经专门的接线盒。

穿金属管和穿金属线槽的交流线路，应将同一回路的所有相线和中性线穿于同一管、槽内，如果只穿部分导线，则由于线路电流不平衡，产生交变磁场作用于金属管、槽，在金属管、槽内产生涡流损耗，对钢管还要产生磁滞损耗，使管、槽发热导致其中绝缘导线过热甚至烧毁。

穿导线的管、槽与热水管、蒸汽管同侧敷设时，应敷设在水、蒸汽管下方；有困难时，可敷设在其上方，但相互间距应适当增大，或采取隔热措施。

2. 裸导线

（1）裸导线的结构　车间内配电裸导线大多采用硬母线结构，其截面形状有圆形、管形和矩形等，材质有铜、铝和钢。车间内多采用 LMY 型硬铝母线，少数采用 TMY 型硬铜母线。现代化的生产车间大多采用封闭式母线，也称“母线槽”，布线如图 3-16 所示。

（2）裸导线的敷设　裸导线水平敷设时至地面的距离不应小于 2.2m。垂直敷设时距地面 1.8m 以下部分应采取防止机械损伤的措施，但敷设在电气专用房间如配电室、电机室内的线路除外。

水平敷设的支撑点间距不宜大于 2m。垂直敷设时，通过楼板处的导线应采用附件支承，当进线盒及末端悬空时应采用支架固定。

母线终端无引出线或引入线时端头应封闭。母线的插接分支点，应设在安全及便于安装和维修的地方。

在交流三相系统中为识别导线相序，A 相应涂为黄色、B 相应涂为绿色、C 相应涂为红色，裸导线应按有关的标准要求涂色。

3. 车间线路敷设的安全要求

离地面 3.5m 以下的电力线路应采用绝缘导线，离地面 3.5m 以上的电力线路可以采用裸导线。

离地面 2m 以下的电力线路必须有机械保护，如穿钢管或穿硬塑料保护管。穿钢管的交流回路，应将同一回路的三相导线或单相的两根导线穿于同一钢管内，否则合成磁场不为零，管壁上存在交变磁场，进而产生铁损耗，使钢管发热。硬塑料管耐腐蚀，但机械强度低，散热差，一般用于有腐蚀性物质的场所。

为确保安全用电，车间内部的电气管线和配电装置与其他管线设备间的最小距离应符合要求。车间照明线路每一单相回路的电流要小于 15A，除花灯和壁灯等线路外，一个回路灯头和插座总数不应超过 25 个，当照明灯具电流超过 30A 时，需要采用 380/220V 的三相四线制供电。

对工作照明回路，在一般环境的厂房内穿管配线时，一根管内导线的总根数不得超过 6 根，而在有爆炸、火灾危险的厂房内不得超过 4 根。车间电力线路敷设方式如图 3-17 所示。

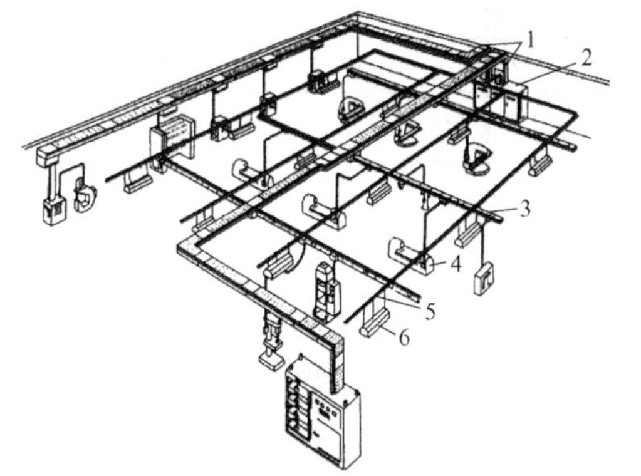

图 3-16　母线槽布线方式

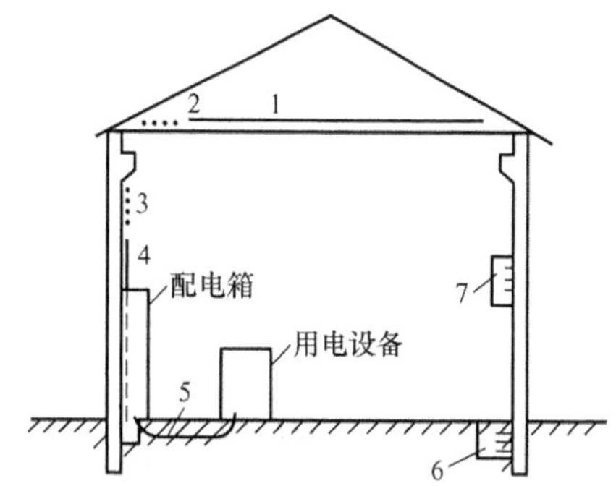

图 3-17　车间电力线路敷设方式

1—沿屋架明敷　2—跨屋架明敷　3—沿墙明敷　4—穿管明敷　5—地下穿管暗敷　6—地沟内敷设　7—封闭式母线

除了满足以上的电气技术条件外，敷设时还要满足电缆电线的机械强度。

在平面图上，导线和设备通常采用图形符号表示，导线及设备间的垂直距离和空间位置一般标注安装标高。电力设备的标注方法见表 3-2，电力线路敷设方式的文字代号见表 3-3，电力线路常用敷设部位的文字代号见表 3-4。

表 3-2　电力设备的标注方法

设备名称	标注方法	说　明
用电设备	$\frac{a}{b}$	a——设备编号 b——设备功率（单位为 kW）
配电设备	一般标注方法： $a\frac{b}{c}$ $a-b-c$ 标注引入线规格时： $a\frac{b-c}{d(e\times f)-g}$	a——设备编号 b——设备型号 c——设备功率（单位为 kW） d——导线型号 e——导线根数 f——导线截面积（单位为 mm^2） g——导线敷设方式及部位

（续）

设备名称	标注方法	说　明
开关及熔断器	一般标注方法： $a\dfrac{b}{c/i}$ $a-b-c/i$ 标注引入线规格时： $a\dfrac{b-c/i}{d(e\times f)-g}$	a——设备编号 b——设备型号 c——额定电流（单位为 A） d——导线型号 e——导线根数 f——导线截面积（单位为 mm^2） g——导线敷设方式 i——整定电流（单位为 A）

表 3-3　电力线路敷设方式的文字代号

敷设方式	代号	敷设方式	代号
明敷	M	用卡钉敷设	QD
暗敷	A	用槽板敷设	CB
用钢索敷设	S	穿焊接钢管敷设	G
用瓷瓦敷设	CP	穿电缆管敷设	DG
用瓷夹板敷设	CJ	穿塑料管敷设	VG

表 3-4　电力线路常用敷设部位的文字代号

敷设部位	代号	敷设部位	代号
沿梁下弦	L	沿顶棚	P
沿柱	Z	沿地板	D
沿墙	Q		

课堂练习

（1）工厂电缆敷设有几种方式？各有哪些特点？

（2）架空线路的方式现在基本不采用了，如果要采用，应当注意什么？

（3）地下敷设电缆应当注意哪些要求？

（4）图 3-17 所示为几种常用的车间电力线路敷设方式，车间动力电气平面布线图表示供电系统对车间动力设备配电的电器平面布线图，反映动力电气线路的敷设位置、敷设方式、导线穿管种类、线管管径、导线截面及导线根数，同时反映各种电器和用电设备的安装数量、型号及相对位置。请选择并认真阅读一张图纸，理解表达方式。

（5）图 3-18 所示为某机械加工车间的动力电气平面图（局部）。可以看出，No. 5 配电箱型号是 XL－21，作为动力柜使用，电源引入导线型号是 BLV－500－(3×25＋1×16)－G40－DA，即铝芯塑料绝缘导线，额定工作电压 500V，截面积为 $(3\times25+1\times16)mm^2$，穿管径 40mm 的钢管沿地板暗敷。No. 6 配电箱为照明配电箱，电源来自 No. 5 配电箱。35～42 号用电设备由 No. 5 配电箱供电。从配电箱到各用电设备的导线型号、截面积及敷设方式相同。

图 3-18 所示为车间动力电气平面布线图的一种表现方法。当设备台数较少时，可在平

面布线图上详细标出干线、配电箱及所供电的用电设备的型号、规格及设备的额定容量。

根据以上资料，请分析图 3-18 所示的设备容量与电缆截面积之间的关系。

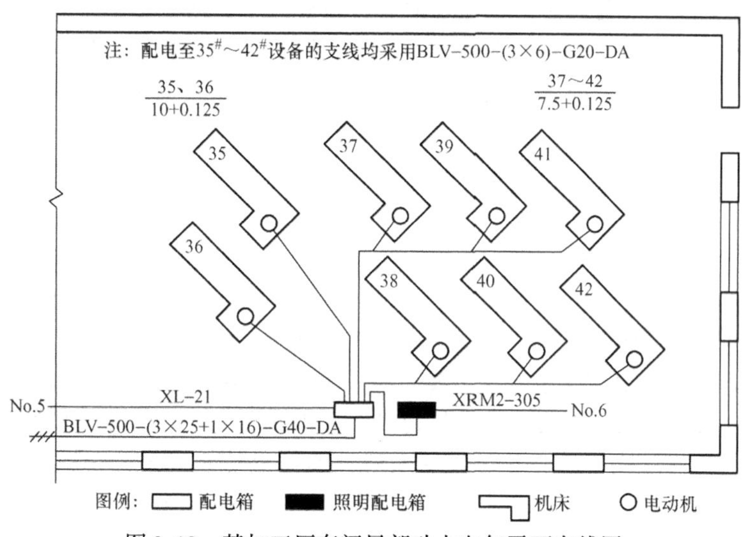

图 3-18　某加工厂车间局部动力电气平面布线图

3.3　电缆及母线的型号选择

3.3.1　电缆概述

1. 电缆及分类

电缆由一根或多根相互绝缘的导体和外包绝缘保护层制成，是将电力或信息从一处传输到另一处的导线，通常是由几根或几组导线绞合而成的类似绳索的结构，每组导线之间相互绝缘，并常围绕着一根中心线扭成，整个外面包有高度绝缘的覆盖层。电缆具有内通电，外绝缘的特征。

电缆种类很多，如电力电缆、控制电缆、补偿电缆、屏蔽电缆、高温电缆、计算机电缆、信号电缆、同轴电缆、耐火电缆、船用电缆、矿用电缆、铝合金电缆等，都由单股或多股导线和绝缘层组成，连接电路、电器等，如图 3-19 所示是钢索式电缆的用法，图 3-20 所示是设备中的电缆敷设。

电力电缆主要用于传输和分配电能，受外界因素如雷电、风害等影响小，供电可靠性高，发生事故不易影响人身安全，但电力电缆成本高，查找故障困难，接头处理复杂。一般在建筑或人口稠密的地方或不方便架设架空线的场所采用电力电缆。

图 3-19　钢索式电缆的用法

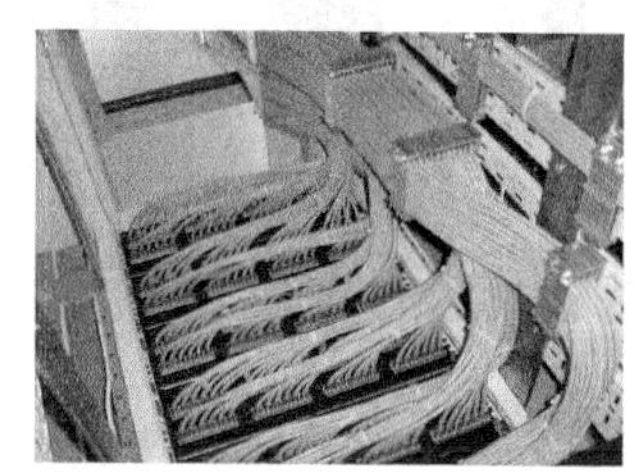

图 3-20　设备中的电缆敷设

电缆种类可根据电压、用途、绝缘材料、线芯数和结构特点分为很多种，按电压可分高压电缆和低压电缆；按线芯数可分单芯、双芯、三芯和四芯等；按绝缘材料可分油浸纸绝缘电缆、塑料绝缘电缆、橡胶绝缘电缆及交联聚乙烯绝缘电缆等。

油浸纸绝缘电缆结构简单、制造方便、成本低，易安装维护，但因内部有油，不宜用于有高度差的环境。塑料绝缘电缆稳定性高，安装简单，但塑料受热易老化变形。交联聚乙烯绝缘材料电缆耐热性好，载流量大，适宜高落差甚至垂直的场合敷设。橡皮绝缘电缆弹性好，性能稳定，防水防潮，一般用作低压电缆。

2. 电缆的特点

(1) 裸线　裸线主要是纯的导体金属，无绝缘及护套层，如钢芯铝绞线、铜铝母线、电力机车接触网等；加工工艺主要是高温和压力加工，如熔炼、压延、拉制、绞合/紧压绞合等；产品主要用在城郊、农村、用户主线、开关柜等。

(2) 电力电缆　主要用于发、配、输、变、供电线路中的强电电能传输。电力电缆载流量大，一般为几十安至几千安，其电压也高，一般为220V至500kV及以上。

(3) 通信电缆及光缆　随着通信技术发展，通信电缆及光纤产品发展迅速，从以前简单的电话电报线缆发展到几千对的话缆、同轴缆、光缆、数据电缆，甚至组合通信缆。该类产品结构尺寸较小而均匀，制造精度要求高。

(4) 柔性防火电缆　防火电缆防火性能优异，在燃烧中能耐受水喷与机械冲击。防火电缆包括单芯与多芯电缆，极限长度达2000m，截面积大，单芯电缆截面积达1000mm^2，多芯电缆截面积达240mm^2；防火电缆柔性好，燃烧时无烟无毒，不产生有害气体，不发生二次污染，耐腐蚀。有机绝缘耐火电缆需穿塑料管或铁管，塑料很容易老化，铁管易锈蚀；防火电缆使用铜护套，铜护套耐腐蚀性好，无电磁干扰，当防火电缆与信号、控制等电线电缆在同一竖井中敷设时，防火电缆在铜护套屏蔽下对信号不产生干扰；铜护套是良导体，大大提高了接地保护灵敏度与可靠性。柔性防火电缆使用寿命长，耐高温，不易老化，正常工作状态下，寿命可与建筑物等同。

另外，还有用于各种电机、仪器仪表等的电磁线或绕组线，以及便于安装、截面积较大的特柔电缆等。几种电缆外形如图3-21所示，油浸纸绝缘电缆如图3-22所示，交联聚乙烯绝缘电缆如图3-23所示。

图3-21　几种电缆外形

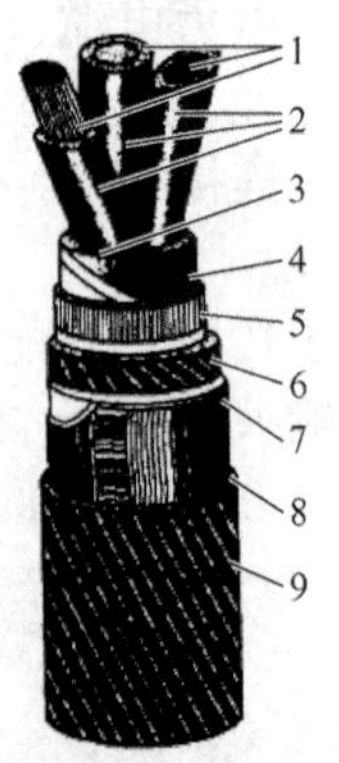

图3-22　油浸纸绝缘电缆

1—线芯　2—油浸纸绝缘层　3—麻筋　4—油浸纸　5—铅包层
6—涂沥青的纸带（内护层）　7—浸沥青的麻被（内护层）
8—钢铠（外护层）　9—麻被（外护层）

3. 电力电缆的基本结构

电缆由线芯、绝缘层和保护层三部分组成。电缆线芯要求导电性良好，减少输电时线路上能量损失。电缆按线芯分为铜芯电缆和铝芯电缆，一般情况下尽量选用铝芯电缆，在特殊场合，如有爆炸危险、腐蚀严重及安全要求较高等，可选用铜芯电缆。

绝缘层的作用是将线芯与保护层相隔离，必须具有良好的绝缘、耐热性能。油浸纸绝缘电缆以油浸纸作为绝缘层，塑料电缆以聚氯乙烯或交联聚乙烯作为绝缘层。

保护层分内护层和外护层两部分，内护层直接用来保护绝缘层，常用材料有铅、铝和塑料等。外护层用以防止内护层受到机械损伤和腐蚀，通常为钢丝或钢带构成的钢铠，外敷沥青、麻被或塑料保护套。电缆剖面图如图 3-24 所示。

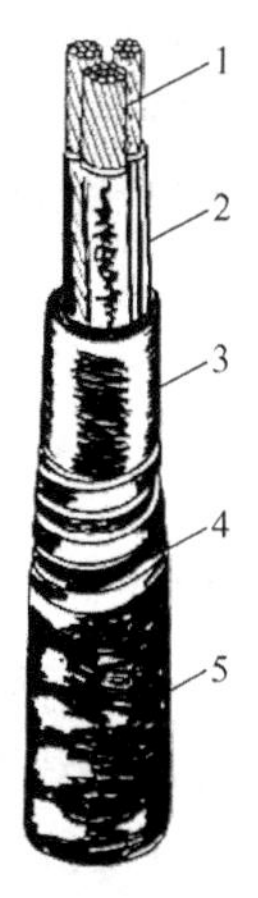

图 3-23　交联聚乙烯绝缘电缆

1—线芯　2—交联聚乙烯绝缘层　3—聚氯乙烯护套
4—钢铠或铝铠　5—聚氯乙烯外套

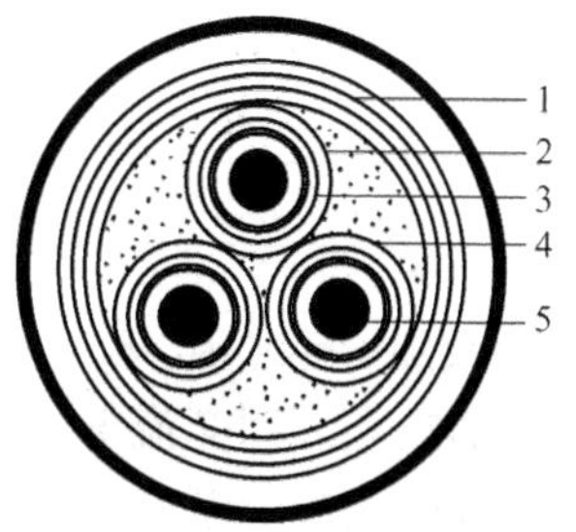

图 3-24　电缆的剖面图

1—铅皮　2—缠带绝缘　3—线芯绝缘
4—填充物　5—线芯

电缆头指由两条电缆的中间接头和电缆终端的封端头，是电缆线路的薄弱环节，线路中很大部分故障发生在接头处，电缆头制作过程必须符合规范，施工和运行中要由专业操作人员制作。

4. 电缆型号

每一个电缆型号表示一种电缆结构，也表明这种电缆的使用场合、绝缘种类和某些特征。电缆型号中的字母排列顺序一般为绝缘种类、线芯材料、内护层、其他结构特点、外护层等。如 ZLQP21 表示油浸纸绝缘铝芯线，内护层用铅包，无油，双钢带铠装。电缆型号中字母含义见表 3-5，电缆型号表示如图 3-25 所示。

5. 常用电缆

(1) 铝绞线　铝绞线用 LJ 表示，户外架空线路可采用铝绞线，其导电性能好，重量轻，对风雨抵抗力较强，但耐化学腐蚀能力较差，多用在 10kV 及以下线路，杆距为 100～125m。

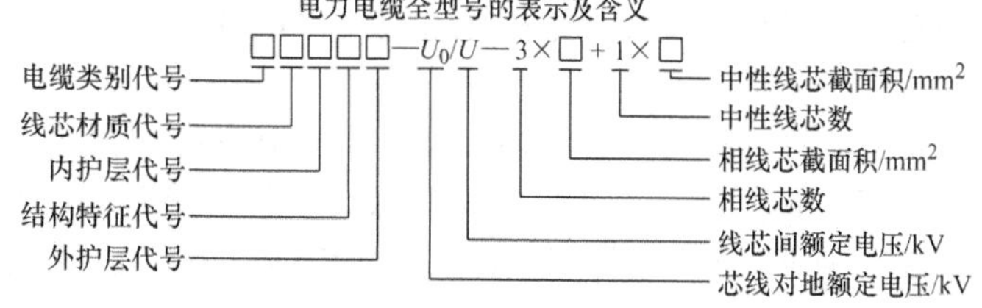

图 3-25　电缆型号表示

表 3-5　电缆型号中字母含义

项目	型号	含义	旧符号	项目	型号	含义	旧符号
绝缘种类	Z	油浸纸绝缘	Z	外护层	20	裸钢带铠装	20，120
	V	聚氯乙烯绝缘	V		(21)	钢带铠装纤维外被	2，12
	YJ	交联聚乙烯绝缘	YJ		22	钢带铠装聚氯乙烯套	22，29
	X	橡皮绝缘	X		23	钢带铠装聚乙烯套	
线芯	L	铝芯	L		30	裸细钢丝铠装	30，130
	T	铜芯（一般不注）	T		(31)	细圆钢丝铠装纤维外被	3，13
内护层	Q	铅包	Q		32	细圆钢丝铠装聚氯乙烯套	23，39
	L	铝包	L		33	细圆钢丝铠装聚乙烯套	
	V	聚氯乙烯护套	V		(40)	裸粗圆钢丝铠装	50，150
结构特点	P	滴干式	P		41	粗圆钢丝铠装纤维外被	
	D	不滴流式	D		(42)	粗圆钢丝铠装聚氯乙烯套	59，25
	F	分相铅包式	F		(43)	粗圆钢丝铠装聚乙烯套	
外护层	02	聚氯乙烯套	—		44	双粗圆钢丝铠装纤维外被	
	03	聚乙烯套	1，11				

（2）钢心铝绞线　钢心铝绞线用 LGJ 表示，线芯外围用铝线，中间用钢线，解决了铝绞线机械强度差的缺点。因交流电的趋肤效应，实际上大部分电流从铝线通过，钢心铝绞线的截面积指铝线部分面积。钢心铝绞线在机械强度要求较高的场合和 35kV 及以上架空线路上多被采用。

（3）铜绞线　铜绞线用 TJ 表示，其导电性能好，耐化学腐蚀能力强，成本高，且密度大，要根据实际情况选用。

油浸纸绝缘铝包或铅包电力电缆，如铝包铝芯（ZLL）型，铅包铝芯（ZL）型，该电缆耐压强度高、耐热能力好、使用年限长，使用最普遍。但在工作时，内部浸渍油会流动，不宜用在大高度差的场所。

塑料绝缘电力电缆重量轻，耐腐蚀，可敷设在有较大高度差，甚至是垂直、倾斜的环境下，有逐步取代油浸纸绝缘电缆的趋势。目前生产的聚氯乙烯绝缘层、聚氯乙烯护套全塑电力电缆，如 VLV 和 VV 型，已达 10kV 电压等级；另一种是交联聚乙烯绝缘层、聚氯乙烯护套电力电缆，如 YJLV 和 YJV 型，已达 35kV 电压等级。

绝缘导线的线芯材料有铝芯和铜芯两种，塑料绝缘导线类型有塑料绝缘铝芯线（BLV），塑料绝缘铜芯线（BV），塑料绝缘塑料护套铝（铜）芯线（BLVV 或 BVV），塑料绝缘铜芯软线（BVR）。

橡皮绝缘导线类型有，棉纱编织橡皮绝缘铝（铜）芯线（BLX 或 BX），玻璃丝编织橡皮绝缘铝（铜）芯线（BBLX 或 BBX），棉纱编织、浸渍、橡皮绝缘铝（铜）芯线（BLXG 或 BXG，有坚固保护层，适用面宽），棉纱编织橡皮绝缘软铜线（BXR）等。

6. 电缆选择

（1）选择考虑因素

1）发热条件：通过正常最大负荷电流即计算电流时产生的发热温度，不应超过正常运行时的最高允许温度。

2）电压损耗条件：通过正常最大负荷电流即计算电流时产生的电压损耗，不应超过正常运行时允许的电压损耗。

3）经济电流密度：35kV 及以上高压线路及 35kV 以下长距离、大电流线路，导线（含电缆）截面宜按经济电流密度选择，以使线路的年运行费用支出最小。

4）机械强度：电缆截面积不应小于其最小允许截面，对电缆来说，虽不必校验其机械强度，但需校验短路热稳定度，母线则应校验其短路的动稳定度和热稳定度。

（2）按发热条件选择电缆的原则

1）三相系统相截面积的确定：电流通过导线时会发热，导致温度升高，可造成接头氧化加剧、接触电阻大。为保证安全可靠，电线发热不能超过允许值，或者说，通过电线的计算电流在正常运行方式下最大负荷电流 I_{max} 应当小于电线允许载流量 I_{al}，即

$$I_{al} \geqslant I_{max}$$

式中　I_{al}——电线的允许载流量；

I_{max}——正常运行方式下的最大负荷电流。

导线和电缆正常发热温度不能超过允许值，相同截面积下，铜导体的载流能力是铝导体的 1.3 倍，根据环境温度乘上温度修正系数，可得到允许载流量，根据环境温度修正系数，最终确定载流量。温度系数关系为

$$K_T = \sqrt{\frac{T_{al} - T_0'}{T_{al} - T_0}}$$

式中　T_{al}——导体正常工作时的最高允许温度；

T_0——导体允许载流量所采用的环境温度；

T_0'——导体敷设地点实际的环境温度。

按规定选择导线时所用的环境温度，室外取当地最热月的平均最高气温，室内取当地最热月的平均最高气温加 5℃；选电缆时所用环境温度，土中埋放取当地最热月的平均气温，室外电缆沟、电缆隧道取当地最热月的平均最高气温；室内电缆沟取当地最热月的平均最高气温加 5℃。

按照允许载流量选择电线截面积时，根据最大负荷电流 I_{max} 选取，选择降压变压器高压侧的导线时，取变压器额定一次电流。高压电容器引入线应按电容器额定电流的 1.35 倍选择；低压电容器的引入线应按电容器额定电流的 1.5 倍选择。

截面积越大，电能损耗越小，但线路投资及维修管理费用越高；截面积越小，线路投资及维修管理费用越低，但电能损耗增加。综合考虑定出经济效益为最好的截面积，称为经济截面积。

2）中性线和保护线截面的选择：三相四线制系统的中性线，要通过系统的不平衡电流和零序电流，因此，中性线允许载流量不应小于三相系统的最大不平衡电流，还应考虑谐波影响。

一般三相负荷基本平衡的低压线路的中性线截面积，不应小于相线截面积的 50%；对三次谐波电流相当突出的三相线路，因各相的三次谐波要通过中性线，中性线电流可能接近相电流，中性线截面积不应小于相线截面积；对三相线路分出的两相三线线路、单相双线线路和单相双线中的中性线，因中性线的电流与相线完全相等，中性线与相线的截面积应相同；对保护线，要考虑三相系统发生单相短路故障时单相短路电流与相线电流通过时的短路热稳定，保护线截面积要大于相线的一半，但当相线截面积小于 $16mm^2$ 时，保护线截面应

与相线截面相等；保护中性线兼具中性线和保护线的功能，因此，保护中性线应当同时满足保护线和中性线的条件，截面积选择较大的。

（3）按经济电流密度选择　根据经济条件选择截面积时，选择大截面积，通过电流能力强，但电线成本高；选择小截面积，投资成本降低，但电能损耗大。要综合考虑两个方面因素，选择经济效益最好的截面积。

（4）按机械强度校验电线截面积　配电线路选用的机械强度要进行校验，并保证选择的绝缘线截面积不应小于允许的截面积。

例 3-1　有一条 BV－500 铜芯塑料线明敷的 220/380V 的 TN-S 线路，已知计算电流为 140A，当地最热月平均最高气温 30℃，按发热条件选择此线路的各线截面积。

解：TN-S 线路是含有 N 线和 PE 线的三相四线制线路，需分别选择相线、N 线和 PE 线的截面积。

1）相线截面积的选择：查表，环境温度 30℃，明敷 BV－500 铜芯塑料线为 $35mm^2$ 截面积时，$I_{al}=156A>I_{30}=140A$，满足发热条件，因此相线截面选 $A_{\Phi}=35mm^2$。

2）N 线截面积的选择：按 $A_0\geqslant 0.5A_{\Phi}$，选 $A_0=25mm^2$。

3）PE 线截面积的选择：由于 $A_{\Phi}=35mm^2$，按规定 $A_{PE}\geqslant 16mm^2$，而 $A_{\Phi}>35mm^2$ 时，$A_{PE}\geqslant 0.5A_{\Phi}$。综合考虑，选 $A_{PE}=25mm^2$。

所选型号规格可表示为 BV－500－（3×35＋1×25＋PE25）。

例 3-2　例 3-1 所示 TN-S 线路，用 BV－500 铜芯塑料线穿硬塑料管埋地敷设，当地最热月平均气温为 25℃。按发热条件选择此线路的各线截面积和穿线管内径。

解：查表 7，25℃时 5 根单芯线穿硬塑料管，BV－500 铜芯塑料线在截面积 $70mm^2$ 对 $I_{al}=148A>I_{30}=140A$，按发热条件，相线截面积可选 $70mm^2$。

N 线截面积按 $A_0\geqslant 0.5A_{\Phi}$ 选择，选为 $35mm^2$。

PE 线截面积也选为 $35mm^2$。硬塑料管内径选 75mm。

结果为 BV－500－（3×70＋1×35＋PE35）－PC75，PC 为硬塑料管代号。

7. 截面积确定实用办法

导线载流量与导线截面积有关，还与导线的材料、型号、敷设方法以及环境温度等有关，影响的因素较多，计算比较复杂。

我国常用导线标称截面积（单位为 mm^2）有 1，1.5，2.5，4，6，10，16，25，35，50，70，95，120，150，185。根据选用电缆经验，将电缆电流与截面积之间关系用口诀表示。口诀中阿拉伯数码表示导线截面积（单位为 mm^2），汉字数字表示电流倍数。以下就是工程技术人员在现场选择电力电缆的经验口诀：

10 下五，100 上二，
25、35，四、三界，
70、95，两倍半。
穿管、温度，八、九折。
裸线加一半。
铜线升级算。

可这样理解：导线截面积 $10mm^2$ 及以下的导线载流量是导线截面积的 5 倍，如截面积 $6mm^2$ 的导线载流量是 30A；截面积 $100mm^2$ 及以上导线载流量是导线截面积的 2 倍。截面积

$25mm^2$、$35mm^2$导线载流量是导线截面积的4倍或3倍。导线截面积越大，导电能力下降，这与趋肤效益及散热有关。此口诀按铝芯线计算，铜芯线的导电能力要升一个等级。

8. 电缆保护

电缆相互交叉时，高压电缆应在低压电缆下方。如其中一条电缆在交叉点前后1m范围内穿管保护或用隔板隔开时，最小允许距离为0.25m；电缆与热力管道接近或交叉时，如有隔热措施，二者平行和交叉的最小距离分别为0.5m和0.25m；电缆与铁路或道路交叉时应穿管保护，保护管应伸出路面2m以外；电缆与建筑物基础的距离，应能保证电缆埋设在建筑物散水以外；电缆引入建筑物时应穿管保护，保护管应超出建筑物及下水管以外；直接埋在地下的电缆与一般接地装置的接地位置相距0.25～0.5m。

电缆保护套管采用聚乙烯（PE）和优质钢管，经过喷砂抛丸前处理、浸塑或涂装、加温固化工艺制作，是保护电线和电缆最常用的一种电绝缘管，绝缘性能良好、化学稳定性高、不生锈、不老化，可适应苛刻环境。

塑料电缆不允许浸水，否则易发生绝缘老化；应经常测量电缆的负荷电流，防止电缆过负荷运行；应防止电缆受外力损坏；应防止电缆头套管出现污闪。

要做好电缆线路的运行维护，必须了解电缆的敷设方式、结构布置、路径走向及电缆头位置。电缆线路的运行维护包括巡视、负载检测、温度检测、预防腐蚀、绝缘预防性测试等。

课堂练习

（1）叙述电缆的组成与分类。

（2）电缆的选用与电流有关，还与其他因素有关，计算电缆的截面积与电流之间的关系很复杂，工程技术人员有简单实用的口诀，请查阅资料，叙述对口诀的理解。

（3）叙述电缆的选用原则。

（4）查阅资料，叙述电流的趋肤效应及影响。

3.3.2 母线的基本特征

1. 母线及母线槽

母线是一种导电体，相当于电缆的功能，但导电能力更强，用于大电流、短线路的场合。母线用高电导率的铜、铝材料制成，具有汇集和分配电力的能力，是发电厂或变电站输送电能用的总导线，将变压器或整流器输出的电能输送给各个用户或其他变电站，一般用于传输电能距离不长的场合。图3-26所示是铜母线的应用，母线接头的各种形式如图3-27所示，母线槽如图3-28所示。

母线槽最早由美国开发，1954年在日本实际应用，如今在高层建筑、工厂等的电气设备、电力系统中是重要的配线方式。

现代化工程设施和装备的用电容量较大，传统电缆在大电流输送系统中不能满足要求，而多路电缆并联使用，现场安装施工连接存在诸多不便。插接式母线槽作为一种新型配电导线，与传统电缆相比，在大电流输送时充分体现出优越性，因采用新技术、新工艺，大大降低了母线槽两端部连接处及分线口插接处的接触电阻和温升，并在母线槽中使用了高质量的绝缘材料，提高了母线槽的安全可靠性，使整个系统更加完善。

图 3-26　铜母线的应用

3-1　母线成形

图 3-27　母线接头

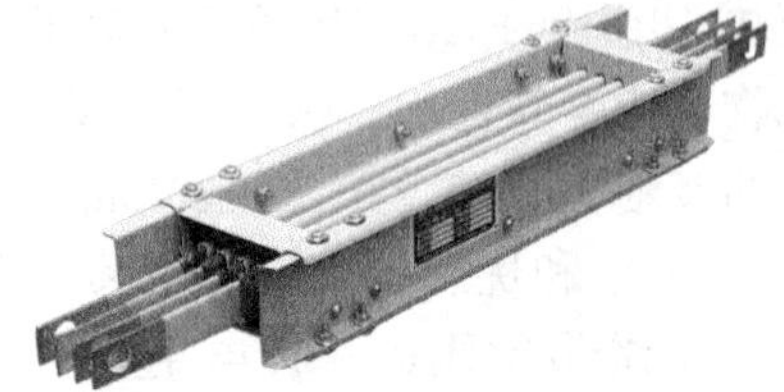

图 3-28　母线槽

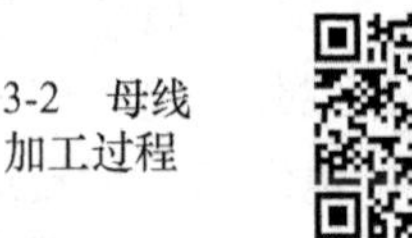

3-2　母线加工过程

母线槽由金属板（钢板或铝板）作为保护外壳，内部由导电排、绝缘材料及附件组成。可制成标准长度的段节，每隔一段距离设有插接分线盒，也可制成中间不带分线盒的馈电型封闭式母线，为馈电和安装检修带来方便。

从绝缘方式来看，母线槽的发展经历了空气式插接母线槽、密集绝缘插接母线槽和高强度复合绝缘插接母线槽三代产品。母线槽可按 L + N + PE、$L_1 + L_2 + L_3$、$L_1 + L_2 + L_3 + N$、$L_1 + L_2 + L_3 + N + PE$ 系统设置电源导体和保护导体，满足用电负荷需要。

2. 母线和母线槽的技术特征及类型

插接式母线槽为交流三相四线或五线制，适用于频率为 50 ~ 60Hz、额定电流为 100 ~ 6300A、额定电压不大于 690V 的供配电系统，特别适用于工业厂房、矿山等的低压配电系统和高层商住大楼、酒店、医院等的供电系统。

在电力系统中，母线将配电装置中的各个载流分支回路连接在一起，汇集、分配和传送电能。母线按外形和结构，大致分为硬母线、软母线和封闭母线。

硬母线包括矩形母线、圆形母线、管形母线等；软母线包括铝绞线、铜绞线、钢芯铝绞线、扩径空心导线等；封闭母线包括共箱母线、分相母线等。

母线槽按绝缘方式可分空气式插接母线槽、密集绝缘插接母线槽和高强度插接母线槽；按结构及用途可分密集绝缘、空气绝缘、空气附加绝缘、耐火、树脂绝缘和滑触式母线槽；按外壳材料可分钢外壳、铝合金外壳和钢铝混合外壳母线槽。

3. 母线和母线槽的产品特点

母线采用铜排或者铝排，电流密度大、电阻小、趋肤效应小，无须降容使用、电压降小、损耗小。

母线槽的金属封闭外壳能够保护母线免受损伤或动物伤害，在配电系统中用插入单元安装，很安全，外壳可作为整体接地，可靠安全。而电缆的 PVC 外壳易受机械和动物损伤，安装电缆时须先切断电源，特别是电缆需可靠接地。

由于母线槽用铜或铝作为导电体，电流容量很大，电气和机械性能好，金属槽作为外壳，不燃烧，安全可靠，寿命长，与传统配电设备比较，所占面积显著减少，外观美观，安全性高。基于母线或母线槽的配电系统可随意增加或变更设备，且外形尺寸小，质量轻，操

作容易，连接非常简单。对于大型建筑物的施工和配电非常有利。

4. 安装

母线由许多段组成，相对于电缆的安装而言更方便。系统扩展可通过增加或改变若干段来完成，设备的重新利用率高。母线的零件已经标准化，其“三明治”式的结构能够减少电气空间。

通过使用母线槽，可合并某些分支回路，并用插接箱将其转化为一条大的母线槽，可简化电气系统，得到较多股线低的电流值，降低成本，易维护。

插接式开关箱可与空气绝缘式母线槽配用，安装时无需增加配件。插接件是重要的部件，由铜合金冲压制成，经过热处理增强弹性，表面镀锡，即使插接200次以上，仍保持稳定的接触能力。开关箱的箱体设置了接地点，保证接地可靠，箱内设置开关电路，采用的塑壳式断路器能对所分接线路做过载和短路保护。

5. 排除故障的原则

母线故障迹象是母线保护装置动作及出现由故障引起的声、光、电信号等。当母线故障停电后，现场值班人员应立即对停电的母线外部检查，并按规定的原则处理。

1）不允许对故障母线不经检查即强行送电，防止事故扩大。

2）找到故障点如能迅速隔离，在隔离故障点后应迅速对停电母线恢复送电，有条件时，考虑用外来电源对停电母线送电，联路线应防止非同期合闸；找到故障点如不能迅速隔离，若系双母线中的一组母线故障时，应迅速对故障母线上的各元件进行检查，确认无故障后，再恢复送电，联路线要防止非同期合闸。

3）如找不到故障点，可用外来电源对故障母线试送电。发电厂母线故障时，如电源允许，可对母线进行零起升压，一般不允许发电厂用本厂电源对故障母线试送电。

4）双母线中的一组母线故障，用发电机对故障母线零起升压时，或用外来电源对故障母线试送电时，又或用外来电源对已隔离故障点的母线先受电时，均需注意母线保护装置的运行方式，必要时应停用母线保护装置。

5）3/2接线的母线发生故障，如经检查找不到故障点或找到故障点并已隔离，可用本站电源试送电。试送电开关必须完好，继电保护完备，母线保护装置应有足够的灵敏度。

课堂练习

（1）叙述母线的功能、组成和特点。

（2）查阅资料，叙述大电流的导线与母线的各自特点。

（3）查阅资料，介绍母线的产品种类。

（4）常用的Y系列三相交流笼型异步电动机正反转控制原理线路中，假设电动机的工作电压是AC 380V，额定功率是90kW，控制线路的工作电压是AC 220V。请根据电流的选择方法，分别用本教材附表查阅选择或按照经验口诀确定主回路电缆的电压等级、载流量、型号等，再选择主要开关元件、保护元件，确定控制线路的主要元件技术数据，并对两种方法进行比较。

电缆线路知识阅读资料见配套资源。

第4章

低压电器及设备

4.1 低压电器

4.1.1 低压电器的基本知识

所谓低压电器，指用于交流 50Hz（或 60Hz）、额定电压为 1000V 及以下，直流额定电压为 1500V 及以下的电路中起通断、保护、控制或调节作用的电器。

1. 分类

(1) 按用途或控制对象分类　按这种方法可将低压电器分为：

1) 低压配电电器：包括刀开关、转换开关、熔断器、断路器和保护继电器等。它们主要用于低压配电系统中，要求工作可靠。

2) 低压控制电器：包括控制继电器、接触器、起动器、控制器、主令电器、变阻器和电磁铁等。它们用于各种电气系统中。

(2) 按种类分类　低压电器按种类可分为：刀开关、转换开关、熔断器、断路器、控制器、接触器、起动器、控制继电器、主令电器、电阻器、变阻器、调整器、电磁铁等。

(3) 根据动作性质分类　低压电器按动作性质可分为：

1) 自动电器，指电器的接通、分断、起动、反向和停止等动作通过电磁（或压缩空气等）做功来完成。

2) 手动电器，指通过人力做功（用手、脚或通过杠杆），直接驱动或旋转操作手柄完成接通、分断、起动、反向或停止等动作，如刀开关、转换开关及主令电器等。

(4) 按工作条件分类　按工作条件，低压电器可分为：一般工业用电器、船用电器、化工电器、矿用电器、牵引电器、航空航天电器等。

此外，低压电器还可根据使用环境分为一般工业用电器和热带电器，根据温度、盐雾湿度、霉菌等环境条件分为“干热带”及“湿热带”型电器和高原电器，高原电器为海拔 2500m 及以上使用的电器。低压电器的常用分类见表 4-1。

表 4-1　低压电器的常用分类

分类方式	类型	说　明
按用途分	低压配电电器	主要用于低压配电系统中实现电能输送、分配及保护，包括刀开关、组合开关、熔断器和断路器等
	低压控制电器	主要用于电气控制系统中，发出指令、控制电气系统的状态及执行动作等，包括接触器、继电器、主令电器和电磁离合器等
按工作原理分	电磁式电器	按照电磁感应原理工作，如交流、直流接触器，各种电磁式继电器等
	非电量控制电器	按照外力或非电量信号如速度、压力、温度等变化而动作，包括行程开关、速度继电器、压力继电器、温度继电器等
按动作性质分类	自动电器	按照电器本身参数变化如电、磁、光等而自动完成动作切换或状态变化，包括接触器、继电器等
	手动电器	依靠人工直接完成动作切换，如按钮、刀开关等

2. 低压电器的结构要求

低压电器的设计和制造须严格按照标准及规范，基本系列的各类开关电器必须标准化、系列化、通用化，型号规格、技术条件、外形及安装尺寸、零部件等应统一，便于更换安装。各类标准及规范规定了共性要求，低压电器装配应达到图纸和技术文件规定要求，如触点压力、开距、超程和动作值等。同型号的低压电器，应保证开关电器和易损零部件互换性；手操作低压电器结构应保证人员安全，对带有外壳的电器应有明显的操作标志。

3. 低压开关的主要特性

低压开关的主要特征为机械寿命，400A 以下为开关 10000 次，600～1500A 为 5000 次，3000A 以上主要用作隔离开关，机械寿命一般不需很高。低压开关具有一定电动稳定性，比如 HD 系列低压开关的电动稳定性见表 4-2。

表 4-2　HD 系列低压开关的电动稳定性数据

稳定电流 I_n/A	电动稳定电流峰值/kA		1s 热稳定电流/kA	分断能力/A	
	手柄式	杠杆式		交流 380V $\cos\varphi=0.7$	直流 $T=0.01$s 220/440V
100	15	20	6	100	100/50
200	20	30	10	200	200/100
400	30	40	20	400	400/200
600	40	50	25	600	600/300
1000	50	60	30	1000	1000/500
1500	—	80	40		

课堂练习

（1）什么是低压电器？

（2）低压电器的型号组成有哪些？查阅某个具体的低压电器型号，完整表述其含义。

(3) 低压电器有哪些分类?

(4) 查阅资料，低压电器对不同的负载有什么要求? 也就是说低压电器的负载有哪些分类?

4.1.2 典型低压电器的选用

1. 刀开关

(1) 刀开关的结构与工作原理　刀开关主要作为隔离电源的开关使用，用在不频繁接通和分断低电压电路的场合。刀开关的结构和外形如图 4-1 所示，由操作手柄、熔体、触刀、触刀座和瓷底座等部分组成，带有短路保护功能。刀开关的图形和文字符号如图 4-2 所示。

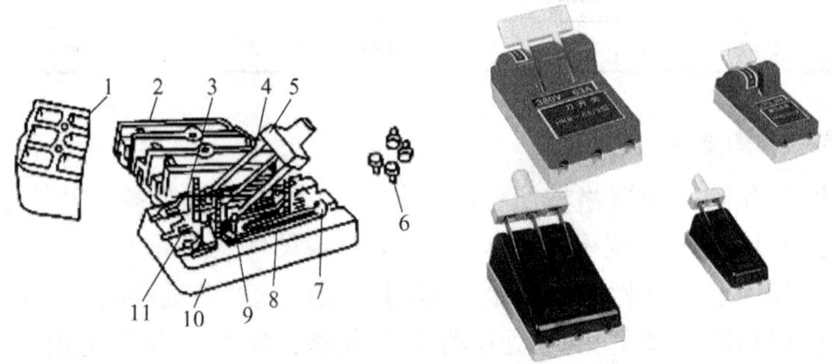

图 4-1　刀开关的结构和刀开关的外形

1—上胶盖　2—下胶盖　3—插座　4—触刀　5—瓷手柄　6—胶盖紧固螺钉　7—出线座　8—熔丝　9—触刀座　10—瓷底座　11—进线座

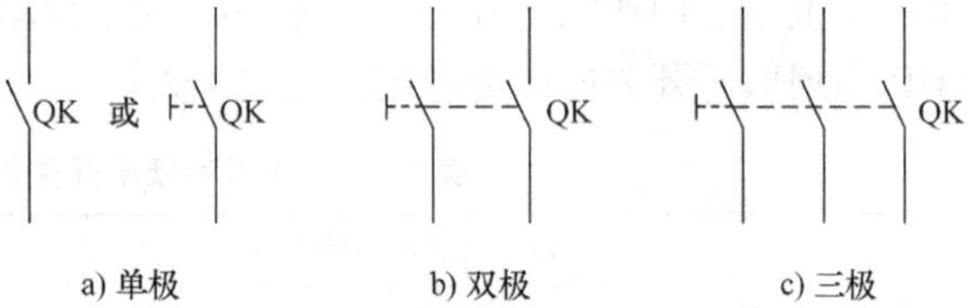

QK 或 QK　QK　QK

a) 单极　b) 双极　c) 三极

图 4-2　刀开关的图形和文字符号

操作刀开关时，轻轻推动手柄，使触刀绕触刀座转动，将触刀插入插座内，接触可靠后线路即接通；如按照相反方向操作，使触刀离开插座，电路即切断。为保证触刀和插座在合闸时接触可靠，必须有一定的解除压力，额定电流较小的刀开关的插座用硬紫铜片制作，有一定弹性压力，可夹住触刀。

带负载分断刀开关时，触刀与插座分离的瞬间会产生电弧，拉开触刀时，应迅速而果断，保证触刀不被电弧灼伤。对电流较大的刀开关，为防止各极之间产生电弧进而导致电源相间短路，各极之间设有绝缘隔离板，也有的装有灭弧装置。

为保护操作安全，操作方便，大电流刀开关除了中央操作手柄外，还有操作杠杆。

(2) 刀开关的安装　刀开关安装要确保合闸时手柄向上，不得倒装或平装，以避免手柄因重力自动下落，引起误动合闸。接线时，应将电源线接在上端，负荷线接在下端。

电源进线应装在插座上，负荷应接在动触头（触刀）的出线端，保证当开关断开时，触刀和熔丝不带电。刀开关负荷较大时，为防止触刀本体相间短路，可与熔断器配合使用。触刀本体不再装熔丝，在原来装配熔丝的接点上安装与线路导线相同截面积的铜线。

(3) 刀开关的种类　刀开关主要类型有不带灭弧装置的小容量刀开关、带灭弧装置的大容量刀开关、带熔断器的开启式负荷开关（开启式开关熔断器组，俗称胶盖开关）等，以

及带灭弧装置和熔断器的封闭式负荷开关（封闭式开关熔断器组）等。常用产品有 HD11 ~ HD14、HS11 ~ HS13 系列刀开关，HK1、HK2 系列负荷开关，HH3、HH4 系列负荷开关。HK1 系列负荷开关的技术参数见表 4-3。

表 4-3 HK1 系列负荷开关的技术参数

<table>
<tr><th rowspan="3">额定电流/A</th><th rowspan="3">极数</th><th rowspan="3">额定电压/V</th><th colspan="2">可控制电动机最大容量/kW</th><th rowspan="3">触刀极限分断能力（cosφ = 0.6）/A</th><th rowspan="3">熔丝极限分断能力/A</th><th colspan="4">配用熔丝规格</th></tr>
<tr><th rowspan="2">220V</th><th rowspan="2">380V</th><th colspan="3">熔丝成分</th><th rowspan="2">熔丝直径/mm</th></tr>
<tr><th>铅</th><th>锡</th><th>锑</th></tr>
<tr><td>15
30</td><td>2
2</td><td>220
220</td><td>—
—</td><td>—
—</td><td>30
60</td><td>500
1000</td><td>98%</td><td>1%</td><td>1%</td><td>1.45 ~ 1.59
2.30 ~ 2.52</td></tr>
<tr><td>60
15
30
60</td><td>2
2
2
2</td><td>220
380
380
380</td><td>—
1.5
3.0
4.4</td><td>—
2.2
4.0
5.5</td><td>90
30
60
90</td><td>1500
500
1000
1500</td><td>98%</td><td>1%</td><td>1%</td><td>3.36 ~ 4.00
1.45 ~ 1.59
2.30 ~ 2.52
3.36 ~ 4.00</td></tr>
</table>

（4）刀开关的选择　应根据使用场合，选择刀开关类型、极数及操作方式。刀开关的额定电压应高于或等于线路电压；额定电流应大于或等于线路的额定电流，对电动机负载，开启式负荷开关额定电流可取电动机额定电流的 3 倍左右，封闭式负荷开关额定电流可取电动机额定电流的 1.5 倍左右。

（5）刀开关常见故障及处理　刀开关的常见故障及处理方法见表 4-4。

表 4-4 刀开关常见故障及处理方法

故障现象	可能的原因	处理方法
合闸后一相或两相没电	1）插座弹性消失或开口过大 2）熔丝熔断或接触不良 3）插座、触刀氧化或有污垢 4）电源进线或出线头氧化	1）更换为符合要求的全新插座 2）更换熔丝并保证其接线良好 3）清洁插座或触刀 4）更换为未氧化的全新进出线头
触刀和插座过热或烧坏	1）开关容量太小 2）分、合闸时动作太慢，电弧过大，烧坏触点 3）插座表面烧毛 4）触刀与插座压力不足 5）负载过大	1）更换较大容量的开关 2）改进操作方法 3）用细锉刀修整插座 4）调整插座压力 5）减轻负载或调换较大容量的开关
封闭式负荷开关的操作手柄带电	1）外壳接地线接触不良 2）电源线绝缘损坏碰壳	1）检查接地线并使其可靠接地 2）更换导线

课堂练习

（1）请简单说明刀开关的作用、组成。

（2）刀开关在操作时，应当注意哪些？

（3）如何选用刀开关？

（4）刀开关合闸后，如果出现没有接通电源，请分析原因。

2. HD、HS 系列单投和双投开关

（1）适用范围　这两类开关适于交流 50Hz，额定电压不大于 380V、直流不大于 440V，额定电流不大于 1500A 的成套配电装置中，用于不频繁地手动接通和分断交、直流电路或作为隔离开关。

（2）结构与操作　HD 系列单投开关如图 4-3 所示，由上接线端子、下接线端子、手柄和绝缘底座组成；HS 系列双投开关如图 4-4 所示，由上接线端子、下接线端子、双投手柄和绝缘底座组成。

图 4-3　HD 系列单投开关

图 4-4　HS 系列双投开关

中央手柄式单投和双投刀开关不能切断带有电流的电路，作为隔离开关使用，主要用于变电站；侧面操作手柄式刀开关主要用于动力箱中；中央正面杠杆操作刀开关主要用于正面操作、后面维修的开关柜中，操作机构装在正前方；侧方正面操作机械式刀开关主要用于正面两侧操作、前面维修的开关柜中，操作机构可以在柜的两侧安装；装有灭弧罩的开关可以切断电流负载，其他系列刀开关只作隔离开关使用。

（3）型号表示　HD、HS 系列单投和双投开关的型号表示，如图 4-5 所示。

□□□-□/□□

0—不带灭弧罩；1—有灭弧罩
对于中央手柄式；8—板前接线式
9—板后接线式；无则表示仅一种接线方式
极数
额定电流/A
派生代号B(安装板尺寸较小)
11—中央手柄式
12—侧方正面杠杆操作机构式
13—中央正面杠杆操作机构式
14—侧面手柄式
HD—单投刀开关，HS—双投刀开关

图 4-5　HD、HS 系列单投和双投开关的型号表示

（4）技术数据　单投和双投开关常用的有 HD10、HD11、HD12、HD13、HD14 系列（单投）和 HS11、HS12、HS13 系列（双投），主要技术参数见表 4-5。

表 4-5　HD 系列、HS 系列单投和双投刀开关主要技术参数

额定电流/A			100	200	400	600	1000	1500
通断能力/A	AC 380V，$\cos\varphi=0.72\sim0.8$		100	200	400	600	1000	1500
	DC $T=0.01$s	220V	100	200	400	600	1000	1500
		440V	50	100	200	300	500	750

（续）

机械寿命/次		10000	10000	10000	5000	5000	5000
电寿命/次		1000	1000	1000	500	500	500
1s 热稳定电流/kA		6	10	20	25	30	40
动稳定电流峰值/kA	杠杆操作式	20	30	40	50	60	80
	手柄式	15	20	30	40	50	—
操作力/N		35	35	35	35	45	45

课堂练习

（1）表 4-5 中有名词机械寿命、电寿命，请通过查阅资料，说出这两个名词的含义。

（2）直流电与交流电有什么不同？开关用于大电流直流通断与交流通断时，有什么不同？

3. 封闭式负荷开关

封闭式负荷开关又称封闭式开关熔断器组，由操作机构、熔断器、外壳和触头系统等组成，封闭式负荷开关的结构如图 4-6 所示，适用于额定电压 380V、额定电流不大于 600A、频率为 50Hz 的交流电路中，可用于手动不频繁地接通分断有负载电路，并对电路有短路和过载保护作用。封闭式负荷开关的典型产品系列是 HH3。

（1）适用范围　HH3 系列封闭式负荷开关适于额定电压 380V、额定电流不大于 400A、50Hz 的交流有负载电路路中，用作手动不频繁地接通、分断有负载电路，并对电路有过载和短路保护作用。型号表示如图 4-7 所示。

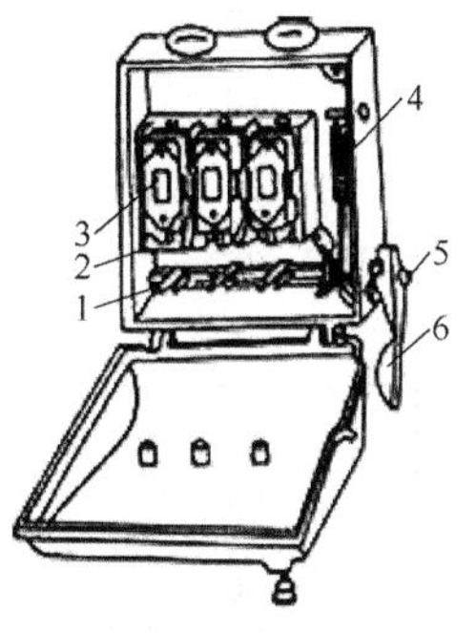

图 4-6　封闭式负荷开关的结构图
1—刀式触头　2—夹座　3—熔断器
4—速断弹簧　5—转轴　6—手柄

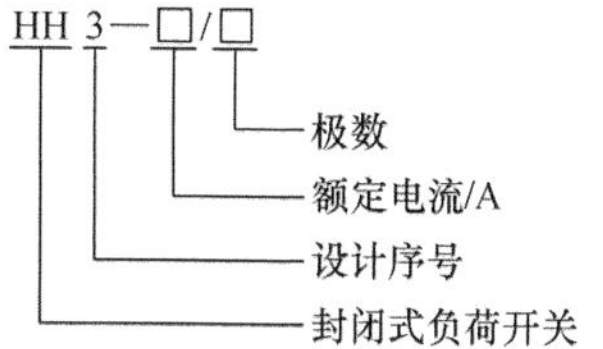

图 4-7　HH3 系列封闭式负荷开关的型号表示

（2）结构特点　封闭式负荷开关的三个刀式触头固定在一根绝缘方轴上，由手柄操作，操作机构装有机械联锁装置，盖子打开时手柄不能合闸，手柄合闸时盖子不能打开，保证操作安全。手柄转轴与底座装有转动弹簧，使得开关接通与断开的速度与手柄操作，速度无关，有利于迅速灭弧。

开关在结构的侧面的为旋转操作式，由操作机构、熔断器、铁壳和触点系统等组成。其操作机构有快速分断装置，使开关的闭合和分断速度与操作者手动作速度无关，能保证操作人员和设备安全。触点系统带灭弧室，触点系统全部装在铁盒内，处于完全封闭状态，以保证人员安全；盖子关闭后可与锁扣契合，当开关在闭合位置时，由于盖子与操作机构联锁，盖子不能打开，另外盖子也可加锁。

（3）技术数据　常用的封闭式负荷开关有 HH3、HH4、HH10、HH11、HH12 等型号。HH3 系列封闭式负荷开关在额定电压的 105% ~110% 时，熔断器极限分断电流应符合表 4-6 的规定，HH3 系列封闭式负荷开关的主要技术数据见表 4-7。

表 4-6　HH3 系列封闭式负荷开关中熔断器的极限分断电流

额定电流/A	熔断器极限分断电流/A	功率因数	分断次数/次
60	3000	0.8	2
100	4000	0.8	2
200	6000	0.8	2
300	10000	0.4	2
400	10000	0.4	2

表 4-7　HH3 系列封闭式负荷开关主要技术数据

型号	额定电压/V	额定电流/A	极数	熔体额定电流/A	熔丝（纯铜丝）直径/mm
HH3－15/2	250	15	2	6	0.26
				10	0.35
				15	0.46
HH3－15/3	440	15	3	6	0.26
				10	0.35
				15	0.46
HH3－30/2	250	30	2	20	0.65
				25	0.71
				30	0.81
HH3－30/3	440	30	3	20	0.65
				25	0.71
				30	0.81
HH3－60/2	250	60	2	40	1.02
				50	1.22
				60	1.32
HH3－60/3	440	60	3	40	1.02
				50	1.22
				60	1.32
HH3－100/3	440	100	3	80	1.62
				100	1.81

（4）封闭式负荷开关类电器的选用原则　封闭式负荷开关对电热或照明负荷，应根据额定负荷电流选择，开关的额定电流大于或等于负荷的额定电流；对电动机，封闭式负荷开关的额定电流选择为电动机额定电流的1.5倍左右。表4-8是采用封闭式负荷开关安全电压起动与控制电动机时的技术参数。

表4-8　封闭式负荷开关与控制电动机容量的技术参数

额定电流/A	可控制的最大电动机容量/kW		
	220V	380V	500V
10	1.5	2.7	3.5
15	2.0	3.0	4.5
20	3.5	5.0	7.5
30	4.5	7.0	40
60	9.5	15	20

课堂练习

（1）封闭式负荷开关采用哪种方式灭弧？

（2）查阅资料，典型的封闭式负荷开关的额定电流一般不超过多少？请分析原因。

4. 低压断路器

（1）低压断路器的结构　低压断路器由空气作为灭弧介质，可通断正常负荷电流，在线路和电动机发生过载、短路、欠电压时可靠保护。常用低压断路器有DZ系列、DW系列和DWX系列。图4-8为低压断路器的结构示意图，图4-9为DZ系列微型低压断路器的外形图。

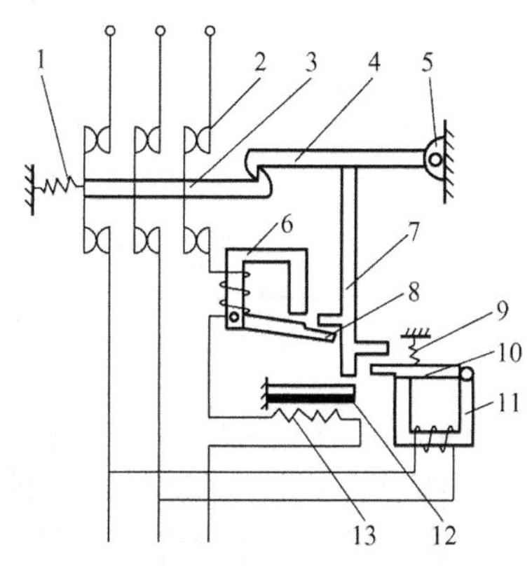

图4-8　低压断路器的结构示意图

1—释放弹簧　2—主触点　3—传动杆　4—锁扣　5—轴　6—电磁脱扣器　7—杠杆　8、10—衔铁　9—弹簧　11—欠电压脱扣器　12—双金属片　13—发热元件

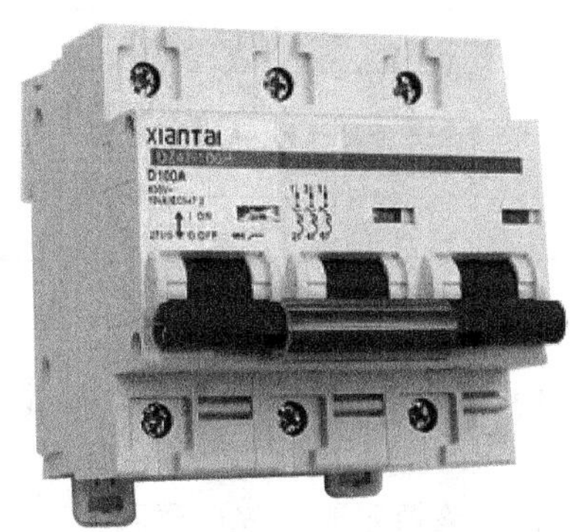

图4-9　DZ系列微型低压断路器的外形

低压断路器主要由触点、灭弧系统、各种脱扣器和操作机构等组成。图4-8所示低压断路器处于闭合状态，3个主触点通过传动杆与锁扣保持闭合，锁扣可绕轴5转动。断路器的自动分断是由电磁脱扣器6、欠电压脱扣器11和双金属片12使锁扣4被杠杆7顶开而完成的。正常工作中，各脱扣器均不动作，而当电路发生短路、欠电压或过载故障时，分别通过

各自的脱扣器使锁扣被杠杆顶开，实现跳闸保护作用。低压断路器的图形和文字符号如图 4-10 所示，DZ 系列低压断路器的型号表示如图 4-11 所示。

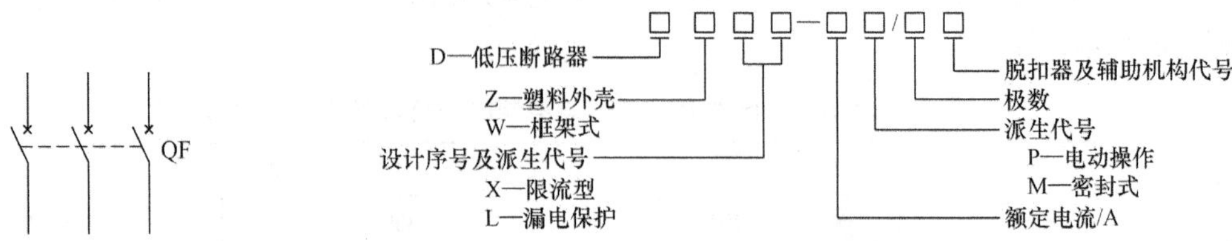

图 4-10　低压断路器的图形和文字符号

图 4-11　DZ 系列低压断路器的型号表示

分励脱扣器用于远距离跳闸。欠电压或失电压脱扣器，用于欠电压或失电压（零电压）保护，当电源电压低于定值时自动断开断路器。热脱扣器，用于线路或设备长时间过负荷保护，当线路电流出现较长时间过负荷时，双金属片受热变形，使断路器跳闸。过电流脱扣器，用于短路、过负荷保护，当电流大于动作电流时自动断开断路器。复式脱扣器既有过电流脱扣器又有热脱扣器的功能。

（2）DZ20 系列低压断路器　低压断路器产品很多，其中，常用的 DZ20 系列低压断路器主要技术参数如表 4-9 所示。

表 4-9　DZ20 系列低压断路器的主要技术参数

型号	额定电流/A	机械寿命/次	电气寿命/次	过电流脱扣器动作值/A	短路通断能力			
					交流		直流	
					电压/V	电流/kA	电压/V	电流/kA
DZ20Y－100	100	8000	4000	16、20、32、40、50、63、80、100	380	18	220	10
DZ20Y－200	200	8000	2000	100、125、160、180、200	380	25	220	25
DZ20Y－400	400	5000	1000	200、225、315、350、400	380	30	380	25
DZ20Y－630	630	5000	1000	500、630	380	30	380	25
DZ20Y－800	800	3000	500	500、600、700、800	380	42	380	25
DZ20Y－1250	1250	3000	500	800、1000、1250	380	50	380	30

（3）万能式断路器

1）适用范围：万能式断路器适于交流 50Hz、额定电流不大于 4000A、额定工作电压不高于 1140V 的配电网络中，带有电子脱扣器的万能式断路器还可以将过负荷长延时、短路瞬时、短路短延时、欠电压瞬时和延时脱扣器的保护功能汇集在一个部件中，并利用分励脱扣器来使断路器动作。

万能式断路器可用作分配电能和供电线路及电源设备的过负荷、欠电压、短路保护。壳架额定电流等级 630A 及以下的断路器能在交流 50Hz、380V 的网络中用于电动机的过负荷、欠电压和短路保护，在正常条件下，也可用作线路不频繁转换和电动机的不频繁起动。DW15 系列万能式断路器型号表示如图 4-12 所示，外形如图 4-13 所示，结构如图 4-14 所示。

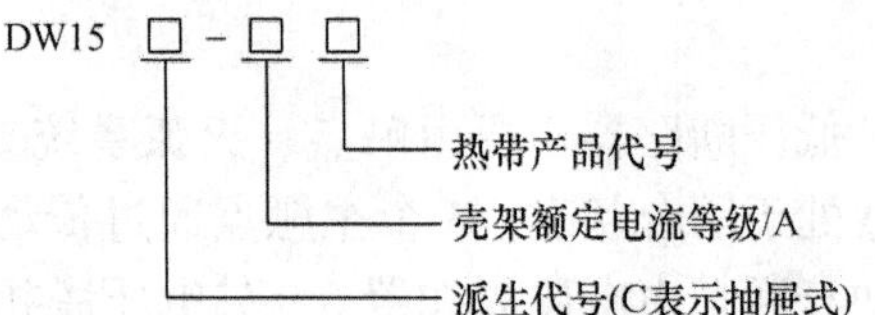

图 4-12　DW15 系列万能式断路器型号表示

图 4-13　DW15 系列万能式断路器外形

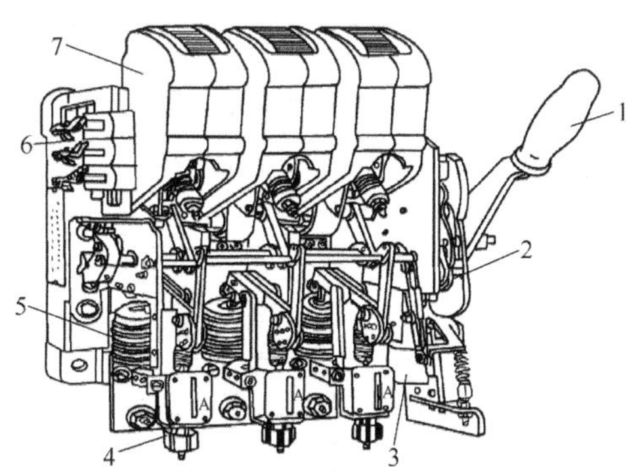

图 4-14　DW15 系列万能式断路器的结构

1—操作手柄　2—自由脱扣机构　3—失电压脱扣器
4—脱扣器电流调节螺母　5—过电流脱扣器
6—辅助触点（连锁触点）　7—灭弧罩

2）结构特点。

① DW15－200/400/630 万能式断路器为立体布置形式，触点系统、快速电磁铁、左右侧板安装在一块绝缘板上，上部装灭弧系统，操作机构可装在正前方或右侧面，有“分”“合”指示及手动断开按钮；左上方装有分励脱扣器，背部装有与脱口半轴相连的欠电压脱扣器；速饱和电流互感器或电流电压变换器套在下母线，欠电压延时装置、热继电器或半导体脱扣器均可分别装在下方。

② DW15－1000/1600/2500/4000 万能式断路器为立体布置形式，触点系统、操作机构均安装在铁制框架上，上部装有灭弧系统，右面装有操作机构，有“通”“断”指示及手动“合”“分”按钮；左侧面装有分励脱扣器、欠电压脱扣器；速饱和电流互感器或电流电压变换器套在下母线上；欠电压延时装置、热继电器或半导体脱扣器均可分别装在下方。

③ DW15C 低压抽屉式断路器由改装的 DW15 断路器本体和抽屉座组成，本体上装有隔离触刀、二次回路动触点、接地触点、支承导轨等；抽屉座由左右侧板、铝支架、隔离触座、二次回路静触点、滑架等组成，正下方由操作手柄、螺杆等组成推拉操作机构。

3）技术数据：万能式断路器常用的有 DW10、DW15 系列、限流型 DWX15 和抽屉式限流型 DWX15C 系列。DW15C－200、400、630、1000、1600 技术参数同 DW15－200、400、630、1000、1600。DW15 系列万能式断路器主要技术参数见表 4-10。

表 4-10　DW15 系列万能式断路器主要技术参数

断路器壳架额定电流/A		630			1600	2500	4000
极数		3	3	3	3	3	3
断路器额定电流/A	热-电磁型	100 160	315 400	315 400	630 800	1600 2000	2500 3000
		200	—	630	1000 1600	2500	4000
	电子型	100 200	200 400	315 400	630 800	1600 2000	2500 3000
		—	—	630	1000 1600	2500	4000

（续）

<table>
<tr><td rowspan="3">额定分断能力/kA</td><td rowspan="3">应符合 IEC 947－2 和 GB/T 14048.2—2020</td><td rowspan="3">短路分断</td><td>AC 380V</td><td>20</td><td>30</td><td>30</td><td>40</td><td>60</td><td>80</td></tr>
<tr><td>AC 660V</td><td>25</td><td>25</td><td>25</td><td>—</td><td>—</td><td>—</td></tr>
<tr><td>AC 1140V</td><td>—</td><td>10</td><td>12</td><td>—</td><td>—</td><td>—</td></tr>
<tr><td colspan="4">机械寿命/次</td><td>20000</td><td>10000</td><td>10000</td><td>5000</td><td>5000</td><td>4000</td></tr>
<tr><td colspan="4">电寿命（$1I_n$，$1U_e$）/次</td><td>2000</td><td>1000</td><td>1000</td><td>500</td><td>500</td><td>500</td></tr>
<tr><td colspan="4">AC 380V 保护电动机电寿命（AC－3）/次</td><td>4000</td><td>2000</td><td>2000</td><td>—</td><td>—</td><td>—</td></tr>
<tr><td colspan="4">过载操作（$6I_n$，$1.05U_{emax}$）/次</td><td>25</td><td>25</td><td>25</td><td>25</td><td>—</td><td>—</td></tr>
<tr><td colspan="4">瞬时分段时间/ms</td><td>30</td><td>30</td><td>30</td><td>40</td><td>40</td><td>40</td></tr>
<tr><td colspan="4">操作频率/(次/h)</td><td>120</td><td colspan="2">60</td><td>30</td><td>20</td><td>10</td></tr>
<tr><td colspan="4">飞弧距离/mm</td><td colspan="3">280</td><td colspan="2">350</td><td>400</td></tr>
</table>

（4）低压断路器的选择原则　低压断路器的额定电流和额定电压应大于或等于线路、设备正常工作电压和电流；限通断能力应大于或等于电路最大短路电流；欠电压脱扣器的额定电压等于线路的额定电压；过电流脱扣器的额定电流大于或等于线路的最大负载电流。

使用低压断路器实现短路保护比熔断器优越，因为当三相电路短路时，可能只有一相熔断器熔断，造成断相运行。对低压断路器，只要发生短路都会使开关跳闸，三相同时切断，但与熔断器相比，低压断路器结构复杂、操作频率低、成本较高，因此适用于要求较高的场合。

（5）具体选用条件

1）选择断路器的类型和极数：按线路和设备的最大工作电流选择断路器的额定电流，根据需要选择脱扣器的类型、附件的种类和规格。

断路器额定工作电压大于或等于线路额定电压，额定短路分断能力大于或等于线路的计算负荷电流。断路器额定短路分断能力也应大于或等于线路中可能出现的最大短路电流（一般按有效值计算）。线路末端单相对地短路电流应大于或等于 1.25 倍断路器瞬时（或短延时）脱扣整定电流；断路器欠电压脱扣器额定电压等于线路额定电压，断路器的分励脱扣器额定电压等于控制电源电压。电动传动机构的额定工作电压等于控制电源电压。断路器用于照明电路时，电磁脱扣器的瞬时整定电流一般取负荷电流的 6 倍。

2）保护功能：断路器作为单台电动机的短路保护，瞬时脱扣器的整定电流为电动机起动电流的 1.35 倍（DW 系列断路器）或 1.7 倍（DZ 系列断路器）。

采用断路器作为多台电动机的短路保护时，瞬时脱扣器的整定电流为最大一台电动机起动电流的 1.3 倍再加上其余电动机的工作电流。

3）开关功能：采用断路器作为配电变压器低压侧总开关时，其分断能力应大于变压器低压侧的短路电流值，脱扣器的额定电流不应小于变压器的额定电流，短路保护的整定电流一般为变压器额定电流的 6～10 倍；过载保护的整定电流等于变压器的额定电流。

初步选定断路器的类型和等级后，应与上、下级开关保护特性配合，以免越级跳闸，扩大事故范围。

4）剩余电流保护：剩余电流断路器实际上在塑壳式断路器上加一个漏电保护脱扣器构成，所以选择剩余电流断路器时，断路器部分的选用条件和一般交流断路器相同，而漏电保护脱扣器部分，则应选择合适的漏电动作电流。

注意，剩余电流保护断路器的触点有两类，一类触点有足够的短路分断能力，可承担过负荷和短路保护；一类触点不能分断短路电流，只能分断额定电流和剩余电流，选择此类剩余电流断路器时，应考虑短路保护。

（6）常见故障及处理　低压断路器的常见故障、产生原因及其处理方法见表4-11。

表4-11　低压断路器常见故障、产生原因及处理方法

故障现象	产生原因	处理方法
手动操作断路器不能闭合	1）电源电压太低 2）热脱扣的双金属片尚未冷却复原 3）欠电压脱扣器无电压或线圈损坏 4）储能弹簧变形，导致闭合力减小 5）反作用弹簧力过大	1）检查线路并调高电源电压 2）待双金属片冷却后再合闸 3）检查线路，施加电压或调换线圈 4）更换储能弹簧 5）重新调整反力弹簧
电动操作断路器不能闭合	1）电源电压不符 2）电源容量不够 3）电磁铁拉杆行程不够 4）电动机操作定位开关变位	1）更换电源 2）增大操作电源容量 3）调整或调换拉杆 4）调整定位开关
电动机起动时断路器立即动作	1）过电流脱扣器瞬时整定值太小 2）脱扣器某些零件损坏 3）脱扣器反力弹簧断裂或落下	1）调整瞬间整定值 2）更换脱扣器或损坏的零部件 3）更换弹簧或重新装好弹簧
分励脱扣器不能使断路器动作	1）线圈短路 2）电源电压太低	1）调换线圈 2）检修线路，调整电源电压
欠电压脱扣器噪声大	1）反力弹簧力太大 2）铁心工作面有油污 3）短路环断裂	1）调整反力弹簧 2）清除铁心油污 3）更换铁心
欠电压脱扣器不能使断路器动作	1）反力弹簧弹力变小 2）储能弹簧断裂或弹力变小 3）机构生锈卡死	1）调整弹簧 2）更换或调整储能弹簧 3）清除锈污

课堂练习

（1）请根据低压断路器的结构图，说明有几种保护功能，叙述工作原理。

（2）低压断路器断电动作后，是否能够立即再次合闸？为什么？

5. 熔断器

（1）工作原理　熔断器串联在电路中，其金属熔体易于熔断。正常工作时，通过熔体的为额定电流熔体温度达不到熔点，熔体不熔化，电路可靠接通。一旦电路过负荷或短路时，电流超过额定值，过负荷电流或短路电流对熔体加热，熔体自身温度超过熔点而熔断，切断电路。

熔断器分断能力决定于熄灭电弧能力的大小。熔体熔化时间的长短，取决于通过电流大小和熔体熔点高低。当电路中通过很大的短路电流时，熔体将熔化、气化甚至爆炸，即迅速熔断；当通过不很大的过载电流时，熔体温度上升较慢，熔体熔化时间也较长。熔体材料的熔点高，则熔体熔化慢、熔断时间长。

（2）熔断器结构

1）熔体：熔体是熔断器的核心部件，正常工作时电路导通，故障时熔体熔化，切断电路。熔体材料分高熔点材料和低熔点材料，低熔点材料如铅、锌、锡等，电阻率较大，构成的熔体截面大，熔化时产生金属蒸气，电弧不易熄灭，这类熔体用在500V及以下的熔断器中；高熔点材料如铜、银等，电阻率较小，构成的熔体截面较小，利于电弧熄灭，这类熔体一般用作短路保护。

2）熔体类型：按分断电流范围，熔体分“g”和“a”熔体，前者称全范围分断能力熔体，在规定条件下（包括电压、功率因数、时间常数等），能分断能力范围内的所有电流；后者是部分范围分断能力熔体，在电路中作为后备保护用，能分断4倍额定电流至额定电流之间的电流。按使用类别，熔体分“G”和“M”熔体等，即一般用途熔体和电动机保护用熔体，因此熔体用两个字母表示，如“gG”“gM”“aM”等。

（3）保护特性　熔体熔断时间与熔体材料和熔断电流有关，如图4-15所示，称熔断器的安秒特性或保护特性。熔断器保护特性与熔断器结构有关，各类熔断器保护特性曲线不相同，但共同规律是熔断时间与电流的二次方成反比，是反时限的保护特性曲线。当熔体电流为最小熔化电流（或称临界电流）I_∞时，熔体熔断时间在理论上无限大，即熔体不会熔断。熔体额定电流I_{RN}应小于I_∞，通常取I_∞与I_{RN}的比值为1.5~2，称熔化系数，该系数反映熔断器在过载时的不同保护特性，例如要使熔断器能阻止小一些的过电流，熔化系数就应低些；为避免电动机起动时的短时过电流使熔体熔化，熔化系数就应高些。

（4）型号表示　如图4-16所示，图里左起第一个方框为形式，其中，C为瓷插式；L为螺旋式；M为无填料式；T为有填料式；S为快速熔断器；Z为自复式熔断器。例如，RL1系列为螺旋式熔断器、RSO系列为快速熔断器。常用的熔断器有插入式熔断器、螺旋式熔断器、快速熔断器等。

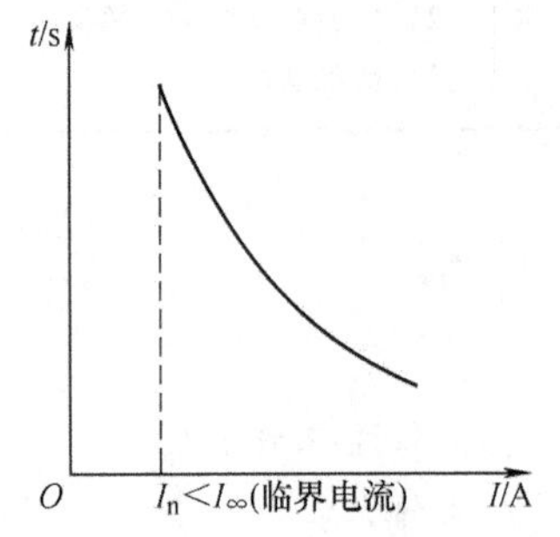

图4-15　熔断器的安秒特性曲线

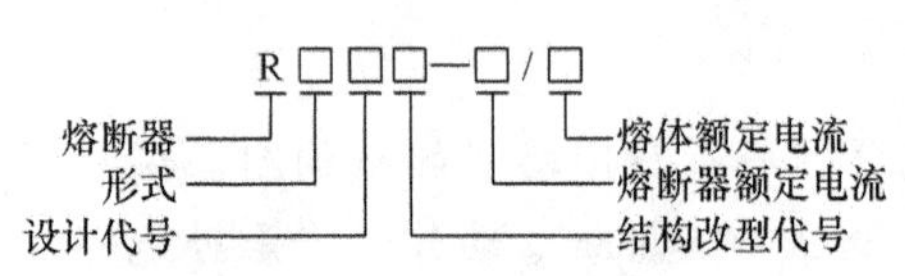

图4-16　熔断器的型号表示

（5）熔断器的电路符号　电路图形和文字符号如图4-20所示。

（6）典型熔断器

1）RC1A系列插入式熔断器：RC1A系列插入式熔断器主要用于交流50Hz、额定电压380V及以下的线路，用作电缆、导线及电气设备的短路保护。当电流超过2倍熔体额定电流时，熔体能在1h内熔断，也可起一定程度的过负荷保护作用。RC1A系列插入式熔断器外形如图 4-17 所示，内部构成如图 4-18 所示，技术数据见表 4-12。

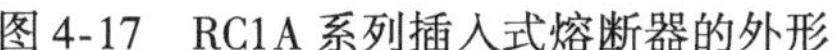

图 4-17　RC1A 系列插入式熔断器的外形

图 4-18　RC1A 系列插入式熔断器的内部结构

表 4-12　RC1A 系列插入式熔断器技术数据

型号	熔断器额定电流/A	熔体额定电流等级/A	额定电压/V	极限分断能力			外形尺寸/mm		
				分断电流/A	$\cos\varphi$	允许断开次数	长	宽	高
RC1A－5	5	1、2、3、5	三相 380 或单相 220	300	0.8	2	50	26	43
RC1A－10	10	2、4、6、10		750			62	30	54
RC1A－15	15	12、15		1000			77	38	53
RC1A－30	30	20、25、30		2000	0.7		95	42	60
RC1A－60	60	40、50、60		4000	0.5		124	50	70
RC1A－100	100	80、100		5000			160	58	80
RC1A－200	200	120、150、200		10000			234	64	105

2）RL1 系列螺旋式熔断器：RL1 系列螺旋式熔断器很常用，其分断能力大、体积小、安装面积小、更换熔体方便、熔体熔断后有显示，在交流 50Hz，额定电压不大于 380V 或直流不大于 440V 的电路中，用作电气设备的短路或过负荷保护。

螺旋式熔断器外形如图 4-19 所示，由底座、上接线端、下接线端、瓷套、熔管（熔管内装有熔体及填料）和瓷帽组成。熔管上端有熔断指示器，熔体熔断后，指示器跳出。瓷帽上有一个镶有玻璃片的小孔，用于观察熔体是否熔断。熔体周围充填石英砂填料，因其导热性能好、热容量大，在熔体熔断时可大量吸收电弧的能量，使电弧迅速熄灭。熔断器图形和文字符号如图 4-20 所示。RL1 系列螺旋式熔断器主要技术数据见表 4-13，极限分断能力见表 4-14。

图 4-19　螺旋式熔断器外形

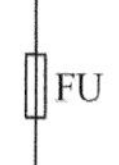

图 4-20　熔断器的图形和文字符号

表 4-13　RL1 系列螺旋式熔断器主要技术数据

型号	熔断器额定电流/A	熔体额定电流等级/A	额定电压/V	外形尺寸/mm		
				长	宽	高
RL1－15	15	2、4、5、6、10、15	交流 380V 或直流 440V	62	39	62
RL1－60	60	20、25、30、35、40、50、60		78	55	77
RL1－100	100	60、80、100		118	82	110
RL1－200	200	100、125、150、200		156	108	116

表 4-14　RL1 系列螺旋式熔断器的极限分断能力

熔断器额定电流/A	极限分断电流/kA		回路参数	
	交流 380V（有效值）	直流 440V	cosφ	T/ms
15	25	25	0.25	15～20
60				
100	50	10	0.25	
200				

3）RM10 系列无填料密封管式熔断器：RM10 系列熔断器的组成如图 4-21 所示，可在额定电压交流 500V 或直流 440V 及以下各电压等级的电网和成套配电设备中用作短路保护或防止连续过载，其技术数据见表 4-15。

表 4-15　RM10 系列熔断器主要技术数据

型号	额定电压/V	额定电流/A	熔断体的额定电流等级/A
RM10－15	交流 220、380 或 500 直流 220、440	15	6、10、15
RM10－60		60	15、20、25、35、45、60
RM10－100		100	60、80、100
RM10－200		200	100、125、160、200
RM10－350		350	200、225、260、300、350
RM10－600		600	350、430、500、600

4）RS0 系列有填料快速熔断器：RS0 系列熔断器外形如图 4-22 所示，可在交流 50Hz，电压 750V 及以下的电路中作为硅整流器件及成套装置的短路及过载保护，它具有快速分断性能。常用的有 RS0、RS3、RS0A、RS3A 系列。RS0 系列有填料快速熔断器主要技术数据见表 4-16。

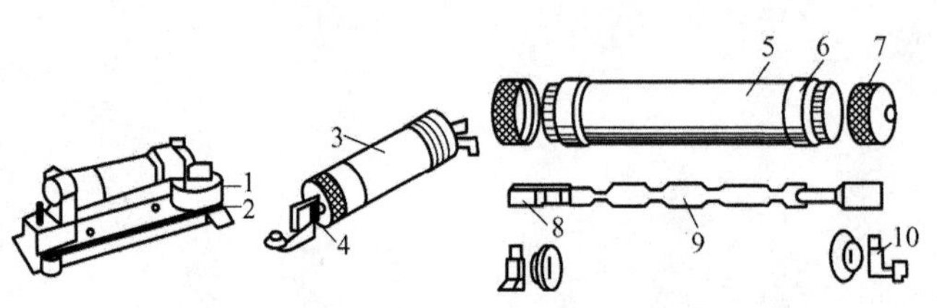

图 4-21　RM10 系列无填料密封管式熔断器的组成

1—安装支撑　2—基座　3、5—熔管　4、10—接线柱

6—熔体顶端　7—端盖　8—触刀　9—熔体

图 4-22　RS0 系列有填料快速熔断器的外形

表 4-16 RS0 系列有填料快速熔断器主要技术数据

型号	熔体额定电流/A	额定电压/V	额定消耗功率/W	质量/kg
RS0－50	30	250/500	≤15	0.2
	50	250/500		
RS0－100	80	250/500	≤35	0.27
	100	250/500		0.34
RS0－200	150	250/500	≤50	0.37
	200	500		0.47
RS0－350	200	500	≤85	0.65
	250	500/750		
	320	500/750		
	350	250		
RS0－480	480	250/500	≤100	1.08

5）RT0 系列有填料封闭管式熔断器：RT0 系列有填料封闭管式熔断器的极限分断电流大，可达 50kA，适用于交流 50Hz，额定电压不大于交流 380V 或直流 440V 电路中，尤其适用于具有高短路电流的电力系统或配电装置中，可用于电缆、导线和电气设备的短路保护及电缆、导线的过负荷保护。它由熔管和底座两个主要部件组成。熔断器熔管上装有指示器，熔体熔断则指示器立即动作。RT0 系列有填料封闭管式熔断器技术数据见表 4-17。

表 4-17 RT0 系列有填料封闭管式熔断器技术数据

型号	额定电流/A	熔体额定电流等级/A	极限分断电流/kA		外形尺寸/mm		
			交流 380V	直流 440V	长	宽	高
RT0－100	100	30、40、50、60、80、100	50（有效值，cosφ = 0.2～0.3）	25（$T<15$ms）	180	55	85
RT0－200	200	80、100、120、150、200			200	60	95
RT0－400	400	150、200、250、300、350、400			220	70	105
RT0－600	600	350、400、450、500、550、600			260	80	125
RT0－1000	1000	700、800、900、1000			350	90	175

（7）熔断器的选择

1）一般熔断器的选择原则：

① 类型选择。根据负荷保护特性和短路电流选择，如电动机过负荷保护要求容量不需很大，也不要求限流，但熔化系数要适当小，宜用锌质熔体和铅锡合金熔体的熔断器；配电线路如短路电流大，应选高分断能力熔断器，还要选有限流作用的熔断器，如 RT0 系列熔断器；故障频发场所应选“可拆式”熔断器，如 RC1A、RL1、RM7、RM10 等。

② 额定电压和电流。熔断器额定电压应高于或等于线路工作电压；熔断器额定电流应大于或等于熔体额定电流。

③ 额定电流的确定与配合。确定熔体额定电流后，再确定熔断器额定电流，熔断器额

定电流应大于或等于熔体额定电流，熔断器可选大一级，还要考虑上下级配合，即配电系统中的各级熔断器间应互相配合，下一级熔断器全部分断时间应比上一级熔断器分断时间短。

④ 熔断器的一般维护。熔断器额定电压应高于线路电压，熔体额定电流应小于或等于熔管额定电流，熔断器极限分断能力应大于或等于被保护线路的最大短路电流。安装时保证熔体与触刀、触刀与刀座接触良好，管式熔断器应垂直安装。安装熔体时应防损伤，更换熔体时新旧熔体型号规格一致，更换熔体或熔管时应切断电路。熔断器连接线材料和截面积或接线温升符合规定，并考虑熔断器的环境温度。封闭管式熔断器的熔管不允许随意用其他绝缘管代替，如熔管烧焦，则必须更换。

2）快速熔断器的选择原则：

① 熔断器接入交流侧、直流侧和整流桥的方式如图 4-23 所示。接入交流侧时，对输出端和整流器件都能有短路保护，但不能立即判断出故障点。接入整流桥臂时，仅相应臂内整流器件短路时熔断器动作，不涉及其他臂但需要的熔断器多。接入直流侧时，除直流端短路故障外，不能起保护作用，同时在熔断器熔断时可能产生危及整流器件的过电压，小容量整流装置有时用此接法。

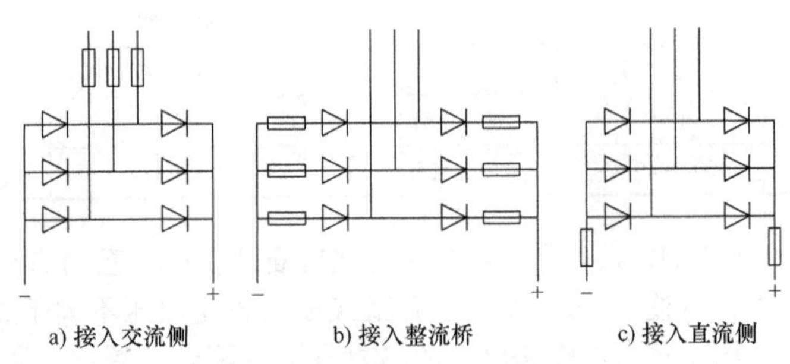

图 4-23　整流电路中快速熔断器接法

② 在快速熔断器分断电流瞬间，最高电弧电压可达电源电压的 1.5 ~2 倍。

③ 故障分析和处理。快速熔断器常见故障分析和处理见表 4-18。

表 4-18　快速熔断器常见故障分析和处理

现　　象	可能原因	处理方法
快速熔断器熔体不熔断或装上后通电就熔断	1）熔体电流偏大，长期过载时熔体不能及时熔断 2）熔体偏小，在正常负载下短时间内熔断	根据设备性质选熔体，如连续发生该现象 3 次以上，应重新计算选熔体电流
快速熔断器熔体非正常熔断	1）熔断器的动静触点与插座、熔体与底座接触不良引起过热，熔体误熔断 2）熔体氧化腐蚀或安装时有机械损伤，造成熔体误熔断	1）更换熔体时应对接触部位调整，保证接触良好 2）更换熔体时避免损伤

3）一般熔断器熔体的具体选择：

配电变压器低压侧，熔体额定电流 =(1 ~1.2) ×变压器低压侧额定电流。

单台电动机，熔体额定电流 =(1.5 ~2.5) ×电动机额定电流。

多台电动机，总熔体额定电流 =(1.5 ~2.5) ×容量最大的电动机的额定电流 + 其余电动机的额定电流之和。

减压起动电动机，熔体额定电流 =（1.5 ~2.0）×电动机额定电流。

直流电动机、绕线转子电动机，熔体额定电流 =（1.2 ~1.5）×电动机额定电流。

照明电路电灯支路，熔体额定电流等于支路上所有电灯工作电流之和。

照明电路，装于电能表出线端的熔体额定电流 =（0.9 ~1.0）×电能表额定电流 > 全部电灯的工作电流。

4）快速熔断器熔体的具体选择：快速熔断器熔体接在交流侧或整流电路中，熔体电流≥k_1 ×最大整流电流。k_1 选择见表 4-19。快速熔断器与整流器件串联，熔体额定电流≥1.5 ×整流器件额定电流。

5）快速熔断器熔体额定电流：选择快速熔断器熔体额定电流，是有效值，而所保护硅器件额定电流是平均值。熔断器接在交流侧时，熔体额定电流 I_{eR} 为

$$I_{eR} \geqslant k_1 I_{zh,max}$$

式中　$I_{zh,max}$——可能的最大整流电流；

k_1——与整流电路形式有关的系数，见表 4-19。

表 4-19　k_1 在不同整流电路时的数值

整流电路形式	单相半波	单相全波	单相桥式	三相半波	三相桥式	双星形六相
k_1 值	1.57	0.785	1.11	0.575	0.816	0.29

如熔断器与硅整流器件串联，按硅整流器件额定电流选择。因硅整流器件电流是平均值，它同有效值之比约为 1:1.5，取熔断器熔体额定电流为

$$I_{eR} \geqslant 1.5 I_{eG}$$

式中　I_{eG}——硅整流器件的额定电流（平均值）。

当晶闸管导通角不同时，考虑电流有效值与平均值间的关系，k_1 与线路形式、晶闸管导通角有关，见表 4-20。如快速熔断器与晶闸管串联，选择方法同不可控整流电路，额定电流计算方法也相同。

表 4-20　k_1 在不同整流电路及不同导通角时的数值

电路形式	180°	150°	120°	90°	60°	30°
单相半波	1.57	1.66	1.88	2.22	2.78	3.99
单相桥式	1.11	1.17	1.33	1.57	1.97	2.82
三相桥式	0.816	0.828	0.865	1.03	1.29	1.88

6. 隔离开关熔断器组

隔离开关熔断器组是隔离开关与熔断器的组合，主要用于大短路电流、低功率因数的供配电线路中，作为手动、不频繁操作的主开关或总开关使用，尤其适合抽出式低压成套装置中。其中 HH15 系列隔离开关熔断器组型号及含义如图 4-24 所示，隔离开关熔断器组产品外形如图 4-25 所示。

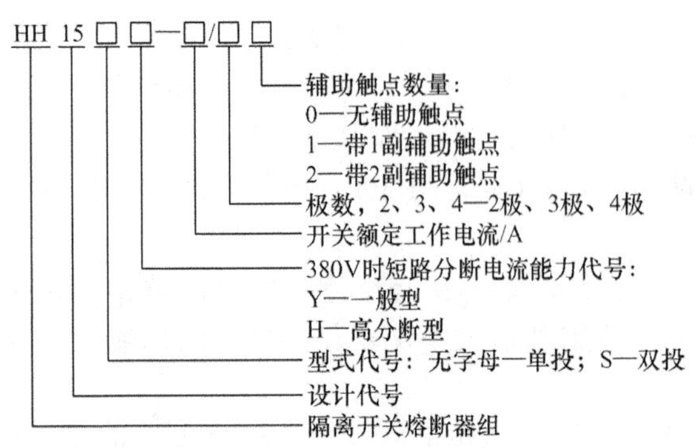

图 4-24　隔离开关熔断器组型号表示

图 4-25　隔离开关熔断器组产品外形

HH15 系列隔离开关熔断器组采用全封闭式结构和滚动插入式触点系统，可靠性高，性能稳定，每相都有两组这种断点的触点系统。两组触点系统或串联或并联，就可满足不同工作类别和线路的要求。操作机构为储能弹簧，动触点组的运动速度与操作力的大小和操作速度无关。常用有 HH15、HH16 系列，其中 HH15 系列隔离开关熔断器组主要技术参数见表 4-21。

表 4-21　HH15 系列隔离开关熔断器组主要技术参数

规格		63	125	160	250	400	630
主极数		3					
额定绝缘电压/V		AC 1000					
额定工作电压/V		AC 380、660					
额定发热电流/A		80	160	160	400	400	800
额定封闭发热电流/A		63	125	160	250	400	630
额定工作电流/功率/(A/kW)	380V、AC-23B	80/30	160	160/90	250/132	400/200	630/333
	660V、AC-23B	85/55	160	160/150	250/220	400/375	630/560
额定熔断短路电流(有效值)/kA	380V	100					
	660V	50					
机械寿命/次		15000	15000	12000	12000	12000	3000
电寿命/次		1000	1000	300	300	300	150
熔体额定电流/A		160	160	160	400	400	630
刀型触点熔体号码		00	00	00	1 或 2	1 或 2	3
辅助触点电流（380A、AC-15）/A		4	4	4	4	4	6

7. 交流接触器

交流接触器广泛应用在电力拖动和自动控制系统中，是用于远距离频繁地接通和切断交流主电路及大容量控制电路的一种自动控制电器，可控制电动机、电热器、照明系统等，其操作频率高、使用寿命长、工作可靠、性能稳定、维护方便，具有低电压释放保护功能。

（1）结构组成　交流接触器的电磁机构由线圈、动铁心（衔铁）和静铁心组成，将电磁能转换成机械能，产生电磁吸力带动触点的动触头动作。触点系统包括主触点和辅助触点，主触点用于通断主电路，通常为三个常开触点，辅助触点用于控制电路，起电气自锁、联锁等作用，一般常开、常闭各两个。容量 10A 以上的接触器有灭弧装置，小容量接触器采

用双断口触点灭弧、电动力灭弧、相间弧板隔弧及陶土灭弧罩灭弧，大容量接触器采用纵缝灭弧罩及栅片灭弧；其他部件包括反作用弹簧、缓冲弹簧、触点压力弹簧、传动机构及外壳等。

图 4-26 为交流接触器的结构示意图，交流接触器的外形如图 4-27 所示。当交流接触器正常工作时，常闭触点先断开，常开触点后闭合，主触点和辅助触点同时动作。当电源电压突然很低或为零时，线圈无法使铁心产生足够的电磁吸力，主电路中所有常开触点重新断开，电动机断电停转，避免了电动机在异常低压时的不正常运行，即欠电压和失电压保护，接触器图形和文字符号如图 4-28 所示。

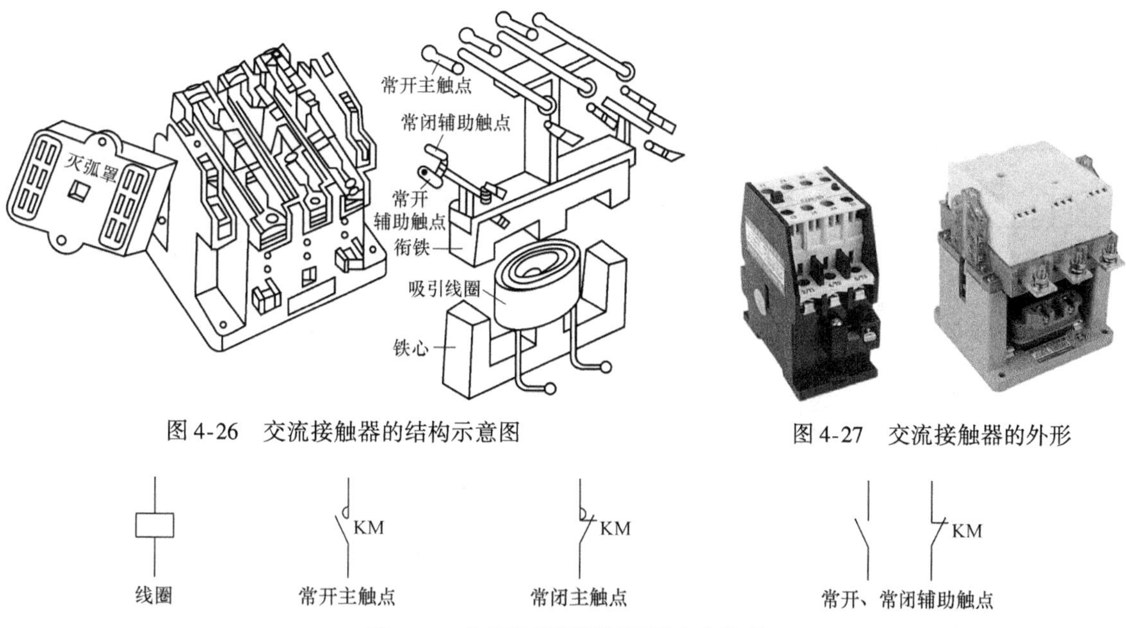

图 4-26　交流接触器的结构示意图

图 4-27　交流接触器的外形

图 4-28　交流接触器的图形及文字符号

（2）工作原理　线圈通电后，铁心中产生磁通及电磁吸力，此电磁吸力克服弹簧反力使得衔铁吸合，带动触点机构动作，常闭触点打开，常开触点闭合，互锁或接通电路。线圈失电或线圈两端电压显著降低时，电磁吸力小于弹簧反力，使得衔铁释放，触点机构复位，断开或接通相关电路。

（3）CJ 系列交流接触器　该系列接触器在交流 50Hz，电压 380V、660V 或 1140V，电流不大于 630A 电路中，可频繁接通和断开电路及控制交流电动机，可与热继电器组成电磁起动器。常用交流接触器有 CJ20 系列、CJ40 系列等，CJ20 系列为直动、双断点、立体布置。CJ20－10～25 不带灭弧系统。CJ20－40 及以上为两层布置正装式结构，主触点和灭弧室在上，电磁系统在下，两只独立辅助触点组件布置在两侧。CJ20 系列接触器型号表示如图 4-29 所示。

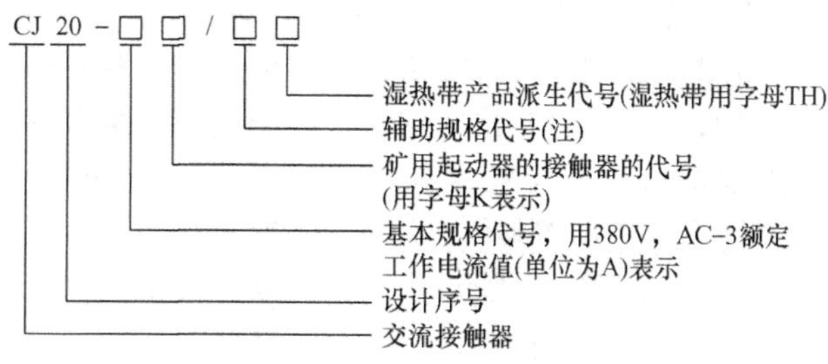

图 4-29　CJ20 系列接触器的型号表示

CJ20－10 辅助触点有 4 闭、3 闭 1 开、2 开 2 闭、1 闭 3 开、4 开等。CJ10 系列主要技术参数见表 4-22，CJ24 系列主要技术参数见表 4-23。

表 4-22　CJ10 系列交流接触器主要技术参数

型号	额定电压/V	额定电流/A	可控制三相异步电动机的最大功率/kW			额定操作频率/(次/h)	线圈消耗功率/(VA)		机械寿命/万次	电寿命/万次
			220V	380V	550V		起动	吸持		
CJ10-5	380 500	5	1.2	2.2	2.2	600	35	6	300	60
CJ10-10		10	2.2	4	4		65	11		
CJ10-20		20	5.5	10	10		140	22		
CJ10-40		40	11	20	20		230	32		
CJ10-60		60	17	30	30		485	95		
CJ10-100		100	30	50	50		760	105		
CJ10-150		150	43	75	75		950	110		

表 4-23　CJ24 系列交流接触器主要技术参数

型号	频率/Hz	额定绝缘电压/V	额度工作电压/V	约定发热电流/A	断续周期工作制下的额定工作电流/A	
					AC-1、AC-2、AC-3	AC-4
CJ24-100	50	3	380	100	100	40
			660		63	
CJ24-160			380	160	160	63
			660		80	
CJ24-250			380	250	250	100
			660		160	
CJ24-400			380	400	400	160
			660		250	
CJ24-630			380	630	630	250
			660		400	

(4) 直流接触器　直流接触器主要由电磁机构、触点系统和灭弧装置等组成，用于接通和分断直流电路以及频繁地起动、停止、反转和反接制动直流电动机，也用于频繁地接通和断开起重电磁铁、电磁阀、离合器的电磁线圈等，有立体布置和平面布置两种结构。直流接触器结构和工作原理与交流接触器基本相同，CZ0 系列直流接触器可用于控制直流电动机，其吸合冲击小、噪声小，适于电动机频繁起停、换向或反接制动。额定电流不大于 150A 的接触器是立体布置整体式结构，有沿棱角转动的拍合式电磁系统和双断点常闭主触点，线圈用串联双线圈结构。组合桥式双断点辅助触点固定在主触点绝缘基座一端两侧。250A 及以上是平面布置整体，用沿棱角转动的拍合式电磁系统及串联双线圈，单断点结构主触点由整块镉铜制成，组合桥式双断点辅助触点固定在磁轭背上，其型号表示如图 4-30 所示，主要技术数据见表 4-24。

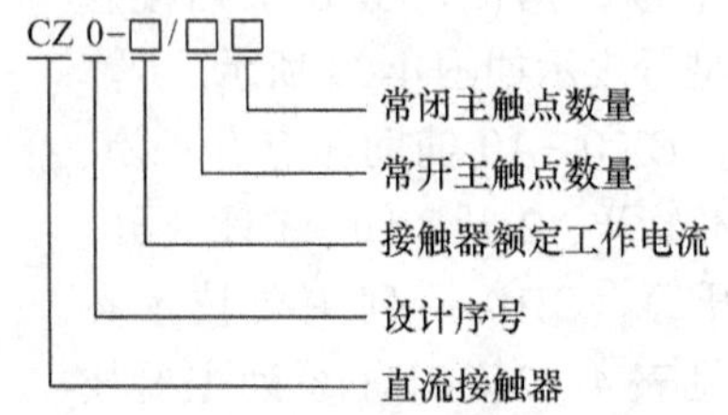

图 4-30　CZ0 系列直流接触器的型号表示

表 4-24 CZ0 系列直流接触器主要技术数据

<table>
<tr><th rowspan="2">型号</th><th rowspan="2">额定电流/A</th><th rowspan="2">额定电压/V</th><th colspan="2">主触点数量</th><th colspan="2">辅助触点数量</th><th rowspan="2">辅助触点额定电流/A</th><th rowspan="2">额定操作频率/(次/h)</th><th rowspan="2">操作线圈功率/W</th><th rowspan="2">额定控制电源电压/V</th></tr>
<tr><th>常开</th><th>常闭</th><th>常闭</th><th>常闭</th></tr>
<tr><td>CZ0 - 40/20</td><td rowspan="2">40</td><td rowspan="13">440</td><td>2</td><td></td><td rowspan="8">2</td><td rowspan="8">2</td><td rowspan="8">5</td><td>1200</td><td>23</td><td rowspan="8">220
110
48
24</td></tr>
<tr><td>CZ0 - 40/02</td><td></td><td>2</td><td>600</td><td>24</td></tr>
<tr><td>CZ0 - 100/10</td><td rowspan="3">100</td><td>1</td><td></td><td>1200</td><td>24</td></tr>
<tr><td>CZ0 - 100/01</td><td></td><td>1</td><td>600</td><td>180/27</td></tr>
<tr><td>CZ0 - 100/20</td><td>2</td><td></td><td>1200</td><td>33</td></tr>
<tr><td>CZ0 - 150/10</td><td rowspan="3">150</td><td>1</td><td></td><td>1200</td><td>33</td></tr>
<tr><td>CZ0 - 150/01</td><td></td><td>1</td><td>600</td><td>310/21</td></tr>
<tr><td>CZ0 - 150/20</td><td>2</td><td></td><td>1200</td><td>41</td></tr>
<tr><td>CZ0 - 250/10</td><td rowspan="2">250</td><td>1</td><td></td><td colspan="2" rowspan="5">5 开、1 闭与 5 闭、1 开之间任意组合</td><td rowspan="5">10</td><td rowspan="5">600</td><td>220/36</td><td rowspan="5">220
110</td></tr>
<tr><td>CZ0 - 250/20</td><td>2</td><td></td><td>292/48</td></tr>
<tr><td>CZ0 - 400/10</td><td rowspan="2">400</td><td>1</td><td></td><td>350/30</td></tr>
<tr><td>CZ0 - 400/20</td><td>2</td><td></td><td>430/49</td></tr>
<tr><td>CZ0 - 600/10</td><td>600</td><td>1</td><td></td><td>320/60</td></tr>
</table>

（5）接触器选用与维护

1）一般原则：

① 类型。按所控制电动机或负载电流类型，即交（直）流电动机或负荷选交（直）流接触器；如主要是交流电动机，直流电动机或直流负荷容量较小时，可全选交流接触器，但触点额定电流应适当大一些。

② 触点额定电压和额定电流。触点额定电压≥电路电压；主触点额定电流≥电动机或负荷额定电流。

③ 线圈电压等级。线圈电压等级与控制电路电压一致。

④ 辅助触点额定电流、数量和种类应满足控制电路需要或选叠加式接触器、增加中间继电器。

2）按使用类别选择：按工作条件选轻和重任务接触器，前者如 CJ10、CJ20 等，后者如 CJ12 系列，接触器需在额定电压下通断电动机的 6 倍额定电流。应根据负载选适合的交流接触器，即接触器容量≥负载电流，也不要因可靠性选择远大于负载电流的接触器。

三相交流电动机电流，根据电动机铭牌数据确定，并应由额定电压、电流、功率因数、效率、功率等选接触器。一般情况下为

$$P_N = (\sqrt{3} U_N I_N \cos\varphi)\eta \times 1000$$

式中 U_N——主电路额定线电压，单位为 V；

I_N——接触器额定电压下额定工作电流，单位为 A；

$\cos\varphi$——电动机功率因数；

η——电动机的效率。

对 AC 380V 的三相 4 极电动机，通常 $\cos\varphi$ 取 0.77 ~ 0.92，η 取 87.2% ~ 93.5%，电动

机功率大则效率高，一般取 85% ~90%。为取值方便，估算值 $I_N = 2P_N$，即估算“额定电流为电动机额定功率的 2 倍”；对纯阻性加热负荷，$I_N = 1.5P_N$，即估算“电流为电热功率的倍半”。“电机两倍”“电热倍半”是经验选择。

3）直流接触器选用。根据 DC-1~3 类别选用，主要技术数据见表 4-25。

表 4-25　直流接触器的主要技术数据

接触器主电路在断续周期工作制的额定发热电流/A	25、40、100、160、250、400、600、1000、1600、2500、4000
接触器磁吹线圈（灭弧用）额定工作电流的额定发热电流/A	1.5、2.5、5、10、16、25、40、60、100、160、250、400、600、1000、1600、2500、4000
额定工作电压/V	直流 48、110、220、440、750、1200
主电路额定绝缘电压/V	直流 60、380、660、800、1200
线圈的控制电源电压/V	直流 24、48、110、220
接触器的额定工作制	长期工作制、断续周期工作制（8h）、短时工作制
短时工作制的通电时间标准/min	10、30、60、90

4）维护与检修：

① 外观检查。清除灰尘，用棉布蘸乙醇擦油污，再用干布擦净或晾干；拧紧紧固件；保证金属外壳完好。

② 灭弧罩检修。用非金属刷清除罩内粉尘，如灭弧罩破裂应更换。栅片式灭弧罩应使栅片完整，如栅片变形严重及松脱须修复或更换。

③ 触头检修。银或银基合金触头有轻微烧损或接触面发毛、变黑时，可继续使用。若影响接触时，可锉去毛刺。如触头开焊、脱落或磨损到原厚度的 1/3 时应更换触头；长时间未用后，再用时应先通电或手动通断数次，以除去氧化膜，观察灵活性，不可用砂纸或锉刀修磨接触面。维修或更换后，应调整触点开距、超行程、触头压力及同步等。

④ 辅助触点检查。辅助触点应动作灵活，静触头无松动或脱落，开距及行程符合要求，如接触不良且不易修复时需更换。

⑤ 铁心检修。用棉纱沾汽油擦拭铁心极面油垢。保证缓冲件齐全、位置正确。保证铆钉头无断裂。短路环断裂、隐裂造成严重噪声和吸力不足时，更换短路环、铁心或更换接触器。中柱气隙保持 0.1~0.3mm。

⑥ 线圈检修。线圈过热时表层老化变色，这可能由匝间短路引起。如引线头与导线开焊、线圈骨架裂纹磨损或固定不正常时，也应及早处理，更换线圈或接触器。

⑦ 通电检查。接电源检查运动和摩擦部分灵活，在转轴与轴承间隙加润滑油。外壳或机座固定牢靠并与安装面垂直，不得有挠曲或变形；电源连接螺钉要拧紧。

⑧ 主触点参数调整。拆卸、维修或更换零部件后重组装的接触器，对主辅触点开距、超行程重新调整；直动式交流接触器主触点开距 + 超行程 = 铁心行程；旋转直动式接触器主触点开距、超行程调整可增减调整垫和衔铁打开的距离，如主触点超行程小可增加瓷底板与铝基座间调整纸垫；若开距需增大时，松开调整衔铁行程限位螺母。

5）常见故障及处理：接触器常见故障及分析处理见表 4-26。

表 4-26 接触器常见故障及分析处理

故障现象	原 因	处 理
通电后不能吸合	1）线圈无电压 2）有电压但低于线圈额定电压 3）有额定电压，但线圈本身开路 4）接触器运动部分的机械机构及动触点发生卡阻 5）转轴生锈、歪斜等	1）测线圈电压，若无电压，查控制回路 2）查控制电压 3）若接线螺钉松脱应紧固，线圈断线则换线圈 4）可对机械结构进行修整，调整灭弧罩、调整触点与灭弧罩的位置 5）拆检清洗转轴及支承杆，调换配件，保持转轴转动灵活。或更换接触器
吸合后又断开	控制回路的触点接触不良	整修辅助触点，保证接触良好
铁心异常响声	1）铁心板面频繁碰撞，沿叠片厚度方向向外扩张、不平整 2）短路环断裂	1）用锉刀修整，或更换铁心 2）更换短路环
吸合不正常	1）控制电压低于85%额定值，通电后电磁吸力不足，吸合不可靠 2）弹簧压力不当，弹簧反作用力过强，吸合缓慢，触点弹簧压力超程过大，铁心不能完全闭合，弹簧压力与释放压力过大时，造成触点不能完全闭合 3）动静铁心间间隙过大或可动部分卡住	1）查控制电路电压，要达到要求 2）调整弹簧压力或更换弹簧 3）拆卸重新装配，调小间隙或清洗轴端及支撑杆，或调换配件。组装时应注意符合要求
主触点过热或熔焊	1）接触器吸合缓慢或停滞，触点接触不可靠 2）触头表面严重氧化灼伤，接触电阻增大，主触头过热 3）频繁起动设备，主触点电流冲击大 4）主触点长时间过载，造成过热或熔焊 5）负载侧有短路，吸合时短路电流通过主触点 6）接触器三相主触点闭合时不能同步，两相主触点受特大起动电流冲击，造成主触头熔焊 7）主触点本身抗熔性差 8）如是笼型电动机主回路，热继电器电流整定值太大	1）对弹簧压力作调整，或更换 2）清除主触头表面氧化层，用细锉刀轻轻修平，保持接触良好 3）合理操作，避免频繁起动，或选符合操作频率及通电持续率的接触器 4）减少拖动设备负荷，使设备在额定状态下运行，或选合适的接触器 5）检查短路故障 6）检查主触点闭合状况，调整动、静触头间隙，使之同步 7）选抗熔能力较强的银基合金主触头接触器 8）热继电器电流整定值＝电动机的额定电流
线圈断电后铁心不能释放	1）接触器运行久，铁心极面变形，铁心中间磁极面间隙消失，线圈断电后铁心产生剩磁，交流接触器断电后不能释放 2）铁心极面上油污和尘屑多 3）动触头弹簧压力小 4）接触器触头熔焊 5）安装不合要求 6）铁心表面防锈油粘连	1）修整铁心接触面，保证中间磁极接触面间隙≤0.15～0.2mm 2）清除油污 3）调整弹簧压力，或更换新弹簧 4）减小负荷或根据工作电流，重选接触器，检查是否短路并排除；检查主触点闭合状况，调整间隙使之同步；选抗熔能力较强的银基合金主触头接触器 5）安装符合要求 6）揩净防锈油

课堂练习

(1) 交流接触器的组成有哪些？主触点与辅助触点的功能有什么不同？

(2) 分析接触器的灭弧原理与方式，直流接触器与交流接触器的灭弧有什么不同？为什么直流接触器的体积比较大？

8. 热继电器

(1) 组成与原理　热继电器利用电流热效应原理，实现长期运行中电动机的过负荷保护和断相保护。热继电器主要由热元件、双金属片和触点等组成，图 4-31 所示是热继电器的结构示意图。双金属片是热继电器的感测元件，由两种线膨胀系数不同的金属片组成。热元件串联在电动机定子绕组中，当电动机过负荷时，热元件电流增大，双金属片变形推动导板使继电器触点动作，切断电动机控制电路。当电动机出现断相时，热继电器导板采用差动机构，如图 4-31b 所示，其中两相电流增大，一相逐渐冷却，同样触发动作且热继电器的动作时间缩短，更有效保护电动机。图 4-32 所示为热继电器图形和文字符号，图 4-33 所示为常用热继电器外形图。

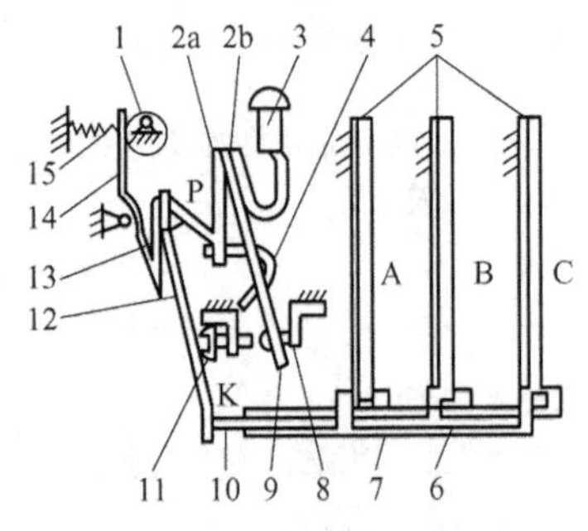

a) 结构

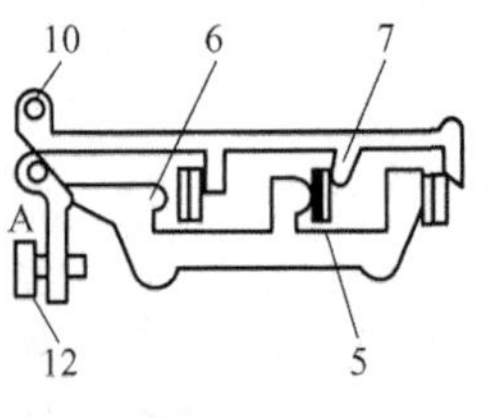

b) 差动式断相保护

图 4-31　热继电器的结构示意图

1—电流调节轮　2a、2b—簧片　3—复位按钮　4—弓簧　5—双金属片　6—外导板　7—内导板　8—静触点　9—动触点　10—杠杆　11—调节螺钉　12—补偿双金属片　13—推杆　14—连杆　15—压簧

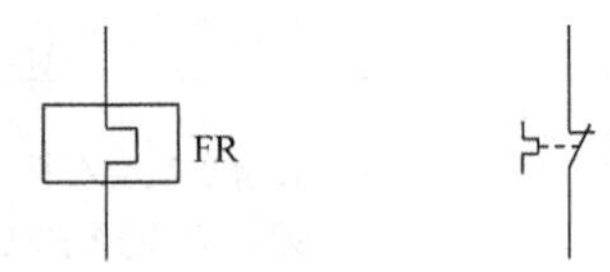

a) 热继电器驱动器件　　b) 常闭触点

图 4-32　热继电器的图形和文字符号

a) T系列热继电器

b) JRS5系列热继电器

c) JRS1系列热继电器

图 4-33　热继电器的外形图

常用热继电器有 JRS1、JR20 等系列，引进产品有 T、3UP、LR1－D 等系列。JR20、JRS1 系列具有断相保护、温度补偿、整定电流值可调、手动脱扣、手动复位、动作后有信号指示灯指示等功能。热继电器的安装方式除采用分立结构外，还增设了组合式结构，可直接电气连接在 CJ20 接触器上。T 系列热继电器的热元件整定电流范围见表 4-27。

表 4-27　T 系列热继电器热元件整定电流范围

型号	T16	T25	T45	T85	T105	T170	T250	T370
整定电流范围/A	0.11～0.16	0.17～0.25	0.25～0.40	6.0～10	36～52	90～130	100～160	160～250
	0.14～0.21	0.22～0.32	0.30～0.52	8.0～14	45～63	110～160	160～250	250～400
	0.19～0.29	0.28～0.42	0.40～0.63	12～20	5～782	140～200	250～400	310～500
	0.27～0.40	0.37～0.55	0.52～0.83	17～29	70～105	—	—	—
	0.35～0.52	0.50～0.70	0.63～1.0	25～40	80～115	—	—	—
	0.42～0.63	0.60～0.90	0.83～1.3	35～55	—	—	—	—
	0.55～0.83	0.70～1.1	1.0～1.6	45～70	—	—	—	—
	0.70～1.0	1.0～1.5	1.3～2.1	60～100	—	—	—	—
	0.90～1.3	1.3～1.9	1.6～2.5	—	—	—	—	—
	1.1～1.5	1.6～2.4	2.1～3.3	—	—	—	—	—
	1.3～1.8	2.1～3.2	2.5～4.0	—	—	—	—	—
	1.5～2.1	2.8～4.1	3.3～5.2	—	—	—	—	—
	1.7～2.4	3.7～5.6	4.0～6.3	—	—	—	—	—
	2.1～3.0	5.0～7.5	5.2～8.3	—	—	—	—	—
	2.7～4.0	6.7～10	6.3～10	—	—	—	—	—
	3.4～4.5	8.5～13	8.3～13	—	—	—	—	—
	4.0～6.0	12～15.5	10～16	—	—	—	—	—
	5.2～7.5	13.5～17	13～21	—	—	—	—	—
	6.3～9.0	15.5～20	16～27	—	—	—	—	—
	7.5～11	18～23	21～35	—	—	—	—	—
	9.0～13	21～27	27～45	—	—	—	—	—
	12～17.6	26～35	28～55	—	—	—	—	—

（2）选用原则　根据所保护电动机特性、工作条件，热继电器安秒特性应位于电动机过载特性之下，且尽可能接近或重合，电动机在短时过负荷和起动瞬间出现（5～6）I_e 时热继电器不受影响。

1）一般情况。热继电器动作电流等于或稍微大于电动机的额定电流。

2）电动机长期或间断长期工作。根据起动时间，选 $6I_e$ 下具有相应可返回时间的热继电器；通常 $6I_e$ 下热继电器可返回时间与动作时间关系是 $t_R = (0.5 \sim 0.7)t_V$

式中　t_R——继电器在 $6I_e$ 的可返回时间，单位为 s；

t_V——继电器在 $6I_e$ 的动作时间，单位为 s。

3）缺相保护。对Y联结电动机选 3 极热继电器；△联结电动机选带断相保护的热继电器。

4）三相与两相热继电器。两者对电动机过负荷保护效果相同，但用于电动机断相保护时不宜选两相的；多台电动机功率差别比较显著、电源电压显著不平衡、Y－D 联结电源变压器一次侧断线时也不选两相的。

5）电动机反复短时工作。当电动机起动电流为 $6I_e$、起动时间为 1s，满负荷工作、通电持续率 60% 时，每小时允许操作低于 40 次；频率过高，选带速饱和电流互感器的热继电器，或过电流继电器。

6）电动机正反转及相关电路频繁通断。这种场合不用热继电器，选埋入式、半导体热敏电阻式等温度继电器。

热继电器使用中应考虑电动机的工作环境、起动情况、负载性质等因素，不同的情况选择不同的热继电器。

（3）具体选择　选择热继电器结构形式时，Y联结电动机可选用两相或三相结构热继电器；△联结的电动机应选用带断相保护装置的三相结构热继电器。热元件额定电流一般的确定方法为：热元件整定电流 =95% ~105% 的电动机额定电流。对工作环境恶劣、起动频繁的电动机，热元件整定电流为 1.15 倍 ~1.5 倍的电动机额定电流。

（4）故障及处理

热继电器的常见故障、可能原因及处理方法，见表 4-28。

表 4-28　热继电器的常见故障、可能原因及处理方法

故障现象	可能的原因	处理方法
热继电器误动作或动作太快	1）整定电流偏小 2）操作频率过高	1）调大整定电流 2）调换热继电器或限定操作频率
热继电器不动作	1）整定电流偏大 2）导板脱出	1）调小整定电流 2）重新放置导板并试验动作灵活性
热元件烧断	1）负荷电流过大 2）操作频率过高	1）排除故障调换热继电器 2）限定操作频率或调换合适的热继电器
主电路不通	1）热元件烧毁 2）接线螺钉未压紧	1）更换热元件或热继电器 2）旋紧接线螺钉
控制电路不通	1）热继电器常闭触点接触不良或弹性消失 2）手动复位的热继电器动作后，未手动复位	1）检修常闭触点 2）手动复位

课堂练习

如图 4-34 所示是常见电动机正反转控制原理图。

（1）请分析电动机正反转控制电路的三个组成部分。

（2）假设被控对象（三相异步交流电动机）工作电压为 380V，额定功率为 90kW，控制回路工作电压 220V，请确认主回路及控制回路各个电器的技术参数，并叙述确认过程。

（3）断路器如何确定技术参数？

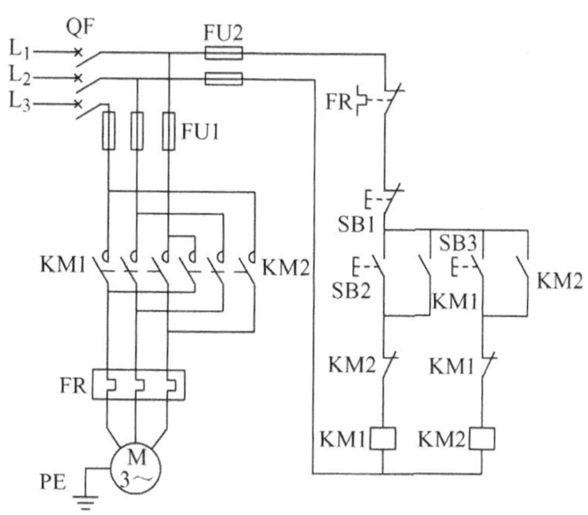

图 4-34 电动机正反转运行控制原理图

4.2 低压成套电气设备

4.2.1 低压成套电气设备概述

1. 低压成套电气设备的概念

所谓成套电气设备由一个或多个开关电器和相应的控制、保护、测量、调节装置，以及所有内部的电气、机械的相互连接和结构部件组成的电气装置。成套电气设备分低压成套电气设备和高压成套电气设备。

低压成套电气设备广泛应用于发电厂、变电站、企业及各类电力用户的低压配电系统中，作为照明、配电、电动机控制中心和无功补偿等的电能转换、分配、控制、保护和检测。低压开关柜适用于发电、石油、化工、冶金、纺织、高层建筑等行业及场合，作为输电、配电及电能转换之用。产品符合 IEC439—1 和 GB 7251. 1—2005 的规定。我国规定，从 2003 年 5 月 1 日开始，低压元器件、电缆及成套开关设备必须通过 CCC 认证，才能生产、销售。

GB 7251. 1—2005 使用以来，已经被 GB 7251. 1—2013 替代，但该系列标准还没有完整颁布，并考虑到产品特性，本章继续按标准 GB 7251. 1—2005 介绍。

2. 分类

(1) 按供电系统的要求和使用场所分类

1) 一级配电设备。一级配电设备统称为动力配电中心（PC），俗称低压开关柜或低压配电屏，集中安装在变电站，将电能分配给不同地点的下级配电设备。这一级设备紧靠降压变压器，故电气参数要求较高，输出线路容量也较大。

2) 二级配电设备。二级配电设备是动力配电柜和电动机控制中心（MCC）的统称。这类设备安装在用电集中、负荷大的场所，如生产车间、建筑物等场所，对用电场所进行统一配电，将上一级配电设备某一路电能分配给就近负荷。动力配电柜使用在负荷比较分散、回路较少的场合。MCC 用于负荷集中、回路较多的场合。这级设备应对负荷提供控制、测量和保护。

3）末级配电设备。末级配电设备是照明配电箱和动力配电箱的统称，远离供电中心，是分散的小容量配电设备，对小容量用电设备进行控制、保护和监测。

（2）按标准要求的产品分类　GB 7251 包括 GB 7251. 1—2013、GB 7251. 2—2006、GB/T 7251. 3—2017 和 GB/T 7251. 4—2017 的产品分类。低压成套开关设备包括按标准 GB 7251. 1—2013 要求生产的各种交直流开关柜；按标准 GB 7251. 2—2006 要求生产的各种母线槽、照明配电箱、插座配电箱；按标准 GB/T 7251. 3—2017 要求生产的各种计量配电箱、照明配电箱、插座配电箱；按标准 GB/T 7251. 4—2017 要求生产的各种户外建筑工地用成套设备，并分可移动式或可运输式。

符合 GB 7251. 1、GB 7251. 2、GB 7251. 3 的产品必须由专业人员操作，符合 GB 7251. 4 的产品可以由非专业人员操作。

（3）按结构分类　低压成套电气设备按结构可分为屏类，包括开启式、固定面板式；柜类，包括固定安装式、抽出式、箱组式；箱类，包括动力配电箱、照明配电箱、补偿配电箱。

（4）按功能分类　低压成套电气设备按功能可分为配电用（包括进线、联络、出线）、电动机控制用、无功功率补偿用、照明用、计量用。

（5）按结构特征和用途分类

1）固定面板式开关柜。固定面板式开关柜常称开关板或配电屏，有面板遮拦的开启式开关柜，正面有防护作用，背面和侧面开放，仍可能使人触及带电部分，防护等级低。

2）封闭式开关柜。封闭式开关柜指除安装面外，其他所有侧面都被封闭的低压开关柜，开关、保护和监测控制等电器均安装在用钢材或绝缘材料制成的封闭外壳内，柜内回路之间可不加隔离措施，也可采用接地的金属板或绝缘板隔离。

3）抽出式开关柜。抽出式开关柜通常称抽屉柜，采用钢板制成封闭外壳，进出线和电器安装在可抽出的抽屉中，构成能完成某一类供电任务的功能单元。功能单元与母线或电缆之间用接地金属板或塑料制成的隔板隔开，形成母线、功能单元和电缆等区域，每个功能单元之间也有隔离措施。抽出式开关柜可靠性高，安全性和互换性好，适于在对供电可靠性要求较高的低压供配电系统中作为集中控制的配电中心。

4）动力、照明配电箱。动力、照明配电箱多为封闭式垂直安装，因使用场合不同，外壳防护等级也不同，主要作为用电现场的配电装置。

4. 2. 2　低压成套开关设备的型号与参数

1. 低压开关柜的型号组成

我国低压开关柜的型号由 6 位拼音字母或数字表示（除 MNS 型抽出式低压开关柜），组成如下：

□ □ □ □-□-□

1　2　3　4　5　6

第 1 位：分类代号，产品类型的名称，P 为开启式低压开关柜，G 为封闭式低压开关柜。

第 2 位：柜体型式特征，G 为固定式，C 为抽出式，H 为固定和抽出式混合安装。

第 3 位：用途代号，L（或 D）为动力系统用，K 为控制系统用；这一位也可作为统一设计标志。

第 4 位：设计序号，对于某类产品的序列编号。

第 5 位：主回路方案编号，低压成套电气设备的主回路接线方案有几十种至上百种，一般将常用的接线方案固定并编号。有时在编号之外，根据现场的具体技术要求，还可以适当地予以调整。

第 6 位：辅助回路方案编号，控制回路及保护回路的接线方案固定后同样予以编号。

低压开成套设备的典型产品有 GCL 型抽出式低压开关柜、GCS 型抽出式低压开关柜、GCK 型抽出式低压开关柜、GGD 型固定式低压开关柜、MNS 型抽出式低压开关柜、GCK（L）型抽出式低压开关柜。GGD 型固定式低压开关柜如图 4-35 所示，GCK 型抽出式低压开关柜如图 4-36所示，GCS 型抽出式低压开关柜如图 4-37 所示，MNS 型抽出式低压开关柜如图 4-38 所示。

图 4-35　GGD 型固定式低压开关柜

图 4-36　GCK 型抽出式低压开关柜

图 4-37　GCS 型抽出式低压开关柜

图 4-38　MNS 型抽出式低压开关柜

2. 配电箱型号

配电箱结构简单，体积尺寸比开关柜小，属成套电气设备范畴，配电箱型号含义如图 4-39所示，图 4-40 所示为 XL－21 配电箱。

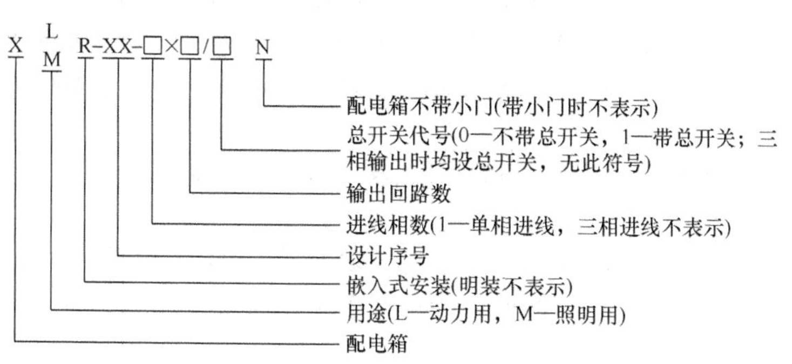

图 4-39　配电箱型号的含义表示

图 4-40　XL－21 配电箱

3. 母线槽、配电箱

母线槽、计量配电箱、照明配电箱和插座配电箱等，母线槽外形如图 4-41 所示，照明配电箱如图 4-42 所示，计量配电箱如图 4-43 所示，插座配电箱如图 4-44 所示。

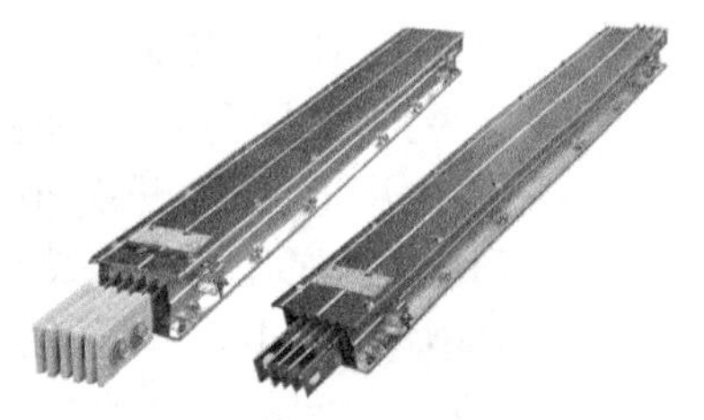

图 4-41 母线槽

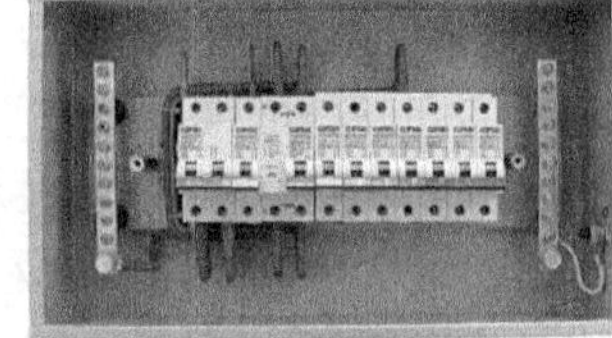

图 4-42 照明配电箱

图 4-43 计量配电箱

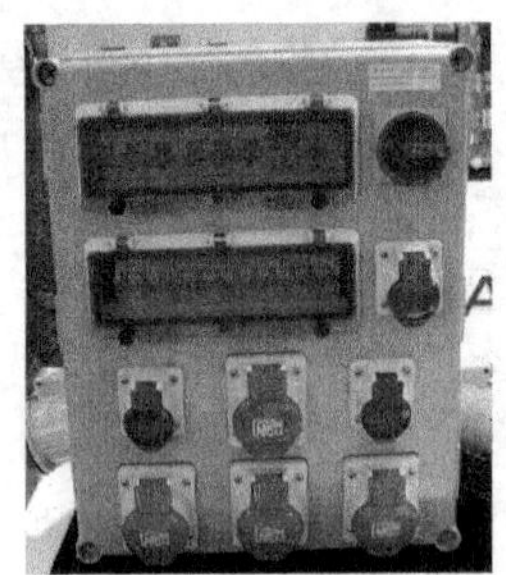

图 4-44 插座配电箱

4. 主要技术参数

(1) 额定电压 额定电压包括主回路和辅助回路的额定电压，主回路额定电压又分额定工作电压和额定绝缘电压。额定工作电压表示开关设备所在电网的最高电压，额定绝缘电压指在规定条件下，度量电器及其部件不同电位部分的绝缘强度、电气间隙和爬电距离的标准电压值。低压开关柜主回路额定工作电压有 220V、380V、660V 等级。我国煤矿目前也开始逐步采用 1140V 电压等级。

(2) 额定频率 我国电网频率是 50Hz。

(3) 额定电流 额定电流分两种，一种是水平母线额定电流，指低压开关柜中受电母线的工作电流，是本柜的总工作电流；另一种为垂直母线额定电流，指低压开关柜中作为分支母线（也称馈电母线）的工作电流，理论上讲，柜内所有馈电母线的工作电流之和应等于水平母线电流，因此馈电母线电流小于水平母线电流。抽出式开关柜单元额定电流一般较小。

我国标准的水平母线额定电流等级有 630A、800A、1000A、1250A、1600A、2000A、2500A、3150A、4000A 和 5000A 等；垂直母线额定电流 400A、630A、800A、1000A、1600A 和 2000A 等。

(4) 额定短路分断电流 额定短路分断电流是指低压开关柜中开关电器的分断短路电流的能力。

(5) 母线额定峰值耐受电流和额定短时耐受电流 该电流表示母线的动、热稳定性能。母线额定短时耐受电流（1s）等级有：15kA、30kA、50kA、80kA、100kA；母线额定峰值耐受电流等级有：30kA、63kA、105kA、176kA、220kA。

(6) 防护等级 防护等级指外壳防止外界固体异物进入壳内触及带电部分或运动部件，

以及防止水进入壳内的防护能力，用 IP 表示，即针对电气设备外壳对异物侵入的防护等级。IP 等级格式为 IP□□，其中□□为两个阿拉伯数字，第 1 个数字表示接触保护和外来物保护等级，第 2 个数字表示防水保护等级。

1）防固体等级：

0，无防护，即无特殊的防护。

1，防止直径大于 50mm 的物体侵入到内部。

2，防止直径大于 12mm 的物体侵入到内部。

3，防止直径大于 2.5mm 的物体侵入到内部。

4，防止直径大于 1.0mm 的物体或蚊蝇、昆虫侵入到内部。

5，防尘，允许少量灰尘侵入到内部电器零件，但侵入灰尘量应不影响内部电器的正常运行。

6，严密防尘，完全防止灰尘侵入到内部。

为便于理解，大于 50mm 的物体可认为大小近似于人的拳头，大于 12mm 的物体可认为大小近似于人的四指厚度，大于 2.5mm 的物体可认为大小近似于扁口螺钉旋具的厚度，大于 1.0mm 的物体可认为大小近似于大头针的直径。

2）防水等级：

0，无特殊防护。

1，防止垂直滴下的水滴侵入到内部。

2，倾斜 15°时仍能防止滴水侵入到内部。

3，防止雨水或垂直入夹角小于 60°方向喷射的水侵入到内部。

4，防止各方向飞溅而来的水侵入到内部。

5，防止大浪或喷水孔急速喷出的水侵入到内部。

6，有水侵入或在一定时间、水压条件下，仍可确保电器正常运行。

7，短期浸水时确保正常运作。

8，可以长期浸入水中运行。

5. GCS 型低压开关柜主要参数例

GCS 型低压抽出式开关柜是常用的低压成套电气设备，俗称抽屉柜，它的各独立单元安装在抽屉内，主要技术参数见表 4-29。

表 4-29　GCS 型低压开关柜的主要技术参数

项目		数据
额定电压/V	主回路	380（660）
	辅助回路	AC 220，AC 380，DC 110，DC 220
额定绝缘电压/V		690（1000）
额定频率/Hz		50
额定电流/A	水平母线	≤4000
	垂直母线	1000
母线额定短时耐受电流（1s）/kA		50，80
母线额定峰值耐受电流（0.1s）/kA		105，176
防护等级		IP30，IP40

课堂练习

(1) 理解低压成套电气设备的构成。

(2) 如何理解标准？产品标准有哪几个层次？

(3) 低压成套电气设备的依据标准是什么？请有兴趣的同学查阅 GB－7251.1 的基本内容。

(4) 低压成套电气产品的型号构成有哪些？叙述典型的低压成套电气产品的型号与名称。

(5) 电气成套设备的防护标准有哪些内容？

(6) 某企业为方便员工给电动车充电，预计设置充电插头共 50 个，每 5 个插座设计成 1 个插座配电箱，请查阅电动车充电要求、电流、电压参数，根据标准规范进行设计开关箱、插座配电箱。

4.3 低压开关柜的主回路

4.3.1 低压开关柜主回路概述

任何具体电路应包括主回路、控制回路和保护回路三部分，如电路简单，则没有具体保护回路，但有保护环节。电气成套设备在电路系统而言，必须包含主回路、控制回路和保护回路。

低压开关柜主要由低压电器、电线或铜排、柜体组成。所谓柜体，是按照产品特点、要求设计，满足产品的型号标准的尺寸、外形的外壳。低压开关产品，不管是大型发电厂、变电站还是一台开关柜，电气部分都包括主回路和控制回路，通常称主回路为一次电路，用于传输和分配电能；称控制电力路为二次电路或辅助回路，对一次设备进行控制、保护、测量和指示。一次回路由一次电器连接而成，辅助回路指主回路以外的所有控制、测量、信号和调节回路在内的电路。

低压成套开关设备种类较多，用途各异，主回路类型很多，差别较大。同一型号成套开关设备的主回路方案少则几十种，多则上百种。

4.3.2 各种低压开关柜的主回路

低压开关柜由受电柜（进线柜）、计量柜、联络柜、双电源互投柜、馈电柜、电动机控制中心（MCC）和无功补偿柜等组成。

其中，进线柜是用于电能传输的电缆或母线的进接线的柜体；计量柜是用于电能使用中的计量；联络柜用于两路电源交换；双电源互投柜可从字面理解；馈电柜是送给用电设备的柜体。根据功能，这些柜体都设计成规范的接线方案，构成相应的低压开关柜，便于选择、安装、互换和维护。

如国内统一设计的 GCK 抽出式开关柜（电动机控制柜）主回路方案共有 40 种，其中电源进线方案 2 种，母联方式 1 种，电动机可逆控制方案 4 种，电动机不可逆控制方案 13 种，电动机Y-△变换方案5种，电动机变速控制方案3种，还有照明电路方案3种，馈电方案8种，无功补偿方案1种。

1. 受电柜主回路

下面以GCS抽出式低压开关柜为例，对低压开关柜的各种主回路进行介绍。图4-45～图4-47所示为受电柜的3种主回路方案，其中图4-45所示为高于柜顶的架空线路进线方案，图4-46所示采用位于柜顶的下侧进线方案，可左进线或右边线。图4-47所示采用电缆进线，电缆终端接有一个零序电流互感器，作为电缆的单相接地保护。柜中全部采用抽屉式结构的万能式低压断路器AH系列或引进的F系列、M系列等作为控制和保护电器。电流互感器用于电流测量或电能计量。

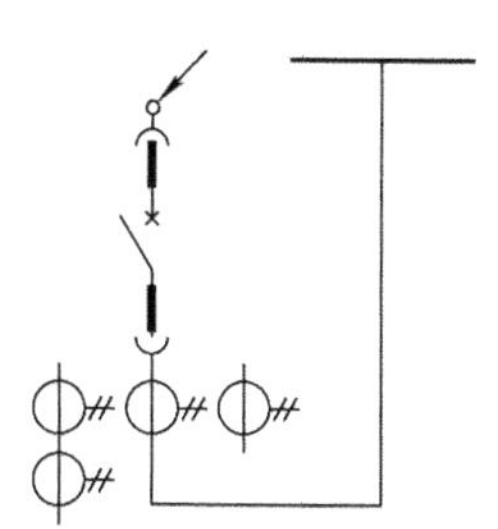

图4-45 采用高于柜顶架空进线

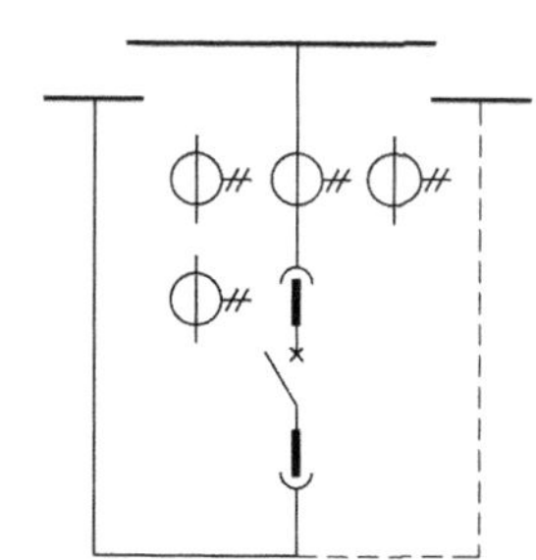

图4-46 采用位于柜顶下侧进线

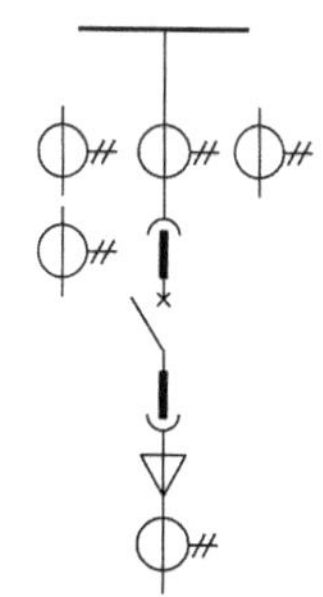

图4-47 采用电缆进线

2. 馈电柜主回路

图4-48所示为馈电柜的主回路。主开关可采用断路器（抽屉式结构），如图4-48a、c所示，也可采用带熔断器的刀开关，采用固定安装式，如图4-48b所示，均采用电缆出线，电缆终端接有一个零序电流互感器，作为电缆的单相接地保护。

3. 零序电流互感器

零序电流互感器在电力系统产生零序接地电流时与继电保护装置或信号装置配合使用，使装置动作，实现保护或监控。

常用的电缆型零序电流互感器有HS－LJK、HS－LXK系列，绝缘性能好，灵敏度高、线性度好、运行可靠、安装方便，性能优于一般的零序电流互感器，使用范围广，适于电磁型继电保护、电子和微机保护装置。用户根据系统的运行方式（中性点有效接地或中性点非有效接地）可选用相适应的零序电流互感器。电路中发生触电或漏电故障时，互感器二次侧输出零序电流，所接二次电路的保护装置动作，如切断电源，报警等。

零序电流保护可用在三相电路上，可每相各装一个零序电流互感器CT，或三相导线一起穿过一个零序电流互感器，也可在中性线N上安装一个零序电流互感器，利用电流互感器检测三相电流矢量和，即零序电流I_0，$I_A + I_B + I_C = I_0$，当电路所接三相负荷平衡时，$I_0 = 0$；当线路所接三相负荷不平衡时，则$I_0 = I_N$，当某相发生接地故障时，必然产生一个单相接地故障电流I_d，此时检测的零序电流$I_0 = I_N + I_d$，是三相不平衡电流与单相接地电流的矢量和。

4. 双电源互投柜主回路

图4-49所示为双电源互投柜主回路，也称双电源切换柜。重要生产场合及重要用电单

位，为提高低压配电系统的供电可靠性，一般使用双电源，一个作为工作电源，一个作为备用电源。备用电源投入根据负荷重要性及允许停电的时间，采用手动或自动投入方式。

图 4-49a 为手动投入方式的双电源互投柜主回路。右边为两个电源的进线，一个采用柜上部母线排进线，一个采用柜下部母线进线，切换开关采用双掷式刀开关。

图 4-49b 为自动投入方式双电源切换柜主回路。两个电源均通过电缆引入到母线，切换开关采用接触器。自动投入方式必须有相应的控制电路，以控制接触器自动接通。当工作电源出现故障时，该回路的断路器动作，起动控制装置，自动将另一个电源开关合上。

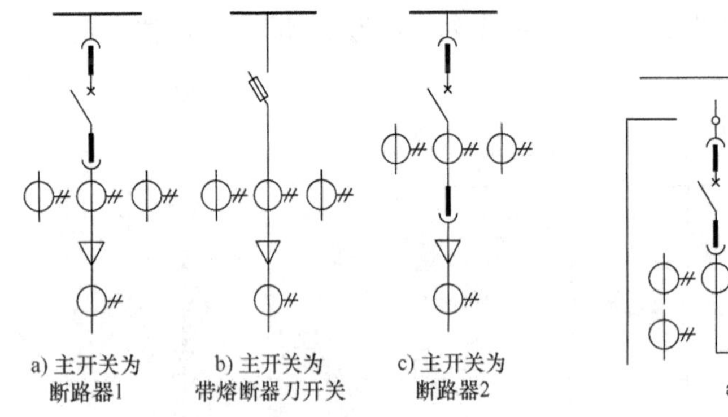

图 4-48　馈电柜主回路

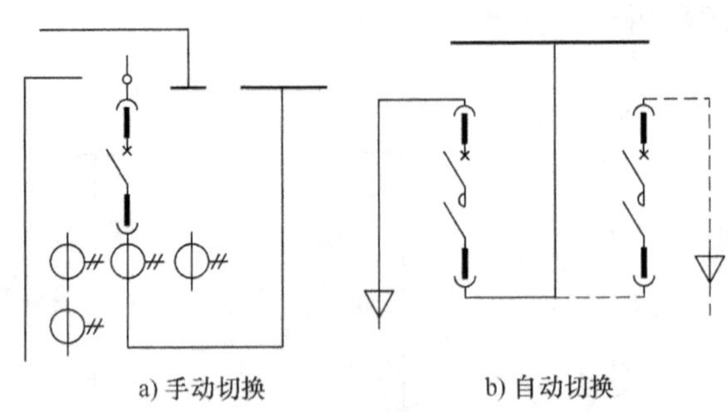

图 4-49　双电源互投柜的主回路

5. 母联柜主回路

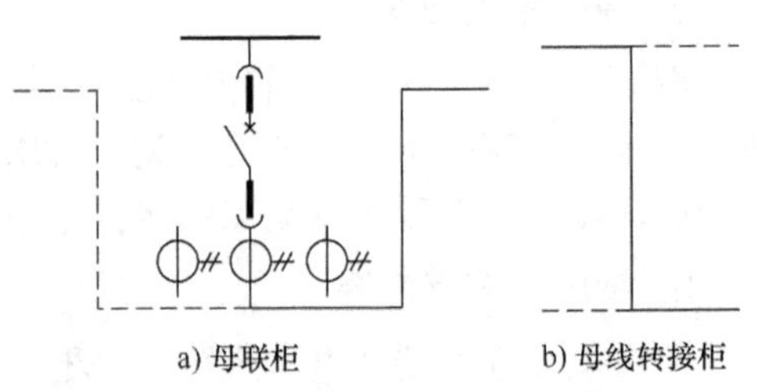

图 4-50　母联柜和母线转接柜

母联柜是母线联络开关柜的简称，当变电站低压母线采用单母线分段制时，必须采用开关来连接两段母线，母线既可分段运行，也可将两段母线连接起来成为单母线运行。分段开关在要求不高时可采用刀开关，如要求设置母线保护和备用电源自投入，应采用低压断路器，如图 4-50 所示，其中图 4-50a 为采用断路器的母联柜的主回路，断路器连接两段母线，虚线表示这种开关柜可左联母线。图 4-50b 是母线转接用的开关柜的主回路，并非母联柜，这里仅表达一种含义，不管低压开关柜还是高压开关柜，都需要各种各样的主回路方案供用户选择，且并不是每台柜子中都有开关，如 GCS 低压开关柜中只装限流电抗器和电压互感器。

6. 电动机不可逆控制柜主回路

低压成套开关设备有专门作为电动机集中控制的电动机控制中心（MCC），各种型号的低压开关柜也有用于电动机控制的方案。如图 4-51 所示是两种电动机不可逆控制柜的主回路方案。配电电器包括带熔断器的刀开关或断路器，控制电器如接触器，保护电器如热继电器，全部装在抽屉中。接触器控制电动机起动和停止，热继电器作为电动机过负荷保护，短路保护由带熔断器的刀开关或断路器承担。

7. 电动机可逆控制柜主回路

要控制电动机的正反转，对三相交流电动机，只要调换任意两相的接线，就可改变电动机旋转的方向。图 4-54 所示是几种电动机可逆控制柜的主回路。每种回路中有两个接触器，

合上不同的接触器，电动机运转方向也会不同。零序电流互感器装在电缆终端，其他所有一次电器均装在抽屉中，配电电器可用断路器、带熔断器的刀开关或熔断器，这些电器都具有短路保护功能，有的还可作为电动机过负荷保护用。

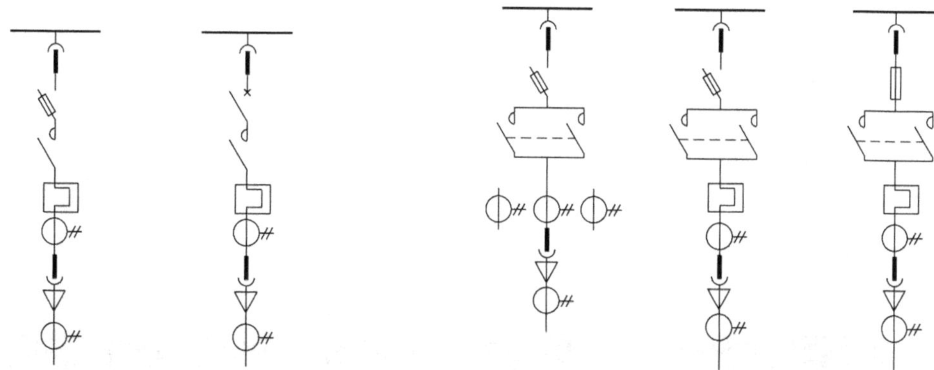

图 4-51　电动机不可逆控制柜主回路　　图 4-52　几种电动机可逆控制柜的主回路

另外还有常用的无功补偿柜主回路、电动机Y-△起动控制电路等。

课堂练习

（1）如何理解低压成套电气设备的主回路接线方案？

（2）根据图 4-49 所示双电源互投柜的主回路接线方案，请识别图中电器名称、功能、原理，并分析主回路工作过程。

（3）图 4-52 所示是电动机可逆控制柜的主回路，请识别图中的电器名称、功能、原理，并将主回路的方案改成相应的电动机正反转控制原理图。

4.4　典型的低压成套设备产品

4.4.1　GGD 型固定式低压开关柜

1. 特点

按型号定义，GGD 型开关柜属于固定式封闭低压开关柜，适用于发电厂、变电站、工矿企业等电力用户，在交流 50Hz、额定工作电压 380V、额定工作电流不大于 3150A、主变压器容量为 2000kV·A 以下的配电系统中，作为动力、照明及配电设备的电能转换、分配与控制设备。

GGD 型开关柜具有分断能力高，动热稳定性好，电气方案灵活，组合方便，结构新颖，防护等级高等特点。

2. 结构

柜体采用通用柜的形式，构架用 8MF 冷弯型材局部焊接组装而成。通用柜的零部件按模数原理设计，并有以 20mm 为模数的安装孔。柜体设计充分考虑散热，上下两端均有散热槽孔，运行时柜内电器的热量经上端槽孔排出，冷空气从下端槽孔不断补充，达到散热目的。柜门用转轴式活动铰链与构架相连，便于安装、拆卸。装有电器的仪表门用多股软铜线与构架相连，整个柜体构成完整的接地保护电路。

柜体面漆选用聚酯桔形烘漆，附着力强，质感好。柜体防护等级为 IP30，用户也可根据使用环境要求在 IP20 ~ IP40 之间选择。GGD 型固定式低压开关柜内部结构，如图 4-53 所示，内部构成如图 4-54 所示。

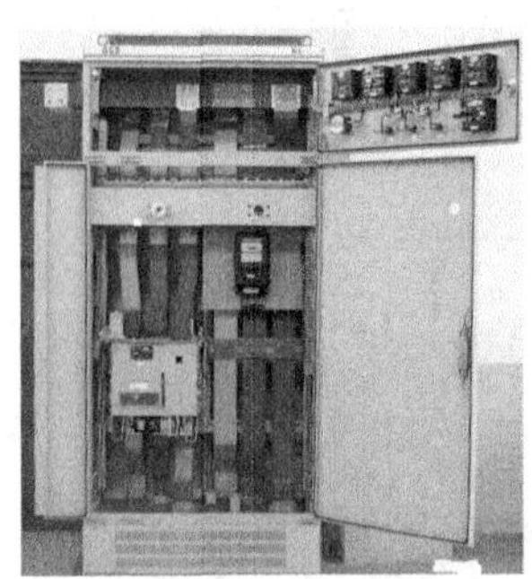

图 4-53　GGD 产品内部结构

方案编号		13			14			15			16			17			18		
一次线路图																			
用途		馈电			馈电			馈电			馈电			馈电			馈电		
主要电器	型号　规格	A	B	C	A	B	C	A	B	C	A	B	C	A	B	C	A	B	C
	HD13BX-600/31							2			2			2			2		
	HD13BX-400/31	2			2				2			2			2			2	
	HD13BX-200/31		2			2							2			2			
	DW15-630/3[]																1		
	DW15-400/3[]																	1	
	DZ20-200/3[]	2			2			4											
	DZ20-100/3[]		2			2			4										
	RTO-[]										6	6	6	12	12	12	3	3	
	LMZ1-0.66[]/5	2	2		6	6		4	4										
	(LMZ3-0.66[]/5)									2	2	2	4	4	4	4	4		
	LJ-[]									2	2	2	4	4	4	2	2		
	柜宽/mm	800	600		800	600		800	800		800	800	800	800	800	800	800	800	
	柜深/mm	600	600		600	600		600	600		600	600	600	600	600	600	600	600	

图 4-54　典型 GGD 型开关柜内部构成

3. 几个电气参数的含义

（1）额定分断电流　这是表征断路器分断能力的参数，额定电压下，断路器或开关能保证可靠分断的最大电流，称额定分断电流，其单位用断路器触点分离瞬间短路电流周期分量有效值的千安数表示，当断路器在低于额定电压的电网中工作时，分断电流可增大，但受灭弧室机械强度的限制，分断电流有一最大值，称极限分断电流。

（2）额定短路分断电流　这是指开关分断电流的最大能力，如开关上表明额定短路分断电流20kA，表示20kA内的短路保护、触点灭弧和热元件动作等有效，超过后则不保证有效，会产生拉弧。

（3）额定短时耐受电流　在规定使用和性能条件下，短时间内开关设备和控制设备在合闸位置能够承载电流的有效值，即额定短时耐受电流。额定短时耐受电流的标准值应从GB/T 762—2002中规定的R_{10}系列中选取，并应等于开关设备和控制设备的短路额定值。此处的R_{10}系列包括数字1、1.25、1.6、2、2.5、3.15、4、5、6.3、8及其与$\sqrt[10]{10}$的乘积。

（4）额定耐受峰值电流　这是在规定使用和性能条件下，开关设备和控制设备在合闸位置能够承载的额定短时耐受电流第一个大半波电流峰值。额定短时耐受峰值电流应等于2.5倍额定短时耐受电流，注意，考虑到安装系统的特性，可能也需要高于2.5倍额定短时耐受电流的数值。

（5）爬电距离　沿绝缘表面测得两个导电部件之间，在不同使用条件下，由于导体周围绝缘材料被电极化，导致绝缘材料呈现带电现象，此带电区半径即为爬电距离，可形象地看作蚂蚁从1个带电体走到另1个带电体必须经过最短的路程，爬电距离在具体的电气设备中有参数规定。

（6）电气间隙　两相邻导体或一个导体与相邻电动机壳表面的沿空气测量的最短距离即电气间隙，它是保证电气性能稳定和安全的情况下，通过空气实现绝缘的最小距离。在电气上，最小爬电距离的要求和两导电部件间的电压、电器所处环境的污染等级有关。

对最小爬电距离做出限制，为防止在两导电体之间，通过绝缘材料表面可能出现的污染物出现爬电现象。爬电距离在运用中，所要安装带电两导体之间的最短绝缘距离大于允许的最小爬电距离；在确定电气间隙和爬电距离时，应考虑额定电压、污染状况、绝缘材料、表面形状、位置方向、承受电压时间长短等条件和环境因素。

注意，爬电距离和电气间隙是两个概念，判断时必须同时满足，不可相互替代，电气间隙取决于工作电压的峰值，电网过电压等级对其影响较大；爬电距离取决于工作电压的有效值，绝缘材料对其影响较大。两个条件必须同时满足，爬电距离任何时候不可以小于电气间隙，对两个带电体，无法设计出爬电距离小于电气间隙。

（7）基本模数　配电柜、抽屉柜或固定分隔柜用模数表示可供安装空间，一个基本模数（E）为25mm或20mm，通常分$8E$、$16E$、$24E$、$36E$和$72E$等，不同功率、不同形式回路所占用空间不同，即占用的模数不同，可自由组合，但不超过$72E$；采用模数的结构，开关柜体可完全按照标准化生产。

4. 电气性能

（1）主要技术参数　GGD型固定式低压开关柜的主要技术参数见表4-30，表中有GGD1、GGD2、GGD3三种型号产品，每种型号有A、B、C三种额定电流，其中括号内参数不常用。

表 4-30　GGD 型开关柜的主要技术参数

型号	额定电压/V	额定电流/A		额定短路分断电流/kA	额定短时耐受电流（1s）/kA	额定耐受峰值电流/kA
GGD1	380	A	1000	15	15	30
		B	630（600）			
		C	400			
GGD2	380	A	1600（1500）	30	30	63
		B	630（600）			
		C	400			
GGD3	380	A	3150	50	50	105
		B	2500			
		C	2000			

（2）主回路方案　GGD 型开关柜主回路一般有 129 个方案，共 298 个规格，不包括辅助回路的功能变化及控制电压的变化而派生的方案和规格，其中 GGD1 型有 49 个方案，123 个规格；GG2 型有 53 个方案，107 个规格；GGD3 型有 27 个方案，68 个规格；主回路增加了发电厂需要的方案，其额定电流增加至 3150A，适合 2000kV · A 及以下的配电变压器选用。此外，为适应无功功率补偿的需要，设计了 GGJ1 型、GCTJ2 型补偿柜，其主回路方案有 4 个，共 12 个规格。

（3）辅助回路方案　辅助回路设计分供用电方案和发电厂方案，柜内有足够的空间安装二次电器，此外厂家还研制了专用的 LMZ3D 型电流互感器，满足发电厂和特殊用户附设继电保护时的需要。

（4）主母线　主母线一般是铜材，但考虑到价格比和以铝代铜，额定电流 1500A 及以下时用铝母线，1500A 以上时用铜母线，母线搭接面采用搪锡工艺处理；主要考虑到母线导电的趋肤效应，所谓趋肤效应，是当导体中有交流电或者交变电磁场时，导体内部电流分布不均匀，电流集中在导体“皮肤”部分，即集中在导体外表薄层，越靠近导体表面，电流密度越大，导线内部电流较小，结果使导体电阻增加，功率损耗增加。

（5）一次电器的选择　一次电器中的主开关电器选用 ME、DZ20、DW15 等型号，还有专门设计的 HD13BX 型和 HS13BX 型旋转操作式刀开关，满足 GGD 型开关柜结构的需要。根据用户需要，还可选用性能更优良的新型电器元件，GGD 型开关柜具有良好的安装灵活性，不会因电器更新存在制造和安装困难。为提高主回路的动稳定能力，厂家设计了 GGD 型开关柜专用的 ZMJ 型组合式母线和绝缘支撑件，母线夹由高强度、高阻燃性 PPO 合金材料热塑成型。绝缘支撑是套筒式模压结构，成本低、强度高，爬电距离满足要求。

4.4.2　GCK 型抽出式低压开关柜

1. 概述

这种开关柜是电动机控制中心用的抽出式封闭开关柜，有 GCK、GCK1、GCK1（1A）等型号。GCK 系列开关柜有动力配电中心（PC 柜）、电动机控制中心（MCC 柜）和电容器补偿柜等三类。PC 柜包括进线柜、母联柜、馈电柜等，适用于交流 50/60Hz，额定工作电

压 380V、额定绝缘电压 660V，额定工作电流 4000A 及以下的电力系统中，作为配电、动力、照明、无功功率补偿、电动机控制中心。

2. 结构

（1）柜体　柜体为组合装配式结构，按需要加上门、挡板、隔板、抽屉、安装支架、母线和电器组件等，组成完整柜体。主结构骨架采用异型钢材，采用角板定位、螺钉连接。柜体骨架零部件成型尺寸、开孔尺寸、功能单元也就是抽屉间隔均以 $E = 20\text{mm}$ 为基本模数，便于装配组合。柜体分水平母线区、垂直母线区、电缆区和功能单元区等四个相互隔离的区域。功能单元在设备区内分别安装在各自的小室内。柜体上部设置水平母线，将成列柜体连接成电气系统。同柜体的功能单元连在垂直母线上。该型开关柜内部柜体结构如图 4-55 所示，典型内部单元结构如图 4-56 所示。

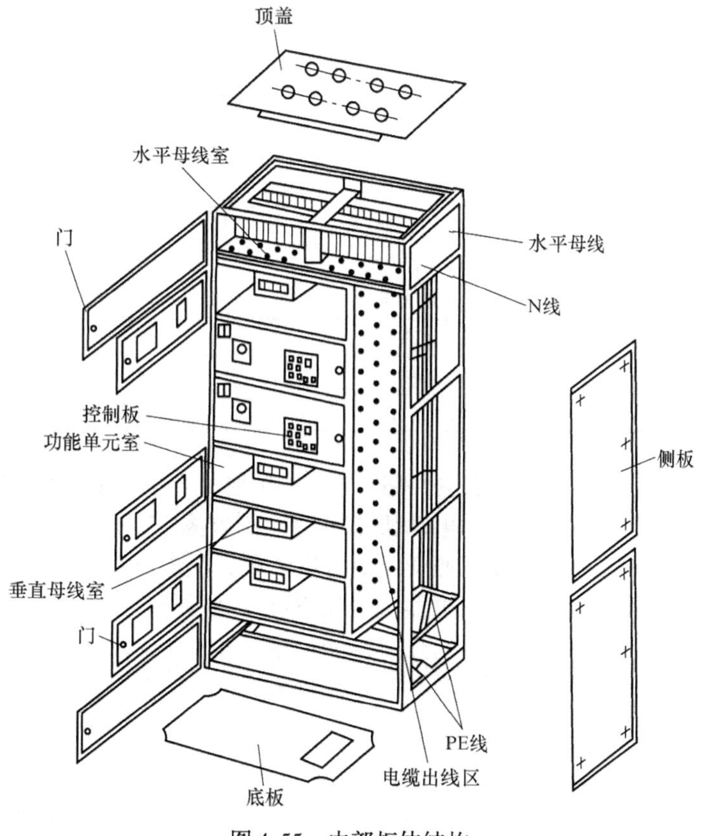

图 4-55　内部柜体结构

（2）功能单元　PC 柜组件室高度为 1800mm，每柜可安装一或两台 ME 型抽出式断路器。MCC 柜功能单元区总高度 1800mm，抽屉高度有 300mm、450mm 和 600mm 等规格。相同抽屉单元具有互换性，功能单元隔室采用金属隔板隔开。隔室中活门能随着抽屉的推进和拉出自动打开和封闭，在隔室中不会触及柜子后部（母线区）垂直母线。功能单元隔室的门由主开关的操作机构对抽屉进行机械联锁，因此当主开关在合闸位置时，门打不开。

抽屉有 3 个位置，“■”表示连接位置；“↘¦”表示试验位置；“○”表示分离位置。

功能单元中的开关操作手柄、按钮等装在功能单元正面。功能单元背面装有主回路一次触点、辅助回路二次插头及接地插头。接地插头可保证抽屉在分离、试验和连接位置时保护导体

图 4-56　内部单元结构

的连续性；当抽屉门上装有 QSA 型带熔断器刀开关的操作手柄时，只有在手柄扳向“○”位置时，门才可以开启；当手柄指向“■”时，表示开关接通，此时抽屉门不能打开；当抽屉内装有 TG 型断路器时，它的操作手柄直接安装在断路器盖板上，并有联锁和锁定装置。

（3）电气性能

1）主要技术参数。GCK 型抽出式低压开关柜的主要技术参数，见表 4-31。

表 4-31　GCK 型抽出式低压开关柜的主要技术参数

项　　目	参　　数
额定绝缘电压	660V、750V
额定工作电压	380V、660V
电源频率	50/60Hz
额定电流	水平母线 1600 ~ 3150A，垂直母线 400 ~ 800A
额定短时耐受电流	水平母线 80kA（有效值，1s），垂直母线 50kA（有效值，1s）
额定耐受峰值电流	水平母线 175kA，垂直母线 110kA
功能单元（抽屉）分断能力	50kA（有效值）
外壳防护等级	IP30 或 IP40
控制电动机容量	0.4 ~ 155kW
馈电容量	16 ~ 630A
操作方式	就地、远方、自动

2）主回路方案。GCK 型开关柜主回路方案共 40 种，其中电源进线方案 2 种，母联方式 1 种，电动机可逆控制方案 4 种，电动机不可逆控制方案 13 种，电动机Y-△变换方案 5 种，电动机变速控制方案 3 种，还有照明电路方案 3 种，馈电方案 8 种，以及无功功率补偿方案 1 种。各种主回路方案及其一次电器型号规格可以查阅技术手册。

4.4.3　GCS 型抽出式低压开关柜

1. 概述

GCS 型抽出式低压开关柜适用于发电、石油、化工、冶金、纺织和高层建筑等行业的配电系统。可在大型发电厂、石化系统等自动化程度高，要求与计算机接口的场所，作为额定电压为 380V 或 660V、额定电流为 4000A 及以下的发、供电系统中的配电、电动机集中控制、无功功率补偿设备使用。典型 GCS 型开关柜内部构成如图 4-57 所示，尺寸如图 4-58 和图 4-59 所示。

2. 结构特点

（1）柜体　主构架用 8MF 开口型钢，型钢的侧面有模数为 20mm 和 100mm，直径为 9.2mm 的安装孔；主构架装配形式设计有全组装式结构和部分焊接式结构供选择，柜体空间划分为功能单元室、母线室和电缆。各隔室相互隔离，水平母线采用柜后平置式排列方式，以增强母线抗电动力的能力，这也是使开关柜的主回路具备高短路强度能力的基本措施。电缆隔室设计使电缆上下进出十分方便。通用柜体产品尺寸系列见表 4-32。

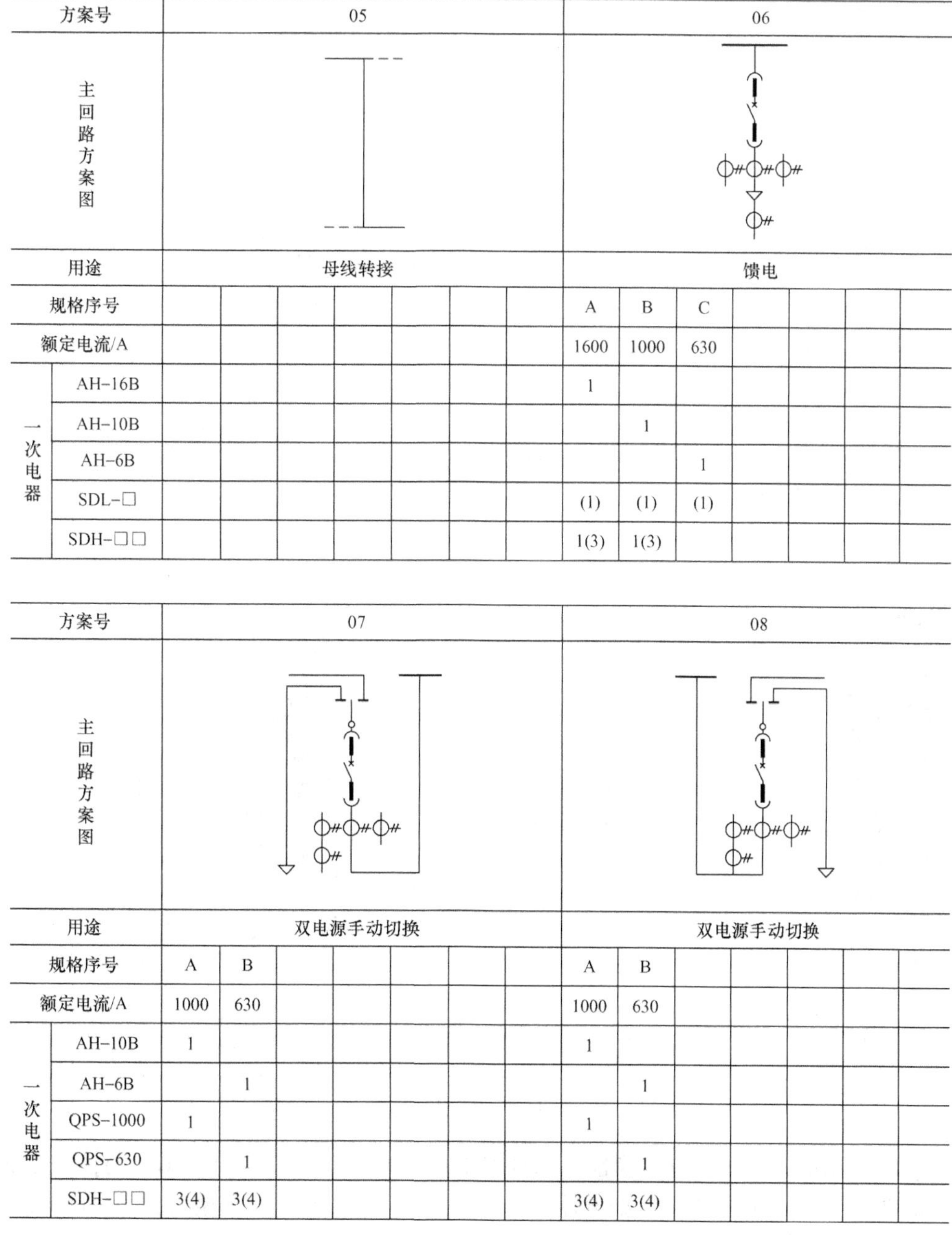

方案号		05							06						
主回路方案图															
用途		母线转接							馈电						
规格序号									A	B	C				
额定电流/A									1600	1000	630				
一次电器	AH-16B								1						
	AH-10B									1					
	AH-6B										1				
	SDL-□								(1)	(1)	(1)				
	SDH-□□								1(3)	1(3)					

方案号		07							08						
主回路方案图															
用途		双电源手动切换							双电源手动切换						
规格序号		A	B						A	B					
额定电流/A		1000	630						1000	630					
一次电器	AH-10B	1							1						
	AH-6B		1							1					
	QPS-1000	1							1						
	QPS-630		1							1					
	SDH-□□	3(4)	3(4)						3(4)	3(4)					

图 4-57　内部构成

表 4-32　GCS 型开关柜通用柜体的尺寸系列（单位：mm）

高（H）	2200									
宽（W）	400		600		800			1000		
深（D）	800	1000	800	1000	600	800	1000	600	800	1000

（2）功能单元　抽屉层高模数 160mm，分 1/2 单元、1 单元、1.5 单元、2 单元和 3 单元等系列，单元回路额定电流在 400A 及以下；抽屉仅在高度尺寸上有变化，宽度、深度尺

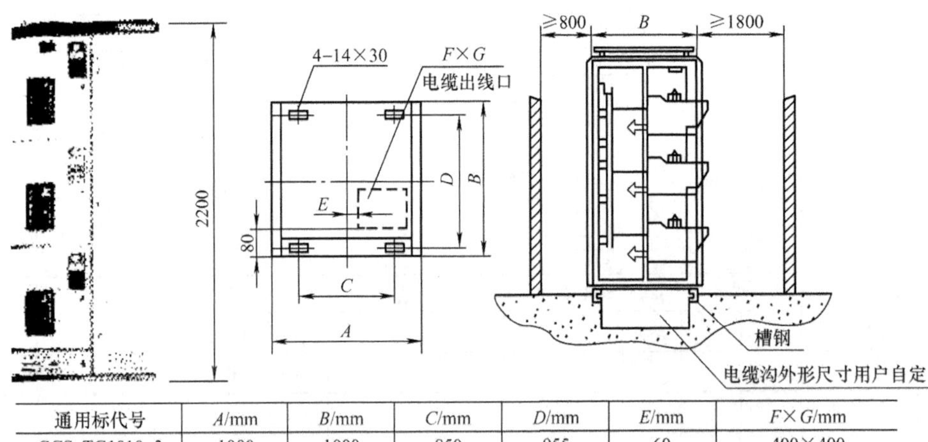

通用标代号	A/mm	B/mm	C/mm	D/mm	E/mm	F×G/mm
GCS−TG1010−2	1000	1000	850	955	60	400×400
GCS−TG0810−2	800	1000	550	956	100	200×400
GCS−TG1008−2	1000	800	550	756	60	400×400
GCS−TG0808−2	800	800	650	755	160	200×400

图 4-58　尺寸（1）

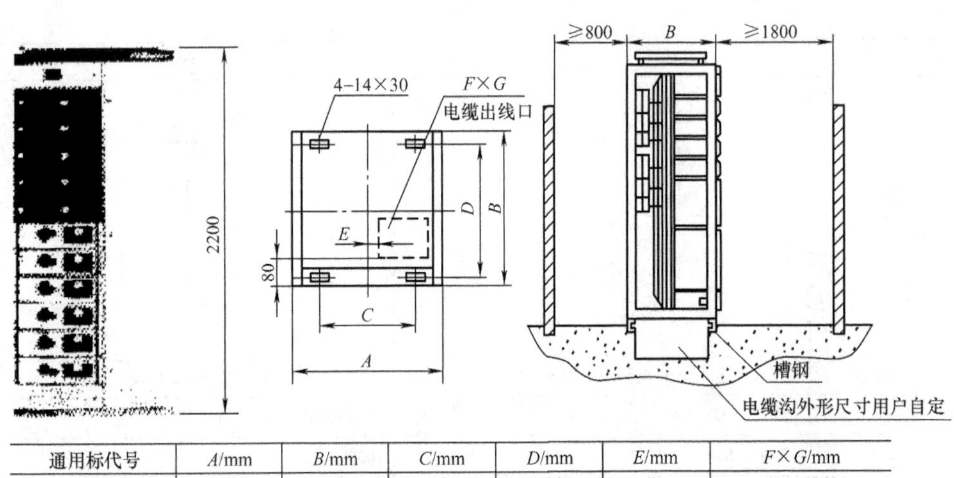

通用标代号	A/mm	B/mm	C/mm	D/mm	E/mm	F×G/mm
GCS−TG1006−1	1000	600	850	550	60	400×350
GCS−TG0806−1	800	600	650	550	160	200×350

图 4-59　尺寸（2）

寸不变，相同功能的抽屉具有互换性。每台 MCC 柜最多能安装 11 个 1 单元的抽屉或 22 个 1/2 单元的抽屉。抽屉进出线根据电流大小，采用不同片的同一规格片式结构的接插件。1/2单元抽屉与电缆室的转接采用背板式 ZJ－2 型接插件。单元抽屉与电缆室的转接按电流分档采用相同尺棒式或管式结构的 ZJ－1 型接插件；抽屉面板具有分、合、试验、抽出等位置的明显标志；抽屉单元设有机械联锁装置。

3. 电气部分

（1）主要电器　电源进线及馈线单元断路器主选 AH 系列，也可选其他性能更先进的或引进的 DW45、M 系列、F 系列。抽屉单元如电动机控制中心、部分馈电单元的断路器，主选性能好、结构紧凑、短飞弧或无飞弧的 CM1、FM1、TG、TM30 系列塑壳式断路器，部分选 NZM－100A 系列。刀开关或带熔断器的刀开关选 Q 系列，因其可靠性高，并可实现机械联锁。熔断器主选 NT 系列。

（2）电气性能 主要电气技术参数见表 4-33，转接件的热容量高，降低了因转接件的温升给接插件、电缆头和隔板的附加温升。功能单元之间、隔室之间的分隔清晰、可靠，不因某一单元的故障影响其他单元工作，将故障限制在最小范围内。母线平置式排列使开关柜的动、热稳定性好，能承受 80/176kA 短路电流冲击。MCC 柜单柜回路数最多 22 个，能满足大单机容量发电厂、石化系统等行业电机集中控制的需要。开关柜与外部电缆的连接在电缆隔室中完成，电缆可上下进出。零序电流互感器安装在电缆室内，安装维护方便，同一电源配电系统可以通过限流电抗器匹配限制短路电流，稳定母线电压在一定的数值，还可降低对电器短路强度的要求。抽屉单元有足够数量的二次接插件（一单元及以上为 32 对，1/2 单元为 20 对），可满足计算机接口和自控回路对接点数量的要求。

表 4-33 GCS 型开关柜的主要电气技术参数

项目		技术参数
额定电压/V	主回路	380 或 660
	辅助回路	AC220、AC380、110DC、220DC
额定绝缘电压/V		690 或 1000
额定频率/Hz		50
额定电流/A	水平母线	≤4000
	垂直母线	1000
防护等级		IP30、IP40

4.4.4 MNS 型抽出式低压开关柜

1. 概述

这种开关柜是按照 ABB 公司技术制造的产品，用于交流 50/60Hz、额定工作电压 660V 及以下的低压配电系统。适合发电厂、变电站、石油化工、冶金轧钢、轻工纺织等厂矿企业和住宅小区、高层建筑等场所，作为交流 50/60Hz，额定工作电压 660V 及以下的电力系统的配电设备的电能转换、分配及控制设备。

2. 结构特点

这种开关柜的基本框架为组装式结构，柜体全部结构件经过镀锌处理，通过自攻锁紧螺钉或 8.8 级六角头螺栓紧固，互相连接而成。再按主回路方案变化，加上相应的门、封板、隔板、安装支架及母线、功能单元等零部件，组装成完整的低压开关柜体。开关柜内零部件尺寸、隔室尺寸实行模数化（模数单位 $E=25$mm）。柜体外形尺寸见表 4-34。

表 4-34 MNS 型低压开关柜的外形尺寸（单位：mm）

H（高）	B（宽）	B_1	B_2	T（深）	T_1	T_2
2200	600			1000	750	250
2200	800			1000	750	250
2200	1000			1000	750	250
2200	1000	600	400	600	400	250
2200	1000	600	400	1000	750	250

（续）

H（高）	B（宽）	B_1	B_2	T（深）	T_1	T_2
2200	1000	600	400	1000	400	600
2200	1000	600	400	1000	400	200

3. 动力配电中心（PC 柜）

（1）PC 柜内的隔室　PC 柜内分成四个隔室：水平母线隔室在柜后部，功能单元隔室在柜前上部或柜前左部，电缆隔室在柜前下部或柜前右部，控制回路隔室在柜前上部。

隔离措施是水平母线隔室与功能单元隔室、电缆隔室之间用三聚氰胺酚醛夹心板或钢板分隔，控制回路隔室与功能单元隔室之间用阻燃型聚氨酯发泡塑料模制罩壳分隔。左边的功能单元隔室与右边的电缆隔室之间用钢板分隔。

（2）万能式断路器的安装　柜内安装的万能式断路器能在关门状态下，实现柜外手动操作，还能观察断路器的分、合状态，并根据操作机构与门的位置关系，判断出断路器在试验位置还是在工作位置。

（3）仪表安装　主回路和辅助回路之间采用分隔措施，仪表、信号灯和按钮等组成的辅助回路安装于塑料板上，板后用一个由阻燃型聚氨酯发泡塑料做成的罩壳与主回路隔离。

4. 抽出式电动机控制中心

抽出式 MCC 柜内分 3 个隔室，柜后部的水平母线隔室、柜前部左边的功能单元隔室和柜前部右边的电缆隔室。水平母线隔室与功能单元隔室之间用阻燃型发泡塑料制成的功能壁分隔。电缆室与水平母线隔室、功能单元隔室之间用钢板分隔。

抽出式 MCC 柜有单面操作和双面操作结构，分别称单面柜和双面柜。

抽出式 MCC 柜有五种标准尺寸的抽屉，分别是 $8E/4$、$8E/2$、$8E$、$16E$ 和 $24E$，其中，$8E/4$ 和 $8E/2$ 抽屉的结构是用模制的阻燃型塑料件和铝合金型材组成。

五种标准尺寸的抽屉，一般有 16 个二次隔离触点引出。如需要，除 $8E/4$ 抽屉外，其他 4 种抽屉可增加到 32 个触点，每个静触点的接线端子同时可接 3 根导线。

由于具有机械联锁装置，只有当主回路和辅助回路全部断开时才可移动抽屉，机械联锁装置使抽屉有移动位置、分断位置和分离位置。机械联锁装置的操作手柄和主断路器的操作手柄能同时被三把锁锁住。

5. 可移式 MCC 柜

这种 MCC 柜与抽出式 MCC 柜基本相同，但也有不同点，功能单元设计成可移式结构，功能单元与垂直母线的连接采用一次隔离触点，即使与其连接电路带电，也可从设备中完整地取出和放回该功能单元，另一端为固定式结构；可移式 MCC 柜功能单元分为 $3E$、$6E$、$8E$、$24E$、$32E$ 和 $40E$ 功能单元隔室，总高度是 $72E$。

6. 抽屉单元

抽屉有 $8E/4$、$8E/2$、$8E$、$16E$ 和 $24E$ 五种。抽屉也具有机械联锁装置，$8E/4$、$8E/2$ 抽屉共有连接位置（合闸位置）、分断位置、试验位置、移动位置和分离位置等，分别用图 4-60 所示符号表示。

在连接位置，主回路和辅助回路都接通。在分断位置，主回路和辅助回路断开。在试验位置，主回路断开，辅助回路接通。在移动位置，主回路和辅助回路都断开，抽屉可推进或拉

出。抽屉拉出 30mm 并锁定在这个位置上，一、二次隔离触点全部断开，这就是分离位置。可见，在连接位置、分断位置和试验位置，抽屉均处于锁紧状态，只有在移动位置时，抽屉才可以移动。这两种抽屉主开关和联锁机构组成一体。图 4-60 中从分断位置到连接位置的箭头含义为，先将操作手柄向里推进，再顺时针从分断位置旋到连接位置。分断时从连接位置转向分断位置，手柄自动弹出。

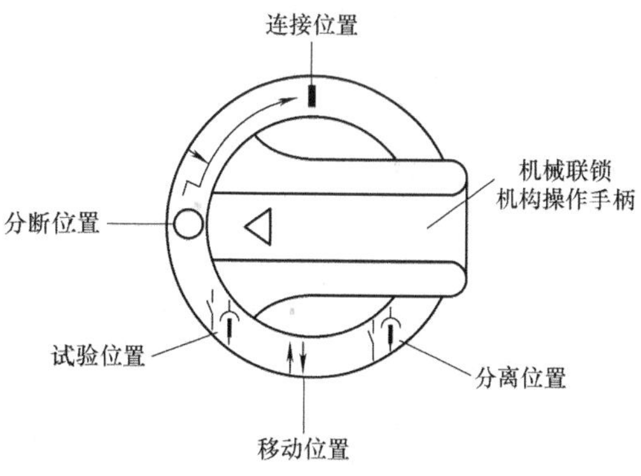

图 4-60 抽屉操作手柄示意图

7. 母线系统

水平母线安装于柜后独立母线隔室中，有两个可供选择的安装位置，即柜高 1/3 或 2/3 处。母线可按需要装于上部或下部，也可上下两组同时安装，两组母线可单独使用，也可并联使用。每组母线由 2 根、4 根或 8 根母线并联，母线截面积有 10mm×30mm、10mm×60mm 和 10mm×80mm 等几种。

垂直母线为 50mm×30mm×5mm 的 L 形铜母线，被嵌装于用阻燃型塑料制成的功能壁中，带电部分的防护等级为 IP20。

中性线（N 线）母线和保护接地线（PE 线）母线平行地安装在功能单元隔室下部和垂直安装电缆室中。N 线和 PE 线之间如用绝缘子相隔，则 N 线和 PE 线分别使用；两者之间如用导线短接，即成 PEN 线。

8. 保护接地系统

该系统由单独装设并贯穿于整个柜体的排列长度的 PE 线（或 PEN 线）和可导电的金属结构件两部分组成。金属结构件除外表的门和封板外，其余经过镀锌处理，结构件连接处可通过一定的短路电流。

9. 主要技术参数

主要技术参数见表 4-35，主回路方案有近百种，但有些方案只是有少量变化。

表 4-35 MNS 型开关柜的主要技术参数

项目	技术参数
额定绝缘电压	660V
额定工作电压	380V、660V
额定电流	水平母线或称为主母线的最大额定电流为 5000A，垂直母线或称为配电母线的最大额定电流为 1000A
额定短时耐受电流（1s，有效值）	主母线 30～100kA，垂直母线 30～100kA
额定耐受峰值电流	主母线 63～250kA（最大值），垂直母线标准型 90kA（最大值）
防护等级	IP30、IP40、IP54

4.5 GGD、GCS、GCK、MNS 型配电柜的区别

低压成套配电柜主要有 GGD、GCS、GCK、MNS 等型号，其中，GGD 是固定式开关柜，GCK、GCS、MNS 都是抽出式开关柜，每一个出线单元都是独立的，各回路间不会相互影

响。GCK 型较老，当时的型材强度较差，操作机构也不太灵活。目前产品吸收了 GCS 型的优点，与 GCS 型、MNS 型明显不同是主母线置于柜顶。

GCS 型开关柜是 90 年代中期由森源公司参照 ABB 公司 MNS 型开关柜设计的抽屉式开关柜，结构与后者类似，主母线后置，但也有不同，如抽屉模数使用国内常用的 20mm 模数，没有采用后者的 25mm，抽屉为推进机构，操作更方便、灵活。

MNS 型开关柜可双面操作，最多单柜可装 36 个电路（有 1/4 抽屉），GCS 型开关柜最多为 22 个。MNS 型开关柜的柜体使用敷铝锌板，为全组装结构。

MNS 和 GCS 型开关柜的水平母线都是后出线与前左的抽屉单元、前右的电缆出线室有隔板隔开，垂直母线组装在阻燃型塑料功能板中。GCS 型开关柜最小有 1/2 抽屉，MNS 型开关柜有 1/4 抽屉，MNS 型开关柜的抽屉有联锁机构，而 GCS 型开关柜只有开关本身有联锁机构。

GCK 型开关柜的水平母线设在柜顶，垂直母线没有阻燃型塑料功能板，电缆出线可以后出，也可以从右侧电缆室出线，但抽屉推进机构和 GCS、MNS 型开关柜不同，比较简单。

课堂练习

（1）电气成套设备中主要的技术参数有哪些？

（2）选择一个典型的成套设备如 GGD、GCS 或 GCK 型开关柜，详细分析技术参数。

（3）电动机运行控制的成套设计：图 4-61 所示是电动机正反转控制电路，在掌握电气技术参数基础上，满足电路工作要求，设计成套装置并使其符合标准。设三相异步交流电动机电源电压是 380V，额定功率 110kW，控制回路工作电压 380V。

1）被控对象的电流确定。确定被控对象的电流，电动机在额定工作状态时的工作电流。

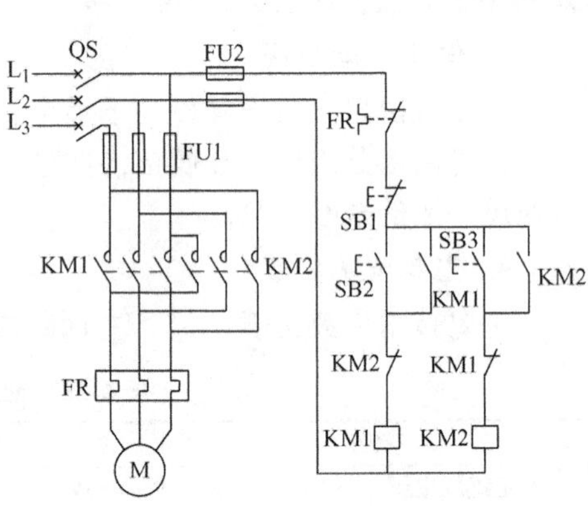

图 4-61 电动机正反转运行控制

2）电器确定。主回路中的电器有 QS、KM1、KM2，保护电器有 FR，根据电流选择这些电器。控制回路的电器有 SB1、SB2、SB3，这几个电器的选择比较简单。保护环节的电器有 FR、FU 等，也要根据前面的技术资料进行计算选择，其中 FR 的整定值如何确定？断路器 QS 应当如何确定技术参数？

3）成套设计。

成套设备应符合 GB/T 7251 系列标准的要求，KM1、KM2、FR、FU 等布置在柜体内，按照规范，一般是热继电器布置在接触器的下方，熔断器布置在合理的位置。为操作的方便性，按钮布置在动力柜的正面面板上，注意操作的方便性。查阅标准，确定动力柜的外形尺寸。

第5章 电力变压器的技术性能及使用

5.1 电力变压器的原理、结构

5.1.1 电力变压器的原理

电力变压器主要在变电站中用于变换电压、变换电流、分配功率等，方便电能的传输、分配和使用。在远距离输电中，当输送功率和功率因数一定时，电压越大，电能损耗越小，成本越低，所以远距离输电时常采用高压输电。变电站中的电力变压器和主要向用电设备供电的配电变压器，大多采用普通三相油浸自冷式电力变压器和环氧树脂浇注的干式电力变压器。环氧树脂浇注的干式电力变压器一般安装在地下变电站或箱式变电站中，适用于居民社区、楼宇等场所。电力变压器的外形及主要组成，如图5-1所示。

当一次绕组通交流电时，产生交变磁通，交变磁通通过铁心导磁作用，在二次绕组中感应出交流电动势。二次感应电动势与一、二次绕组匝数有关，即电压大小与匝数成正比。

电力变压器传输电能，额定容量是主要参数，额定容量表征传输电能的大小，是表现视在功率的惯用值，以kV·A或MV·A表示，当变压器施加额定电压时，在规定条件下通过不超过规定温升的额定电流，所得视在功率即额定容量。比较节能的电力变压器是非晶合金铁心的配电变压器，它空载损耗值低，但一次性设备投入较高。

1. 电压变换

电力变压器的一次绕组接交流电压 u_1，二次绕组开路不接负载时的运行状态称为空载运行，此时二次绕组中的电流 $i_2=0$，开路电压 u_{20}。一次绕组中通过电流为空载电流 i_{10}，各量参考方向如图5-2所示。图中 N_1 为一次绕组的匝数，N_2 为二次绕组的匝数。

由于二次绕组开路，一次绕组中空载电流 i_{10} 就是励磁电流，产生磁通势 $i_{10}N_1$，此磁通势在铁心中产生的主磁通 Φ 通过闭合铁心，在一次绕组和二次绕组中分别产生感应电动势 e_1 和 e_2。在 e_1、e_2 与 Φ 的参考方向符合右手螺旋定则时，由法拉第电磁感应定律，可得

$$e_1=-N_1\frac{\mathrm{d}\Phi}{\mathrm{d}t}\text{和}\ e_2=-N_2\frac{\mathrm{d}\Phi}{\mathrm{d}t}$$

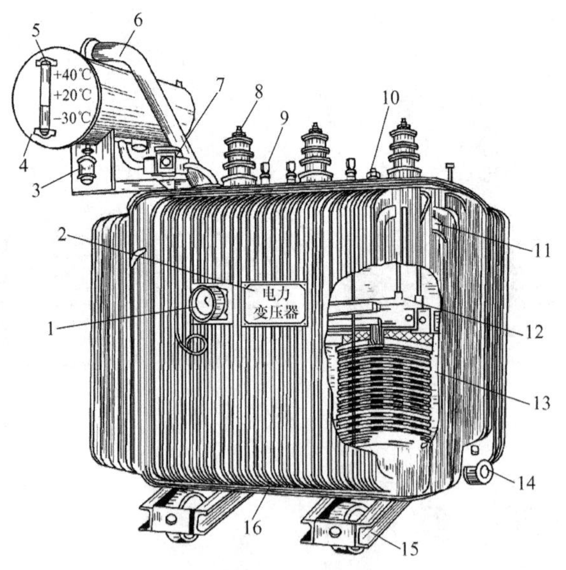

图 5-1　电力变压器的外形及主要组成

1—信号温度计　2—铭牌　3—吸湿器　4—储油柜　5—油位计
6—安全气道　7—气体继电器　8—高压套管　9—低压套管
10—分接开关　11—油箱　12—铁心　13—绕组
14—放油阀　15—小车　16—接地端子

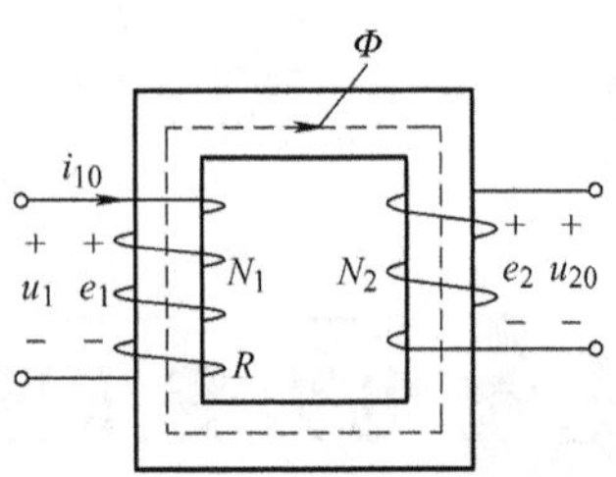

图 5-2　变压器的空载运行

假设主磁通按正弦规律变化，可推导出 e_1 和 e_2 的有效值分别为

$$E_1 = 4.44fN_1\Phi_m \text{ 和 } E_2 = 4.44fN_2\Phi_m$$

式中　f——交流电源的频率；

Φ_m——主磁通 Φ 的最大值。

因绕组自身电阻 R 上的电压降 $i_{10}R$ 和漏磁通电动势 e_σ 都很小，可忽略不计，一次、二次绕组中的电动势 e_1 和 e_2 的有效值近似等于一次、二次绕组上电压的有效值，即

$$U_1 \approx E_1 \text{ 和 } U_{20} = E_2$$

可得到

$$\frac{U_1}{U_{20}} \approx \frac{E_1}{E_2} = \frac{N_1}{N_2} = K_u$$

可见，变压器空载运行时，一次、二次绕组上电压之比等于匝数比，比值 K_u 称为变压器的电压比，这就是变压器的电压变换作用，当 $K_u > 1$ 时，称为降压变压器，当 $K_u < 1$ 时，称为升压变压器。

2. 电流变换

如果变压器的二次绕组接上负载，二次绕组中将产生电流 i_2。此时，一次绕组电流将由空载电流 i_{10} 增大为 i_1，如图 5-3 所示。由二次绕组电流 i_2 产生磁通势 i_2N_2 也在铁心中产生磁通，变压器铁心中主磁通应由一次、二次绕组的磁通势共同产生。

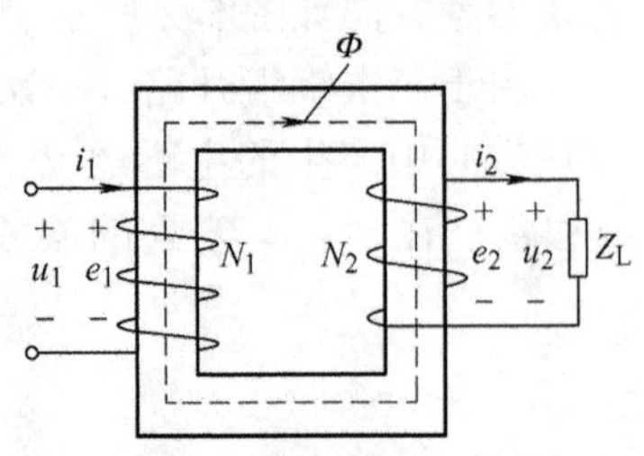

图 5-3　变压器的负载运行

在一次绕组的外加电压即电源电压 U_1 和频率 f 不变时，主磁通 Φ 基本保持不变。因此，有负载时产生主磁通的一

次、二次绕组的合成磁通势（$i_1N_1+i_2N_2$），应和空载时磁通势 $i_{10}N_1$ 基本相等，即

$$i_1N_1+i_2N_2=i_{10}N_1$$

用相量表示为

$$\dot{I}_1N_1+\dot{I}_2N_2=\dot{I}_{10}N_1$$

这就是变压器的磁通势平衡方程式。因一次绕组空载电流较小，约为额定电流的10%，所以 $\dot{I}_{10}N_1$ 与 $\dot{I}_1N_1$ 相比，可忽略不计，即

$$\dot{I}_1N_1\approx\dot{I}_2N_2$$

负号表示两侧绕组磁动势相位相反，若只考虑数值关系，一次、二次绕组电流有效值的关系为

$$\frac{I_1}{I_2}\approx\frac{N_2}{N_1}=\frac{1}{K_u}$$

也就是说，如果是降压变压器，高压侧电流小，绕组导线细；低压侧电流大，绕组导线粗。

变压器的电压方程为

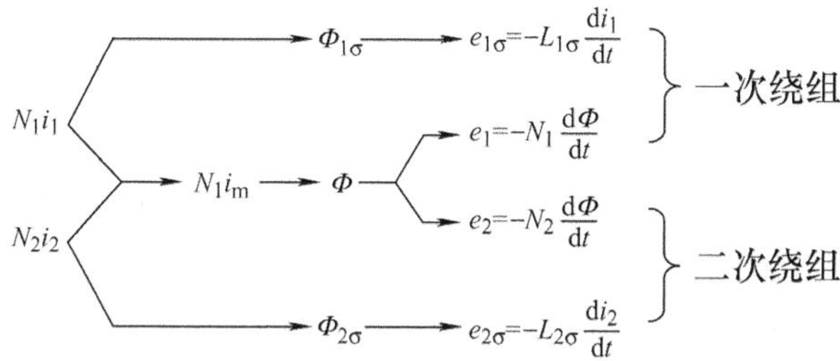

其中，$\Phi_{1\sigma}$及 $\Phi_{2\sigma}$分别是一、二次绕组的漏磁通。

图5-2和5-3所示只有一相绕组，为单相变压器，而电力系统中几乎都是三相变压器，即一般都是三铁心双绕组或三绕组电力变压器。

课堂练习

（1）认识电力变压器的原理。

（2）变压器的种类很多，基本原理相同，请查阅资料，叙述电力变压器与控制变压器的异同点。

（3）单相变压器与三相变压器有什么区别？

5.1.2 电力变压器的类型与结构

1. 电力变压器的类型

电力变压器按功能分升压变压器和降压变压器，工厂变电站一般采用降压变压器，也称配电变压器。

电力变压器按容量分为 R_8 容量系列和 R_{10} 容量系列，我国老的变压器容量等级采用 R_8 容量系列，R_{10} 容量系列是根据IEC推荐，目前，R_8 容量系列已经不使用。

R_{10} 系列按照 $\sqrt[10]{10}=1.26$ 倍数取整递增，R_{10} 系列严密，便于合理选用。我国目前变压器标准容量采取此系列，如100kV · A、125kV · A、160kV · A、200kV · A、250kV · A、

315kV · A、400kV · A、500kV · A、630kV · A、800kV · A、1000kV · A、1250kV · A、1600kV · A、2000kV · A 等。

按相数分，电力变压器有单相和三相电力变压器，工厂变电站大多采用三相电力变压器。

按调压方式分，电力变压器有无载调压和有载调压两类，工厂变电站大多采用无载调压变压器。

按绕组结构分，电力变压器有单绕组自耦变压器、双绕组变压器和三绕组变压器，工厂变电站大多采用双绕组变压器。

按绕组绝缘及冷却方式分，电力变压器有油浸式、干式和充气式等，其中油浸式电力变压器又分为油浸自冷式、油浸风冷式、油浸水冷式和强迫油循环冷却式等，工厂变电站大多采用油浸自冷式变压器。

按绕组材料分，电力变压器有铜绕组变压器和铝绕组变压器，相同功率的铜绕组变压器比铝绕组变压器的体积大，现在低功耗铜绕组变压器应用广泛。

按用途来分，电力变压器分普通式、全封闭式、防雷式，工厂变电站中大多采用普通式变压器。

2. 三相油浸式电力变压器的结构

三相油浸式电力变压器的典型结构如图 5-1 所示，型号表示如图 5-4 所示，常见的油浸式电力变压器产品外形如图 5-5 所示。如 S9－800/10 型表示 S9 系列，三相铜绕组油浸式电力变压器，额定容量为 800kV · A，高压绕组电压等级是 10kV。注意，目前 S7 系列的电力变压器属于耗能产品，已经强制淘汰。

另外，在电力变压器的型号中，B 表示箔绕线圈，H 表示非晶合金铁心，M 表示密封式。

电力变压器主要由铁心、绕组、油箱、高压套管和低压套管、储油柜、气体继电器、分接开关和其他部件组成。

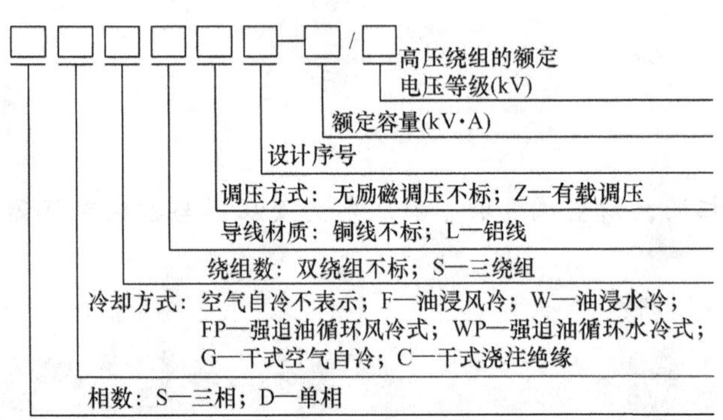

图 5-4　电力变压器的型号表示

图 5-5　油浸式电力变压器的产品外形

（1）铁心　铁心构成变压器的磁路部分，一般选择 0.35mm 或 0.5mm 厚的冷轧硅钢片，采用铁柱和铁轭交错的方式叠成。一般配电变压器多采用同心式绕组，即将一次、二次绕组绕成两个直径不同的同心圆筒，低压绕组套在内侧靠近铁心，高压绕组套在外侧。

变压器运行时，必须将铁心及各金属零部件可靠地接地，与油箱同处于低电位，因为铁心及固定铁心的金属结构、零部件均处在强电场中，在电场作用下具有较高的对地电位，如不接地，就会与接地的部件及油箱之间产生电位差，易引发放电和短路故障，短路回路中将有环流产生，使铁心局部过热。在绕组周围，铁心及各零部件几何位置不同，感应电动势也不同，若不接地，这些部件会存在持续性的微量放电，持续微量放电及局部放电现象将逐步击穿绝缘。因此，通常是将铁心任一片及金属构件经油箱接地。

硅钢片间绝缘，以限制涡流产生，不均匀的电场、磁场产生高压电荷可通过硅钢片从接地处流向大地。

铁心不允许多点接地，多点接地会通过接地点形成回路，在铁心中造成局部短路，产生涡流，使铁心发热，严重时可能造成铁心绝缘损坏，甚至导致变压器烧毁。变压器的铁心如图5-6所示，变压器绕组及绕线机如图5-7所示，铁心截面形状如图5-8所示。

5-1 变压器线圈及铜排

5-2 变压器线圈绝缘浇注设备

5-3 变压器线圈绕制过程

5-4 电力变压器绕线设备

图5-6 变压器的铁心

图5-7 变压器的绕组及绕线机

（2）绕组 绕组用绝缘的铜或铝导线绕制，绕制的导线常用纸包绝缘，也有采用漆包线直接绕制的。

高压绕组与低压绕组之间，以及低压绕组与铁心柱之间都留有绝缘间隙和散热通道（油道或气道），用绝缘纸筒隔开。绝缘距离的大小，取决于绕组的电压等级和散热通道所需要的间隙。当低压绕组放得靠近铁心柱时，因低压绕组与铁心柱所需的绝缘距离小，绕组尺寸也缩小，所以变压器的体积减小。

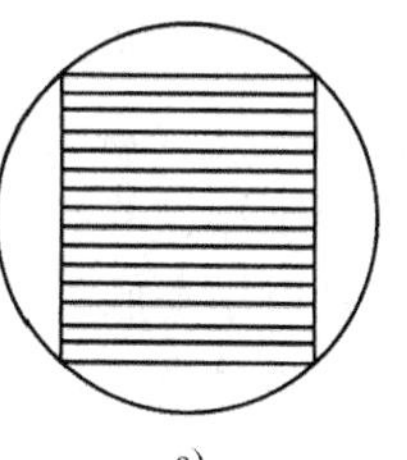

图5-8 铁心截面形状

（3）油箱 油箱由箱体、箱盖、散热装置和放油阀组成，如图5-9所示，用于盛放油、安装铁心和绕组及散热。变压器油有循环冷却和散热作用，也有绝缘作用。绕组与箱体（箱壁、箱底）有一定距离，通过油箱内的油进行绝缘。变压器容量不同，油箱结构也不同。较小容量变压器，用平板油箱足以散热；中等容量变压器，用排管式油箱散热；大容量如2000kV · A及以上变压器，需在油箱壁上装设专门散热器。

大型电力变压器一般采用强迫油循环冷却方式，在变压器本体外专门装设潜油泵、冷却器等组成的冷却装置。

（4）高压套管和低压套管 高压套管和低压套管都是绝

5-5 电力变压器铁心及线圈结构

5-6 电力变压器线圈成品

5-7 电力变压器线圈

缘套管，变压器绕组引出线必须穿过绝缘套管，使引出线之间、引出线与变压器外壳之间绝缘并固定引出线。电压越高，对电气绝缘的要求就越高。低压套管一般在瓷套中间穿过一铜杆，高压套管在瓷套和导杆之间要加上几层绝缘套。

（5）储油柜　当变压器油的体积随油温度膨胀或缩小时，储油柜可调节油量（储油、补油），保证变压器油箱充满油，减轻油的氧化和受潮程度，增强油的绝缘性能。储油柜体积为变压器总油量的2%～10%。为准确监测油位变化，在储油柜侧面有油位计（或油标管）。变压器油枕有波纹式、胶囊式和隔膜式。变压器的储油柜外形如图5-10所示。

（6）气体继电器　800kV·A及以上容量的油浸式电力变压器安装有气体继电器，用于在变压器内部发生故障时的气体保护，气体继电器安装在油箱与储油柜的连接管上。当变压器内部发生小故障时，气体继电器发出信号，便于消除故障；当变压器内部发生严重故障时，气体继电器切除故障变压器，防止事故扩大。

图5-9　变压器油箱的外形

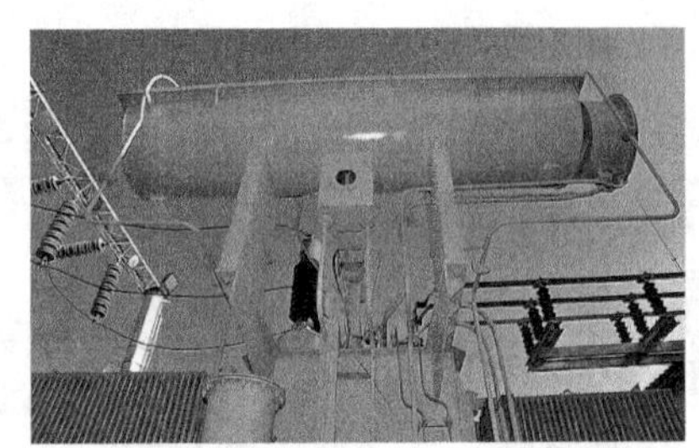

图5-10　变压器储油柜的外形

（7）吸湿器　吸湿器内装干燥剂如硅胶等，干燥剂用于吸收储油柜排出或吸入的空气中的水分，保证变压器油的良好绝缘性能。为显示硅胶的受潮状态，一般采用变色硅胶。

（8）安全气道　安全气道又称安全阀或防爆管，用于防止油箱爆炸事故。800kV·A及以上容量的油浸式电力变压器，均装有安全气道。安全气道安装在油箱的上盖上，由一个喇叭形管子与大气相通，管口用薄膜玻璃板或酚醛纸板封住。当油箱内部发生短路故障时，变压器油箱内的油急剧分解成大量气体，变压器内压力增大，安全气道出口被冲开，释放压力，避免油箱爆炸。

（9）高低压接线及分接开关　电力变压器如果是降压配电变压器，高压进线接电源，低压出线接负荷，接线端子如图5-11所示。电力变压器的分接开关用于改变变压器绕组匝数，调节变压器输出电压，产品外形如图5-12所示。

图5-11　电力变压器接线端子

图5-12　某种变压器分接开关的外形

3. 三相干式电力变压器

干式变压器指铁心和绕组不浸在绝缘油中的变压器，它不依靠变压器油冷却，而是依靠空气对流冷却。干式变压器常用于楼宇、大厦等场所，目前，箱式变电站内的干式变压器使用量正在迅速增加。

图 5-13 所示为环氧树脂浇注绝缘的三相干式变压器结构图，高低压绕组各自用环氧树脂浇注，并同轴套在铁心柱上；高低压绕组间有冷却气道，使绕组散热。三相绕组间连线也由环氧树脂浇注，所有带电部分都不暴露在外。我国干式变压器有干式绕组浇筑绝缘的 SC 系列和干式空气自冷的 SG 系列。典型三相干式电力变压器产品外形如图 5-14 所示。

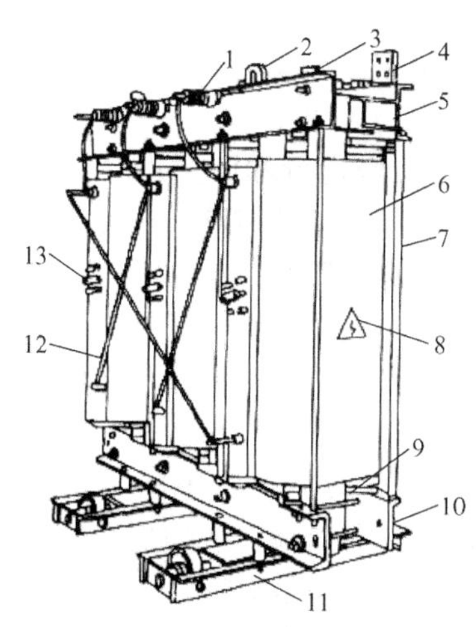

图 5-13　环氧树脂浇注绝缘三相干式电力变压器

1—高压出线套管和接线端子　2—吊环　3—上夹件
4—低压出线接线端子　5—铭牌　6—环氧树脂浇注绝缘绕组
7—上下夹件拉杆　8—警示标牌　9—铁心　10—下夹件
11—小车　12—三相高压绕组间的连接导体　13—高压分接头连接片

图 5-14　三相干式电力变压器产品外形

（1）特点　干式变压器安全，防火，无污染，可直接运行于负荷中心。其机械强度高，抗短路能力强，局部放电小，热稳定性好，可靠性高，使用寿命长，低损耗，低噪音，节能效果明显，免维护，散热性能好，过负载能力强，强迫风冷时可提高容量运行，防潮性能好，可在高湿度和其他恶劣环境中运行。干式变压器可配备完善的温度检测和保护系统，如采用智能信号温控系统，自动检测和巡回显示三相绕组的工作温度，可自动起动、停止风机，并有报警、跳闸等功能设置。干式变压器体积小，重量轻，占地空间少，安装费用低。

干式变压器铁心采用冷轧晶粒取向硅钢片，铁心硅钢片采用 45°全斜接缝，使磁通沿着硅钢片接缝方向通过。绕组形式有缠绕方式，并有环氧树脂加石英砂填充浇注、玻璃纤维增强环氧树脂浇注（即薄绝缘结构）、多股玻璃丝浸渍环氧树脂缠绕式。高压绕组一般采用多层圆筒式或多层分段式结构。目前，国内已研发出了低谐波干式电力变压器产品。

干式变压器铁心形式有开启式、封闭式和浇注式等。开启式铁心是常用形式，器身与大气直接接触，适于比较干燥而洁净的室内，环境温度 20℃时，相对湿度不应超过 85%，开启式铁心一般可分为空气自冷和风冷方式，风冷就是采用强风冷却。封闭式是指器身处在封闭外壳内，与大气不直接接触，属于防爆型，由于密封、散热条件差，主要是矿用电力变压器。浇注式是用环氧树脂或其他树脂浇注作绝缘，结构简单、体积小，适用于较小容量变压器。

干式变压器采用空气自冷时，可在额定容量下长期连续运行。强迫风冷时，变压器输出容量可提高 50%。适用于断续过负荷或应急事故过负荷运行。因过负荷时负荷损耗和阻抗电压增幅较大，处于非经济运行状态，所以干式变压器不应处于长时间连续过负荷运行。

（2）技术参数与工作环境　干式变压器使用频率 50/60Hz，空载电流 <4%，耐压强度 2000V/min 无击穿，绝缘等级 F 级，特殊等级可定制，绝缘电阻≥2MΩ；连接方式 Y，y、D，y0、Y0，d，自耦式（可选）。其线圈允许温升 100℃，自然风冷或温控自动散热，噪声≤30dB。

干式变压器安装地环境温度 0～40℃，相对湿度低于 70%，海拔高度不超过 2500m，散热通风孔与周边物体应有不小于 40cm 的距离，干式变压器应防止工作在腐蚀性液体或气体、尘埃、导电纤维或金属细屑较多的场所，防止工作在振动或电磁干扰场所，避免长期倒置存放和运输，不能受强烈撞击。

（3）干式电力变压器的温度控制　干式变压器的安全运行和使用寿命，很大程度取决于变压器绕组绝缘的安全可靠。绕组温度超过绝缘耐受温度，造成绝缘破坏，是导致变压器不能正常工作的主要原因之一，对变压器运行温度监测和报警控制十分重要。

风机自动控制是通过预埋在低压绕组最热处的 Pt100 热敏测温电阻测取温度信号，变压器负荷增大，运行温度上升，当绕组温度达 110℃时，控制系统自动起动风机冷却；当绕组温度低至 90℃时，系统自动停止风机。

超温报警、跳闸通过预埋在低压绕组中的 PTC 非线性热敏测温电阻采集绕组或铁心温度信号，当变压器绕组温度继续升高，达到 155℃时，系统输出超温报警信号；上升到 170℃时，变压器不能继续运行，须向二次保护回路输送超温跳闸信号，使变压器迅速跳闸。

温度显示系统是通过预埋在低压绕组中的 Pt100 热敏电阻测取温度变化值，显示各相绕组温度，测温系统实现三相巡检及最大值显示，记录历史最高温度，可将温度以 4～20mA 模拟量输出，根据需要传输至计算机。

（4）防护方式及过负荷能力　IP20 防护外壳防止固体异物及鼠、蛇、猫、鸟等小动物进入，阻止其造成短路停电等恶性故障。若将变压器安装在户外，可选用 IP23 防护外壳，防止与垂直线成 60°角以内的水滴进入。但 IP23 外壳封闭，变压器散热效果下降，变压器冷却能力受到影响，选用时要注意适当降低运行容量。

干式变压器的过负荷能力与环境温度、过负荷前的负荷情况、变压器绝缘散热和发热时间常数等有关，使用时，应根据变压器生产厂提供干式变压器的过负荷曲线安排负荷。

根据现场经验，充分考虑炼钢、轧钢、焊接等设备的短时冲击过负荷，尽量利用干式变压器较强的过载能力，可适当减小变压器容量。对某些不均匀负荷场所，如夜间照明等为主的居民区、文化娱乐设施及空调和白天照明为主的商场等，可充分利用过负荷能力，适当减小变压器容量，使主运行时间处于满负荷或短时过负荷。

5-8　干式变压器产品结构

4. 非晶态合金变压器介绍

非晶态合金变压器（非晶变压器）是用非晶合金制作铁心的变压器，相比硅钢片铁心变压器，非晶变压器二次侧开路时，一次侧测得功率损耗下降 80% 左右，空载电流可下降约 85%，是目前节能效果较理想的配电变压器，特别适用于配变利用率较低的场合。

用导磁性能突出的非晶合金作为制造变压器的铁心材料，可使变压器损耗很低。但许多特性在设计和制造中必须保证和考虑，如非晶合金材料硬度很高，常规工具难剪切，设计时需充分考虑减少剪切量；非晶合金单片厚度极薄，材料表面很不平坦，铁心填充系数较低；非晶合金对机械应力非常敏感，必须避免用铁心作为主承重结构件；为获得低损耗特性，非晶合金片必须退火处理；在电气性能方面，为减少铁心片的剪切量，整个铁心由四个单独铁心框并列组成，每相绕组套在磁路的独立两框。每个框内磁通除基波磁通外，还存在三次谐波磁通，一个绕组中两个铁心框内，三次谐波磁通正好相位相反、数值相等，每一组绕组内三次谐波磁通向量和等于零。如一次侧 D 联结，有三次谐波电流的回路，当在感应出二次侧电压波形，就不会有三次谐波电压分量。

三相非晶合金配电变压器采用最合理结构，铁心是由四个单独铁心框在同一平面内组成的三相五柱式结构，须经退火处理，并带有交叉铁轭接缝，截面形状呈矩形；绕组为矩形截面，可单独绕制成双层或多层矩形层式；油箱为全密封免维护的波纹结构。

目前广泛采用的 S9 系列配电变压器，其铁心采用的导磁材料一般为 30Z140 高导磁冷轧硅钢片，饱和磁密比非晶合金高，产品选取磁感应强度在 1.65 ~ 1.75T，也就是非晶合金铁心配电变压器比 S9 系列配电变压器空载损耗更低。

三相非晶合金铁心配电变压器与 S9 系列配电变压器相比，年节约电能量可观。以 800kV · A 容量的变压器为例，ΔP_0 为 1.05kW；两种配电变压器负载损耗值相同，则 $\Delta P_k = 0$，可计算出一台产品每年可减少的电能损耗为

$$\Delta W_s = 8760(1.05 + 0.62 \times 0)\text{kW} \cdot \text{h} = 9198\text{kW} \cdot \text{h}$$

非晶合金变压器若能完全替代 S9 系列配电变压器，总体节能效果明显，可减少变压器无负荷时的损耗。但非晶合金变压器的制造成本较高，影响了使用单位的选择，应考虑长期的明显收益。非晶合金变压器产品外形如图 5-15 所示。

图 5-15 非晶合金变压器产品外形

5.1.3 电力变压器的联结组别

三相变压器联结组别指变压器一、二次侧绕组采用的连接方式及相应的一、二次侧对应线电压的相位关系。高压绕组分别用符号 Y、D、Z 表示，中压和低压绕组分别用 y、d、z 表示，有中性线引出时分别用 YN 和 yn 表示。变压器按高压、中压和低压绕组连接的顺序组合就是绕组连接组。为方便表达，用时钟钟点表示高、低压侧相量关系，常用的联结组别有 Yyn0、Dyn11、Yzn11、Yd11、YNd11 等。

1. 三相电力变压器的结构理解

三相电力变压器可理解为三台单相电力变压器的组合，如图 5-16 所示，三台电力变压器结构演化过程如图 5-17 所示，可理解三相电力变压器原理组成。

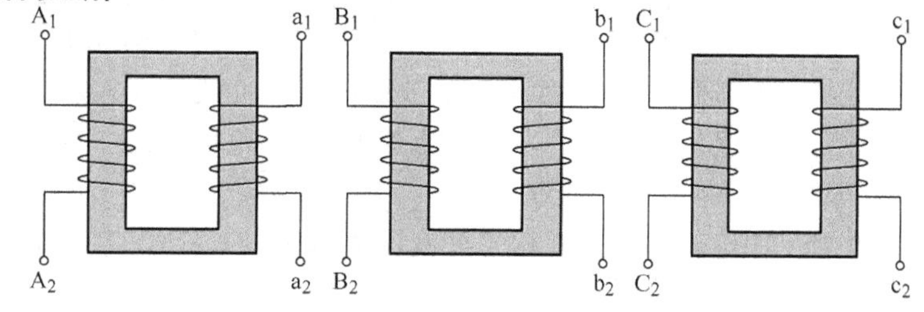

图 5-16 三台单相电力变压器组合

可见，三相电力变压

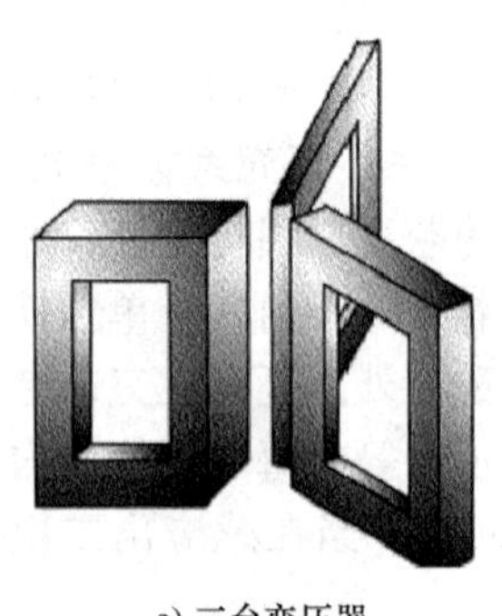
a) 三台变压器

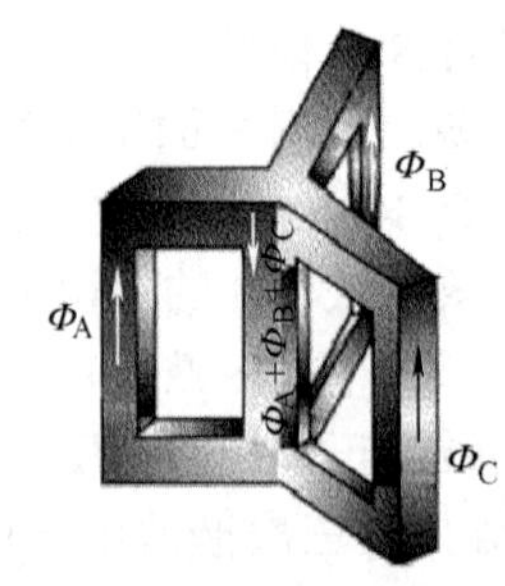

b) 三相星形磁路

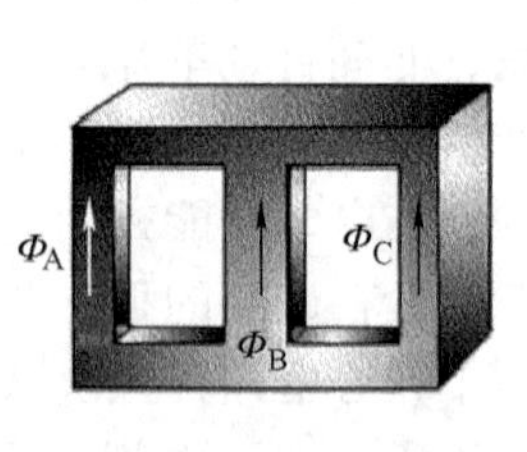

c) 实际心式变压器磁路

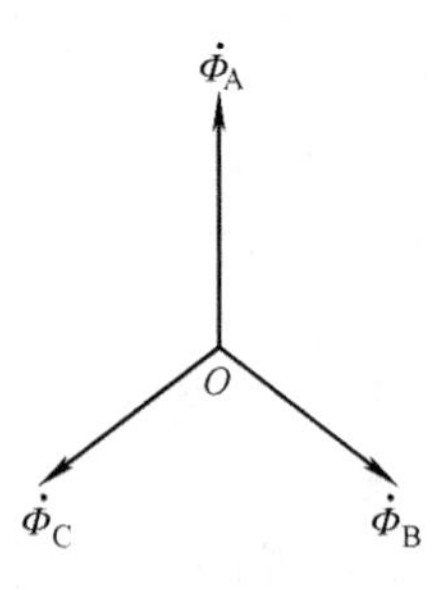

d) 三相磁通相量图

图 5-17　三相电力变压器的结构变化

器磁路彼此相关，铁心结构由三相变压器组演变而来，将 3 台单相变压器合并，三相电流合成，中间铁心柱磁通为 $\Phi_A+\Phi_B+\Phi_C=0$，中间心柱可省去。这种磁路系统中每相主磁通都要借助另外两相磁路闭合，故磁路系统彼此相关，变压器三相磁路长度不等，中间 B 相最短，当三相电压对称时，三相空载电流不等，B 相电流此时也最小，但因空载电流很小，不对称对负载运行影响很小，可不计。

实际三相电力变压器的铁心及绕组构成如图 5-18 所示，三相电力变压器模拟结构如图 5-19所示。

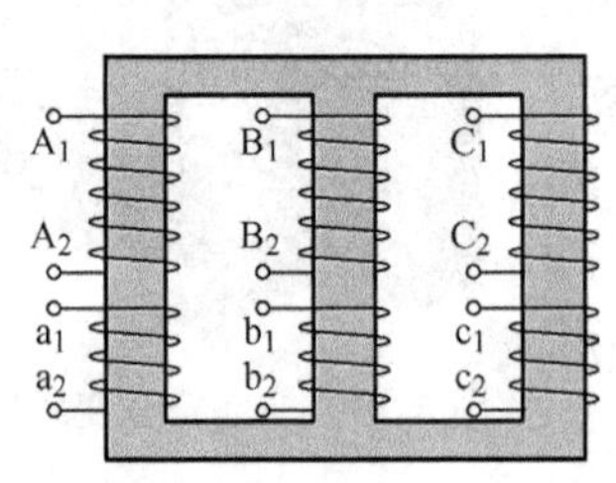

图 5-18　三相心式变压器

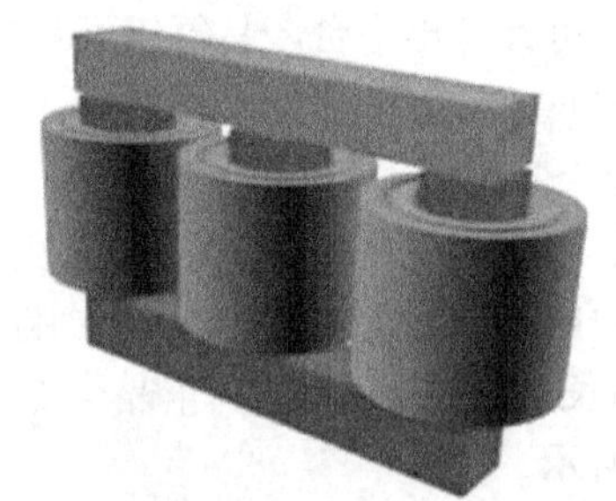
图 5-19　三相电力变压器模拟结构

2. 配电变压器的联结组别

（1）变压器的联结组别　三相电力变压器有三相高、低压绕组，共六个绕组，其中，三相高压绕组用 AX、BY、CZ 表示，A、B、C 为三相高压绕组的首端，X、Y、Z 为三相高压绕组的末端，三相低压绕组用 ax、by、cz 表示，a、b、c 为三相低压绕组的首端，x、y、z 为三相低压绕组的末端。

对电力变压器，无论高压绕组还是低压绕组，我国标准规定只采用星形（Y）联结或三角形（△）联结，电力变压器高、低压侧 Y 联结如图 5-20 所示，包括无中性线和有中性线的 Y 联结。高压侧中性线用 N 表示，低压侧中性线用 n 表示。

将三相绕组的首末端顺次连接起来就是三角形联结，如图 5-21 所示，包括 AX - BY - CZ 顺序和 AX - CZ - BY 顺序。

因此，理论上而言，三相电力变压器有多种联结组别，国产三相电力变压器常用联结组别有：Yyn、Yd、YNd 等。

如图 5-22 所示是高、低压绕组同名端和相电压的相位关系，同一铁心柱上的高压和低

压绕组被同一磁通 Φ 交链，高压绕组和低压绕组的相电压之间有一定的极性关系。在同一瞬间，高压绕组的某一端点相对于另一端点的电位为正时，高压绕组必有一端点，其电位也相对另一端点为正，这两个对应的端点称同名端，对应的同名端用“•”表示，显然，两个绕组的同名端取决于绕组的方向。

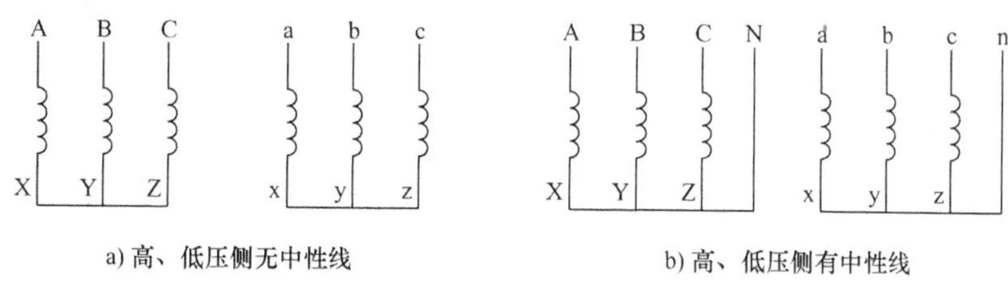

a) 高、低压侧无中性线　　b) 高、低压侧有中性线

图 5-20　电力变压器高、低压侧 Y 联结

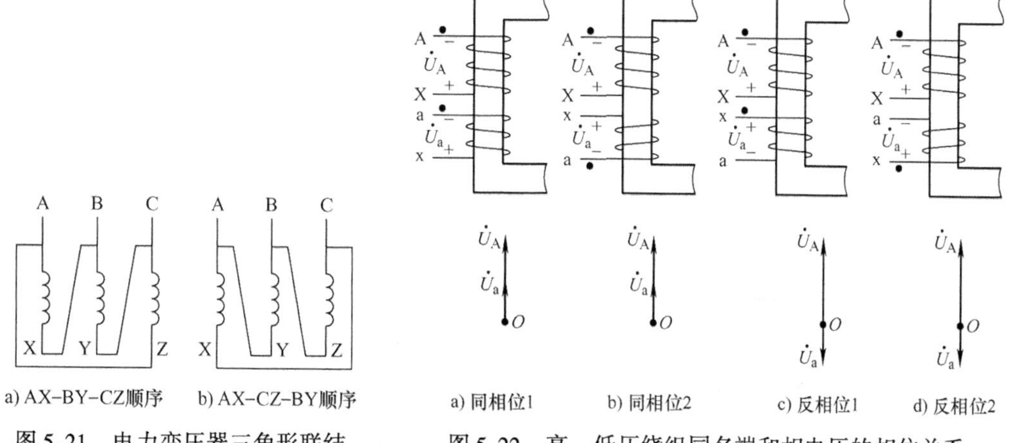

a) AX-BY-CZ顺序　　b) AX-CZ-BY顺序

图 5-21　电力变压器三角形联结

a) 同相位1　　b) 同相位2　　c) 反相位1　　d) 反相位2

图 5-22　高、低压绕组同名端和相电压的相位关系

三相变压器高、低压绕组对应电压之间的相位很关键，因同一铁心柱的高压绕组和低压绕组的同名端可以不同，而且这两个绕组可能不是同一相的高低压绕组，因此，高压侧的线电压和对应的低压侧线电压之间（如 U_{AB} 和 U_{ab}）可以形成不同的相位，为方便表达，采用时钟法表示高、低压侧对应的线电压之间的相位关系。

如图 5-23b 所示，将高压侧的线电压三角形的 1 条中线（如 OA）作为时钟的长针，指向 12 点钟，将低压侧的线电压三角形的 1 条中线（如 oa）作为时钟的短针，指向的钟点就是变压器高、低压绕组的联结组标号，如“Yd11”表示高压绕组为 Y 联结，低压绕组为 D 联结，钟面为 360°，12 个时点间的间隔为 30°，因此 $11\times30°=330°$，表示高压绕组超前低压绕组对应的线电压 330°，或高压绕组滞后低压绕组对应的线电压 30°。

如将图 5-23a 所示的 Yy0 联结组图中的低压侧绕组，改成图 5-24a 所示，便可得到 Yy6 联结。

同一铁心柱的两个高、低压绕组可以不是同一相的绕组，分别改变 A、B、C 和 a、b、c，得到不同的联结组。对图 5-23a 所示的 Yy0 联结组，固定 A、B、C，将 a、b、c 变成 c、a、b，即转过 120°，相当于 4 个钟点；再改变 b、c、a，又转过 120°，相当于 8 个钟点。

对图 5-24a 所示的联结组，同样方法可得到 10 点钟和 2 点钟。

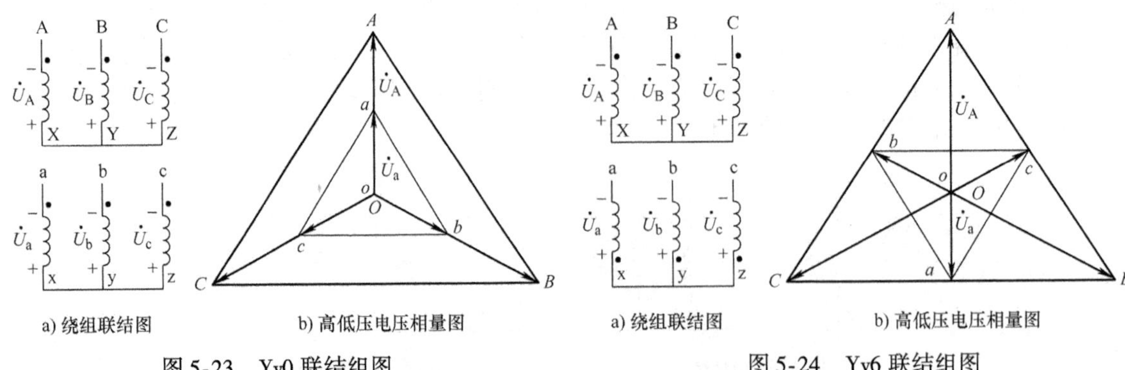

图 5-23　Yy0 联结组图　　　　图 5-24　Yy6 联结组图

在 Yd 联结中，当同一铁心柱上的两个绕组为同一相的低压绕组，且同名端为首端时，根据低压侧三角形联结顺序，得到 Yd11 和 Yd1，如图 5-25 和图 5-26 所示。

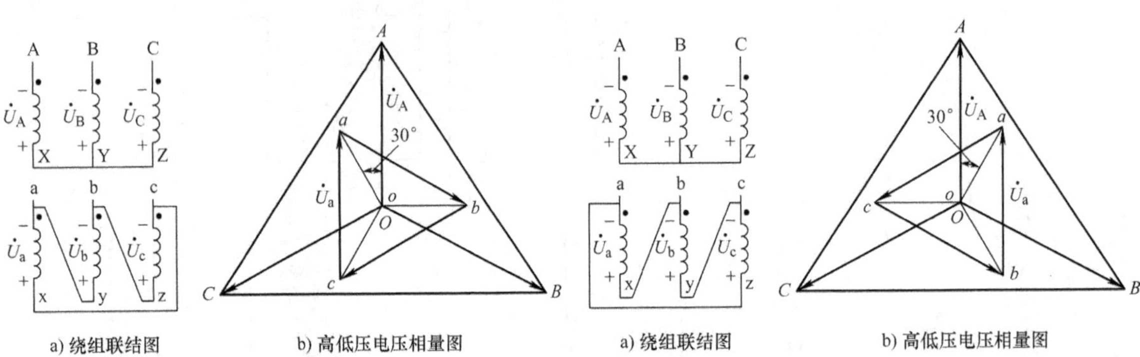

图 5-25　Yd11 联结组图　　　　图 5-26　Yd1 联结组图

图 5-25 所示的 Yd11 联结组中，将同名端改成异名端，可得到 Yd5 联结组；图 5-26 所示的 Yd1 联结组，将同名端改成异名端，可得到 Yd7 联结组。图 5-25 所示的 Yd11 联结组中固定 A、B、C，调整 a、b、c 为 c、a、b，转过 120°，相当于 3 点钟，即得到 Yd3 联结组；再改变为 b、c、a，又转过 120°，相当于 7 点钟，即得到 Yd7 联结组；对图 5-26 所示的 Yd1 联结组，同样方法可得到 Yd5 和 Yd9 联结组。

总之，联结组别表明一次、二次各相绕组联结方式及一、二次电压相位关系。三相变压器三相绕组间有星形联结、三角形联结等。因联结方式不同，变压器一次侧相电压与二次侧对应相的相电压之间有相位差且均是 30°的倍数，用时钟点表示。电力变压器的联结组别如图 5-27 所示。有兴趣的读者可按照变压器一次侧相电压与二次侧对应相电压之间的 30°的倍数相位差进行验证。

尽管按照基本原理可以得到图 5-27 所示的电力变压器的联结组，但为便于制造使用，我国标准规定只有 Yyn0、Yd11、YNd11、YNy0、Yy05 等联结组可采用，其中，Yyn0、Yd11、YNd11 联结组最常用。Yyn0 联结组的二次侧引出中性线，构成三相四线制，可兼顾动力和照明负载；Yd11 联结组用于二次侧电压不超过 400V 的电路中，有一侧为三角形联结，利于运行；YNd11 联结组主要用于高压输电线路，电力系统的高压侧中性点可以接地。

（2）防雷变压器的联结组别　防雷变压器常采用 Yzn11 联结组，如图 5-28 所示。一次绕组采用星形联结，二次绕组分成两个匝数相同的绕组，并采用曲折形（Z）联结。

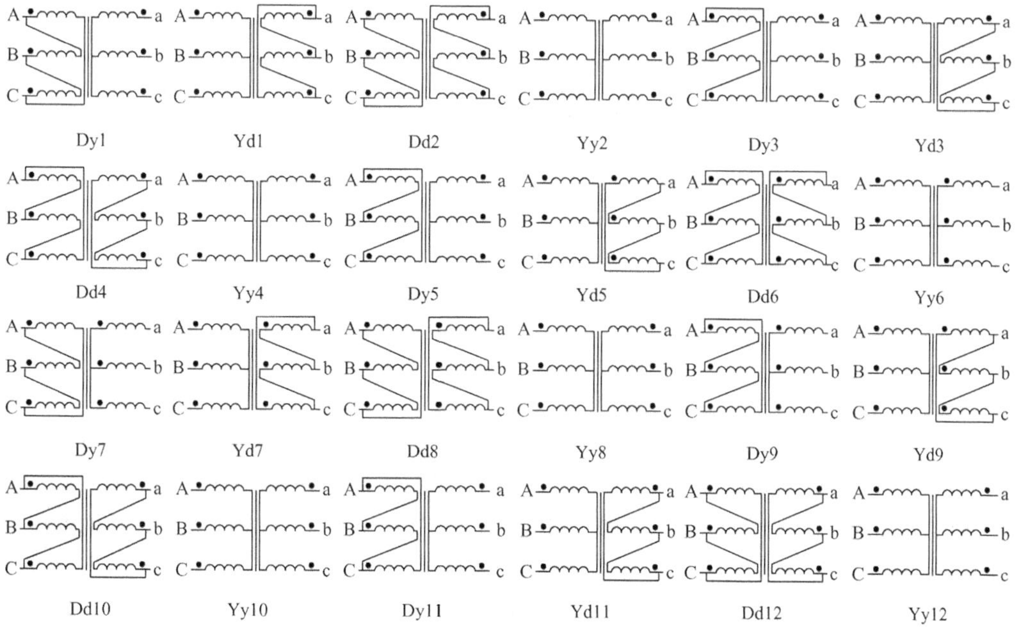

Dy1 Yd1 Dd2 Yy2 Dy3 Yd3

Dd4 Yy4 Dy5 Yd5 Dd6 Yy6

Dy7 Yd7 Dd8 Yy8 Dy9 Yd9

Dd10 Yy10 Dy11 Yd11 Dd12 Yy12

图 5-27 电力变压器的联结组别

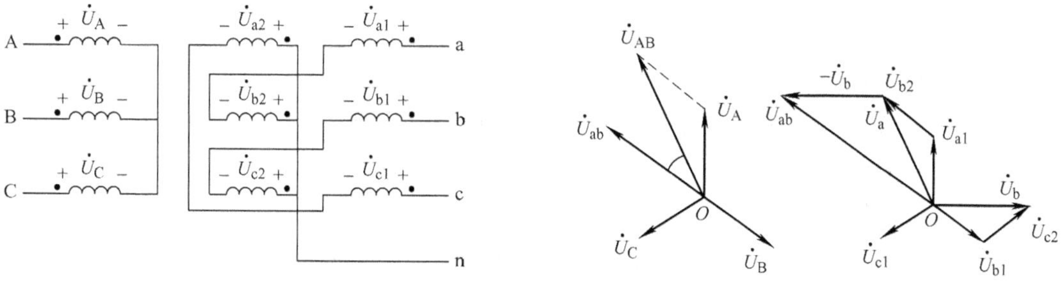

a) 一、二次绕组接线

b) 一、二次电压相量

图 5-28 防雷变压器的 Yzn11 联结组

当雷电沿着一次侧侵入时，二次侧两个同匝数绕组产生的感应电动势相互抵消，在二次侧不会出现过电压。同理，如雷电沿着二次侧侵入，在一次侧也不会出现过电压。因此，Yzn11 联结组的变压器有利于防雷，适用于多雷地区。

课堂练习

（1）电力变压器的联结组别有哪些？

（2）分析电力变压器的联结组别，具体叙述 Yd11 联结组的连接原理。

（3）根据图 5-29 所示的绕组连接图，确定联结组。

5.1.4 变压器的选择

1. 根据环境选择

正常介质条件下，可选用油浸式变压器或干式变压器，如工矿企业、农业的独立或附建变

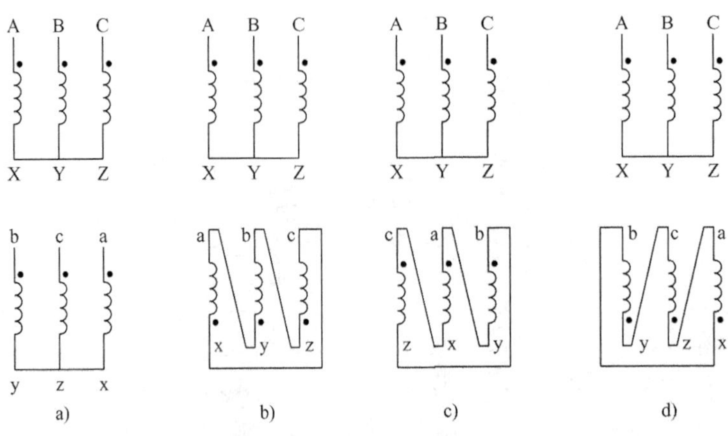

图 5-29 课堂练习 3 题图

电站、小区独立变电站等，可选 S8、S9、S10、SC（B）9、SC（B）10、S11 等系列变压器。

在多层或高层主体建筑内，地下建筑、化工场所等，宜选用不燃或难燃型变压器，如 SC（B）9、SC（B）10、SCZ（B）9、SCZ（B）10 等，对消防有较高的要求，尽量采用干式变压器 SG3、SG10、SC6 等系列。

多尘或有腐蚀性气体严重影响变压器安全运行的场所，应选封闭型或密封型变压器，如 BS9、S9－、S10－、SH12－M、BSL1 型等系列。在电网电压波动较大的场所，需要改善供电质量，应采用有载调压电力变压器，例如 SZ7、SFSZ、SGZ3 等系列。

不带可燃性油的高、低压配电装置和非油浸的配电变压器，可设置在同一房间内，此时变压器应带 IP2X 保护外壳以保证安全。

2. 根据用电负荷选择

配电变压器容量应根据具体用电特点与用电性质，综合各种用电设备的设施容量计算负荷，一般不计消防负荷，补偿后的视在容量是选择变压器容量和台数的依据。一般变压器的负荷率 85% 左右。此法较简便，可作为估算容量。

GB/T 17468—2019 中，推荐配电变压器的容量选择，应根据 GB/T 17211—1998 及计算负荷来确定其容量。

3. 变电站主变压器的选择台数

变压器台数应满足用电负荷对供电可靠性要求，有大量一、二级负荷的变电站，应采用两台变压器，当一台变压器检修时，另一台变压器继续供电；只有二级而无一级负荷变电站，可采用一台变压器，但必须在低压侧铺设与其他变压器相连的联络线作备用电源；对季节性负荷或昼夜负荷变动较大且要求采用经济运行方式的变电站，可用两台变压器。

以上情况外，一般车间变电站采用一台变压器，但负荷集中且容量相当大的变电站，尽管是三级负荷，也可使用两台或两台以上变压器，这种情况很少见。在确定变电站主变压器台数时，应适当考虑负荷发展，留有发展余量。

4. 变电站变压器容量的选择

只有一台变压器时，其容量 $S_{N,T}$ 应满足全部用电设备总计算负荷 S_{30} 需要，即 $S_{N,T} \geqslant S_{30}$。

对装两台变压器的变电站，每台变压器容量 $S_{N,T}$ 应同时满足：任何一台变压器运行时，

应满足（60% ~70%）S_{30}需求，即 $S_{N,T} \geqslant (0.6 \sim 0.7) S_{30}$；任何 1 台变压器单独运行时，应满足全部一、二级负荷 $S_{30, \text{I}+\text{II}}$需要，即 $S_{N,T} \geqslant S_{30, \text{I}+\text{II}}$。

车间变电站变压器的单台容量受低压断路器断流能力和短路稳定性的限制，还应考虑使变压器尽量接近车间的负荷中心，实际选择时，变压器容量一般不大于 1250kV · A；对居民小区变电站的变压器，一般保护比较简单，单台变压器的容量不要大于 630kV · A。

需指出，选择单台变压器容量应考虑余量，变电站主变压器和容量的确定，应结合变电站主变压器主接线方案，综合对几种方案的技术经济指标后，确定最有效方案。

如某变电站电压等级为 10/0.4kV，总计算负荷为 1400kV · A，其中一、二级负荷为 730kV · A，确定主变压器的台数和容量。

根据一、二级负荷，应选择两台主变压器，每台变压器容量满足负荷条件 $S_{N,T} \geqslant (60\% \sim 70\%) S_{30}$，即

$$S_{N,T} \geqslant (0.6 \sim 0.7) \times 1400\text{kV} \cdot \text{A} = (840 \sim 980)\text{kV} \cdot \text{A}$$

还应满足 $S_{N,T} \geqslant 730\text{kV} \cdot \text{A}$，因此，初步确定选择两台 1000kV · A 主变压器，型号为 S9 - 1000/10。

5. 考虑联结组别

分析单相电力变压器空载运行可知，铁心磁路饱和时，如主磁通为正弦波，则励磁电流为尖顶波，此时励磁电流中有基波分量，还有各奇次谐波，其中以 3 次谐波 i_{m3} 的影响最大。在三相分系统中，三相 3 次谐波电流在时间上同相位。

$$I_{m3A} = I_{m3}\sin 3\omega t$$
$$I_{m3B} = I_{m3}\sin 3(\omega t - 120°) = I_{m3}\sin 3\omega t$$
$$I_{m3C} = I_{m3}\sin 3(\omega t - 240°) = I_{m3}\sin 3\omega t$$

因此，励磁电流中的 3 次谐波电流影响主磁通波形，将影响到相电动势和线电动势的波形。对 Yy 联结组的一、二次绕组，即无中性线的 Y 联结，励磁电流中的 3 次谐波分量不能流通，因此励磁电流近似正弦波。当磁路饱和时，主磁通波形成为平顶波，如图 5-30 所示，主磁通中包含基波分量 φ_1 及 3 次谐波分量 φ_3。

对三相电力变压器组，各相磁路独立，3 次谐波磁通 φ_3 在各自的铁心内形成闭合回路，因铁心的磁阻很小，3 次谐波磁通较大，3 次谐波磁通 φ_3 将在绕组内感应出较大的 3 次谐波电动势 e_3，严重时，e_3 可能达到基波电动势 e_1 的 50% 以上，使得相电动势 $e = e_1 + e_3$ 的波形发生畸变，成为尖顶波。尽管在三相线电动势中，3 次谐波电动势相互抵消，使线电动势仍为正弦波，但电动势峰值的分量升高将危害到各相绕组的绝缘。对三相心式变压器，尽管因 3 次谐波电流不能流通而导致在主磁通中有 3 次谐波磁通，但三相心式变压器的三相磁路相互相关，各相的 3 次谐波磁通在时间上同相位，不能像基波磁通以其他铁心为磁路，这样，只能以铁心周围的变压器油箱壁等形成回路，如图 5-31 所示，3 次谐波磁通路径的磁阻较大，3 次谐波磁通较小，因此，3 次谐波电动势很小，相电动势接近正弦波。

三相心式变压器可以采用 Y，y 联结组，但 3 次谐波磁通通过油箱壁等金属构件时会产生损耗，因此，三相心式变压器 Y，y 联结组的容量不可太大，一般不超过 1600kV · A。

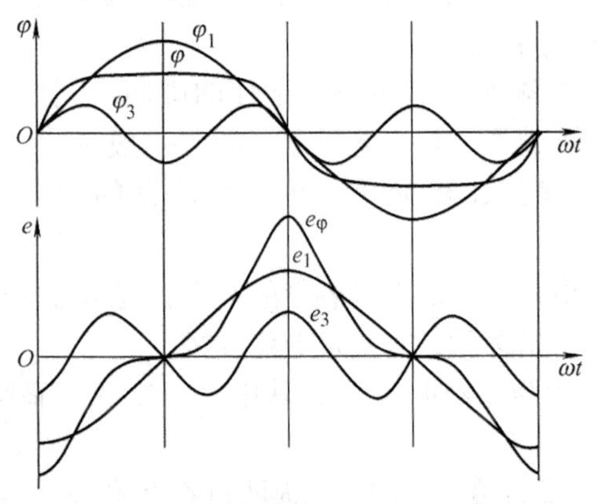

图 5-30　三相变压器 Yy 联结组的主磁通和感应电动势波形

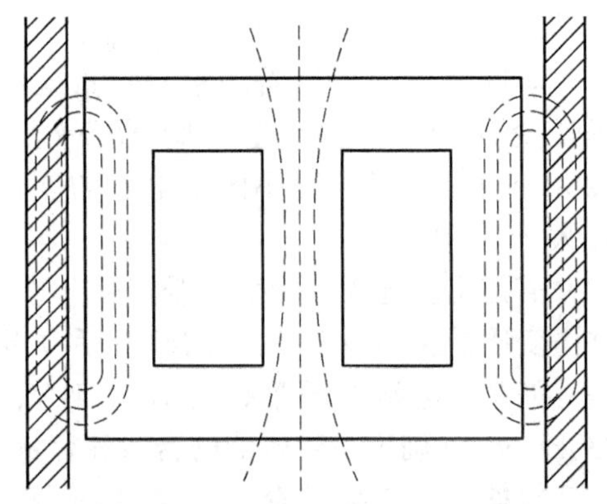

图 5-31 三相心式变压器中 3 次谐波磁通的路径

课堂练习

(1) 电力变压器主要有哪些部件组成？功能是什么？

(2) 电力变压器的分接开关有什么功能？是否可以带电操作？

(3) 请叙述干式电力变压器的特点，有条件的前提下，观察实际的干式电力变压器，在使用时应当注意什么？

5.2 电力变压器的运行与维护

5.2.1 电力变压器的运行

1. 电力变压器运行前检查

电力变压器投入运行前，要进行全面、严格的外观检查，包括铭牌、标志、警示符号、接线端子等。

检查试验合格证，如变压器试验合格证签发日期超过 3 个月，应重新测试绝缘电阻，阻值应大于允许值且不小于原试验值的 70%。变压器本体应无缺陷，绝缘子无裂纹和破损；外表清洁，无遗留杂物；各连接处应连接紧固；密封处无渗漏现象。分接开关切换在符合电网和用户要求的位置上，引线适当，接头接触良好，各种配套设备齐全，注意，必须在切断负载后，才能操作分接开关。

变压器外壳与低压侧的中性点接地良好；基础牢固稳定，变压器滚轮与基础上轨道接触良好，制动可靠。

冷却装置、温度计及其他测量装置应完整。

变压器的油位应在当时温度的油位线上（见储油柜的油位计），应根据说明书的要求，不宜过高和过低。

变压器气体继电器应完好，检查其动作，符合规定要求；安全气道内无存油，玻璃完好。防雷保护齐全，接地电阻合格。

2. 电力变压器的运行规则

（1）变压器运行允许温度 变压器运行允许温度是根据变压器所使用绝缘材料的耐热程度规定的最高温度。普通油浸式电力变压器的绝缘等级为 A 级，变压器运行过程中因不同部分温度不一样，为方便监测变压器运行时各部分的温度，规定以变压器油箱内上层油温来确定变压器的允许温度。

采用 A 级绝缘的变压器正常运行时，当周围温度为 40℃时，规定变压器的上层油温最高不超过 85℃。试验表明，变压器上层油温如超过 85℃，油的氧化速度会加快，变压器绝缘性能和冷却效果会降低。变压器耐热程度用绝缘等级表示，绝缘等级具体指所用绝缘材料的耐热等级，分 A、E、B、F、H 级，其对应最高允许温度分别为 105℃、120℃、130℃、155℃、180℃；绕组温升限值为 60℃、75℃、80℃、100℃、125℃；性能参考温度为 80℃、95℃、100℃、120℃、145℃。

（2）变压器运行允许温升 变压器运行允许温度与周围空气最高温度之差为变压器运行允许温升。因变压器的结构造成内部各部分温度差别比较大，所以，不能只监视变压器上层油温不超过允许值，只有上层油温及温升都不超过说明书规定的允许值时，才能保证变压器安全运行。对采用 A 级绝缘的变压器，当周围温度为 40℃时，上层油允许温升为 55℃，绕组允许温升为 65℃。

（3）变压器并联运行条件 将两台或两台以上变压器的一次绕组并联在电源上，二次绕组也并联在一起向负荷供电，称变压器的并联运行。如将一台变压器的容量按照最大负荷选择，可能在低负荷时造成浪费，因此可根据实际情况，选择两台变压器，用电负荷大时，两台变压器并联运行，用电负荷较小时，可只运行一台变压器。

两台或多台变压器并联运行，必须满足下列条件：

1）并联变压器额定一次电压和二次电压必须相等。所有的并联变压器电压比必须相同，允许差值范围为 ±5%。如电压比不同，在二次绕组回路中会产生环流，变压器内阻很小，所以产生环流很大，可能会导致绕组过热而烧毁。

2）并联变压器阻抗电压必须相等。因并联变压器负荷按阻抗电压值成反比分配，如其中一个阻抗电压不同，将导致阻抗电压较小的变压器过负荷，甚至烧毁。并联变压器的阻抗电压必须相等，允许差值范围为 ±10%。

3）并联变压器联结组别必须相同。所有的并联变压器一次电压和二次电压的相序和相位都必须对应相同。假设以两台变压器并联运行最小相位差 30°为例，一台为 Yyn0 联结组，另一台为 Dyn11 联结组，如图 5-32 所示，则二次侧电压将出现相位差，即在两台变压器的二次绕组间产生电位差，$U_{2\mathrm{I}}=U_{2\mathrm{II}}=U_2$是两台变压器的二次侧开路电压，二次侧电位差 $\Delta U_2=|\dot{U}_{2\mathrm{II}}-\dot{U}_{2\mathrm{I}}|=2U_2\sin15°=0.518U_2$，设电力变压器二次侧电压为 0.4kV，可知这一电位差在两台变压器的二次侧产生很大环流，可能烧毁变

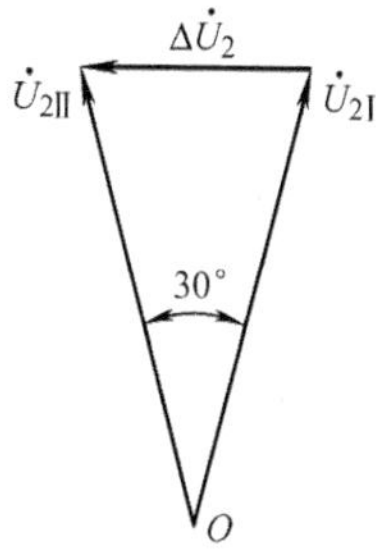

图 5-32 两台变压器（Yyn0 联结组与 Dyn11 联结组）并联时二次侧开路电压相量图

压器的绕组。

另外，并联运行变压器容量应尽可能相同或相近，如容量相差悬殊，并联运行很不方便，容易造成小容量变压器过负荷严重而烧毁，一般并联运行变压器最大容量与最小容量之比不应超过 3:1。

(4) 变压器过负荷能力　变压器过负荷能力指在较短时间内变压器所输出的最大容量。在不损坏变压器绕组绝缘性能和不降低变压器使用寿命时，变压器输出容量可能大于变压器的额定容量。变压器容量的确定除考虑正常负荷外，还应考虑到变压器的过负荷能力和经济运行条件。

1) 电力变压器的额定容量和实际容量。电力变压器的额定容量指规定温度条件下室外安装时，在规定使用年限能连续输出的最大视在功率。变压器使用寿命一般 20 年。根据 GB 1094 系列标准规定，变压器正常使用最高年平均气温为 20℃，最高温度为 40℃，最热月平均温度为 30℃。如变压器安装地点的年平均气温每升高 1℃，则变压器容量减少 1%，变压器实际容量为

$$S_{\mathrm{T}} = K_{\theta} S_{\mathrm{N,T}} = \left(1 - \frac{\theta_{0,\mathrm{av}} - 20}{100}\right) S_{\mathrm{N,T}}$$

式中　K_{θ}——温度修正系数；

$S_{\mathrm{N,T}}$——变压器的额定容量；

$\theta_{0,\mathrm{av}}$——变压器安装地点的年平均气温。

一般所说的平均气温指室外温度，室内温度一般按高于室外温度 8℃考虑，即变压器的容量还要减少 8%。因此室内变压器实际容量为

$$S'_{\mathrm{T}} = K'_{\theta} S_{\mathrm{N,T}} = \left(0.92 - \frac{\theta_{0,\mathrm{av}} - 20}{100}\right) S_{\mathrm{N,T}}$$

式中　K'_{θ}——室内温度修正系数。

2) 变压器的正常过负荷能力。变压器由于昼夜负荷变化和季节性负荷差异而允许的过负荷，称正常过负荷。这种过负荷系数总数，对室外变压器不超过 30%，对室内变压器不超过 20%。变压器正常过负荷时间指在不影响寿命、不损坏变压器的各部分绝缘情况下允许过负荷的持续时间。自然冷却或风冷油浸式电力变压器的过负荷允许时间见表 5-1。

表 5-1　自然冷却或风冷油浸式电力变压器的过负荷允许时间

过负荷前上层油温升/℃	18	24	30	36	42	48
过负荷倍数	过负荷允许时间/(h + min)					
1.05	5 + 50	5 + 25	4 + 50	4 + 00	3 + 00	1 + 30
1.10	3 + 50	3 + 25	2 + 50	2 + 10	1 + 25	0 + 10
1.15	2 + 50	2 + 25	1 + 50	1 + 20	0 + 35	—
1.20	2 + 05	1 + 40	1 + 15	0 + 45	—	—
1.25	1 + 35	1 + 15	0 + 50	0 + 25	—	—
1.30	1 + 10	0 + 50	0 + 30	—	—	—
1.35	0 + 55	0 + 35	0 + 15	—	—	—
1.40	0 + 40	0 + 25	—	—	—	—
1.45	0 + 25	0 + 10	—	—	—	—
1.50	0 + 15	—	—	—	—	—

3）变压器事故过负荷能力。当电力系统或工厂变电站发生事故时，为保证对重要设备连续供电，允许电力变压器短时间较大幅度过负荷运行，称事故过负荷。油浸自冷式电力变压器事故过负荷运行时间不应超过表5-2所示的时间。

表5-2　油浸自冷式电力变压器事故过负荷允许值

过负荷百分比（%）	30	45	60	75	100	200
过负荷时间/min	120	80	45	20	10	1.5

课堂练习

（1）新采购的变压器应当如何验收？

（2）如果某企业的供电容量为1200kV·A，因生产任务的变化，导致用电容量变化较大，请给出供电方案中的变压器供电方式，并叙述应当注意的事项。

（3）电力变压器在运行中温升太高，有哪些原因？如何判断？变电站主变压器的选择原则是什么？

3. 电力变压器运行中的检查

为保证变压器安全可靠运行，应对运行中的变压器定期巡回检查，严格监视运行数据及状态。

变压器上层油温及一、二次绕组温度现场表计指示与控制盘的表计指示或显示应相同，且应当考察各温度是否接近或超过最高允许限额。变压器储油柜的油位应正常，各油位表不应积污或破损，内部无结露。变压器油流量表应指示正常，变压器油质颜色不应剧烈变深，变压器本体各部位不应漏油、渗油。变压器电磁噪声和日常比较应无异常变化，变压器本体及附件不应振动，各部件温度应正常。冷却系统运转应正常，对强迫油循环风冷的变压器，应检查是否有风扇停止运转，运转的风扇电动机应无过热现象、异常声音和异常振动，油泵应运行正常。变压器冷却器控制装置内各开关应在运行规定位置。变压器外壳应接地，铁心接地及各点接地装置应完好。变压器箱盖的绝缘件如套管、瓷瓶等，不能有破损、裂纹及放电的痕迹等，充油套管油位指示应正常。变压器一次回路各接头接触良好，不能有发热现象。氢气监测装置应指示无异常。变压器消防水回路应完好且压力正常。吸湿器的干燥剂不能失效，必须定期检查，进行更换和干燥处理。

课堂练习

（1）电力变压器在运行前应当检查哪些内容？

（2）电力变压器运行的允许温升和绝缘等级之间有什么关系？

（3）电力变压器在运行过程中，应检查哪些方面？

5.2.2　电力变压器的维护

1. 电力变压器的日常维护规则

（1）巡查　工作人员应按规定路线及点检部位每天巡查1次，认真检查变压器各部位温度、颜色和声音，发现异常应及时处理。

巡查内容包括检查温控器显示器是否完好且显示正常；变压器外部及电缆、母线连接处应当清洁，无放电、灼痕，接头无打火、烧伤过热或脱焊现象；变压器声音无异常，正常运行的变压器，应发出连续均匀的“嗡嗡”电磁噪声，若发现响声异常，应判定部位，检查原因；接地标志应清晰，工作接地和保护接地良好、可靠；检查变压器吸湿器内干燥剂是否达到饱和状态，若至饱和状态应及时更换；变压器周围应无危及变压器安全运行的杂物、漏雨点等异常问题，对安装在室外的变压器如遇大风、大雪、大雾和雷雨及气温突然变化天气，应对变压器特殊监测和检查。

(2) 检查 大修后再次投入工作的变压器每小时检查一次，持续三天；变压器应在规定电压、电流范围内运行。平时应按规定对变压器定期清扫积灰，保持清洁。清洁过程为：停变压器低压侧出线开关，并将出线开关柜摇至试验位置；停变压器高压侧手车断路器，并将高压手车摇至试验位置；合接地开关，并确认接地开关处于接地状态；停变压器室内负荷开关；验电并确认挂牌；开始清灰，全部过程必须2人进行。

2. 变压器的检查方法

变压器运行中，因长期发热、负荷冲击、电磁振动、气体腐蚀等，会发生部件变形、紧固件松动和绝缘介质老化等问题。初期时可通过维护保养改善和纠正，但时间长了如没有及时更换或检修，就会发生故障。按变压器发生故障原因，可分为磁路故障和电路故障。磁路故障指铁心、铁轭及夹件间的故障，如硅钢片短路、穿心螺钉及铁轭夹紧件与铁心之间的绝缘损坏以及铁心接地不良引起的放电等；电路故障指绕组和引线故障等，如绕组绝缘老化、受潮，切换器接触不良，材料质量及制造工艺不良，过电压冲击及二次系统短路引起故障等。

检查方法有直观法和试验法。

直观法：变压器控制屏一般装有监测仪表，500kV·A 及以上容量的变压器装有气体继电器、差动保护继电器和过电流等保护装置等，可准确反映变压器的工作状态，及时发现故障。

试验法：该方法包括测绝缘电阻和测绕组的直流电阻，前者用2500V 的绝缘电阻表测量绕组之间和绕组对地的绝缘电阻，若其值为零，则绕组之间和绕组对地可能击穿；后者使用时如发现分接开关置于不同分接位置，测得直流电阻值相差很大，可能是分接开关接触不良或触点有污垢等。测得低压侧相电阻与三相电阻平均值之比超4%，或线电阻与三相电阻平均值之比超过2%，则可能是匝间短路或引线与套管的导管间接触不良，测得一次电阻极大，则为该侧绕组断路或分接开关损坏，二次侧三相电阻误差很大，可能是引线铜皮与绝缘子导管断开或接触不良。

3. 干式变压器的日常检查与防护

检查变压器有无异常声音及振动；有无局部过热；是否存在有害气体腐蚀、绝缘表面爬电痕迹和碳化现象等引发的变色；变压器的风冷装置应运转正常；高、低压接头应无过热；电缆头应无漏电、爬电现象；绕组的温升应根据变压器的绝缘材料等级予以监视并使其不得超过规定值；绝缘子应无裂纹、放电痕迹；检查绕组压件是否松动；室内通风、铁心风道应无灰尘及杂物堵塞，铁心无生锈或腐蚀现象等。

干式变压器微机保护装置用于测量、控制、保护、通信一体化的经济型保护，它针对电

网络端高压配电室量身定做，以三段式无方向电流保护为核心，配备电网参数的监视及采集功能，可取代电流表、电压表、功率表、频率表、电能表等，并可通过通信口将测量数据及保护信息远传上位机，方便实现自动化；装置根据电网供电的特性在装置内集成了备用电源自投功能，可灵活实现进线备投及母分备投功能。

干式变压器微机保护装置，采用 DSP 和表面贴装技术及现场总线 CAN 技术，满足变电站不同电压等级要求，实现变电站的协调化、数字化及智能化，可完成变电站的保护、测量、控制、调节、信号处理、故障录波、电能采集、小电流接地选线、低周减负荷等功能，使变电站技术要求、功能、内部接线更加规范化。装置采用分布式保护测控装置，可集中组屏或分散安装，也可根据用户需要任意改变配置，满足不同方案要求。

课堂练习

(1) 电力变压器在运行中，应当做哪些测试？

(2) 如何预防电力变压器的铁心多点接地和故障接地？

(3) 电力变压器在运行中，哪些部分可能过热？

变压器知识阅读资料见配套资源。

第6章 高压电器及成套设备

6.1 高压电器

6.1.1 高压电流互感器

高压电流互感器（CT）文字符号 TA，是将大电流变换成小电流的装置。

互感器主要用于电量测量和继电保护，普通的电气仪表不能直接测量大电流和高电压，必须用互感器将高电压和大电流变换到仪表量程范围内，并将仪表、继电器等二次设备与主电路绝缘，防止因继电器等二次设备的故障影响主电路，提高电路的安全可靠性，保证人身安全。

电路中承担电能传输功能的部分，称一次电路或一次回路；对主回路承担控制、保护、信号等功能的部分，称二次电路或二次回路。通过互感器构成的二次回路，可实现控制、调节、信号、保护等功能。

1. 电流互感器的结构与原理

电流互感器与变压器原理基本相同，由相互绝缘的一次绕组、二次绕组、铁心及构架、壳体和接线端子等组成，一次绕组匝数 N_1 较少，直接串联于电源电路，一次负荷电流 I_1 通过一次绕组时，由交变磁通感应产生按比例减小的二次电流；二次绕组的匝数 N_2 较多，与仪表、继电器、变送器等二次负荷（Z）串联形成闭合回路，一次绕组与二次绕组间存在 $I_1N_1 = I_2N_2$，电流互感器运行中二次绕组接近于短路状态，相当于二次侧短路运行的变压器。

电流互感器原理如图 6-1 所示，型号表示如图 6-2 所示，某产品外形如图 6-3 所示。如型号 LQJ－10 表示线圈式树脂浇注电流互感器，额定电压为 10kV；LFCD－10/400 表示贯穿复匝式瓷绝缘电流互感器，用于差动保护，额定电压 10kV，电流比为 400/5；LMZJ－0.5 表示母线式低压电流互感器，额定电压为 0.5kV。

电流互感器的铁心由硅钢片或镍合金钢片叠装构成，磁通路径对测量准确度影响很大。一次绕组串联在被测电路中，流过高电压、大电流的被测电流 I_1，匝数 N_1 较少，导线截面积和绝缘等级根据流过电流和电压确定，电流互感器产品的电流和电压值在符合具体技术条件前提下，应符合相应标准。

二次绕组与仪表和继电保护装置的线圈相连，二次额定电流 I_2 一般为 5A，一些特殊要求为 1A，匝数 N_2 较多，导线截面积小。

运行中的电流互感器一次绕组电流决定于电路的负载电流，与二次负荷无关；二次绕组中流过的电流与一次侧电流有关，因二次绕组所接负载是仪表和继电保护装置的线圈，阻抗很小，电流互感器正常运行相当于短路运行的变压器。

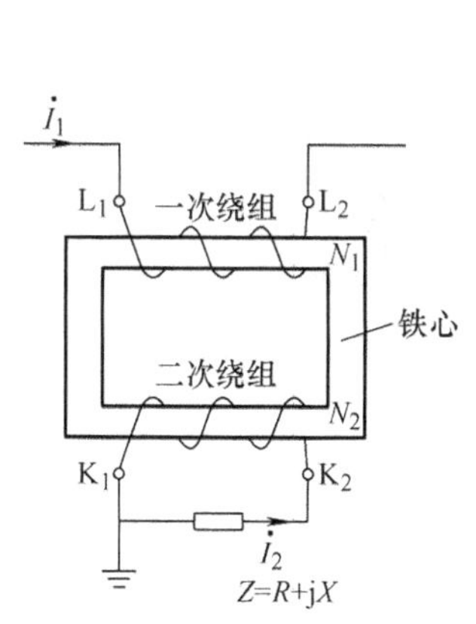

图 6-1　双绕组电流互感器原理

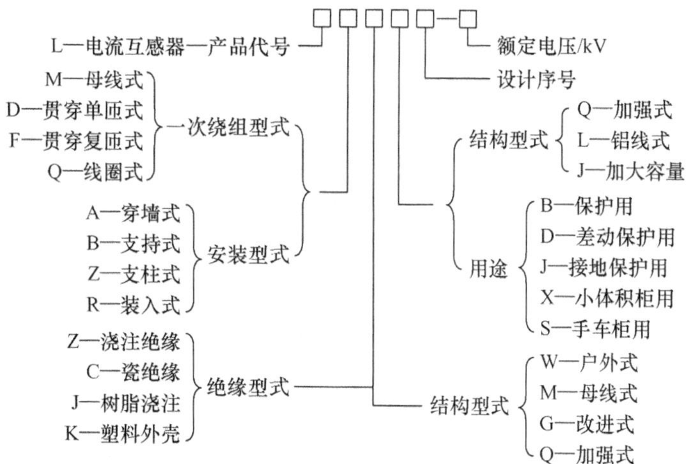

图 6-2　电流互感器型号表示

电流互感器是特殊的变压器，变压器铁心内的主磁通由一次绕组加交流电流产生，而电流互感器铁心内的主磁通同样由一次绕组内通过交流电流产生。铁心中交变主磁通在电流互感器的二次绕组内感应出二次电动势和二次电流。电流互感器的一次电流 I_1 与二次电流 I_2 的关系为

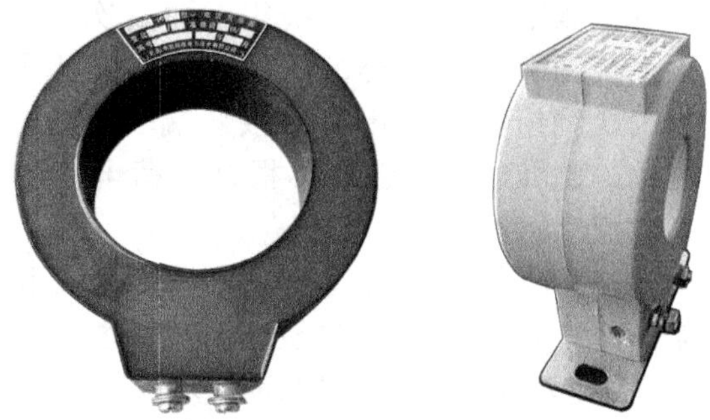

图 6-3　某型电流互感器产品外形

$$I_1 \approx (N_2/N_1)I_1 \approx K_i I_2$$

式中　N_1——电流互感器一次绕组的匝数；

N_2——电流互感器二次绕组的匝数；

K_i——电流互感器电流比，一般为额定的一次电流和二次电流之比，即 $K_i = I_{1N}/I_{2N}$。

2. 高压电流互感器的结构类别

对高压电流互感器产品，其结构类别的划分依据有线圈绕制方式、外形、安装形式和绝缘方式等。

(1) 穿心式电流互感器　穿心式电流互感器不设一次绕组，负荷电流导线由 L_1 至 L_2 穿过硅钢片制成的圆形或其他形状的铁心，代替一次绕组作用。穿心式电流互感器结构原理图如图 6-4a 所示，外形如图 6-4b 所示。其二次绕组直接缠绕在圆形铁心上，

与仪表、继电器、变送器等负荷串联形成闭合回路。穿心式电流互感器不设一次绕组，电流比根据一次绕组穿过互感器铁心的匝数确定，穿心匝数越多，电流比越小；反之电流比越大。

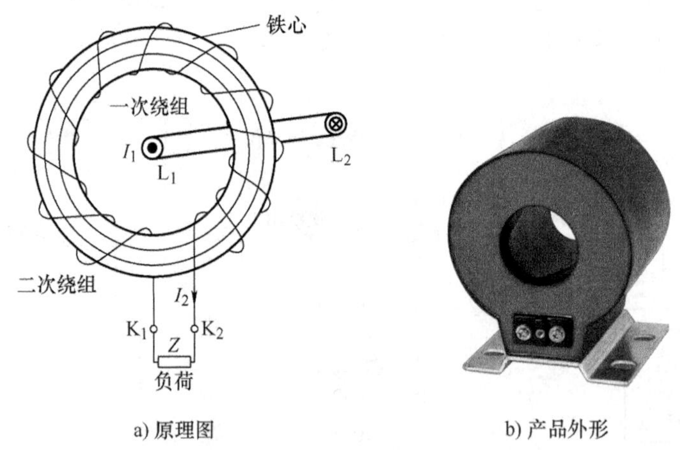

图 6-4　穿心式电流互感器

（2）多抽头电流互感器　多抽头电流互感器原理如图 6-5 所示，这种电流互感器的二次绕组增加了一些抽头，有多个电流比，即它有一个铁心和一个匝数固定的一次绕组，而二次绕组用绝缘铜线绕在套装于铁心的绝缘筒上，将不同电流比的二次绕组抽头引出接到接线端子，形成多个电流比。此种电流互感器可根据负荷电流变比，调换二次接线端子改变电流比，不需更换电流互感器。

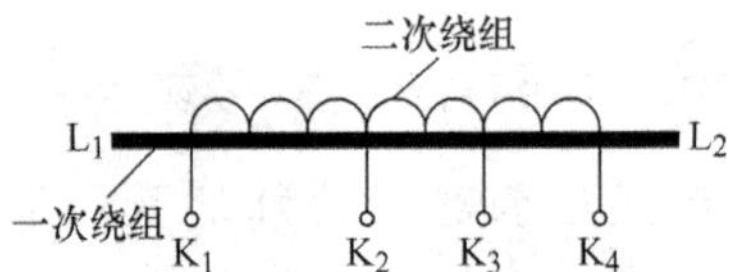

图 6-5　多抽头电流互感器原理图

（3）不同电流比电流互感器　不同电流比电流互感器的原理如图 6-6 所示，这种电流互感器有一个铁心和一个一次绕组，二次绕组分成两个不同匝数的独立绕组，满足同一负荷电流时不同电流比、不同准确级需要。同一负荷时，为保证电能计量准确，电流比较小，可满足负荷电流在一次额定值的 2/3 左右，准确级稍高，如 $1K_1$、$1K_2$ 为 200/5、0.2 级。用电设备的继电保护，故障电流保护系数较大，要求电流比较大些，准确级可稍低，如 $2K_1$、$2K_2$ 为 300/5、1 级。

（4）一次绕组可调、二次多绕组的电流互感器　这种电流互感器多见于高压电流互感器，其电流比多、可变更。其一次绕组分两段，分别穿过互感器的铁心，二次绕组分为两个带抽头、不同准确度等级的独立绕组。一次绕组与装置在互感器外侧的连接片连接，通过变更连接片的位置，使一次绕组形成串联或并联接线，进而改变一次绕组的匝数，得到不同电流比。带抽头的二次绕组自身又分两个不同电流比和不同准确度等级的绕组，随着一次绕组连接片位置的变更，一次绕组匝数相应改变，电流比也随之改变，就形成了多量程的电流比。带抽头的二次独立绕组的不同电流比和不同准确度等级，可应用于电能计量、指示仪表、变送器、继电保护等。

3. 高压电流互感器的用途类别

电流互感器按一次绕组匝数分，有单匝式（包括母线式、心柱式、套管式）和多匝式（包括线圈式、线环式、串级式）；

电流互感器按用途分，有测量用电流互感器和稳态保护用电流互感器；

按精度等级分，测量用电流互感器有0.1、0.2、0.5、1.0、3.0、5.0级，稳态保护用电流互感器有5P和10P两级。

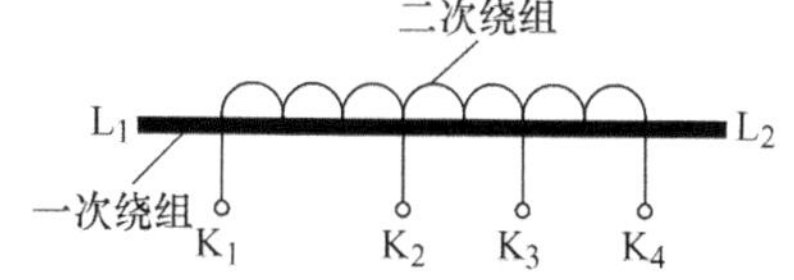

a) 不同电流比电流互感器(普通)

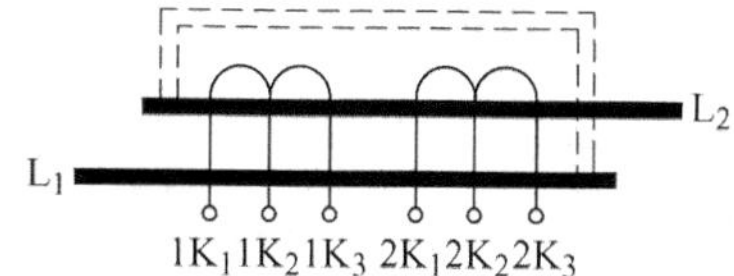

b) 一次串联(两匝)

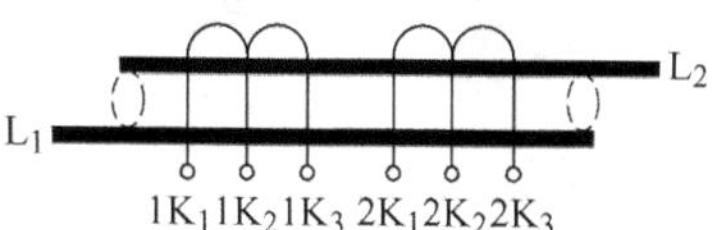

c) 一次并联(一匝)

图 6-6 不同电流比电流互感器原理图

高压电流互感器一般由两个不同准确度等级的铁心和两个二次绕组构成，分别接测量仪表和继电器，用于测量和继电保护。电气测量对电流互感器准确度要求较高，短路时仪表承受冲击小，因此测量用电流互感器的铁心在一次电路短路时易饱和，进而限制二次电流增长。而稳态保护用电流互感器的铁心在一次电流短路时不应饱和，使二次电流能与一次短路电流成正比增长，以适应保护灵敏度要求。

图 6-7 所示是户内高压 LQJ－10 型电流互感器的示意图，它有两个铁心和两个二次绕组，分别为0.5级和3级，用于测量和稳态保护。图 6-8 所示是户内低压 LMZJ1－0.5 型电流互感器的外形图，它不含一次绕组，穿过铁心的导线是一次绕组，相当于1匝，用于500V及以下的配电装置中。LQJ－9 型电流互感器产品外形如图 6-9 所示，LMZJ1－0.5 型电流互感器产品外形如图 6-10 所示。此两种电流互感器都是环氧树脂或不饱和树脂浇注绝缘，与油浸式和干式电流互感器相比，其尺寸小、性能好、安全可靠，应用广。

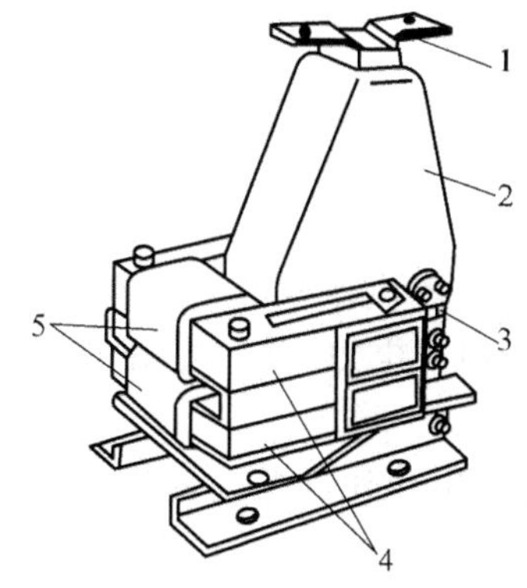

图 6-7 LQJ－10 型电流互感器示意图

1—一次接线端子 2—一次绕组（树脂浇注）
3—二次接线端子 4—铁心
5—二次绕组（警告语“二次侧不得开路”）

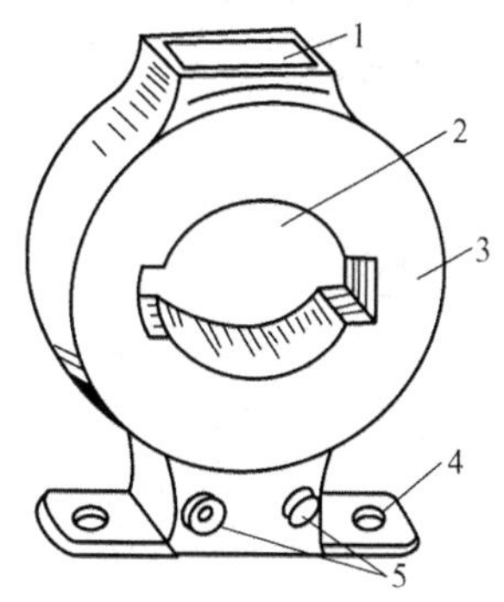

图 6-8 LMZJ1－0.5 型电流互感器

1—铭牌 2—一次导线穿孔
3—铁心（外绕二次绕组，树脂浇注）
4—安装板 5—二次接线端子

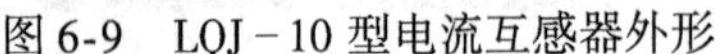

图 6-9 LQJ－10 型电流互感器外形

图 6-10 LMZJ1－0.5 型电流互感器外形

课堂练习

(1) 互感器包括哪些?

(2) 请分别叙述电流互感器和电压互感器的特点与作用。

(3) 根据前面的介绍，电流互感器的技术参数有什么特点?

(4) 电流互感器种类有哪些?

(5) 分别根据电流互感器和电压互感器的型号，查阅一些产品，分析电流互感器和电压互感器产品的技术特性。

4. 电流互感器的技术数据

高压电流互感器产品的基本参数已标准化，其额定电压 10kV；额定频率 50Hz；额定一次电流有 5A、10A、15A、20A、30A、40A、50A、75A、100A、150A、200A、300A、400A、500A、600A、800A 和 1000A 等；额定二次电流一般是 5A，少数额定二次电流是 1A。

(1) 电流比　电流互感器的电流比，指一次绕组的额定电流与二次绕组的额定电流之比，即

$$K = I_{1N}/I_{2N}$$

电流互感器二次绕组额定电流一般为 5A，因此，电流比取决于一次绕组的额定电流。电流互感器一次绕组的额定电流范围为 5～2500A。10kV 电力系统中，配电装置的电流互感器一次绕组的额定电流规格范围一般在 15～1500A。

(2) 误差和准确级次　电流互感器测量误差分为电流比误差（简称比差）和相角误差（简称角差）。电流比误差的计算公式为

$$\Delta I = [(KI_2 - I_{1N})/I_{1N}] \times 100\%$$

式中　K——电流互感器的电流比；

I_{1N}——电流互感器的一次额定电流；

I_2——电流互感器的二次电流实测值。

电流互感器的两种误差与电流互感器一次侧电流有关，当一次电流为额定电流的 100%～

120%时，误差最小；其同样与励磁安匝数 I_0N_1 有关，安匝数加大，则误差增大；两种误差还与二次侧负载阻抗有关，阻抗加大，则误差增大；此外，它还与二次侧负荷感抗有关，感抗加大，即 $\cos\varphi_2$ 减小，电流比误差将增大，而相角误差将相对减小。

电流互感器准确级次以电流互感器最大电流比误差和相角误差区分，在数值上是电流比误差的百分值。测量用电流互感器的准确级次和误差限值见表6-1；稳态保护用电流互感器准确级次和误差限值见表6-2。

表6-1　测量电流互感器的准确级次和误差限值

<table>
<tr><th rowspan="2">准确级次</th><th rowspan="2">一次电流为额定电流的百分数</th><th colspan="2">误差限值</th><th rowspan="2">二次负荷变化范围</th></tr>
<tr><th>电流误差</th><th>相位差</th></tr>
<tr><td rowspan="3">0.2</td><td>10%</td><td>±0.5%</td><td>±20′</td><td rowspan="6">(0.25～1)S_{N2}</td></tr>
<tr><td>20%</td><td>±0.35%</td><td>±15′</td></tr>
<tr><td>100%～120%</td><td>±0.2%</td><td>±10′</td></tr>
<tr><td rowspan="3">0.5</td><td>10%</td><td>±1%</td><td>±60′</td></tr>
<tr><td>20%</td><td>±0.75%</td><td>±45′</td></tr>
<tr><td>100%～120%</td><td>±0.5%</td><td>±30′</td></tr>
<tr><td rowspan="3">1</td><td>10%</td><td>±2%</td><td>±120′</td><td rowspan="3">—</td></tr>
<tr><td>20%</td><td>±1.5%</td><td>±90′</td></tr>
<tr><td>100%～120%</td><td>±1%</td><td>±60′</td></tr>
<tr><td>3</td><td>50%～120%</td><td>±3%</td><td>不规定</td><td>(0.5～1)S_{N2}</td></tr>
</table>

表6-2　稳态保护用电流互感器的准确级次和误差限值

准确级次	电流误差	相位差	复合误差
	在额定一次电流下		在额定准确限值一次电流下
5P	±1.0%	±60′	5.0%
10P	±3.0%	—	10.0%

用于电能计量的电流互感器的准确级次应高于0.5级，用于电流测量的电流互感器的准确级次应高于1.0级，非主要回路可用3级，继电保护采用P级。

（3）电流互感器的10%误差曲线　电流互感器的误差与励磁电流，即与 I_0 有直接关系，当系统短路时，一次电流成倍增长，使电流互感器铁心饱和，励磁电流急剧增加引起电流互感器的误差迅速增加，为保证继电保护装置短路故障时能可靠动作，要求稳态保护用电流互感器能较准确反映一次电流的状况。因此，对稳态保护用的电流互感器有最大允许误差值的要求，即电流比误差低于10%，相角误差小于7°。

一次电流增加到一般规定的6～15倍，如电流误差达到10%，此时一次电流倍数 n 称10%倍数。10%倍数越大，电流互感器性能越好。

影响电流互感器的另一主要因素是二次负荷阻抗，二次阻抗增大，二次电流减小，去磁匝数减少，导致励磁电流增大，误差增大。为使一次电流和二次阻抗相互制约，保证误差在10%范围内，电流互感器产品的10%误差曲线是电流误差为10%时，一次电流对额定电流的倍数和二次阻抗的关系曲线，如图6-11所示。利用10%误差曲线，可方便地求出与保护用一次电流倍数相适应的最大允许二次负载阻抗。

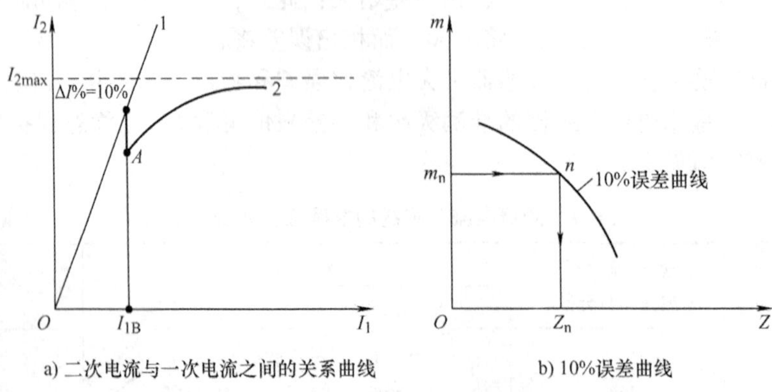

a) 二次电流与一次电流之间的关系曲线　　b) 10%误差曲线

图 6-11　电流互感器的 10% 误差曲线

(4) 额定容量　额定容量 S_{2N} 指电流互感器在额定二次电流 I_{2N} 和额定二次阻抗 Z_{2N} 下运行时，二次绕组的输出容量，即 $S_{2N}=I_{2N}^2 Z_{2N}$。电流互感器二次电流多为标准值，即 $I_{2N}=5A$，因此，额定容量常用额定阻抗表示。同时，由于电流互感器的误差与二次阻抗有关，同一台电流互感器使用在不同准确级次时，有不同的额定容量。

(5) 热稳定及动稳定倍数　这两个参数表示电流互感器承受短路电流的热作用和电动力作用的能力。热稳定电流是电流互感器承受短路电流 1s 内无损坏的最大一次电流有效值；热稳定倍数是热稳定电流与电流互感器一次侧额定电流的比值。动稳定电流是一次侧电路发生短路时，电流互感器承受电动力作用无机械损坏的最大一次电流的峰值。一般动稳定电流为热稳定电流的 2.55 倍，动稳定倍数指动稳定电流与电流互感器一次侧额定电流的比值。

5. 电流互感器的连接形式

(1) 星形 (Y) 联结　这种三相式接线是用三只电流互感器和三只电流继电器构成，电流互感器的二次绕组和继电器线圈分别接成星形联结，彼此导线相连，如图 6-12 所示，接线系数 $K_w=1$。这种形式对各种故障起作用，且当故障电流相同时，对所有故障同样灵敏，对相间短路动作可靠，每次至少有两只继电器动作，但需 3 只电流互感器和 3 只继电器，这种形式广泛应用在负荷一般不平衡的三相四线制系统，如低压 TN 系统中，也用在负荷可能不平衡的三相三线制系统中，用作三相电流、电能测量和过电流继电保护等，还适用于大接地电流系统中的相间短路和单相接地短路保护，但在工业企业供电系统中较少应用。

(2) 两相不完全星形联结　两相不完全星形联结也称 V 联结，它由两只电流互感器和两只电流继电器构成，如图 6-13 所示，V 联结电流互感器的一、二次侧电流相量图如图 6-14所示。

正常运行及三相短路时，公共线通过电流为 $I_0=I_A+I_C=-I_B$。如两只互感器接 A 相和 C 相，A、C 相短路时，两只继电器均动作；当 A、B 相或 B、C 相短路时，只有 1 只继电器动作；但中性点直接接地系统中，当 B 相发生接地故障时，保护装置不动作，所以这种接线保护不了所有单相接地故障和某些两相短路，但其只用两只电流互感器和两只电流继电器，所以工业企业供电系统中广泛应用于中性点不接地系统，作为相间短路保护。

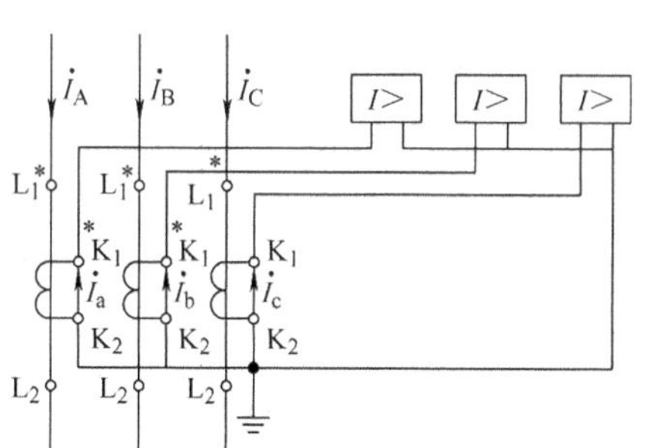

图 6-12　星形联结

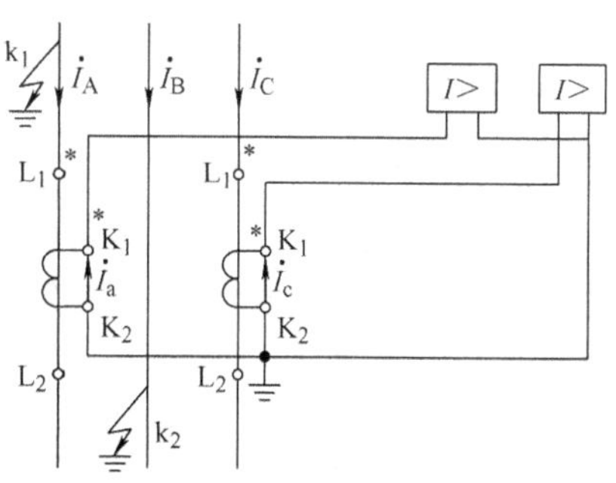

图 6-13　V 联结

（3）两相电流差式联结　如图 6-15 所示为两相电流差式联结，图 6-16 所示是两相电流差式联结电流互感器的一、二次侧电流相量图

这种方式中，流过电流继电器的电流是两只电流互感器二次电流的相量差$I_R = I_a - I_c$，对不同形式的故障，流过继电器的电流不同。

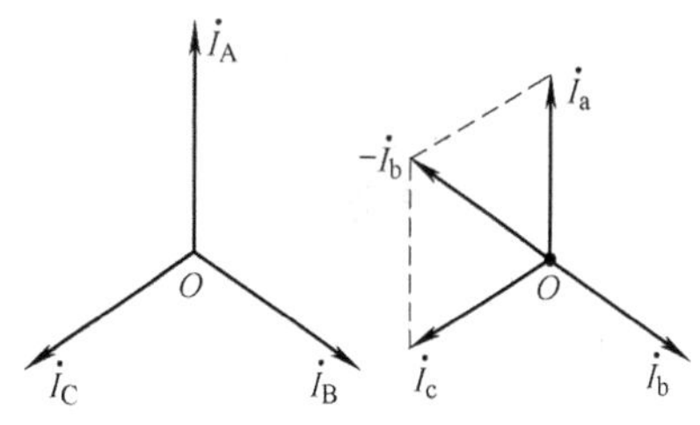

图 6-14　V 联结电流互感器的一、二次侧电流相量图

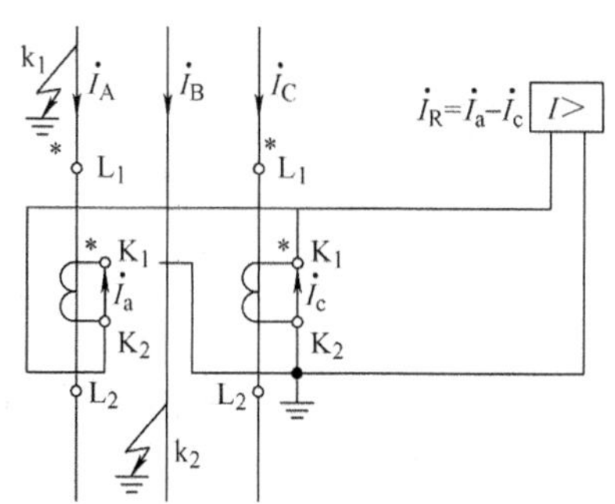

图 6-15　两相电流差式联结图

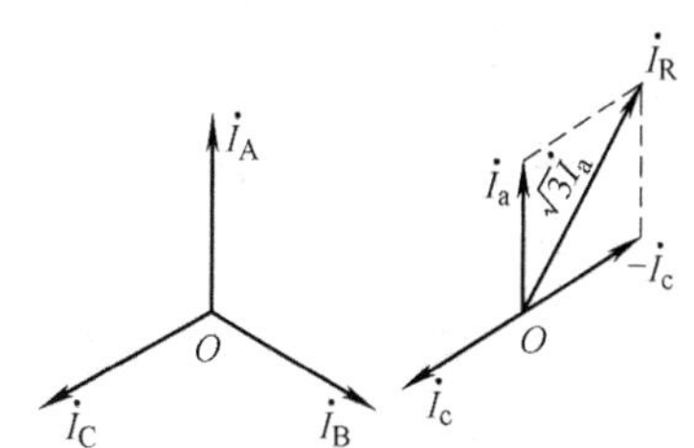

图 6-16　两相电流差式联结电流互感器的一、二次侧电流相量图

正常运行及三相短路时，流经电流继电器的电流是电流互感器二次绕组电流的$\sqrt{3}$倍，此时接线系数 $K_w = \sqrt{3}$。当装有电流互感器的 A、C 两相短路时，流经电流继电器的电流为电流互感器二次绕组的 2 倍，此时接线系数 $K_w = 2$。接线系数指故障时反映到电流继电器线圈中的电流值与电流互感器二次绕组中的电流值之比，即继电器线圈中的电流值/电流互感器二次绕组中的电流值，继电保护的接线系数越大，灵敏度越低。接线系数 =1 时，线路连接非常可靠。

对电流互感器而言，接线系数表示流经电流继电器的电流较流经电流互感器的电流的倍数，取决于继电保护装置的接线方式。星形联结时接线系数为 1，两电流差接线时接线系数为 1.732。

当装有电流互感器的一相（A 或 C 相）与未装电流互感器的 B 相短路时，流经电流继电器的电流等于电流互感器二次绕组的电流，此时接线系数 $K_w = 1$。

当未装电流互感器的一相发生单相接地短路或某种两相接地（K_1 与 K_2点）短路时，继电器不能反映其故障电流，因此不动作。

这种接线对不同形式短路故障，灵敏度不同。适用于中性点不接地系统中的变压器、电动机及电路的相间保护。

6. 电流互感器使用注意事项

（1）二次侧不得开路　正常运行时，电流互感器的一、二次绕组建立的磁动势处于平衡状态。磁路中的磁通量比较小，二次绕组的端电压对地电压很低，接近于短路状态。如二次回路开路，二次电流失去去磁作用，一次电流完全变成励磁电流，此电流将增大数十倍，使磁路中磁通突然增大，产生铁心严重饱和。此时在二次绕组两端可能感应出上万伏的尖顶波高压，所以电流互感器运行时严禁二次回路开路。

因此，电流互感器二次回路不许装设熔断器、开关类电器。原则上电流互感器二次回路不允许切换，但必须切换时，应有可靠措施，不允许造成开路；继电器保护与测量仪表不合用，必须合用时，测量仪表要经过中间变流器接入。对已安装而不使用的电流互感器，应将二次绕组端子短接并接地。电流互感器二次回路的连接导线必须牢固、可靠，并保证有足够的机械强度。

（2）二次侧有一端必须接地　电流互感器二次侧一端接地，是为防止一、二次绕组间绝缘击穿时，一次侧高电压窜入二次侧，危及人身和设备的安全。

（3）连接时注意端子极性　按规定，我国互感器和变压器绕组接线端子，均采用“减极性”标号法，即互感器接线时，一次绕组接电压 U_1，二次绕组感应出电压 U_2。这时，将一对同名端短接，另一对同名端即测出的电压 $U = |U_1 - U_2|$。

按规定，电流互感器的一次绕组接端子应标以 L_1、L_2，二次绕组接线端子应标以 K_1、K_2，L_1与 K_1为同名端、L_2与 K_2为同名端。

安装和使用电流互感器时，应注意接线端子的极性，否则二次侧仪表、继电器的电流可能与设计不同，进而引起事故。如两相电流互感器的 K_1、K_2接反，则公共线中电流就不是相电流，而是相电流的$\sqrt{3}$倍，可能烧坏电流表。

7. 电流互感器运行异常处理

运行中发生二次回路开路时，三相电流表的示数不一致、功率表示数降低、电能表转速缓慢或不转。如连接螺钉松动、接线不牢固，可能还会有打火现象。

发现有二次回路开路时，应根据现象判断开路的是测量回路还是保护回路。处理时要尽量减小一次负荷电流，降低二次回路电压。操作时必须站在绝缘垫上，戴绝缘手套，使用绝缘工具。操作过程应仔细、谨慎。处理前应解除可能引起的误动作保护，尽快在互感器就近的接线端子用导线可靠短接二次侧后检查处理开路点。短接时如发现有火花，表明短接有效，故障点在短接点以后的回路中，否则可能短接无效，故障点仍在短接点以前的回路中。

如接线端子等外部部件松动、接触不良等可直接处理；若开路点在其本体接线端子，应采取相应措施。

8. 典型电流互感器

LZZBJ9－10 型电流互感器产品外形如图 6-17 所示，为树脂浇注绝缘、全封闭户内产品。其尺寸小、质量轻，为支柱式结构，耐污染及潮湿，可用于热带地区。不需特别维护，定期清除表面积攒污物即可。可任何位置、任意方向安装。用于交流 50Hz、

图 6-17　LZZBJ9－10 型电流互感器产品外形

10kV 及以下电路中的电流测量、电能计量和继电保护，其主要技术参数见表 6-3。

表 6-3　LZZBJ9－10 型电流互感器的技术参数

额定一次电流/A	额定二次电流/A	准确级次组合	准确级相应额定容量/(V·A)		
			0.2(S)	0.5	10P
5～500	1 或 5	0.2/0.2	10	15	15
		0.2/0.5			
		0.5/0.5			
		10P/10P			
		0.2/10P			
750～1000		0.5/10P	15	20	20
		0.2/0.2/10P			
		0.5/0.5/10P			
		0.2/0.5/10P			

6.1.2　高压电压互感器

1. 电压互感器的结构及原理

电压互感器（PT）的文字符号为 TV，可将高电压变换成低电压。电压互感器的结构与普通变压器相似，如图 6-18 所示，主要由铁心、一次和二次绕组、接线端子及绝缘支持物等组成，电压互感器的型号表示如图 6-19 所示，如 JDJJ－35 表示单相油浸式接地保护用电压互感器，额定电压 35kV；JSJW－10 表示三相油浸式五铁心柱三线圈电压互感器，额定电压 10kV。

电压互感器产品外形如图 6-20 所示，高压电压互感器产品外形如图 6-21 所示。电压互感器铁心由硅钢片叠装构成，是电压互感器磁路的主要部件，用以在一、二次绕组间产生电磁联系，变换电压。一次绕组并联在电力系统中，取线电压或相电压，匝数 N_1 较多，绝缘等级与供电系统一致；二次绕组与仪表和继电保护装置的电压线圈相连，二次额定电压 U_2 为 100V、$\frac{100\sqrt{3}}{3}$V 或$\frac{100}{3}$V，匝数 N_2 较小。

电压互感器二次侧所接的负载是仪表和继电保护装置的电压线圈，阻抗大，电流小，运行时相当于二次侧开路的降压变压器，二次电压等于二次电动势，取决于一次电压值。

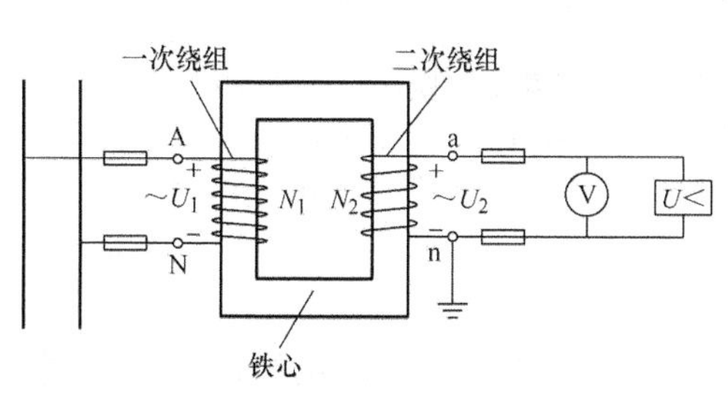

图 6-18　电压互感器的基本原理和接线

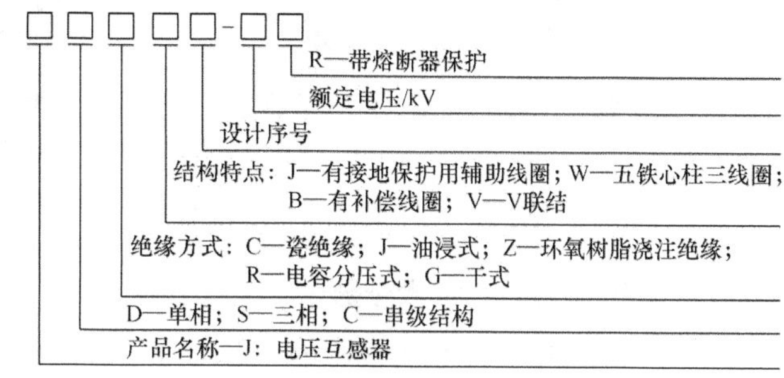

图 6-19　电压互感器的型号表示

图 6-20　电压互感器产品外形

图 6-21　高压电压互感器产品外形

电压互感器的一次电压 U_1 与二次电压 U_2 之间的关系为

$$U_1 = (N_1/N_2)U_2 \approx KU_2$$

式中　N_1、N_2——电压互感器一次和二次绕组的匝数；

K——电压互感器电压比，一般是额定一次电压和额定二次电压之比，即 $K = U_{1N}/U_{2N}$。

2. 电压互感器的类型

电压互感器按相数分，有单相和三相两类；按绝缘及其冷却方式分，有干式（含环氧树脂浇注式）和油浸式两类。图 6-22 所示是应用广泛的单相、三绕组、环氧树脂浇注绝缘的户内 JDZJ－10 型电压互感器外形尺寸图，110kV 串级式电压互感器结构如图 6-23 所示。

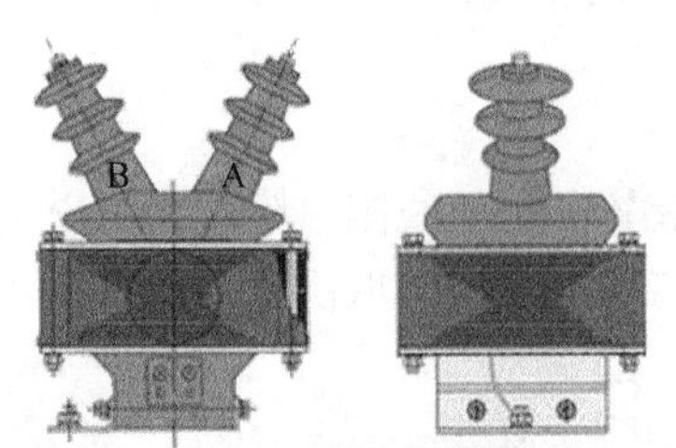

图 6-22　JDZJ－10 型电压互感器外形

图 6-23　110kV 串级式电压互感器结构

1—储油柜　2—瓷油箱　3—上柱绕组　4—隔板
5—铁心　6—下柱绕组　7—支撑绝缘板　8—底座

3. 电压互感器的技术参数

（1）电压比　电压互感器的电压比，指一次绕组的额定电压与二次绕组额定电压之比，即

$$K = \frac{U_{1N}}{U_{2N}}$$

式中　U_{1N}——一次绕组的额定电压；

U_{2N}——二次绕组的额定电压。

（2）误差和准确级次　电压互感器的测量误差分两种，即电压比误差和相角误差。理想电压互感器的一次与二次电压比等于匝数之比，相位应完全相同。但电压互感器产品存在励磁电流和线圈阻抗的影响，会产生电压比误差和相角误差。

电压互感器的电压比误差 ΔU 为

$$\Delta U = \frac{KU_2 - U_{1N}}{U_{1N}} \times 100\%$$

式中　K——电压互感器的电压比；

U_{1N}——电压互感器的一次额定电压值；

U_2——二次电压实际测量值。

相角误差指二次电压的相量 $\dot{U}_2$旋转 180°后与一次电压的相量 $\dot{U}_1$间的夹角 δ，单位是角度。当二次电压相量 $\dot{U}_2$超前于一次电压相量 $\dot{U}_1$时，规定为正相角误差，反之为负相角误差。电压互感器的准确级次，以最大电压比误差和相角误差区分，见表 6-4。准确级次是电压比误差百分值级次。

表 6-4　电压互感器的准确级次和误差限值

准确级次	误差限值		一次电压变化范围	频率、功率因数及二次负荷变化范围
	电压误差（±%）	相角误差		
0.2	0.2	±10′	$(0.8 \sim 1.2)U_{1N}$	$(0.25 \sim 1)S_{N2}$ $\cos\varphi_2 = 0.8$ $f = f_N$
0.5	0.5	±20′		
1	1.0	±40′		
3	3.0	不规定		
3P	3.0	±120′	$(0.05 \sim 1)U_{1N}$	
6P	6.0	±240′		

电压互感器的误差与二次负荷有关，同一电压互感器对应不同的二次负荷时，铭牌会标注几种不同的准确级次。电压互感器铭牌上标定的最高准确级次，为标准等级。

（3）容量　因电压互感器的误差与二次负荷有关，在同一电压互感器中对应不同的准确级次，就有不同的容量。通常额定容量对应于最高准确级次的容量。电压互感器最大容量按在最高工作电压下长期允许的发热条件确定。

4. 电压互感器的连接方式

（1）1 台单相电压互感器的接线　如图 6-24a 所示，三相电路中接一台单相电压互感器，这种接线只能测两相之间的线电压或用以接电压表、频率表、电压继电器等。电压互感器一次侧 A、X 端接电源并加装熔断器保护，二次侧 a、x 接用电仪表或继电器，也加装熔断器保护，二次侧绕组 x 端接地。

（2）两台单相电压互感器 V/V 联结　两台单相电压互感器接成 V/V 联结，称不完全星形联结，如图 6-24b 所示，适用于在中性点不接地系统或中性点经消弧电抗器接地系统中测量三相线电压。其接线简单，一次绕组中无接地点，可减少系统中的对地励磁电流，也避免产生内部过电压，此种接线只能得到线电压，不能测量对地电压，也不能作为绝缘监察和接地保护用。

（3）3 台单相电压互感器 Y_0/Y_0联结　这种接线如图 6-24c 所示，采用 3 台单相电压互感器，一次绕组中性点接地，可满足仪表和电压继电器取用线电压和相电压的要求，也可装设用于绝缘监察的电压表。

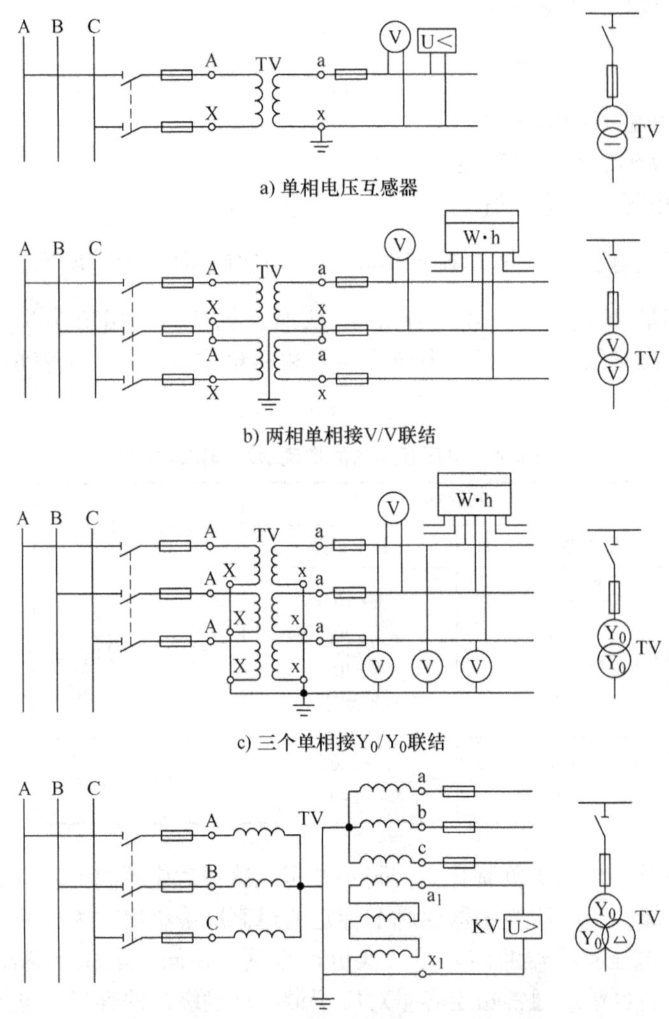

图 6-24　电压互感器的接线方案

（4）三相五柱式电压互感器或三台单相三绕组电压互感器 $Y_0/Y_0/\triangle$联结　这种接法如图 6-24d 所示，广泛用于 10kV 中性点不接地电力系统中，能测量线电压、相电压，三个辅助绕组可连接成开口三角形，当一次系统中任何一相接地时，开口三角两端将产生 95 ~ 105V 电压，可接入电压继电器以供一次系统的接地保护使用。二次绕组中，Y_0联结的二次绕组称基本二次绕组，接仪表、继电器及绝缘监察电压表，接成开口三角形的绕组称二次辅助绕组，用以接绝缘监察用的电压继电器。系统正常运行时，开口三角形 a_1、x_1 两端电压接近于零；当系统一相接地时，开口三角形 a_1、x_1 两端出现上述的零序电压，使电压继电器吸合动作，发出接地预告信号。

图 6-24 所示每种接法原理图的右侧，是该接法的单线表达图。

课堂练习

（1）电压互感器和电流互感器各有哪些特点？

（2）分别叙述电压互感器和电流互感器的接线方式。

（3）以电流互感器为例，叙述准确级次的含义。

（4）既然互感器是一种测量电器，在工作时也有容量，请叙述电压互感器和电流互感器的容量含义。

5. 电压互感器使用注意事项

（1）二次侧不得短路　电压互感器正常运行时，电压互感器二次绕组接近于二次侧开路状态，若二次回路短路，会出现过电流，将损坏二次绕组并危及人身安全。电压互感器一次侧应装设熔断器，二次侧必须装设熔断器或断路器，作为短路保护。

（2）二次侧有一端必须接地　这与电流互感器的二次侧接地目的相同，防止一、二次绕组的绝缘击穿时，一次侧高电压窜入二次侧，危及人身和设备安全。

（3）注意电压互感器的接线端子极性　单相电压互感器的一次绕组端子标以 A、X，二次绕组端子标以 a、x，端子 A 与 a、X 与 x 为同名端或称同极性端。

三相电压互感器，按照相序，一次绕组端子分别标以 A、X、B、Y、C、Z，二次绕组端子则分别标以 a、x、b、y、c、z，端子 A 与 a、X 与 x、B 与 b、Y 与 y、C 与 c、Z 与 z 各自为同名端或称同极性端。

6. 电压互感器运行异常及处理

（1）二次侧熔丝熔断　先判断哪种设备的电压互感器故障，退出可能误动的保护装置。在电压互感器二次侧熔丝下端，用万用表分别测量两相之间电压是否为 100V。如上端 100V，下端低于 100V，则二次侧熔丝熔断，接下来可通过对两相之间上下端交叉测量可判断哪一相熔丝熔断，并更换。

如测量熔丝上端电压没有 100V，可能是电压互感器隔离开关辅助触点接触不良或一次侧熔丝熔断。通过对电压互感器隔离开关辅助接点两相之间，上下端交叉测量判断是电压互感器隔离开关辅助触点接触不良还是一次侧熔丝熔断。若是电压互感器隔离开关辅助触点接触不良，应调整触点；若是电压互感器一次侧熔丝熔断，应拉开电压互感器隔离开关更换熔丝。

（2）一次侧熔断器熔断　注意电压互感器一次侧熔断器座在装上高压熔断器后，弹片是否有松动现象。

（3）冒烟损坏　如在冒烟前一次侧熔丝一直没有熔断，二次侧熔丝多次熔断，且冒烟不严重，无绝缘损伤特征，冒烟时一次侧熔丝也未熔断，可判断为二次绕组间短路引起冒烟；在二次绕组冒烟而没有影响到一次侧绝缘之前，立即退出有关保护、自动装置，取下二次侧熔断器，拉开一次侧隔离开关，停用电压互感器。

对油浸式电压互感器，如在冒烟时还伴有较浓臭味，电压互感器内部有不正常噪声、绕组与外壳或引线与外壳之间有火花放电、冒烟前一次侧熔丝熔断 2 ~ 3 次等任一种现象时，应判断为一次侧绝缘损伤。

（4）铁磁谐振　消除铁磁谐振可选择励磁特性好的电压互感器或改用电容式电压互感器；同一个 10kV 配电系统中，尽量减少电压互感器台数；在三相电压互感器一次侧中性点串联单相电压互感器或在电压互感器二次侧开口三角处接入阻尼电阻；在母线上接入电容器，使容抗与感抗的比值小于 0. 01；也可在系统中性点装设消弧线圈；还可安装采用自动调谐原理的接地补偿装置，采用过补、全补和欠补的运行方式等。

图 6-25　JSZV1 - 3R 型电压互感器产品外形

7. 典型电压互感器

JSZV1 - 3R、JSZV1 - 6R 型电压互感器为三相环氧树脂浇注全封闭式电压互感器，在 50Hz 或 60Hz、额定电压 10kV 及以下的电力系统中用于电压、电能测量和继电保护，JSZV1 - 3R 的产品外形如图 6-25 所示，JSZV1 - 3R 和 JSZV1 - 6R 型电压互感器技术参数见表 6-5。

表 6-5　JSZV1 - 3R 和 JSZV1 - 6R 型电压互感器技术参数

产品型号	额定电压比	准确级次				极出容量/(V · A)	额定绝缘水平	熔断器型号
		0. 2	0. 5	0. 2/0. 2	0. 5/0. 5			
		额定容量/(V · A)						
JSZV1 - 3R、JSZV1 - 6R	3/0. 1	30	80			800	12/42/75	XRNR□- 12/0. 3A
	6/0. 1							
	10/0. 1			20/60	60/60			

课堂练习

（1）电流互感器的接线有哪些注意事项？电压互感器的接线有哪些注意事项？

（2）电流互感器和电压互感器在使用时，应当注意的主要问题有哪些？

（3）查阅典型互感器的技术资料，如型号、安装方式、参数、结构等。

（4）互感器的常见故障及处理、互感器的日常维护包括哪些？

互感器知识阅读资料见配套资源。

6. 1. 3　高压断路器

1. 高压开关设备的电弧及灭弧

（1）电弧的产生　电弧燃烧是电流存在的方式，电弧内存在着大量的带电粒子，带电粒子的产生与维持需有四个过程。

第一个过程是热电子发射，开关触点分断电流时，随触点接触面积的减小，接触电阻增大，触点表面出现炽热光斑，触点表面分子中的外层电子吸收足够的热能而发射到触点间隙中去，形成自由电子，这种电子发射称热电子发射。

第二个过程是强电场发射，开关触点分断时，电场强度很大，在强电场作用下，触点表面的电子可能进入触点间隙，形成自由电子，这种电子发射称强电场发射。

第三个过程是碰撞游离，已产生的自由电子在强电场作用下，向正极高速移动，移动中碰撞到中性分子时，中性分子可能获得足够能量，游离成带电的粒子和新的自由电子，即碰撞游离。碰撞游离使触点间带电粒子和自由电子大量增加，介质绝缘强度急剧下降，直至间隙被击穿形成电弧。

第四个过程是高热游离，电弧稳定燃烧时，表面温度达 3000 ~ 4000℃，弧心温度达 10000℃。此高温下分子热运动加剧，动能很大，相互碰撞时，生成大量的带电粒子和自由电子，进一步加强电弧中的游离，这种由热运动产生的游离称热游离。电弧温度越高，热游离越显著。

几种方式综合作用的结果，使电弧产生并得以维持。

（2）电弧的熄灭　在电弧中既存在着中性分子的游离，也存在着带电粒子的去游离。要使电弧熄灭，必须使触点间电弧中的去游离效果大于游离效果（带电粒子产生的速率）。带电粒子的去游离主要是复合和扩散。

复合指带电粒子在碰撞的过程中重新组合为中性分子，复合速率与带电粒子浓度、电弧温度、弧隙电场强度等有关，通常是电子附着在中性气体分子上，形成负电性带电粒子，然后再与正电性带电粒子复合。扩散指电弧与周围介质之间存在温度差与浓度差，带电粒子向周围介质中运动，扩散速度与电弧及周围介质间温差、电弧及周围介质间带电粒子的浓度差、截面积等有关。

交流电弧电流过零时，电弧将暂时熄灭，电弧熄灭瞬间，弧隙温度骤降，去游离效果（主要为复合）大大增强。对低压开关而言，可利用交流电流过零时电弧暂熄灭的特点，在 1 ~ 2 个周期内使电弧熄灭，而较完善灭弧结构的高压断路器，熄灭交流电弧仅需几个周期时间，真空断路器则只需半个周期的时间，即电流第一次过零时电弧即熄灭。开关电器分断交流电流时电路电压和电流的变动曲线如图 6-26 所示。

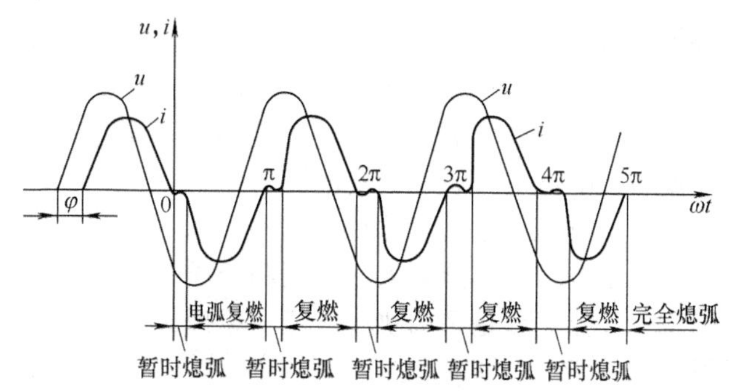

图 6-26　开关电器分断交流电流时电路电压和电流的变动曲线

2. 开关电器常用的灭弧方法

（1）拉长电弧法　电弧必须由一定电压才能维持，迅速拉长电弧使电弧单位长度的电压骤降，带电粒子复合迅速增强，加速电弧的熄灭。高压开关中装设强有力的断路弹簧，就是为了加快触点的分断速度，迅速拉长电弧。这种灭弧方法是开关电器中最基本的灭弧法。

利用外力（如油流、气流或电磁力）吹动电弧，在电弧拉长时加速冷却，降低电弧中电场强度，加速带电粒子的复合与扩散，加速电弧的熄灭。吹弧方式有气吹、电动力吹和磁力吹等。吹弧方向有横吹与纵吹，如图 6-27 所示。目前广泛使用的油浸断路器、SF_6 断路器及低压断路器利用吹弧灭弧法。图 6-28 所示为低压刀开关利用迅速拉开时其本身回路所产生的电动力吹动电弧，加速拉长灭弧。有的开关采用专门的磁吹线圈吹动电弧，如图 6-29 所示。或利用铁磁物质（如钢片）来吸弧，如图 6-30 所示。

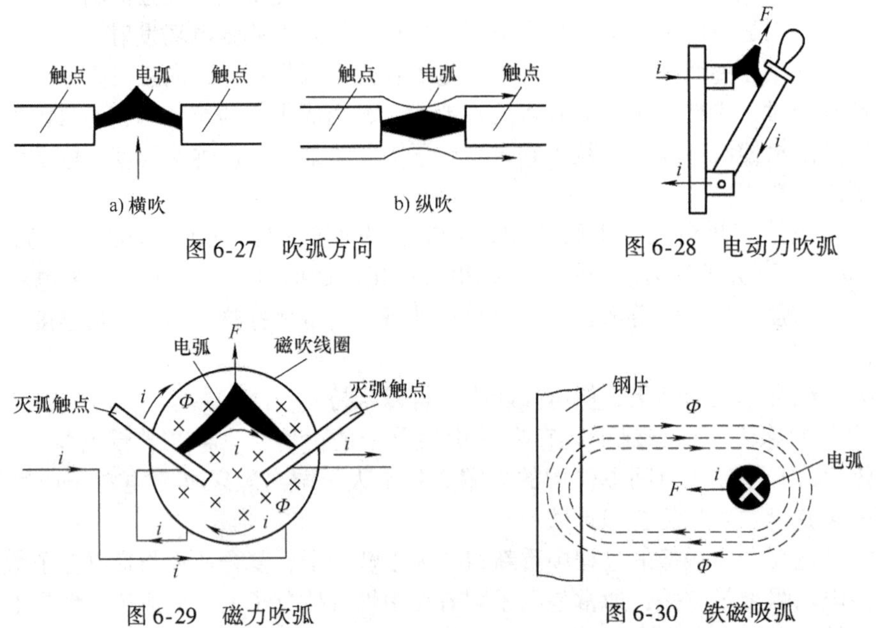

图 6-27　吹弧方向

图 6-28　电动力吹弧

图 6-29　磁力吹弧

图 6-30　铁磁吸弧

（2）冷却灭弧法　降低电弧温度，可减弱电弧中的高热游离，使带电粒子的复合效果增强，加速电弧的熄灭。如某些熔断器中填充石英砂，即具有降低弧温的作用。

（3）长弧切短灭弧法　利用金属栅片将长电弧切割成若干短电弧，短电弧电压降主要降落在阴、阳极区内，如栅片的片数足够多，使各段维持电弧燃烧所需最低电压降的总和大于外加电压时，电弧将自行熄灭，如图 6-31 所示。低压断路器的钢灭弧栅即利用此方法灭弧，钢片对电弧还具有冷却降温作用。

（4）粗弧分细灭弧法　将粗大电弧分成若干细小平行的电弧，使电弧与周围介质接触面积增大，降低电弧温度，使电弧中带电粒子的复合与扩散增强，加速电弧的熄灭。

（5）狭沟灭弧法　使电弧在固体介质所形成的狭沟中燃烧，狭沟内体积小压力大，在固体表面带电粒子强烈复合。因周围介质的温度很低，电弧去游离效果增强，加速电弧的熄灭。陶瓷灭弧栅就是采用狭沟灭弧的原理，如图 6-32 所示，大功率接触器一般采用此方法灭弧。

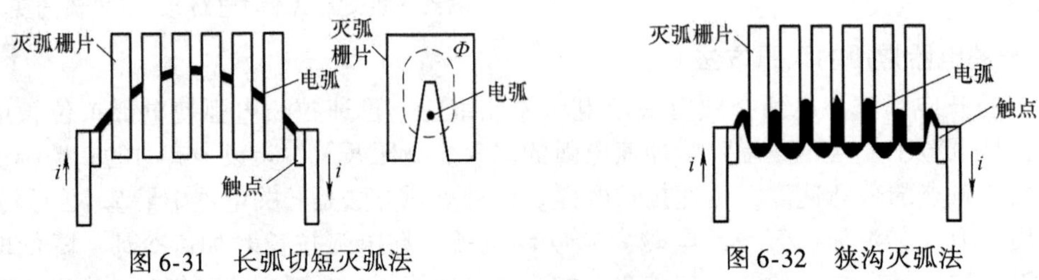

图 6-31　长弧切短灭弧法

图 6-32　狭沟灭弧法

（6）真空灭弧法　真空的绝缘性能很高，如将开关触点装在真空容器内，则电流过零时电弧能立即熄灭而不致复燃，真空断路器即依此原理灭弧。

此外还有利用SF_6气体灭弧的方法，SF_6气体绝缘性能和灭弧性能好，绝缘强度约为空气的3倍，绝缘强度恢复速度约比空气快100倍，可大大提高开关的断路容量并缩短灭弧时间。

目前广泛使用的各种高、低压开关设备，就是综合利用上述原理进行灭弧的。

课堂练习

（1）高压开关在通断时产生电弧，请叙述电弧产生的过程。

（2）灭弧有哪些方法？请举例说明。

（3）开关分直流和交流，请思考直流开关与交流开关的特点，哪种开关的灭弧更困难？

3. 高压断路器的种类、型号和技术数据

（1）高压断路器的种类　按灭弧介质和灭弧方式，高压断路器可分少油断路器、压缩空气断路器、SF_6断路器及真空断路器，其结构特点、技术性能、运行维护等见表6-6。

表6-6　高压断路器的分类及特点

类别	结构特点	技术性能	运行维护
少油断路器	油主要用作灭弧介质。对地绝缘主要是固体介质承担，结构简单；可配电磁操动机构、液压操动机构或弹簧操动机构；采用积木式结构，可制成各种电压等级产品	分断电流大，对35kV以下可用加并联回路的方法提高额定电流；35kV以上为积木式结构。其全开断时间短；增加压油活塞装置加强机械油吹弧后，可分断空负荷长线	运行经验丰富，易维护；噪声低；油量少；但油易劣化，需一套油处理装置
压缩空气断路器	结构较复杂，工艺和材料要求高；以压缩空气作灭弧介质和操动介质及弧隙绝缘介质；操动机构与断路器合为一体；体积小、质量轻	额定电流和分断能力可较大，适于分断大容量电路；动作快，分断时间短	噪声较大，维修周期长，无火灾危险，需一套压缩空气装置作为气源；价格较高
SF_6断路器	结构简单，工艺及密封要求严格，对材料要求高；体积小、质量轻；有室外敞开式及室内落地罐式，多用于GIS封闭式组合电器	额定电流和分断电流可很大；分断性能好，适于各种工况分断；SF_6气体可灭弧、绝缘性能好，断口电压可较高；断口开距小	噪声低、维护量小；检修间隔期长；断路器成本较高；运行稳定，安全可靠，寿命长
真空断路器	体积小、质量轻；灭弧室工艺及材料要求高；以真空作为绝缘和灭弧介质；触点不易氧化	可连续多次操作，分断性能好；灭弧迅速、动作时间短；分断电流及断口电压不能很高。所谓真空指绝对压力低于101.3kPa，断路器中要求真空度133.3×10^{-4}Pa以下	运行维护简单，灭弧室不需检修，无火灾及爆炸危险；噪声低

注意，本书的电磁操动机构、液压操动机构或弹簧操动机构，将简称电操、液操或弹操机构。

（2）高压断路器型号及技术数据　高压断路器型号由字母和数字组成，如图6-33所示。

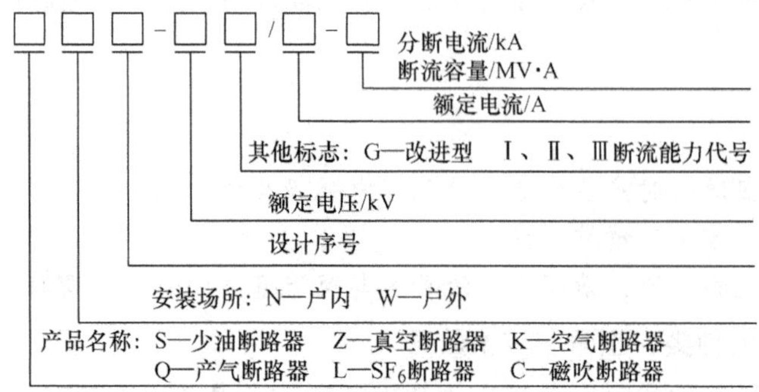

图6-33　高压断路器的型号表示

额定电压 U_N 指额定线电压，应与标准电路电压适应，标注于断路器铭牌上，对110kV及以下的高压断路器，最高工作电压为额定电压的1.15倍。

额定电流 I_N 指断路器可长期通过的最大电流，断路器长期通过额定电流时，其各部分发热温度不超过允许值，定额电流决定断路器的触点结构及导电部分的截面积。额定电流一般有200A、400A、600A、1000A、1500A和2000A等。

额定分断电流 I_{NK} 是由断路器灭弧能力所决定的能可靠分断的最大电流有效值，额定分断电流应大于所控设备的最大短路电流。

额定断流容量 S_{Nd}，额定开断电流 I_{NK} 和额定电压 U_N 乘积的 $\sqrt{3}$ 倍，即

$$S_{Nd}=\sqrt{3}U_NI_{NK}$$

极限通过电流是断路器在冲击短路电流作用下，所承受电动力的能力，以电流峰值标出。

热稳定电流指某规定时间内允许通过的最大电流有效值，表明断路器承受短路电流热效应的能力，与持续时间一同标注。

合闸时间指自发出合闸信号起，到断路器触点接通时为止所经过的时间。要求断路器的实际合闸时间不大于厂家要求的合闸时间。

固有跳闸时间指自发出跳闸信号到断路器三相触点均分离的最短时间。要求实际跳闸时间不大于厂家要求的跳闸时间。断路器的实际开断时间等于开关固有跳闸时间加熄弧时间。

4. 少油断路器

少油断路器最常用，它以绝缘油作触点间的绝缘和灭弧介质，导电部分之间对地绝缘。少油断路器用油量少、结构简单、坚固、体积小、使用安全，广泛用于配电装置中。

国产少油式断路器有户内少油式即SN系列和户外少油式即SW系列，工厂企业变配电所系统广泛应用的SN10－10型户内式少油断路器，是目前10kV等级少油断路器的主要产品。

（1）SN10－10型少油断路器的结构　SN10－10型少油断路器为三相分装式，主要由框架、油箱、传动机构等组成，外形结构如图6-34所示，产品外形如图6-35所示，框架上装有分闸弹簧、分闸限位器、合闸缓冲橡皮垫、固定油箱用的六个支持绝缘子、轴承、轴承支持主轴及其拐臂、绝缘拉杆等传动装置。

图6-36所示为SN10－10型少油断路器的一相剖视图，图示中断路器三相中的某一相分

别通过下支柱绝缘子 11、上支柱绝缘子 12 固定在底架上。当断路器处于合闸位置时，电流经上接线座 2、静触点 4、动触点（导电杆）6、中间滚动触点 7，流过下接线座 8，形成导电回路。分闸时，在断路弹簧 13 作用下，转轴 9 转动，经四连杆机构传到断路器各相的转轴，将动触点 6 向下拉，动、静触点分开，触点间产生的电弧在灭弧室 5 中熄灭。电弧熄灭后的气体和油蒸气上升，经双层离心旋转式油气分离器冷却，气体从上帽顶部两个排气孔排出。动触点停止动作时，油缓冲器活塞插入动触点下部钢管中作为缓冲。

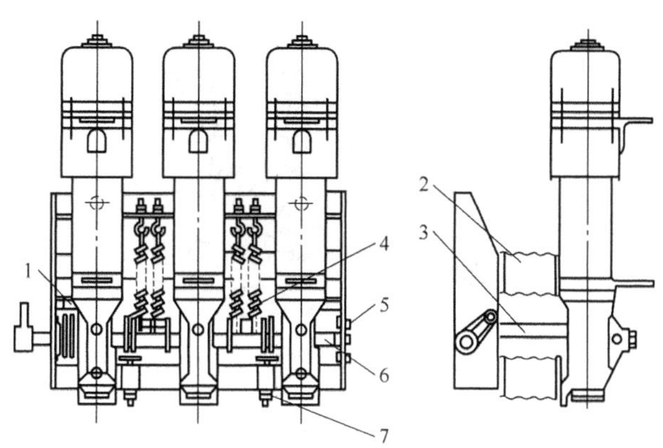

图 6-34 SN10－10 型高压少油断路器

1—分闸限位器 2—支持绝缘子 3—绝缘拉杆
4—分闸弹簧 5—轴承 6—主轴 7—合闸缓冲器

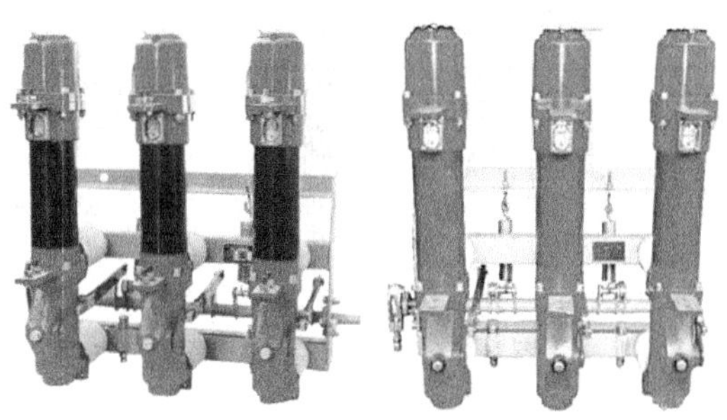

图 6-35 SN10－10 型少油断路器产品外形

合闸时动作相反，导电杆向上运动，在接近合闸位置时，合闸缓冲弹簧被压缩，进行合闸缓冲。分闸时，合闸缓冲弹簧释放能量，有利于提高导电杆与静触点的分离速度。

（2）少油断路器的灭弧 断路器灭弧室结构如图 6-37 所示，跳闸时，导电杆 1 向下运动。当导电杆离开静触点 2 时，便产生电弧，使绝缘油分解，形成封闭气泡，使静触点 2 周围的油压剧增，迫使静触点座内的钢球 3 上升，堵住中心孔。这时电弧在近乎封闭的空间内燃烧，使灭弧室内的压力迅速上升。当导电杆在继续向下运动，相继打开一、二、三道横吹口 4 及下面的纵吹口时，油气混合体强烈地横吹电弧，同时导电杆向下运动，在灭弧室内形成附加油流射向电弧。由于这种机械油吹和上述纵横吹的综合作用，使电弧在很短的时间内

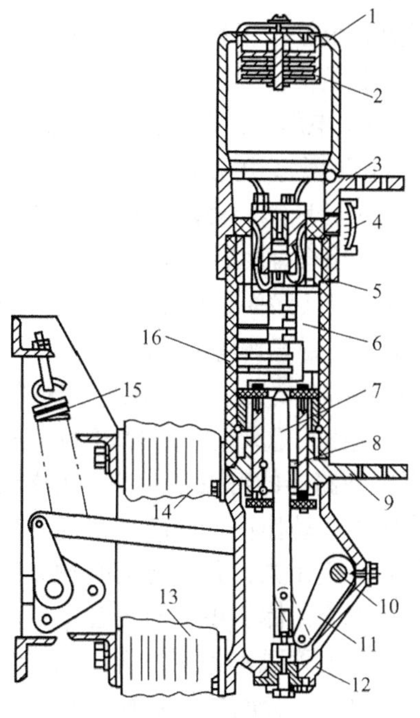

图 6-36 SN10－10 型高压少油断路器内部结构

1—上帽及油气分离器 2—上接线座 3—油标 4—静触点 5—灭弧室
6—动触点（导电杆） 7—中间滚动触点 8—下接线座 9—转轴
10—基座 11—下支柱绝缘子 12—上支柱绝缘子 13—断路弹簧
14—绝缘筒 15—吸弧铁片 16—逆止阀

迅速熄灭。

5. 真空断路器

（1）真空断路器结构及工作原理　真空断路器以气体分子极少、不易游离且绝缘强度高的真空空间作灭弧介质，我国主要生产 3～10kV 的 ZN 系列户内真空断路器，某型号真空断路器外形如图 6-38 所示。

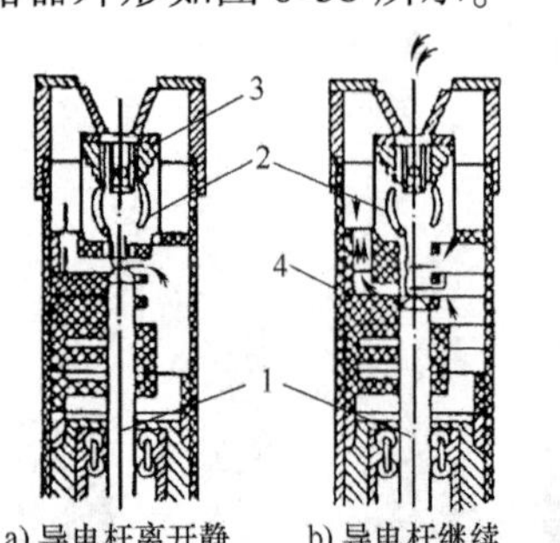

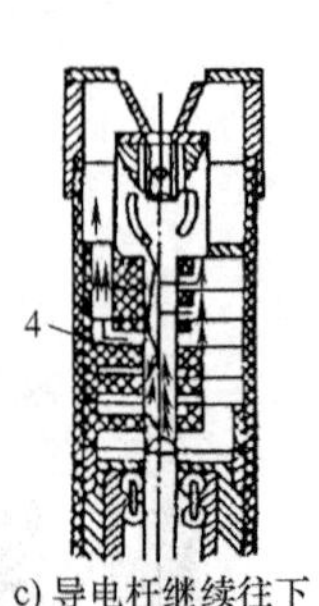

a) 导电杆离开静触点产生电弧　b) 导电杆继续往下产生横吹灭弧　c) 导电杆继续往下产生纵、横吹灭弧

图 6-37　断路器的灭弧室结构

1—导电杆　2—静触点　3—钢球　4—横吹口

图 6-38　某型号真空断路器的产品外形

真空断路器结构如图 6-39 所示，主要由真空灭弧室（真空管）、支持框架和操动机构等组成，其中，真空灭弧室是主要元件，如图 6-40 所示，灭弧室有一个密封玻璃圆筒，密封所有灭弧元件，筒内装有一对圆形平板式对接触点，一个静触点，固定并密封在圆筒一端，另一个动触点，借助于不锈钢波纹管密封在圆筒的另一端。围绕触点的金属蔽罩由密封在圆筒壁内的金属法兰支持。

当 10～15kV 电压下，触点间开距 10～12mm，灭弧室额定真空度为 10^{-7}mmHg（1.33×10^{-5}Pa）。真空灭弧室中用屏蔽罩吸收带电粒子和金属蒸气，防止金属蒸气与玻璃内壁接触，以致降低绝缘性能，屏蔽罩对灭弧效果影响很大。

动、静触点由合金材料制成，采用磁吹对接式触点接触面，即四周开有三条螺旋槽的吹面，中部是一圆台接触面。触点分断时，最初在圆台接触面上产生电弧，使电流流向呈“n”形，在此电流形成磁场作用下，驱使电弧沿接触面做圆周运动，以免电弧固定在某一点而烧毁触点。电弧过零时，电弧中带电粒子迅速扩散冷却、吸附而复合，真空空间的绝缘强度很快恢复，电弧不能重燃而熄灭。常用的 ZN21A－12 系列户内高压交流真空断路器见图 6-41所示。

（2）真空断路器的特点　真空断路器触点开距小，10kV 级触点开距约 12mm，灭弧室小，操作功率小，动作快，速度一般为 0.6～2m/s；燃弧时间短，最大燃弧时间小于 1.5 个周期，与分断电流无关，分断电流时触点烧蚀轻微，使用寿命长，适用于频繁操作，特别适于分断电容性电流，体积小，质量轻，操动噪声小，防火防爆。

真空断路器的灭弧室不需检修，无爆炸危险，在 35kV 及以下电压的变电站中广泛应用。但真空断路器在分断感性负荷时会产生截流过电压，为限制过电压，使用时需加装氧化锌避雷器或 RC 吸收装置。

（3）典型真空断路器的技术参数　ZN21A－12 系列户内高压交流真空断路器用于三相 50Hz、10kV 电力系统中，可承担企业、发电厂和变电站输配电系统的保护与控制，其技术参数见表 6-7。

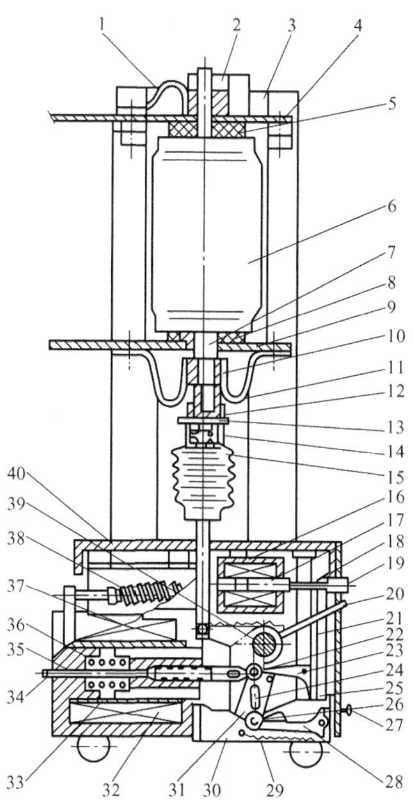

图 6-39 真空断路器结构示意图

1—软连接 2—导电夹 3—绝缘支架 4—上压板 5、8—橡皮垫 6—真空灭弧室 7—导套 9—下压板 10—下导电夹 11—下软连接 12—连接头 13—带孔销 14、25、29、36—弹簧 15—绝缘子 16—分闸电磁铁 17—分闸铁心 18、34—拉杆 19—按钮 20—合闸后柄 21—分闸摇臂 22、26—滚子 23、28—掣子 24—轴销 27—调节螺钉 30—支座 31—杠杆 32—合闸铁心 33—圆筒 35—静铁心 37—合闸线圈 38—分闸弹簧 39—主轴 40—底座

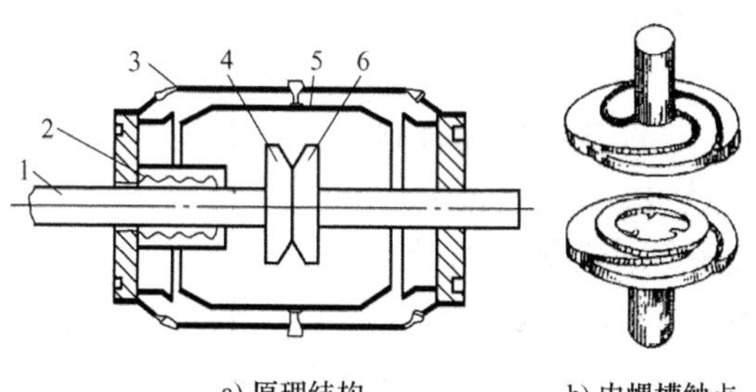

a) 原理结构　b) 内螺槽触点

图 6-40 真空灭弧室

1—动触杆 2—波纹管 3—外壳 4—动触点 5—屏蔽罩 6—静触点

图 6-41 ZN21A－12 系列户内高压交流真空断路器

表 6-7　ZN21A－12 系列户内高压交流真空断路器技术参数

项目		单位	参数			
额定电压		kV	12			
额定频率		Hz	50（60）			
绝缘水平	1min 工作耐受电压	kV	42			
	雷电冲击耐受电压（全波）	kV	75			
额定电流		A	630、1250	630、1250、1600	1250、1600、2000、2500	3150
额定短路开断电流		kA	20～25	31.5	40	40/50
额定峰值耐受电流		kA	50/63	80	100	100/125
4s 短时耐受电流		kA	20/25	31.5	40	40/50
额定短路电流开断次数		次	50		30	
机械寿命		次	20000			
1250A/31.5kA 开合电容组试验		A	630（单个电容器组开合）/400（背靠背）			
合闸时间		s	≤0.1			
分闸时间		s	≤0.05			
储能电动机额定输入功率/储能时间		W/s	75/10			
额定分合闸操作电压/电流		V/A	AC 220/1、110/2，DC 220/0.77、110/1.55			
灭弧室类型		—	玻璃泡或瓷泡			
主触臂触头类型		—	梅花式			
额定操作顺序		—	分－0.3s－合分－180s－合分（≤31.5kA）、分－180s－合分－180s－合分（≤40kA）			

（4）真空断路器的维护　典型户外真空断路器产品如 ZW7－40.5 的安装维护，一般涉及平均分闸速度、合闸弹跳时间、合分闸不同期性等。

1）平均分闸速度。理论认为，断路器的分闸速度越快越好，可使首开相在电流趋于零之前 2～3ms 时分断故障电流。如首开相不能分断而延续至下一相，原首开相就变为后开相，燃弧时间加长，分断难度增加，甚至分断失败；但分闸速度太快，分闸反弹力大，可能出现振动产生电弧重燃，要综合考虑分闸速度。分闸速度主要取决于合闸时动触点弹簧和分闸弹簧的储能大小，为提高分闸速度，可增加分闸弹簧储能量或增加合闸弹簧的压缩量。根据试验及经验，10kV 真空断路器合适的平均分闸速度为 0.95～1.2m/s。

2）合闸弹跳时间。合闸弹跳时间是从断路器在触点刚接触开始计起，随后产生分离，可能又触又离，直到稳定接触的时间。1989 年我国电力行业管理部门提出平均分闸速度合闸弹跳时间不大于 2ms，主要是合闸弹跳瞬间会引起电力系统或设备产生 LC 高频振荡，由此产生过电压可能造成电气设备的绝缘损伤，关合时动静触点之间可能产生熔焊。

3）合、分闸不同期性。合、分闸不同期性太大容易引起合闸弹跳，也可能使后开相管燃弧时间加长，降低开断能力。合与分闸不同期性一般同时存在，应尽量调节好，合分闸不同期性应小于 2ms。

4）合、分闸时间。分、合闸时间指从相应操动线圈的端子得电开始，至三相触点全部合上或分离为止的时间间隔。合、分闸线圈按短时工作制作设计，合闸线圈通电时间小于

100ms，分闸线圈小于60ms。断路器产品出厂时的分、合闸时间已调好。

5）回路电阻。这是表征导电回路的连接是否良好的参数，各类型产品均规定一定范围。若回路电阻超过规定值时，可能导电回路接触不良，而接触不良处的局部温升增高，甚至可引起恶性循环，造成氧化烧损。因此，大电流运行的断路器尤需注意。回路电阻的测量，不允许用电桥法，应使用直流压降法测量。

课堂练习

（1）请叙述真空断路器的作用和特点。

（2）高压断路器有哪些特点？

（3）高压断路器的维护应当包含哪些方面？

6. SF_6（六氟化硫）断路器

（1）SF_6断路器的结构　SF_6断路器利用具有优良的灭弧和绝缘性能的SF_6气体作为灭弧和绝缘介质。灭弧过程中，SF_6气体在封闭系统中反复使用，不排入大气。

户外SF_6断路器结构有瓷柱式和罐式，瓷柱式灭弧室置于高电位的瓷套中；罐式灭弧室置于接地金属罐中，易于加装电流互感器，能和隔离开关、接地开关等组成复合式开关设备。某型号SF_6断路器产品外形如图6-42所示，10kV户内SF_6断路器结构如图6-43所示。

图6-42　某型号的SF_6断路器产品外形

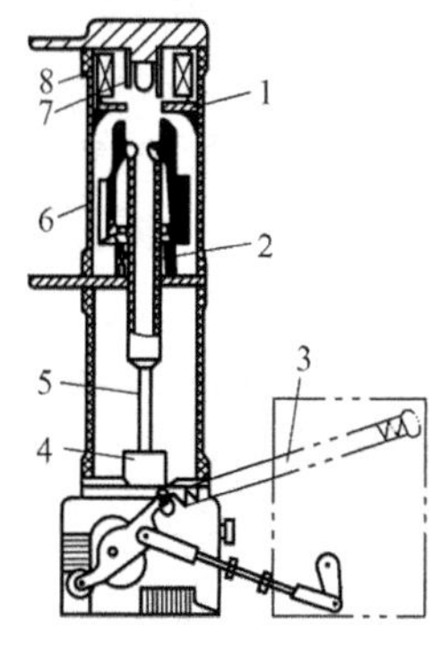

图6-43　10kV户内SF_6断路器结构图

1—环形电极　2—中间触点　3—分闸弹簧　4—吸附剂
5—绝缘操动杆　6—动触点　7—静触点　8—磁吹线圈

（2）SF_6断路器的灭弧原理　SF_6断路器的灭弧室一般为单压式和旋弧式。单压式SF_6断路器的灭弧结构有定喷口和动喷口两种，前者的灭弧开距称定灭弧开距，后者的灭弧开距称变灭弧开距。定喷口灭弧结构开距较短，断口电场较均匀，电弧能量较少，利于增大分断能力，但吹弧时间短促，压缩气体利用率较差，如图6-44所示。动喷口灭弧结构的吹弧时间较充足，开距较大，提高单元灭弧室的工作电压，优点明显，如图6-45所示。

新型单压式SF_6断路器普遍采用双向吹弧原理，利用电弧热堵塞效应，提高上游区气体密度和吹弧气流速度，增大分断能力，同时改善断口电场分布，提高灭弧断口承受电压的能力，减少超高压断路器的断口数目和零部件数目。有些断路器装设了较大容量的并联电容器，限制瞬态恢复电压起始部分陡度，改善近区故障分断条件，并采用新型耐弧喷口和触点结构，使分断性能进一步改善，增加断路器寿命，简化结构，提高可靠性。

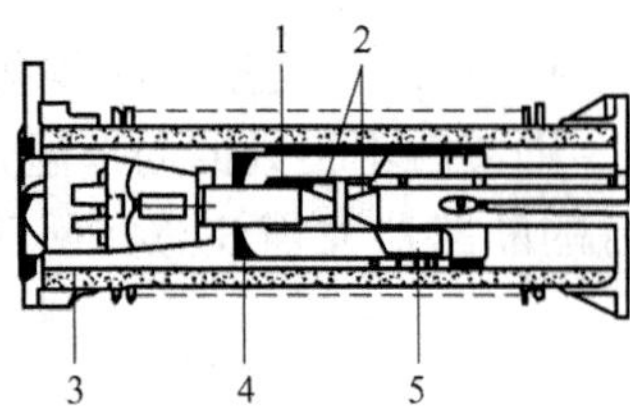

图 6-44　单压式 SF_6 断路器的灭弧结构图（定喷口灭弧室）

1—动触点　2—喷口　3—吸附器　4—压气缸　5—压气活塞

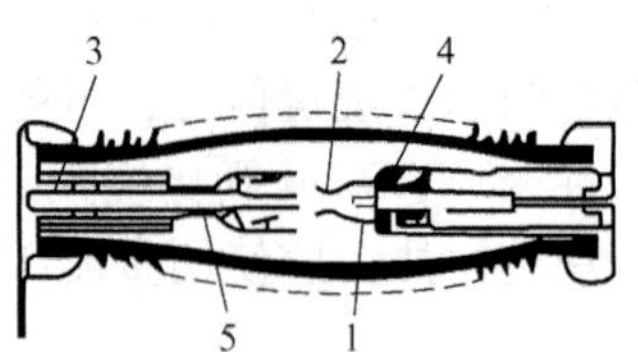

图 6-45　单压式 SF_6 断路器的灭弧结构图（动喷口灭弧室）

1—动触点　2—喷口　3—吸附器　4—压气活塞　5—静触点

为缩短分断时间，一些断路器除采用大功率液压机构外，还应用气缸和压气活塞能相向运动的灭弧室、带有抽吸装置的灭弧室等。

旋转式 SF_6 断路器分断过程中，电弧的一个弧根会由静触点迅速转移到圆筒电板。吹弧线圈中流过电流后，产生轴向吹弧磁场，电弧将绕轴线高速旋转，直至熄灭。

（3）典型 SF_6 断路器的型号、参数　SF_6 断路器的型号表示如图 6-46 所示，如 LW3－12 系列户外高压交流 SF_6 断路器，它是三相 50Hz 户外高压电气设备，可作为中小型变电站 10kV 侧出口的断路器或主开关，也适于单台电压 12kV 的高压电气设备的控制和保护。其Ⅰ型配电动机储能弹操，Ⅱ型配手操。Ⅰ、Ⅱ型断路器可配隔离开关。隔离开关额定电流≤630A。主要技术参数见表 6-8。

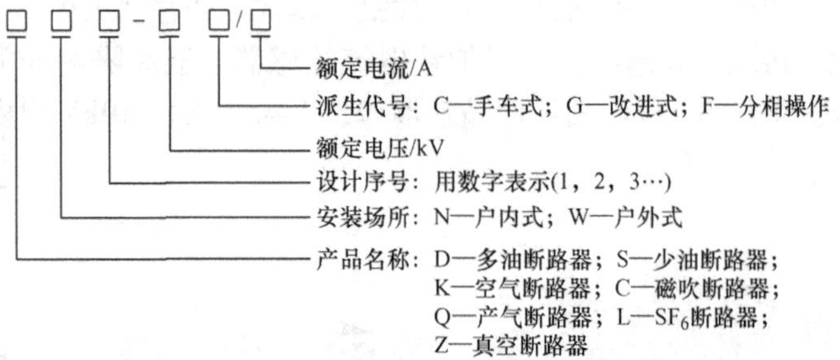

图 6-46　SF_6 断路器的型号、技术参数含义

表 6-8　LW3－12 系列户外高压交流 SF_6 断路器主要技术参数

<table>
<tr><th colspan="3">项目</th><th>单位</th><th>参数</th></tr>
<tr><td colspan="3">额定电压</td><td>kV</td><td>12</td></tr>
<tr><td colspan="3">额定电流</td><td>A</td><td>400、600</td></tr>
<tr><td rowspan="3">额定绝缘水平（20℃时，0.25MPa 的 SF_6 气压）</td><td rowspan="2">1min 工频耐受电压</td><td>干试</td><td rowspan="3">kV</td><td>42</td></tr>
<tr><td>湿试</td><td>34</td></tr>
<tr><td colspan="2">雷电冲击耐受电压（峰值）</td><td>75</td></tr>
<tr><td colspan="3">额定短路分断电流</td><td rowspan="4">kA</td><td>6.3、8、12.5、16</td></tr>
<tr><td colspan="3">额定短路关合电流（峰值）</td><td rowspan="2">16、20、31.5、40</td></tr>
<tr><td colspan="3">额定峰值耐受电流</td></tr>
<tr><td colspan="3">4s 短时耐受电流</td><td>6.3、8、12.5、16</td></tr>
<tr><td rowspan="2">额定操动顺序</td><td colspan="2">Ⅰ型电动弹簧操动机构</td><td rowspan="2">—</td><td>分－180s－合分－180s－合分</td></tr>
<tr><td colspan="2">Ⅱ型电动弹簧操动机构</td><td>分－0.5s－合分－180s－合分</td></tr>
</table>

（续）

项目		单位	参数
零表压下绝缘水平（20℃时，SF_6气压为0MPa）	1min工频耐受电压	kV	30
	1min反相耐受电压		30
	5min最高相电压		9
零表压下分断电流		A	630
额定SF_6气压工作压力		MPa	0.35（20℃时）
最低SF_6气压工作压力			0.25（20℃时）
断路器中SF_6气体年漏气率		—	≤1%
出厂时断路器中SF_6气体含水量（体积分数）		—	$\leq 150\times10^{-4}$%
额定短路分断电流次数		次	30
机械寿命		次	3000
储能电动机额定电压		V	AC/DC 220
操动机构操动电压		V	
断路器总质量		kg	135
过电流脱扣器额定电流		A	5

（4）典型SF_6断路器的维护　检修前，先将断路器分闸，切断操动电源，释放操动机构的能量，回收SF_6气体，用真空泵抽出残存气体，使断路器内真空度低于133.33Pa。

断路器内充入合适压力的99.99%以上纯度氮气，然后放空，反复两次，尽量减少内部残留的SF_6气体。

解体检修时，环境相对湿度应低于80%，工作场所应干燥、清洁、通风。检修人员应穿尼龙工作衣帽，戴防毒口罩、风镜，使用乳胶薄膜手套；工作场所禁吸烟，工作间隙应洗手。

断路器解体中发现内有白色粉末状分解物时，用吸尘或柔软卫生纸拭净，收集在密封的容器中再深埋，防止扩散。切不可用压缩空气清除。断路器金属部件可用清洗剂或汽油清洗，绝缘件用无水乙醇或丙酮清洗，密封件不能用汽油或氯仿清洗，应全部换新。

断路器内的吸附剂应在解体检修时更换，换下的吸附剂应妥善处理，防止污染扩散。新换的吸附剂应先在200～300℃烘箱中烘燥处理12h以上，自然冷却后立即装入断路器。吸附剂装入量为充入断路器的SF_6气体质量的1/10。断路器解体后如不及时装复，应将绝缘件放置在烘箱或烘间内以保持干燥。

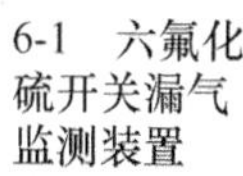
6-1　六氟化硫开关漏气监测装置

课堂练习

（1）查阅资料，针对典型的SF_6断路器产品，说明其中有哪些组成。

（2）SF_6断路器最主要的特点有哪些？

（3）SF_6断路器的维护包括哪些主要方面？

高压开关知识阅读资料见配套资源。

6-2　六氟化硫开关装配

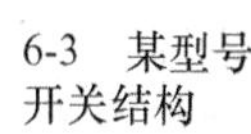
6-3　某型号开关结构

6.1.4　高压熔断器

1. 熔断器的工作原理

熔断器用于保护电路中的电气设备，在短路或过负荷时免受损坏。它主要由金属熔体、支持熔体的触点和熔管等组成，结构简单、价格低廉、维护方便、使用灵活，为提高灭弧能力，有些熔断器熔管中装有石英砂等物质。

熔断器使用在35kV及以下电压等级的小容量装置中，主要保护小功率放射状电网和小容量变电站等。在1kV及以下装置中，熔断器用得最多。

熔断器正常工作时，通过熔体电流较小，尽管温度上升但不会熔断，电路可靠接通；如电路过负荷或短路，电流增大，熔体因温度超过熔点而熔化，切断电路，防止故障蔓延。几种高压熔断器产品外形如图6-47所示。

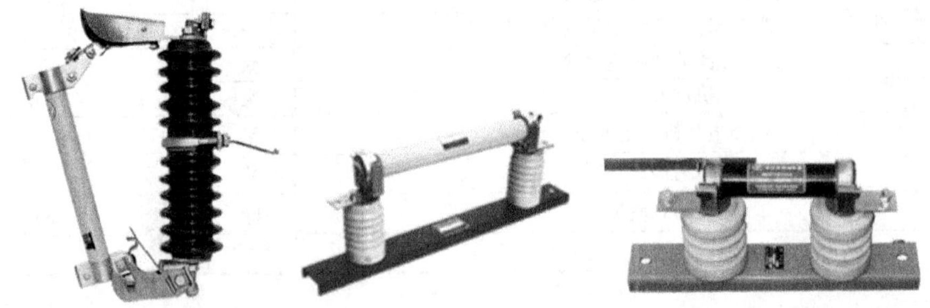

图6-47　几种高压熔断器产品外形

熔断器核心部件是熔体。根据使用电压等级，熔体材料不同。铅、锌材料熔点低、电阻率大，熔体截面积较大，熔化时产生大量金属蒸气，电弧不易熄灭，这类熔体只用在500V及以下的低压熔断器中。高压熔断器熔体材料选用铜、银等，熔点高、电阻率小，熔体截面积较小，利于电弧熄灭，但通过小而持续时间长的过负荷电流时，熔体不易熔断，所以在铜或银熔体表面焊上小锡球或铅球，锡、铅熔点低，过负荷时锡、铅球受热先熔化，包围铜或银熔体，铜、银和锡、铅渗透形成熔点较低的合金，使熔体在较低温度熔断，即“冶金效应”。

2. 高压熔断器型号及类型

高压熔断器的型号表示如图6-48所示，由字母和数字组成。高压熔断器按安装场所可分户内式和户外式。如RW4－10为户外10kV跌落式熔断器；RN2系列和RN1为户内封闭填料式熔断器。

3. 熔断器的技术参数

熔断器额定电压指其运行的标准电压，熔断器的额定电压不能小于所在电网的额定电压，对限流式熔断器，应等于电网的额定电压。

熔断器额定电流指熔断器壳体的载流部分和接触部分所允许的长期工作电流。

熔体的额定电流指长期通过熔体而熔体不会熔断的最大电流，通常小于或等于熔断器的额定电流。

熔断器的极限断路电流指熔断器所能分断的最大电流。

熔断器的保护特性也称熔断器的安秒特性，表示分断电流的时间与通过熔断器电流之间的关系。熔断器保护特性曲线必须处于被保护设备热特性之下，才能起到保护作用。熔断器的保护特性曲线如图6-49所示，由产品厂家提供。

4. 高压熔断器产品

（1）户内高压熔断器　户内式高压熔断器有RN2系列和RN1系列两种，它们结构相同，熔体装在充满石英砂的密封瓷管内。RN1系列适用于3～35kV电力线路和电气设备的保

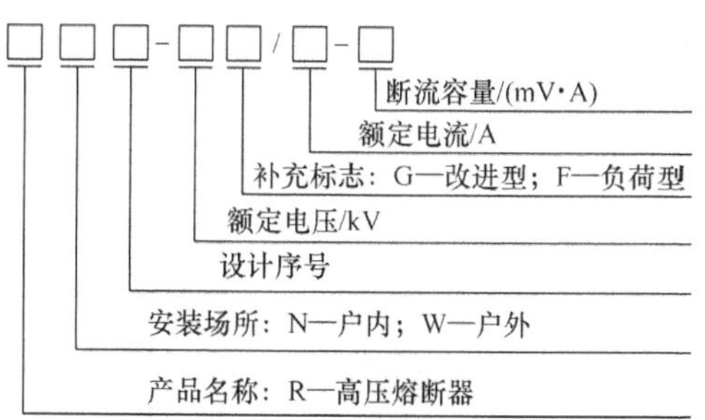

图 6-48 高压熔断器的型号表示

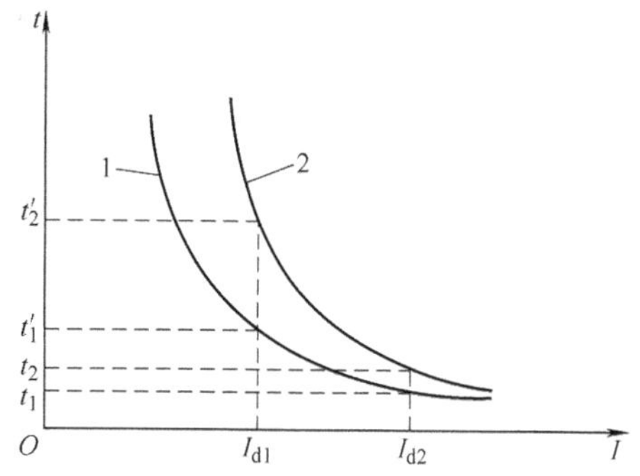

图 6-49 熔断器的保护特性曲线图

I_{d1}—第一点短路电流；I_{d2}—第二点短路电流；

曲线 1—熔断器保护特性；曲线 2—被保护设备的热特性曲线

护，也起过负荷保护作用，熔体正常时通过主电路的负荷电流，结构尺寸较大；RN2 系列用于保护 3～35kV 的电压互感器，熔体额定电流一般为 0.5A，结构尺寸较小。图 6-50 所示为 RN1 系列熔断器及其熔管。RN2 和 RN1 系列熔断器内部结构如图 6-51 所示。熔管两端有黄铜端盖，管内装有熔体，两端焊上顶盖，保证密封。

熔体用几根熔丝并联，熔丝是镀银铜丝，熔断时产生几根并行的细小电弧，这样就增大了电弧与填料接触面积，去游离效果加强，提高灭弧能力，加速电弧熄灭。为降低熔体的熔化温度，采用冶金效应法。RN1 装有由指示熔体控制的指示器，当短路电流或过负荷电流流过时，工作熔体先熔断，而后指示熔体随之熔断，指示器被弹簧推出。

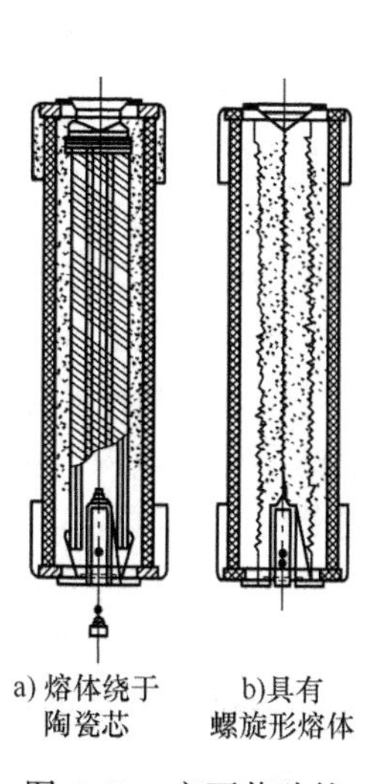

图 6-50 充石英砂的高压熔断器结构

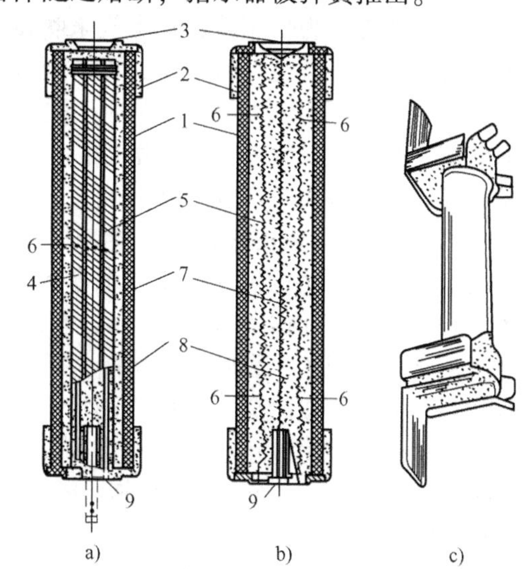

图 6-51 RN1 RN2 型熔断器内部结构

1—瓷管 2—管罩 3—管盖 4—瓷芯 5—熔体 6—锡球或铅球 7—石英砂 8—钢指示熔体 9—指示器

RN 系列户内高压管式熔断器分断电流能力很强，在短路电流未达最大值之前就可完全熔断，属限流作用的熔断器。

（2）RW4 系列户外高压熔断器 图 6-52 所示为 RW4 系列跌落式熔断器的基本结构，

产品外形如图 6-53 所示。RW4 系列户外跌落式熔断器用于 10kV 及以下配电线路或配电变压器。正常工作时，它通过固定安装板安装在线路中，上、下接线端与上、下静触点固定于绝缘子上，下动触点套在下静触点中，可转动。熔管动触点借助熔体张力拉紧后，推入上静触点内锁紧，成闭合状态，此时熔断器处于合闸状态。

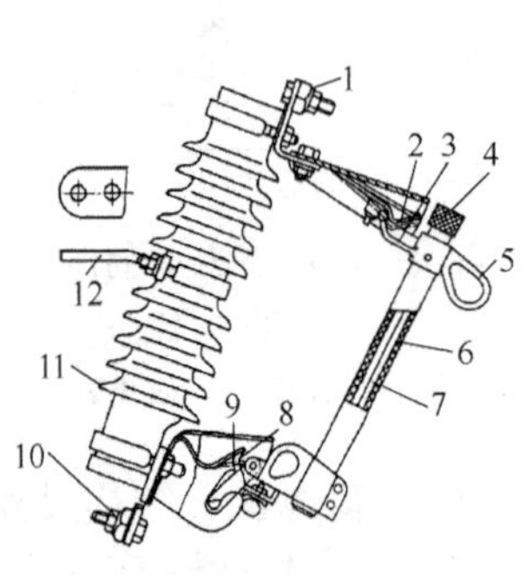

图 6-52　RW4 系列跌落式熔断器基本结构

1—上接线端子　2—上静触点　3—上动触点　4—管帽　5—操作环　6—熔管　7—熔丝　8—下动触点　9—下静触点　10—下接线端子　11—绝缘子　12—固定安装板

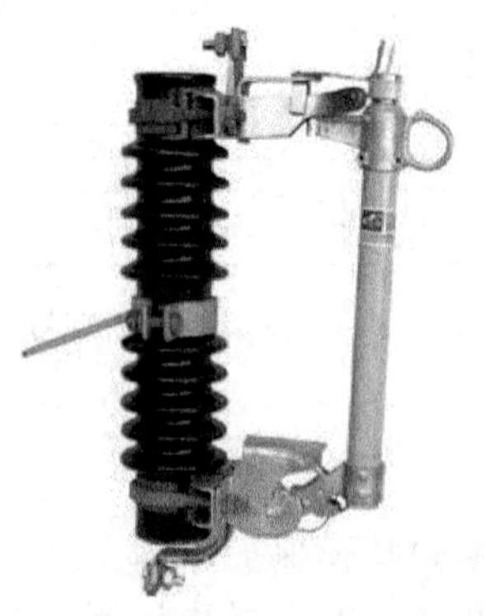

图 6-53　RW4－10 型跌落式熔断器产品外形

线路故障时，大电流使熔体熔断，熔管下端触点失去张力而转动下翻，使锁紧机构释放熔管，熔管在触点弹力及熔管自身所受重力作用下回转跌落，造成明显可见的断口。

这种熔断器的灭弧方法为使用熔管产生气来吹弧和迅速拉长电弧，还采用“逐级排气”结构，熔管上端有管帽，正常运行时封闭，可防雨水滴入。分断小故障电流时，因上端封闭形成单端排气（纵吹），使管内保持较大压力，利于熄灭小故障电流产生的电弧；在分断大电流时，电弧使熔管产生大量气体，气压增加快，上端管帽被冲开，形成两端排气，以免造成熔断器机械破坏，有效解决自产气电器分断大、小电流的不同需求。

（3）RW7－12 型户外交流跌落式高压熔断器　该熔断器用作三相 50Hz、12kV 输电线路及电力变压器的过载或短路保护。主要技术参数见表 6-9，外形安装尺寸如图 6-56 所示，产品外形如图 6-55 所示。它由单柱式瓷件、导电系统和熔断件系统组成。合闸前，熔丝将熔断件系统上下活动关节闭锁；合闸时，熔断件系统上动触点扣入上槽形静触点内、上下槽形静触点因合闸行程而产生接触压力，处于正常合闸位置。当熔丝熔断时，因电弧作用使消弧管产生气体。当电流过零时，由于气吹和去游离作用，电弧熄灭。此时，熔断件系统在上下动触点在弹性力和自重力的作用下自行跌落，形成明显的断口间隙，使电路断开。绝缘子为中空瓷套。金属件与绝缘子的联合采用机械卡装结构，有利于装配调整。金属件多为冲压件。

表 6-9　RW7－12 型户外交流跌落式高压熔断器主要技术参数

额定电压/kV	额定电流/A	额定分断容量/MV·A
12	50	10～75
	100	30～100

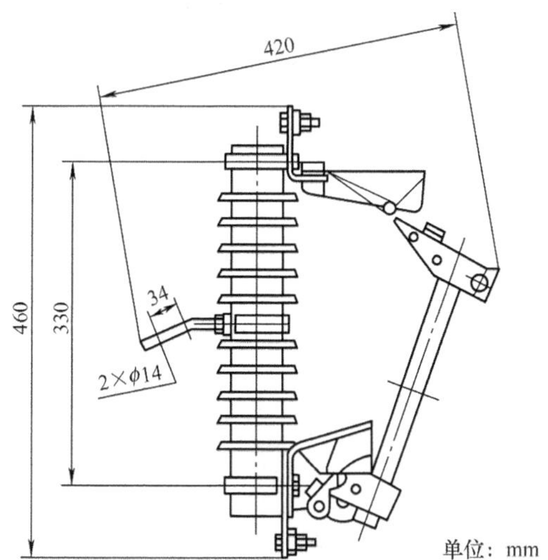

图6-54　RW7－12 型户外交流跌落式高压熔断器

图6-55　RW7－12 型户外交流跌落式高压熔断器外形

5. 典型高压熔断器的维护

（1）高压熔断器的故障　10kV 线路系统和配电变压器的熔断器不能正确动作，即熔断器失去保护功能，会使线路中发生短路停电的范围扩大，甚至越级到变电站 10kV 出线总断路器处使其动作，造成线路停电。这种情况主要存在以下原因：

1）产品工艺粗糙，制造质量差，触点弹簧弹性不足，触点接触不良产生火花并过热。

2）熔管转动轴粗糙不灵活，熔管角度达不到规程要求，尤其配备的熔管尺寸达不到规程要求，熔管过长将上静触点顶死，熔体熔断后熔管不能迅速跌落，及时将电弧切断、熄灭，造成熔管烧毁或爆炸，或是熔管尺寸短，合闸困难，触点接触不良，产生电火花。

3）熔断器额定分断容量小。下限值小于被保护系统的三相短路容量，10kV 户外交流跌落式高压熔断器分断电流有 50A、100A、200A 等，其中 200A 跌落式高压熔断器分断容量上限 200MV · A、下限 20MV · A，若分断容量不当，短路故障时熔体熔断后不能及时灭弧，容易使熔管烧毁或爆炸。

4）尺寸不匹配。若熔管尺寸与熔断器固定接触部分尺寸不匹配则极易松动，运行中如遇外力、振动或大风，会因误动而跌落。

（2）熔断器和熔体的选择　10kV 跌落式高压熔断器适用于环境空气无导电粉尘、无腐蚀性气体及易燃、易爆物等环境，户外场所年温差在 ±40℃内。所选熔断器额定电压必须与被保护设备（线路）的额定电压匹配，熔断器额定电流大于或等于熔体额定电流；按被保护系统三相短路容量对熔断器校核，保证被保护系统三相短路容量小于熔断器额定分断容量的上限、大于额定分断容量的下限，如超越上限，动作时会因产气过多而使熔管爆炸，若低于下限，动作时可能产气不足，无法熄灭电弧，引起熔管烧毁、爆炸等；选跌落式熔断器额定容量时，既要考虑上限分断电流与最大短路电流相匹配，还应考虑下限分断电流与最小短路电流的关系；跌落式熔断器安装在 10kV 配电线路分支线时，因其具有明显断开点，具备隔离开关的功能特性，安装在配电变压器上可作为主保护。

为保证配电变压器内部或高低压出线端发生短路时熔断器能迅速熔断，配电变压器容量低于 160kV · A，熔体额定电流按变压器额定电流 2 ~ 3 倍选择，配电变压器容量 160kV · A

及以上则按1.5~2倍选择。此外还需考虑熔体的熔断特性与上级保护时间相配合，配电线路快速断路器保护动作时间约为0.1s。根据熔体特性，在0.1s内使熔体熔断的电流应大于额定电流的20倍。

（3）熔断器的安装　安装时应将熔体拉紧，熔体受拉力约24.5N，否则引起触点发热。熔断器应牢固可靠，不允许晃动。熔管应向下有15°~30°倾角，使熔体熔断时熔管依靠自身质量迅速跌落。熔断器应安装在离地面垂直距离高于4.5m的横担上，若安装于配电变压器上方，应与电变压器最外轮廓有0.5m以上的水平距离，以防熔管掉落引发其他事故。熔管长度调整适中，要求合闸后鸭嘴舌头能扣住触头长度的$\frac{2}{3}$以上，以免运行中发生自行跌落的误动作，熔管不可顶死鸭嘴，防止熔体熔断后熔管不能及时跌落。10kV跌落式熔断器要求互相之间距离大于60cm。

限流式熔断器及重合器知识阅读资料见配套资源。

6.1.5　高压负荷开关

1. 概述

高压负荷开关能带负荷分、合电路，但不能分断短路电流和过负荷电流。高压负荷开关结构简单、动作可靠、成本低，常用的高压负荷开关外形如图6-56所示，型号表示及含义如图6-57所示。

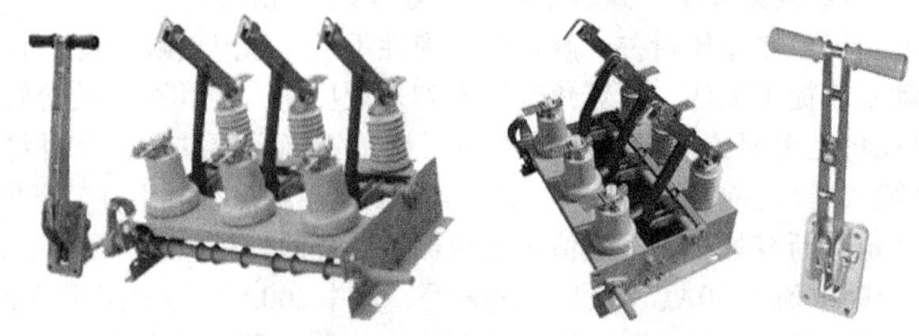

图6-56　高压负荷开关外形

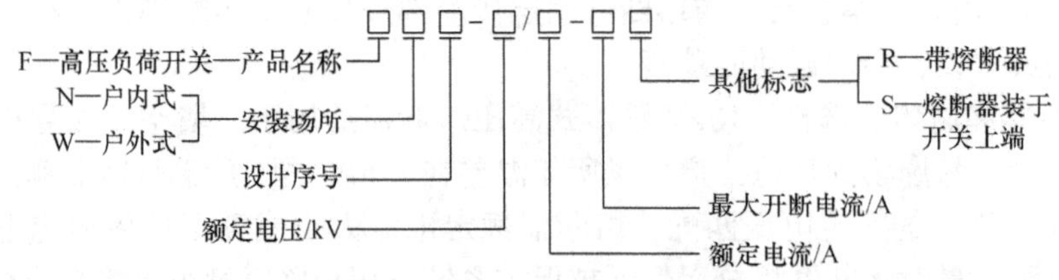

图6-57　高压负荷开关型号表示及含义

户内型高压负荷开关灭弧装置以有机玻璃等固体产气材料制造。开关本身根据负荷电流的通、断容量设计，不是根据短路电流设计，只能分断电气设备或线路的负荷电流、过负荷电流，不能分断短路电流，适用于作为小容量电路的手动控制设备。

户内型负荷开关具有明显的断开点，具有隔离开关作用。可与户内型负荷开关配合使用的RN1系列高压熔断器作为保护元件，能分断电路中的过载电流和短路电流，使负荷开关兼顾控制电器和保护电器的功能。

户外型负荷开关没有明显断开点，三相触点置于同一油桶内，依靠油介质灭弧，每相有两个串联的断点，不装专门灭弧室。触点分开时产生两个串联的电弧，并很快在油的作用下熄灭。

负荷开关主要在10～35kV配电系统中用于分、合电路。近年来，也有SF_6负荷开关和真空负荷开关。

2. 结构及工作原理

（1）结构　高压负荷开关类型很多，图6-58所示是FN3－10RT系列户内压气式高压负荷开关的外形结构图，该型高压负荷开关应用最广。其上半部为负荷开关本身，外形像隔离开关，实际是在隔离开关基础上加一个简单的灭弧装置。负荷开关上绝缘子也是简单的灭弧装置，其内部是一个气缸，装有由操作机构主轴传动的活塞，类似气筒的作用。上绝缘子上部装有绝缘喷嘴和弧静触点。

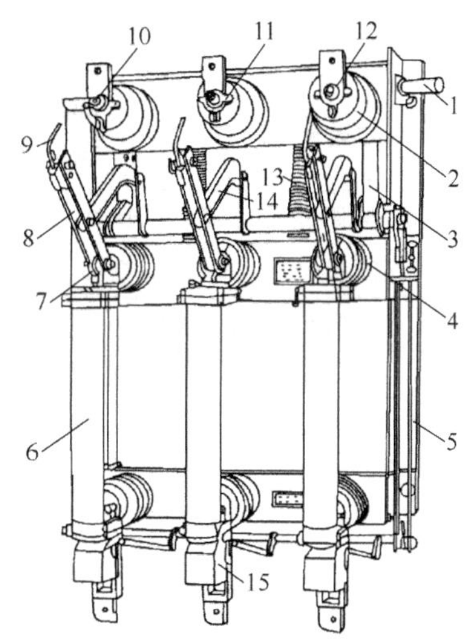

图6-58　FN3－10RT系列高压负荷开关

1—主轴　2—上绝缘子兼气缸　3—连杆　4—下绝缘子　5—框架　6—高压熔断器　7—下触座　8—闸刀　9—弧动触点　10—绝缘喷嘴（内有弧静触点）　11—主静触点　12—上触座　13—断路弹簧　14—绝缘拉杆　15—热脱扣器

（2）工作原理　负荷开关分断电路时，通过操作机构，使主轴转动90°，在断路弹簧迅速收缩复原的爆发力作用下，主轴完成非常快，主轴带动传动机构，使绝缘拉杆迅速向上运动，使弧静触点和弧动触点迅速分断，这是主轴联动动作的一部分，另一部分主轴转动使活塞连杆向上运动，使气缸内空气被压缩，缸内压力增大，当触点分断产生电弧时，气缸内压缩空气从喷口喷出，电弧熄灭，燃弧持续时间低于0.03s。

3. 典型负荷开关的技术参数

FKN12A－12系列高压负荷开关同样是压气式负荷开关（K指空气介质），可用于三相环网或终端供电的市区配电站和工业用电设备，当其主体结构完全相同时，可细分为负荷开关、负荷开关-熔断器组合开关、三工位隔离开关。其中负荷开关分带接地开关、不带接地开关。配置在HXGN－12型户内交流封闭开关设备及箱式变压器中，组成接线方案，满足控制、保护、计量等需要。其技术参数见表6-10。其分断转移电流达1300A，有爬电距离260mm的钟形绝缘罩，所有导电体固定在一个绝缘框架中，绝缘体为高强度、非燃的不饱和聚酯材料，电寿命长、转移电流高、稳定可靠、操作方便、绝缘水平高，支持手动操动和电动操动。FKN12A－12系列高压负荷开关产品外形如图6-59所示。

表6-10　FKN12A－12系列户内高压交流负荷开关主要技术参数

项目	单位	参数	
		FKN12－12D/630	FN12－12D. R/125
额定电压	kV	12	12
额定功率	Hz	50	50

续表

<table>
<tr><th rowspan="2" colspan="2">项目</th><th rowspan="2">单位</th><th colspan="2">参数</th></tr>
<tr><th>FKN12 - 12D/630</th><th>FN12 - 12D. R/125</th></tr>
<tr><td colspan="2">额定电流</td><td>A</td><td>630</td><td>125</td></tr>
<tr><td rowspan="2">额定雷电冲击耐受电压（峰值）</td><td>相间、对地</td><td rowspan="4">kV</td><td>75</td><td>75</td></tr>
<tr><td>隔离断口</td><td>85</td><td>85</td></tr>
<tr><td rowspan="2">额定短时 1min 工频耐受电压</td><td>相间、对地</td><td>42</td><td>42</td></tr>
<tr><td>隔离断口</td><td>48</td><td>48</td></tr>
<tr><td colspan="2">额定短路耐受（热稳定）电流</td><td rowspan="3">kA</td><td>20（4s）</td><td></td></tr>
<tr><td colspan="2">额定峰值耐受（热稳定）电流</td><td>50</td><td></td></tr>
<tr><td colspan="2">额定短路关合电流</td><td>50</td><td></td></tr>
<tr><td rowspan="4">额定分断电流</td><td>有功负载电流</td><td rowspan="2">A</td><td colspan="2">630</td></tr>
<tr><td>闭环开断电流</td><td colspan="2">630</td></tr>
<tr><td>空载变压器容量</td><td>kV · A</td><td colspan="2">1600</td></tr>
<tr><td>电缆充电电流</td><td rowspan="2">A</td><td colspan="2">10</td></tr>
<tr><td colspan="2">额定转移电流</td><td></td><td>1300</td></tr>
<tr><td colspan="2">额定短路分断电流</td><td>kA</td><td></td><td>31.5</td></tr>
<tr><td colspan="2">机械寿命</td><td>次</td><td colspan="2">3000</td></tr>
<tr><td colspan="2">电气寿命</td><td>次</td><td colspan="2">500</td></tr>
<tr><td colspan="2">电动操动机构操动电压</td><td rowspan="2">V</td><td rowspan="2" colspan="2">AC 110、220，50/60Hz，DC 110、220</td></tr>
<tr><td colspan="2">并联脱扣操动电压</td></tr>
</table>

4. 典型负荷开关的安装

图 6-59　FKN12A - 12 系列高压负荷开关产品外形

负荷开关的跳扣往下固定，不顶住凸轮，安装后应缓慢做分闸、合闸动作，确保各部件灵活、无卡阻。检查弧动触点与绝缘喷嘴间无过多摩擦。在分、合闸位置，缓冲拐臂应均敲在缓冲器上，可调节操动机构中的扇形板的不同连接孔，或调节操动机构与负荷开关之间的绝缘拉杆长度。将负荷开关的跳扣返回，使开关处于合闸位置，检查闸刀的下边缘与主静触点的标志线对齐，可调节相应的六角偏心螺钉满足要求。三相弧动触点不同时接触偏差应不大于 2mm，负荷开关在断开位置，上静触点端面距离应为 182mm ± 3mm，可增减油缓冲器中的垫片调整。

5. 典型负荷开关的日常维护

负荷开关只能通断规定的负荷电流，不允许短路操作。操作频繁时，应注意检查并预防紧固件松动，对活动部位加润滑剂，动作灵活防锈。操作一定次数后，负荷开关的灭弧能力可能下降或不能灭弧，所以应定期检查，辅助开关使用一段时间后，可将其动、静触点的电源极性交换。与熔断器组合使用时，选择高压熔断器，应考虑故障电流大于负荷开关分断能力时，保证熔体先断，负荷开关才能分闸。故障电流小于负荷开关分断能力时，应由负荷开关分断，熔体不熔断。闸刀应无过热，绝缘子、绝缘拉杆表面应无灰层、裂纹、缺损、烧蚀痕迹。对油浸式负荷开关，应检查油面，少油时及时加油，防止引起爆炸。如用真空负荷开关控制高压电动机或较大容量变压器时，应安装 RC 吸收电路。R、C 数据要适当。

6.1.6　隔离开关

1. 隔离开关的用途

隔离开关是最简单的高压开关，类似低压的刀开关。GN 系列隔离开关的产品外形见图 6-60所示，隔离开关没有专门的灭弧装置，不能分断负荷电流和短路电流。配电装置中，隔离开关有以下的用途：

1）保证装置检修工作的安全，在需要检修的部分和其他带电部分，可用隔离开关构成明显的空气绝缘间隔。

2）在双母线或带旁路母线的主接线中，可利用隔离开关作为操动电器，进行母线切换或代替出线操作，但此时必须遵循“等电位原则”。

因隔离开关能拉长电弧，所以有一定的分断电路能力，应谨慎操作，其分断电流值不得超过电气运行规程允许值，否则将造成严重的“带负荷拉隔离开关”的误操作事故。隔离开关可分断电压互感器回路，接通或分断在系统没有接地故障时变压器中性点的接地线，以及接通或分断规程允许的小电感电流或小电容电流回路，如空载变压器、空载母线和空载线路。

隔离开关可分断小电流电路，如分断电压互感器和避雷器电路、分断电压为 35kV，长度 10km 以内的空载输电线路、分断电压为 10kV，长度 5km 以内的空载输电线路、通断变压器中性点的接地线，但当中性点有灭弧线圈时，只有在系统没有故障时才能分断这类电路。此外，负荷开关还可分断断路器的旁路电流，分断励磁电流≤60A 的空载变压器，包括 10kV、容量≤320kV · A，35kV、容量≤1000kV · A，10kV、容量≤3200kV · A 的变压器。

2. 隔离开关的类型

（1）隔离开关的类型　隔离开关的型号如图 6-61 所示，按绝缘支柱的数目可分单柱式、双柱式和三柱式三种；按闸刀运行方式可分水平旋转式、垂直旋转式、摆动式和插入式；按装设地点可分户内式和户外式；按是否带接地闸刀可分为有接地闸刀和无接地闸刀；按极数多少可分单极式和三极式；按配用操动机构可分手动式、电动式和气动式等。

图 6-60　GN 系列隔离开关的产品外形

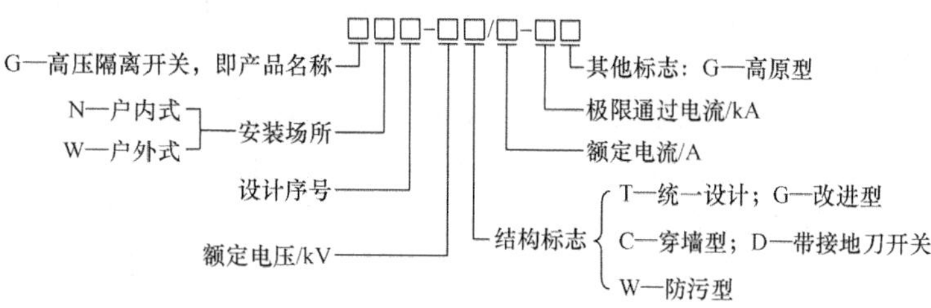

图 6-61　隔离开关的型号含义

(2) 户内式隔离开关　图 6-62 所示为 GN8－10 型隔离开关，隔离开关每相导电部分通过一个支柱绝缘子和一个套管绝缘子三相平行安装部分，由闸刀和静触点组成；每相闸刀中间均有拉杆绝缘子，拉杆绝缘子与安装在底架上的主轴相连。主轴通过拐臂与连杆和操作机构相连。

(3) 户外式隔离开关　图 6-63 所示为 GW5－35 型户外式隔离开关的外形图，它由底座、支柱绝缘子、导电回路等部分组成，两绝缘子呈“V”形分布，交角 50°，借助连杆组成三极联动的结构。底座部分有两个轴承，用以旋转棒式支柱绝缘子，两轴承座间通过锥齿轮啮合，操作任一个绝缘子，另一个随之同步旋转，以此实现分断、关合。

户外式隔离开关的绝缘要求较高，应保证在冰雪、雨水、大风、灰尘、严寒和酷暑等条件下可靠工作，还应具有较高的机械强度，保证隔离开关能在触点结冰时动作。

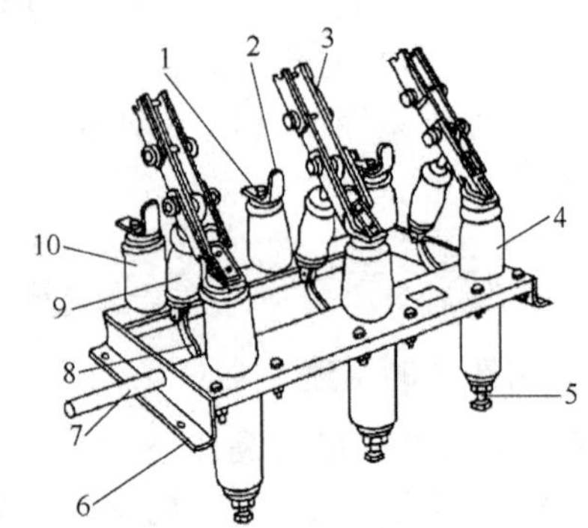

图 6-62　GN8－10 型隔离开关

1—上接线端子　2—静触点　3—闸刀　4—套管绝缘子　5—下接线端子　6—框架　7—转轴　8—拐臂　9—升降绝缘子　10—支柱绝缘子

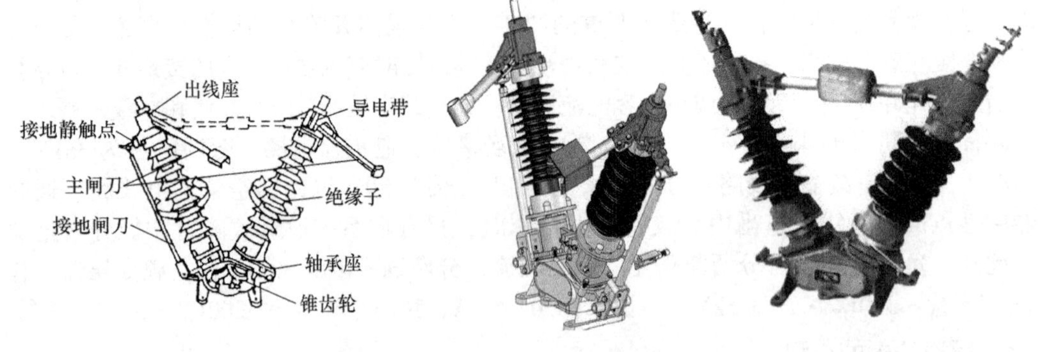

图 6-63　GW5－35 型隔离开关外形

3. GN 及 GW 系列典型隔离开关的技术参数

GN19－40.5 型隔离开关可在三相 50Hz、35kV 线路有电压无负载时接通或隔离电源，其技术参数见表 6-11。需要说明的是：线路、变电路按照测量的污秽盐密值 mg/cm^2，定出污秽等级，污秽等级分为 0、Ⅰ、Ⅱ、Ⅲ、Ⅳ级共五级。该型每相导电部分通过两个支柱绝缘子固定在底架上，三相平行安装部分由闸刀和静触点组成。导电部分由闸刀和触点组成，每相闸刀中间均安装省力机构。拉杆的绝缘子一端与省力机构连接，另一端与安装在底架上的主轴相连。主轴上有一停档，保证闸刀“分”“合”时到达终点位置。主轴一端通过拐臂和用户自备的连杆与手动机构连接，手动机构借助用户自备的连杆接至用户自备辅助开关并联动。GN19－40.5 型隔离开关外形尺寸如图 6-64和 6-65 所示。

表 6-11　GN19 - 40.5 型户内高压交流隔离开关主要技术参数

项目	单位	参数	项目		单位	参数
额定电压	kV	40.5	雷电冲击耐受电压（峰值）	对地、相间	kV	185
额定电流	A	2000～3150		断口		215
4s 热稳定电流	kA	50	1min 工频耐受电压（有效值）	对地、相间		95
动稳定电流		125		断口		115
污秽等级	—	Ⅱ				

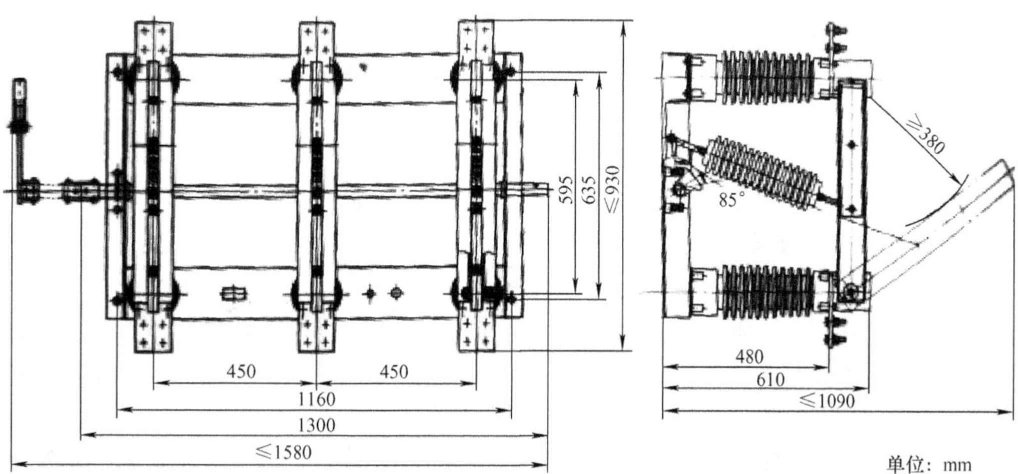

图 6-64　GN19 - 40.5（w）/2000 型

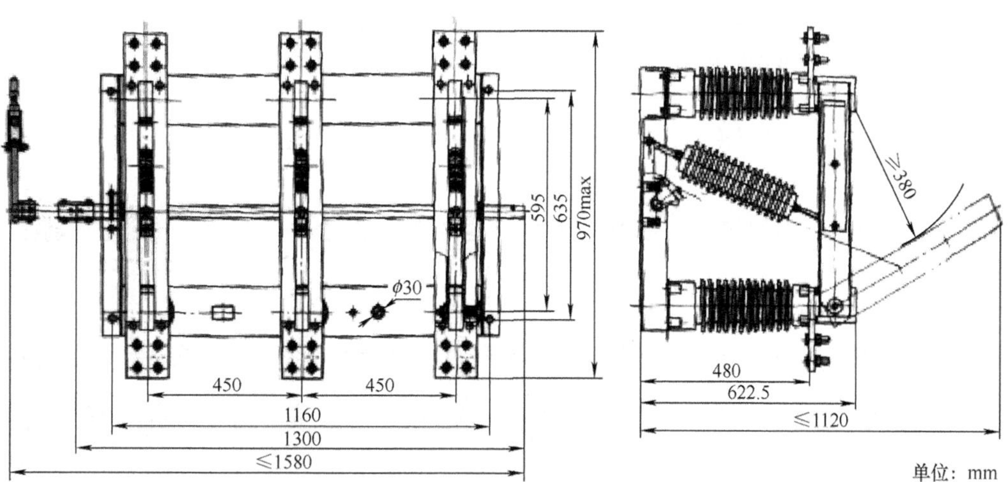

图 6-65　GN19 - 40.5（w）/3150 型

4. 隔离开关的安装

高压隔离开关相间距离与设计要求的误差应不大于5mm，相间连杆应在同一水平线。支柱绝缘子应垂直于底座并连接牢固；同一绝缘子柱各绝缘子中心线应在同一垂直线，同相各绝缘子柱的中心线应在同一平面内。各支柱绝缘子间应连接牢固，触点对准，接触良好，且均压环安装牢固。操动机构安装位置正确，固定牢固，操动灵活。定位螺钉应调整适当并固定，所有转动部分涂润滑油。安装完成后慢慢合上高压隔离开关，观察闸刀是否对准中心落下。室内高压隔离开关合闸后，应有3～5mm备用行程，且三相同步。

5. 隔离开关的操作

手动合上隔离开关时应迅速果断，在合闸行程结束时不能用力太猛。

使用隔离开关分断小容量变压器空载电流及分断一定长度的架空线、电缆线的电流，还有解环操作时会产生电弧，应迅速拉开隔离开关。

禁止带负荷使用，使用隔离开关前应检查断路器的合分位置，合上后应保证接触紧密，拉开时应保证每相已断开，使用后应将隔离开关的操动把手锁牢。

如发现使用时带负荷误合上隔离开关，即使合错或在合上时产生电弧，也不能拉开隔离开关，如此时拉开隔离开关将造成三相弧短路。如误拉开隔离开关时，在闸刀刚离开静触点时，立即合上可消除电弧。如隔离开关的闸刀已离开静触点，不能将误拉开的隔离开关再合上。

6. 隔离开关的巡视检查

隔离开关电流不能超额定值，温度不应大于70℃，闸刀与触点应接触良好，无过热。检查隔离开关的绝缘子，应保证其完整无裂纹、无放电痕迹和异常声。隔离开关本体与操动机构无损伤，各部件紧固、位置正确，电动操动箱密封良好。运行时隔离开关保持不偏斜、不振动、不锈蚀、不过热、不打火、不污损、不疲劳、不断裂、不烧伤、不变形。在分闸位置，安全距离足够，定位锁到位。带接地开关的隔离开关接地良好，闸刀与触点良好接触，闭锁正确。带闭锁装置的隔离开关不可解锁操作，闭锁装置失灵时，应重新核对操作指令，检查断路器位置等，确保不带载合上隔离开关。

合上接地开关前，须确保（知）各侧电源断开并再次验明后方可进行。运行或定期检查中，发现防误动装置存在缺陷，在及时处理。

课堂练习

（1）隔离开关、负荷开关、断路器各有哪些特点？它们都是开关，但最主要的不同点是哪些？

（2）断路器的操动有哪些要求？

（3）如果在电力系统中，没有断路器，如何用其他开关和保护电器实现断路器的功能？

6.1.7 绝缘子、母线

1. 绝缘子

绝缘子用以支持和固定载流导体，并使其与地绝缘，或使不同相的导体彼此绝缘。绝缘子应具有足够的绝缘强度和机械强度，并耐热、耐潮、耐振动。绝缘子分电站绝缘子、电器绝缘子和线路绝缘子等。

电站绝缘子用以支持和固定发电厂、变电站的屋内和屋外配电装置的硬母线，使各相母线间及各相对地绝缘。电站绝缘子可分支持绝缘子和套管绝缘子。套管绝缘子用于母线在屋内穿过墙壁和天花板时保证其绝缘，以及由屋外向屋内引线时保证其绝缘。

按使用环境分，电站绝缘子又可分户内和户外两种，户外绝缘子有较大的伞，用于增大沿面放电距离，并能在雨天阻断水流，使绝缘子能在恶劣的气候环境中可靠地工作。户外易有灰尘或有害绝缘的环境中，应采用特殊结构的防污绝缘子。户内绝缘子一般无伞，如图6-66所示，穿墙套管绝缘子型号含义如图6-67 所示，如 CWC10/1000 型表示为额定电流1000A、额定电压 10kV，抗弯破坏负荷等级 C 级的户外式穿墙套管。

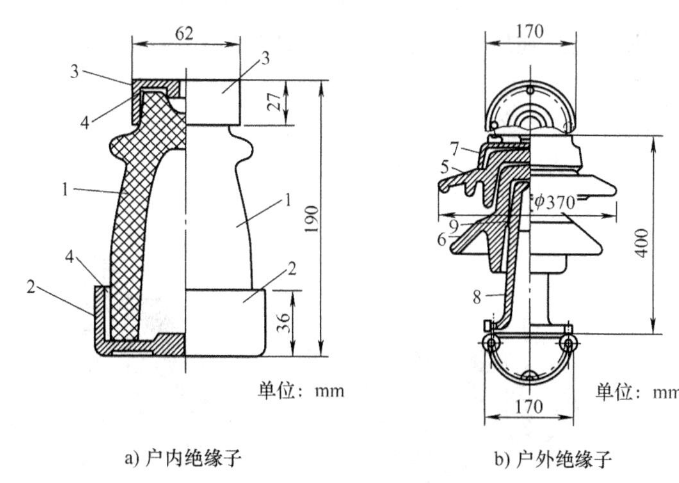

图 6-66 绝缘子结构图

1—瓷体 2—铸铁底座 3—铸铁帽 4—水泥胶合剂

5、6—瓷件 7—铸铁帽 8—具有法兰盘的装脚 9—水泥胶合剂

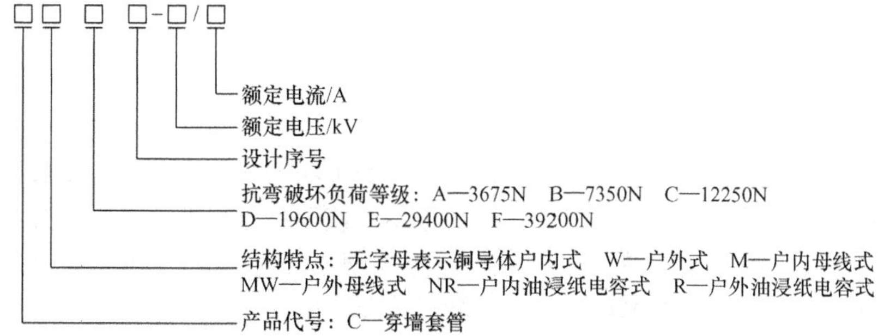

图 6-67 穿墙套管绝缘子的型号

2. 母线

母线用于汇集、分配和传送电能，各级电压配电装置的母线、各种电器之间的连接及发电机、变压器等电气设备与相应配电装置母线之间的连接，大都采用矩形或圆形裸导线、管形裸导线或绞线，母线产品如图 6-68 所示。运行时通过大的电功率，当母线短路时，短路电流更加发热，因此母线还要承受很大的电动力。所以，选用母线材料截面形状和截面积必须计算比较，符合安全经济的要求。

矩形母线散热面积大，冷却条件好。因趋肤效应，同一截面积的矩形母线比圆形母线的允许通过电流大，35kV 及以下户内配电装置大都采用矩形母线；强电场作用下，矩形母线四角电场集中会引起电晕现象，圆形母线无电场集中现象，且直径越大，表面电场强度越小，在 35kV 以上的高电压配电装置中多采用圆形母线或管形母线。

（1）母线种类

1）铜母线：电阻率低，抗腐蚀性强，机械强度大，但价格高，多用在持续工作电流大，位置特别狭窄或污物对铝有严重腐蚀而对铜腐蚀较轻的场所。

2）铝母线：电阻率较大，为同尺寸铜母线的 1.7～2 倍，质量轻，为等体积铜的 30%，价格低，母线一般采用铝质材料。

3）铝合金母线：有铝锰合金和铝镁合金两种，形状均为管形，铝锰合金母线载流量大，但强度较差，采用补强措施后可广泛使用；铝镁合金母线机械强度大，但载流量小，焊接困难，因此使用范围较小。

4）钢母线：机械强度大，价格低，但电阻率较大，为同尺寸铜母线的 6～8 倍，用于交流电时，磁滞和涡流损耗大，仅适用工作电流 300～400A 的电路中。

5）软母线：常用多股钢芯铝绞线，硬母线多用铝排和铜排，管型母线多用铝合金。

a) 绝缘输电管道母线

b) 管型母线

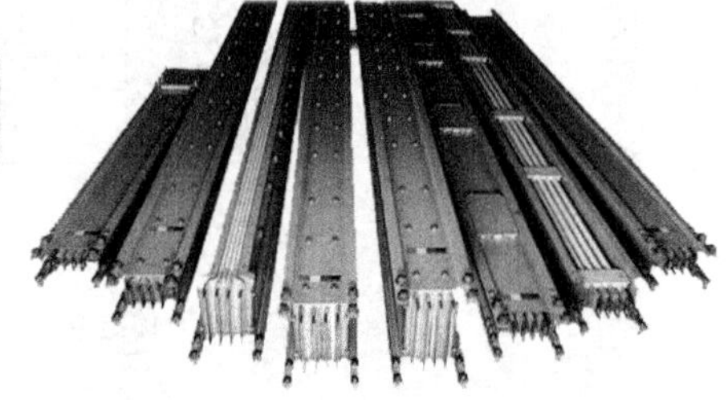
c) 并列使用的矩形母线

图 6-68　各种母线产品

（2）母线的固定　母线固定在支持绝缘子端帽或设备接线端子的方法，主要有直接用螺钉固定、用螺钉和盖板固定、用母线固定金具固定等；单片母线多用前两种，多片母线使用后一种方法。

安装前，先安装支持绝缘子，如有母线固定金具，应先安装好金具后再安装母线，不应使其所支持的母线受到额外应力。母线与设备接线端子的连接通常为套管接线端子，紧固螺钉时，不应使接线端子受到额外应力，连接后也不应使设备接线端子受到额外应力，否则需改变母线长短或支持绝缘子位置。母线敷设后不能使支持绝缘子受到额外应力，为调整方便，母线中间的支持绝缘子固定螺钉，在母线放置好才紧固。

矩形母线用各类金具固定在支柱绝缘子上，如图 6-69 所示。为减少因涡流和磁滞引起母线金具发热，1000A 以上的母线金具的夹板用非磁材料制成，其他零件用镀锌铁制成。

温度变化时，为使母线能纵向自由伸缩，以免支柱绝缘子受应力，可在螺钉上套以间隔钢管，母线与上夹板保持 1.5～2mm 空隙。当矩形母线长度超 20m，矩形铜母线或铝母线长度超 30～35m 时，在母线上应装设伸缩补偿器，如图 6-70 所示。图中盖板上有圆孔，供螺钉穿入，按螺钉直径，在铝母线上钻有长孔，供母线自由伸缩用。螺钉不拧紧，仅起导向作用。

伸缩补偿器采用材料与母线相同，由许多厚度为 0.2～0.5mm 的薄铜片叠成。薄铜片数目应与母线截面积相适应。当母线厚度 8mm 以下时，允许用母线本身弯曲代替伸缩补偿器。

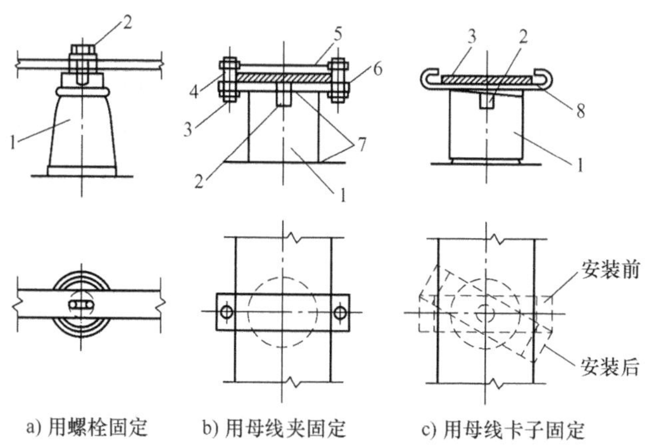

图 6-69　母线的同定方法

1—支持绝缘子　2—螺钉　3—铝母线　4—间隔钢管
5—夹板　6—钢板母线夹　7—红钢纸薄板　8—母线卡子

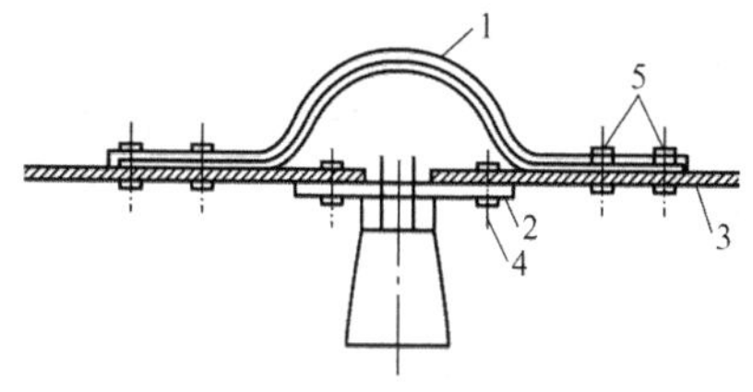

图 6-70　伸缩补偿器

1—补偿器　2—盖板　3—母线
4—螺钉　5—固定螺钉

(3) 母线的着色　母线着色可增加热辐射能力，利于母线散热，既防氧化，也可识别直流极性和交流相别，着色后的母线允许电流可提高 12% ~15% 。

直流装置的母线，正极涂红色，负极涂蓝色；交流装置的母线，A 相涂黄色、B 相涂绿色、C 相涂红色；不接地的中线涂白色，接地中性线涂紫色。

为了容易发现接头缺陷和实现良好接触效果，所有接头部位不涂色。

课堂练习

(1) 请叙述绝缘子的作用、种类。

(2) 母线的种类有哪些？各有什么特点？

(3) 母线的涂色有什么作用？

6.2 高压电器成套设备

6.2.1 高压电器成套设备的类型

1. 类型概况

通常将高压电器成套设备俗称高压开关柜，高压电器成套设备应符合 GB 3906—2020 的要求，由高压断路器、负荷开关、接触器、高压熔断器、隔离开关、接地开关、互感器及站用变压器，以及控制、测量、保护、调节装置、内部连接件、辅件、外壳和支持件等组成。这种装置的内部空间以空气或复合绝缘材料作介质，用于接受和分配电网的三相电能。

目前常用的高压开关柜分固定式和手车式，手车式也称移开式。固定式高压开关柜的主要部件固定安装，不能移动，手车式高压开关柜的主要部件可移动，安装在手车上。高压开关柜按柜体结构还可分铠装式、间隔式及箱式。

目前的高压开关柜均为金属封闭式结构，将高压断路器、负荷开关、熔断器、隔离开关、接地开关、避雷器、互感器以及控制、测量、保护等装置和内部连接件、绝缘支持件和辅助件固定连接后，安装于一个或几个接地的金属封隔小室内。金属封闭式高压开关柜以大气绝缘或复合绝缘作为柜内电气设备的外绝缘，小室间电路连接通过套管或类似方式完成。图6-71所示是 GZS1－12 型高压开关柜的结构示意图。

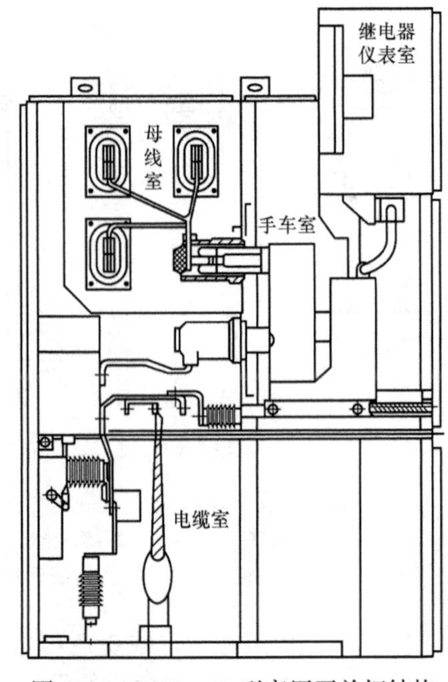

图6-71　GZS1－12 型高压开关柜结构

2. 分类

（1）按柜内整体结构分类

1）铠装式：用 K 表示，铠装式高压开关柜中的主要组成部分如断路器、电源侧的进线母线、馈电线路的电缆接线处、继电器等，都安放在由接地的金属隔板相互隔开的各自小室内，如 KYN 系列、KGN 系列。

2）间隔式：用 J 表示，某些组件分设于单独的小室内，与铠装式高压开关柜一样，但用一个或多个非金属隔板隔开，隔板防护等级应达到 IP2X～IP5X，如 JYN 系列。

3）箱式：用 X 表示，上述两种以外的金属封闭式高压开关柜统称箱式高压开关柜。箱式高压开关柜的金属隔板比铠装式少，有的只有金属封闭外壳。

高压开关柜中，间隔式和铠装式均有小室，间隔式高压开关柜的小室一般用绝缘板隔成，铠装式隔室用金属板隔成。用金属板可将故障电弧限制在产生的隔室内，若电弧接触到金属板，可通过接地线引入大地；在间隔式高压开关柜的小室内，电弧有可能烧穿绝缘板，进入其他小室甚至窜入其他柜中并使全部柜子燃烧，后果严重。

箱式高压开关柜的结构简单、尺寸小，但安全性、运行可靠性远不如铠装式的和间隔式的。

（2）按柜内主要电器固定特点分类

1）固定式：用 G 表示，柜内所有电器都是固定安装的，结构简单，价格较低。

2）手车式：用 Y 表示，也称移开式，柜内主要电器如断路器、电压互感器、避雷器等，安装在可移开的手车上，手车中的电器与柜内电路通过插入式触点连接。手车式高压开关柜由柜体和可移开部件（简称手车）组成，根据功能，有断路器手车、电压互感器手车、隔离手车和计量手车等。移开式开关柜检修方便，当手车上电器严重故障或损坏时，可方便地将手车拉出柜体检修，或换上备用手车，推入柜体内继续工作，恢复供电时间短。

手车式高压开关柜又分落地式和中置式（用 Z 表示）两种结构。落地手车式高压开关柜的手车本身落地，在地面上推入或拉出，如图6-72 所示的 KYN12－10 型高压开关柜。中置手车式高压开关柜的手车装于柜体中部，手车装卸需专用装载车。中置式手车的推拉在门封闭时操作，以保证安全；中置手车式高压开关柜柜体下部空间较大，方便电缆安装与检修，还可安置电压互感器和避雷器等，充分利用空间。目前手车式高压开关柜大多采用中置结构。

（3）按母线组数分类　高压开关柜按母线组数可分单母线式和双母线式，6～35kV 供配电系统的主接线大都采用单母线，即 6～35kV 的高压开关柜基本是单母线柜。为提高可靠性，6～35kV 供配电系统的主接线还可采用双母线或单母线带旁路母线，这要求开关柜中有两组主母线，母线室的空间也相应较大。

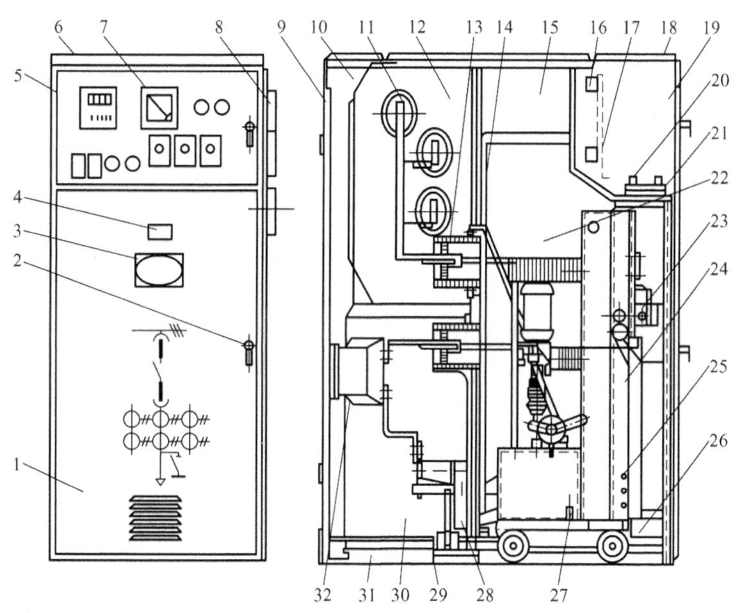

图 6-72　KYN12－10 型高压开关柜

1—手车室门　2—门锁　3—观察窗　4—铭牌　5—安装式铰链　6—装饰条　7—继电器仪表室门　8—母线支撑套管　9—电缆室门　10—电缆室排气通道　11—主母线　12—母线室　13—一次隔离触点盒　14—金属活门　15—手车室排气通道　16—减振器　17—继电器安装板　18—小母线室　19—继电器仪表室　20—端子排　21—二次插头　22—手车室　23—手车推进机构　24—断路器手车　25—识别装置　26—手车导轨　27—手车接地触点　28—接地开关　29—接地开关联锁机构　30—电缆室　31—电缆室底盖板　32—电流互感器

（4）按主要电器的种类分类

1）通用型高压开关柜，是以空气绝缘介质，主要电器为断路器的成套金属封闭开关设备，即断路器柜。

2）F－C 柜，主要电器采用高压限流熔断器（Fuse）、高压接触器（Contactor）组合电器。

3）环网柜，主要电器采用负荷开关或负荷开关-熔断器组合电器，常用于环网供电系统。

（5）按安装场所分类　高压开关柜按安装场所可分为户内式和户外式，户外式开关柜的技术特点是封闭结构、防水渗透、防尘。

（6）按柜内主绝缘介质分类　高压开关柜按柜内主绝缘介质可分为大气绝缘柜和气体绝缘柜。以大气绝缘的金属封闭式开关设备因受到大气绝缘性能限制，占地面积和空间较大。用绝缘性能优良的 SF_6 气体代替大气作绝缘的金属封闭式开关设备，其中 12～40.5kV 的 SF_6 气体绝缘金属封闭式开关柜采用箱式结构。

3. 高压开关设备的特点

（1）固定式高压开关柜的特点

1）接头接线可靠。固定式高压开关柜节省了插接头，接头为固定接线，接触紧密。当额定电流大时，应优先考虑选用固定式设备。

2）结构简单、成本低。固定式高压开关柜内按回路做成单元，成套的过程就是单元之间的有机组合，节省了手车结构及接插系统，安装及所用附件简化，成本下降。

3）增加隔离开关。由于采用固定安装，减少了插拔式隔离触头，固定式高压开关柜为检修必须装设隔离开关。尽管隔离开关结构简单，但故障率却高，若长期不操作可能卡涩，大力操作可能造成绝缘子开裂，有时会使联锁装置机械部件遭受损坏或变形。对固定式高压开关柜，需经常对隔离开关的转动部件、接触部件、操动机构、联锁装置检查与润滑，并定期操作试验，严防触点卡涩、接触不到位及相关瓷绝缘子出现裂纹。

4）增加“五防”功能。因固定式高压开关柜主电路电器安装分散，必须采用机械联锁。使机械联锁形成整体有一定难度，需调整恰当才行。运行中，如部件位置或形状稍有改变，重新调整机械联锁装置有难度。对固定式高压开关柜采用联锁应满足“五防”要求，保证“五防”联锁非常可靠，不会产生误操作。但固定式高压开关柜维修不方便，维修时，一般要拆下故障部件，这会增加维修工作量。

（2）手车式高压开关柜的特点

1）优点：手车式高压开关柜柜体小、结构紧凑、安装占地面积小、便于维护，对设备加工及用电中维护设备的要求较高。

2）缺陷：①载流效果不良。因柜内主回路接头过多，且有活动插接头，造成柜内发热严重且散热不良，虽然大多数情况下实际负载电流远未达到断路器的额定电流值，载流问题一般不突出，但载流大时，问题会凸显，且插接头隐蔽于触点盒内，早期产品事故难发现。②故障率较高。手车式结构，要求加工精度高，断路器动触点与静触点对中准确，才能避免造成接触不良、发热严重、绝缘破坏乃至短路事故。

（3）中置手车式高压开关柜的特点　手车式高压开关柜中，若手车置于柜体中部即称中置手车式高压开关柜。电压12kV的手车式高压开关柜，已绝大多数采用中置手车。这种结构优点明显，且下部还可装1个手车，如将电压互感器手车置于下部空间内，采用中置式结构即为双手车柜的制造创造了条件。即使柜体下部不装电器，也可作维修电缆室内电器的空间。普通中置手车式高压开关柜下部可加装一台无主回路出线手车，如是特殊柜体，一个柜中可装两台标准手车。另外，当电缆室电器多、出线多时，柜体前下部又可作为另一个电缆室，对原电缆室安装的电器或电缆分流。

对40.5kV手车式高压开关柜，就不再使用中置式，因断路器手车尺寸大，质量大，若放在柜子中间，柜体重心抬高，稳度降低，且下部剩余空间已很小，既不能再加一台手车，也不能提供空间给维修人员。所以对40.5kV高压开关柜，即使采用中置式布置，也只能当断路器手车体积很小时才可，如真空固体绝缘断路器体积小，有可能采用中置式。而且采用中置式布置时，需增加搬运手车，即使断路器手车中置，节省的下部空间也有限而无法利用。

课堂练习

（1）铠装式和间隔式高压开关柜有什么特点？

（2）高压开关柜如何分类？

（3）中置手车式高压开关柜有明显的特点，是否所有电压等级的高压开关柜都适合中置式结构？请说明原因。

6.2.2 高压开关柜的型号、参数与“五防”

1. 高压开关柜的型号

我国目前使用的高压开关柜系列型号由 8 位格式表示，含义如下：

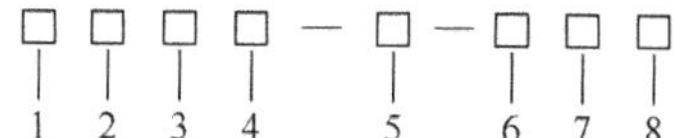

第 1 个□，高压开关柜整体结构，K—铠装式，J—间隔式，X—箱式。

第 2 个□，型式特征，G—固定式，Y—手车式（用字母 Z 表示中置式）。

第 3 个□，安装场所，N—户内式，W—户外式。

第 4 个□，设计序号，由 1 ~3 位数字或字母组成。

第 5 个□，额定电压，单位为 kV，可以在这一位后括号中说明主开关的类型，如用 Z 表示真空断路器，F 表示负荷开关。

第 6 个□，主回路方案编号。

第 7 个□，断路器操动机构，D—电磁式，T—弹簧式。

第 8 个□，环境代号，TH—湿热带，TA—干热带，G—高海拔，Q—全工况。

如 KYN1 -12 是铠装手车式户内高压开关柜，额定电压 12kV，表 6-12 为常用的高压开关柜的部分产品型号。

表 6-12 高压开关柜部分产品型号

类型	主要型号
通用型、铠装式、手车式	KYN1 -12，KYN2 -12（VC），KYN6 -12（WKC），KYN23 -12（Z），KYN18A -12（Z），KYN18B -12（Z），KYN18C -12（Z），KYN19 -10，KYN27 -12（Z），KYN28A -12，KYN18B -12，KYN54 -12（VE），KYN29A -12（Z），KYN55 -12（PV 双层），KYN10 -40.5，KYN41 -40.5，GZS1 -12
通用型、间隔式、手车式	JYN2 -12，JYN2D -12，JYN6 -12，JYN7 -12，JYN□-27.5，JYN1 -40.5
通用型、铠装式、固定式	KGN□-12
通用型、箱式、固定式	XGN2 -12，XGN15 -12，XGN66 -12，XGN17 -40.5，XGN□-40.5，XGN12 -24，XGN2 -12Q（Z）
F-C 柜	KYN1 -12，JYN2 -12，KYN3 -12，KYN3C -12，KYN8 -7.2，KYN14 -7.2，KYN19 -12，KYN23 -12（Z），KYN24 -7.2，8BK30
环网柜	HXGN -12，XGN18 -12（ZS8），HXGN2 -12，HXGX6 -12，HXGN15 -12，XGN35 -12（F），XGN35 -12（FR）

2. 主要技术参数

1）额定电压，常用电压等级有 10kV、35kV 及更高的电压。

2）额定绝缘水平，用 1min 工频耐受电压（有效值）和雷电冲击耐受电压（峰值）表示。

3）额定功率，我国的标准是 50Hz。

4）额定电流，指柜内母线的最大工作电流。

5）额定短时耐受电流，指柜内母线及主回路的热稳定电流，应同时指出“额定短路持续时间”通常为4s。

6）额定峰值耐受电流，指柜内母线及主回路的动稳定电流。

7）防护等级。

KYN12－12型高压开关柜主要技术参数见表6-13，表中1min工频耐受电压、雷电冲击耐受电压的技术指标，是常见的技术参数。

1min工频耐受电压，指工频电压耐压试验操作，将50Hz交流电压（有效值为峰值的$\frac{\sqrt{2}}{2}$）施加在试验器件的两个需绝缘的点上1min，泄漏电流不超标，即符合耐压试验的要求。

设备需要防雷，但并不是单纯增加绝缘耐压值来防止被击穿，防雷是静电导除的过程。雷电发生时给设备感应出极高的静电电压，时间极短，可能达微秒。雷电冲击耐受电压是人工模拟雷电电流波形和峰值，检验设备耐受雷电冲击电压后测得的最大值。

表6-13　KYN12－12型高压开关柜的主要技术参数

项目		数据		
额定电压/kV		3.6	7.2	12
额定绝缘电压/kV	1min工频耐受电压（有效值）	42	42	42
	雷电冲击耐受电压（峰值）	75	75	75
额定频率/Hz		50		
额定电流/A		630，1000	1250，1600	2000，3000，3150
额定短时耐受电流（1s，rms）/kA		20，31.5	31.5，40	40
额定峰值耐受电流（0.1s）/kA		50	50，80	100
防护等级		IP4X（柜门打开时为IP2X）		

3. 高压柜的“五防”要求

（1）“五防”内容　不论手车式高压开关柜还是固定式高压开关柜，高压开关柜必须具备“五防”功能，才能投入运行。固定式高压开关柜的“五防”功能如下：防止带负荷断、合隔离开关；防止接地开关处于闭合位置时闭合断路器、负荷开关、接触器；防止断路器、负荷开关、接触器在闭合位置时合接地开关；防止误分断路器、负荷开关、接触器；防止误入带电隔室。

这五个要求，主要是隔离开关、断路器、负荷开关、接触器与接地开关及柜门之间的联锁关系，即断路器处于闭合位置时不能断开隔离开关，断路器处于闭合位置时不能合上接地开关，接地开关处于闭合位置或隔离开关处于断开位置时不能合上断路器。

不能误分断路器，与前三条比较，严格程度较轻，如对其误分操作，不会发生短路故障，本条要求宽松，可用提示性方法，不强求机械或电磁联锁的方法实现。可采用标牌提示，也可在手动控制回路串联钥匙开关，需要闭合或断开断路器时，先领取开关钥匙。但对无储能或无电动操动、全靠手动操动的负荷开关，可用提示性语言、提示标牌防止误分，不能单人操作，需有监护人员陪同。

（2）“五防”的实现　实现“五防”一般有机械联锁、电磁联锁、程序联锁和微机程序联锁等四种方式。建议首先采用机械联锁，因其简单、可靠、成本低。如机械联锁解决不了或采用机械联锁机构会过于复杂，再考虑电磁联锁。

对KYN28－12及HMS40.5手车式高压开关柜，采用机械联锁主要靠接地开关操动手柄，即接地开关处于合上的位置时，手车无法进入工作位置，电缆室门可打开，手车在工作位置，接地开关也无法合闸，电缆室的门也无法打开。

当手车式高压开关柜没有接地开关时，可通过电缆室的带电传感器，带动带电显示器，由带电显示器控制电磁锁，从而控制手车柜门的开闭。当然，只靠带电显示器操作控制电磁锁容量绝对不够，必须外接电源。

6.2.3　高压开关柜的基本结构

1. 固定式高压开关柜的基本结构

典型产品如 XGN－12 户内箱式固定高压开关柜采用金属封闭箱型结构，柜体骨架用角钢焊接制成，柜内分断路器室、母线室、电缆室、继电器仪表室，室与室之间用钢板隔开。真空断路器的下接线端子与电流互感器连接，电流互感器与下隔离开关的接线端子连接。断路器上接线端子与上隔离开关的接线端子相连接。断路器室设有压力释放通道，若出现内部故障电弧，电弧产生的气体可通过排气通道将压力释放。XGN－12 户内箱式固定高压开关柜产品外形如图 6-73 所示。

2. 手车式高压开关柜的基本结构

手车式高压开关柜 KYN28A－12 如图 6-74 所示，它是铠装手车式高压开关柜的结构，手车为中置式结构。手车室内安装有轨道和导向装置，供手车推进和拉出。在一次回路静触点的前端装有活门机构，保障人员安全。手车载柜体内有“工作”“试验”和“断开”位置，当手车需移出柜体检查和维护时，利用专用装载车可将手车方便取出。手车中装设有接地装置，能与柜体接地导体可靠地连接。手车室底盘上装有丝杠螺母推进机构、联锁机构等。丝杠螺母推进机构可轻便地使手车在“断开”“试验”和“工作”位置之间移动，联锁机构保证手车及其他部件操作必须按规定操作程序操作。

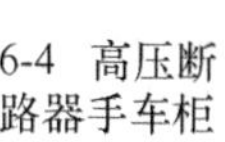

图 6-73　XGN－12 户内箱式固定高压开关柜

图 6-74　KYN28A－12 铠装手车式高压开关柜

3. 高压开关柜的主要组成部件

6-5　高压固定柜产品

（1）功能单元　高压开关柜中包括共同完成一种功能的所有主回路及其他回路的电器即功能单元。功能单元可根据预定功能区分，如进线单元、馈线单元等。

(2) 外壳　在规定防护等级下，保护内部设备不受外界影响，防止人体和物体接近带电体和触及运动部分的部件即外壳。

(3) 小室与隔板　小室可用内装的主要电器命名，如断路器室、母线室等。小室之间互相连接所必需的开孔，应采用套管或类似方式加以封闭。另外还有充气小室，用于充气式高压开关柜的小室形式。

(4) 电器　电器是高压开关柜的主回路和接地回路中实现功能的主要部分，如断路器、负荷开关、接触器、隔离开关、接地开关、熔断器、互感器和母线等。

6-6　高压柜二次线施工

6-7　高压手车柜产品

课堂练习

(1) 叙述高压开关柜的用途、特点和适用标准。

(2) 请认真理解高压开关柜的型号组成，并查阅资料，以一种典型产品为例，分析技术参数的特点。

6.3 典型高压成套产品及应用

6.3.1 环网柜

1. HXGN21－12 型环网柜

(1) 概述　环网供电系统如图 6-75 所示，其本质是负荷开关柜、负荷开关–熔断器组合电器柜的组合，常用于环网供电系统，通常称环网柜或环网供电单元。HXGN21－12 型环网柜是常用的高压成套电气产品，如图 6-76 所示。

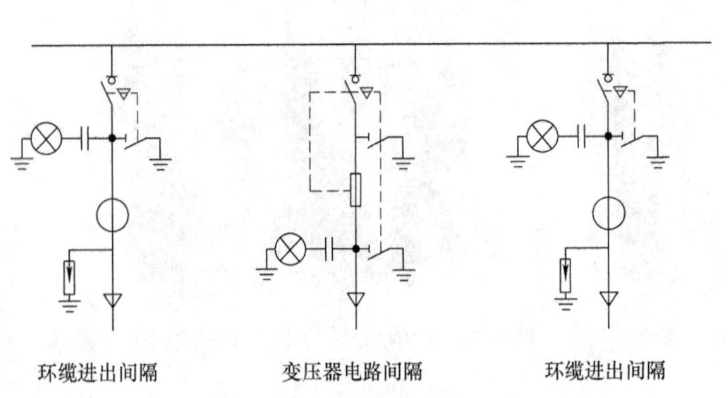

图 6-75　环网供电系统

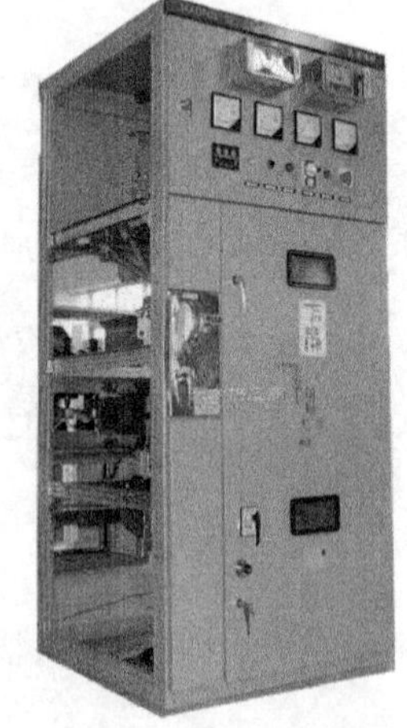

图 6-76　HXGN21－12 型环网柜外形

HXGN21－12 中通常一个环网供电单元至少由三个间隔组成，即两个环缆进出间隔和一个变压器回路间隔。环网柜的结构有整体式和组合式两种形式。

所谓整体式，将三或四个间隔装在一个柜体中，结构体积小，但不利于扩建改造；所谓组合式，是由几台环网柜组合在一起，体积较大，但可加装计量、分段等小型柜，便于扩建改造。

环网柜按柜内主绝缘介质，可分空气绝缘柜和 SF_6 绝缘柜。空气绝缘柜是一种封闭式的环网柜，柜内主绝缘介质为空气，主开关可用产气、压气、SF_6 和真空式负荷开关。SF_6 绝缘环网柜是密封柜，柜内充有 0.03 ~0.05MPa 的干燥 SF_6 气体，作为主绝缘介质，主开关用真空或 SF_6 气体负荷开关，其中以 SF_6 气体负荷开关居多。

负荷开关在柜中有正装和侧装两种，产气式和压气式负荷开关常为侧装；真空负荷开关通常是柜内正面安装，正面操作。柜中主要电器包括带隔离的负荷开关、接地开关（或三工位负荷开关）、熔断器、电流互感器、避雷器和高压带电显示装置等。隔离开关、负荷开关、接地开关与柜门之间均有可靠的机械联锁，进线侧常设有电磁锁且强制闭锁。HXGN21 - 12 型环网柜具体型号如图 6-77 所示。HXGN21 - 12 型环网柜适于额定电压 12kV，50Hz 的环网供电系统、双电源辐射供电系统及单电源配电系统，可作为变压器、电容器、电缆、架空线等电力设备的控制和保护装置。亦适于预装式变电站，用作高压配电部分。

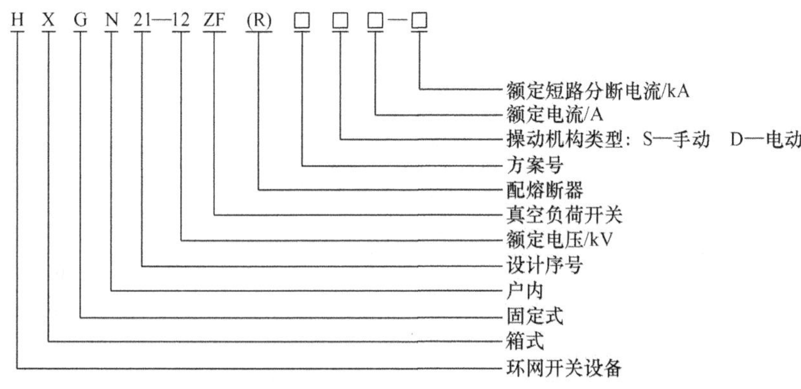

图 6-77 HXGN21 - 12 型环网柜具体型号表示

（2）结构特点及技术参数 HXGN21 - 12 型环网柜结构如图 6-78 所示，主要技术参数见表 6-14。柜体用敷铝锌钢板多重折弯再用螺钉连接。负荷开关处于断开位置时，绝缘隔板分上下部分，上部为母线室和仪表室，下部为负荷开关室、电缆室，还可装电流互感器或电压互感器。仪表室内可装设电压表、电流表、换向开关、指示器及操动部件。仪表室底部可装设二次回路的端子排、柜内照明灯及熔断器等。此外仪表室可增装有功电能表、无功电能表、峰谷表、电力定量器等。负荷开关、接地开关、柜门之间设有联锁装置。

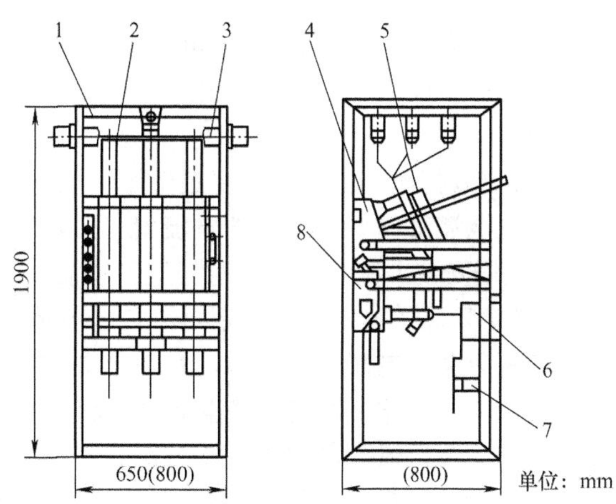

图 6-78 环网柜结构示意图

1—柜体 2—母线 3—套管 4—组合电器 5—熔断器 6—电流互感器 7—带电显示装置 8—操动机构

表 6-14 HXGN21－12 型环网柜的主要技术参数

名称		数据
额定电压/kV		12
额定电流/A		630
主母线电流/A	进线柜	630
	出线柜	125
额定短时耐受电流（4s）/kA		25
额定峰值耐受电流/kA		63
额定短路关合电流/kA		63
额定短路分断电流/kA		25
额定闭环分断电流/kA		630
额定电缆充电电流/kA		25
接地开关额定短时耐受电流/kA		25
接地开关额定短路持续时间/s		4（2）
接地开关额定峰值耐受电流/kA		63
接地开关额定短路关合电流/kA		63
1min 额定工频耐受电压/kV	相间、相对地、真空负荷开关断口	42
	隔离开关断口	48
额定雷电冲击耐受电压/kV	相间、相对地、真空负荷开关断口	75
	隔离开关断口	82
机械寿命/次	真空负荷开关	10000
	接地开关（刀）、隔离开关（刀）	2000
额定转移电流/A		3150

（3）几个名词解释

1）额定短时耐受电流。在规定使用和性能条件、规定的短时间内，开关设备和控制设备能够承载的电流的有效值。额定短时耐受电流的标准值应该等于开关设备和控制设备的短路额定值。

2）额定峰值耐受电流。在规定使用和性能条件下，开关设备和控制设备能够承载的额定短时耐受电流第一个大半波的电流峰值。额定峰值耐受电流应该是额定短时耐受电流的 2.5 倍；根据安装系统特性，有时甚至可能需高于额定短时耐受电流数值的 2.5 倍。

3）额定短路关合电流。额定短路关合电流指合闸时通过短路电流的极限能力，如开关表明额定短时关合电流 50kA（峰值），当外界线路短路时合闸，开关会因为合闸短路电流的作用而跳闸，如这个瞬间短路电流没有超过 50kA，触头灭弧有效。如超过瞬间 50kA 触头灭弧不保证，会拉弧或造成热元件失效等。

4）额定分断电流和额定短路分断电流。额定分断电流是表征断路器开断能力的参数。额定电压下断路器保证可靠分断的最大电流，称额定分断电流，用断路器触点分离瞬间短路电流周期分量有效值千安（kA）表示。当断路器在低于其额定电压的电网中工作时，分断电流可以增大。但受灭弧室机械强度的限制，分断电流有一最大值，称极限分断电流。

额定短路分断电流指开关极限断开电流的最大能力，如开关表明额定短路分断电流为

20kA，表示 20kA 内短路电流可被有效分断，超过这个极限可能会产生拉弧。

5）额定闭环分断电流。负荷开关型式试验中，有关于额定闭环电流的试验，如 12kV/630A/20kA 负荷开关，额定闭环电流为 630A，试验电压为 2.4kV。负荷开关在环网供电中，断开时也相当于断开了电网，对此时电网中的电流，只要小于额定闭环分断电流者，负荷开关都可安全分断。

6）电缆充电电流。电缆线路的充电电流是电缆线路刚开始接通的瞬间所引起的冲击电流，由于充电前电缆不带电，电缆各相线之间有分布电容，所以这个电流远大于正常运行时的额定电流，但这个电流会很快衰减，回归正常的额定电流。

7）工频耐受电压。工频耐受电压指长期交变电压作用下电器的绝缘强度，工频耐受电压性能由工频交流耐压试验确定，交流耐压试验的电压、波形、频率和在被试品绝缘层内部电压的分布，均符合在交流电压下运行时的实际情况，所以能有效发现绝缘缺陷。交流耐压试验属破坏性试验，会使已经存在的绝缘弱点进一步发展，但又没有在耐压时击穿，使绝缘强度逐渐降低，形成绝缘内部恶化和积累效应。

8）额定雷电冲击耐受电压。变压器连接的外部线路若遭遇雷击，可能对变压器绝缘造成破坏。按设计规范，尽管在变压器入口装设避雷器，还是可能有残余雷电电压进入变压器，所以要求变压器能承受一定的雷电电压，对不同额定电压的变压器，有不同的耐压要求。除雷电全波试验外，由于被避雷器截波后的电压波形频率很高，还要求变压器能够承受这种冲击。

课堂练习

（1）什么是高压成套电气设备，与低压成套电气设备产品比较，主要不同点有哪些？

（2）认真领会高压成套电气设备的型号含义，对具体的高压电气设备，进行说明。

（3）查阅“隔离开关断口”的含义。

2. XGN18－12 型 SF_6 负荷开关环网柜

（1）概述　这是一种以 SF_6 负荷开关为主开关的环网柜，适于 3～10kV 电力系统的室内变电站或箱式变电站。产品外形如图 6-79 所示，主要电气技术参数见表 6-15。

图 6-79　XGN18－12 型 SF_6 负荷开关环网柜外形

表 6-15　XGN18－12 型环网柜的主要电气技术参数

名称	数据
额定电压/kV	12
1min 工频耐受电压/kV	相间及相对地 42，断口 48
雷电冲击耐受电压/kV	相间及相对地 75，断口 85
额定短路分断电流/kA	20
分断空载变压器电流/A	16
开断空载电缆电流/A	25
额定短时耐受电流/kA	25（1s），20（3s）
额定闭环分断电流/A	630
5%额定负荷分断电流/A	31.5
额定负荷分断电流/A	630
主开关及接地开关短时峰值耐受电流/kA	50
主开关及接地开关额定短时耐受电流/kA	20（3s）
防护等级	IP3X

（2）结构简介　XGN18－12 型 SF_6 负荷开关环网柜宽 375～750mm、高 1600mm（或 1800mm）、深 840mm。电缆从正面接线，所有控制功能元件集中在正面操作板。开关柜由柜体、SF_6 负荷开关、监控与保护单元等组成。SF_6 负荷开关柜分成五个间隔：

1）开关间隔，负荷开关或隔离开关、接地开关被密封在充满 SF_6 气体的气室内，封闭压力符合标准要求。

2）母线间隔，各母线在同一水平面上，柜体可向两侧扩展，柜体间的连接简便，额定电流 630～1250A。

3）接线间隔，很容易与负荷开关、接地开关端子相连，此外该间隔在熔断器下侧也带一台接地开关，用作变压器保护。

4）操动机构间隔，安装操动机构，执行合闸、分闸、接地操作，并指示相应的操作位置，也可安装电动操动机构。

5）控制保护间隔，该间隔装有低压熔断器、继电保护装置和接线端子排等，若间隔容积不够，可在柜顶附加一个低压间。

SF_6 负荷开关的结构示意图如图 6-80 所示，产品外形如图 6-81 所示。负荷开关三相旋转式触点被装入充满 SF_6 气体、相对压力 0.4Mbar（1bar＝100kPa）的气室内，SF_6 气体作为负荷开关的绝缘和灭弧介质，当动、静触点分离时，电弧在永久磁铁所产生的磁场中和电弧作用，使电弧绕静触点旋转，电弧被拉长并依靠 SF_6 气体在电流过零时熄灭。

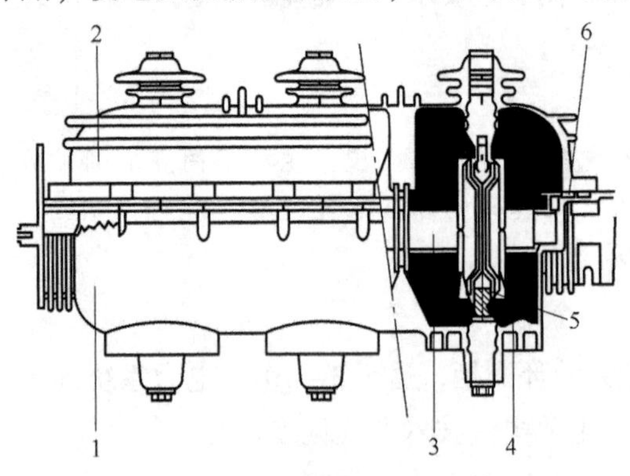

图 6-80　SF_6 负荷开关的结构示意图

1—壳体　2—密封罩　3—操动轴　4—静触点　5—动触点　6—密封装置

图 6-81　SF_6 负荷开关外形

SF_6 负荷开关使用寿命长、触点免维护、电寿命长、操动过电压低、操动安全。SF_6 负荷开关有“闭合”“断开”“接地”位置，如图 6-82 所示，具有闭锁功能，可防误操作。由弹簧储能机构驱动触点转动，不受人为因素影响。事故时，过压的 SF_6 气体冲破安全隔膜后压力下降，气体直接喷向柜体后部，保证安全。

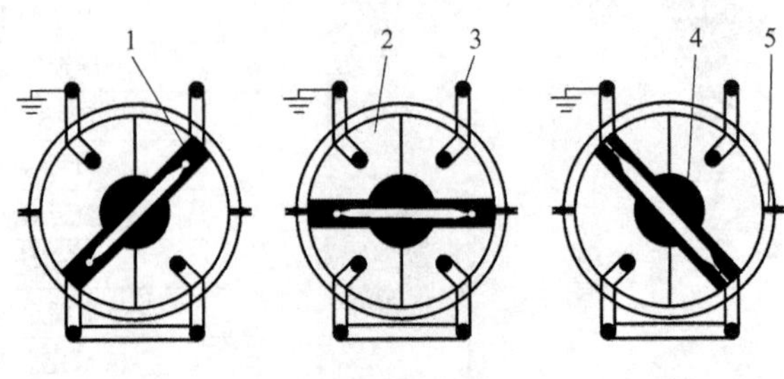

图 6-82　负荷开关的三个工位

1—动触点　2—灭弧室　3—静触点　4—转动轴　5—触点盒

课堂练习

（1）SF_6负荷开关与其他的负荷开关相比，最明显的特点是什么？

（2）XGN15－12 型 SF_6负荷开关环网柜的主要用途是什么？

3. XGN15－12 型空气绝缘环网柜

（1）主要技术参数　负荷开关室和负荷开关－熔断器组合室的主要技术参数见表 6-16。

表 6-16　负荷开关室和负荷开关－熔断器组合室的主要技术参数

项目		数据	
		负荷开关室	负荷开关-熔断器组合室
额定电压/kV		12	
额定绝缘水平	1min 工频耐受电压/kV	42	
	雷电冲击耐受电压/kV	75	
额定频率/Hz		50	
额定电流/A		630	125
3s 短时额定耐受电流/kA		20	
额定峰值耐受电流/kA		50	
额定短路关合电流（峰值）/kA		50	125
额定有功负荷开断电流/A		630	
额定闭环开断电流/A		630	
额定电缆充电开断电流/A		10	
最大空载变压器开断容量/kVA		1250	
额定短路开断电流/kA			50
额定转移电流/A			1700
熔断器最大额定电流/A			125
机械寿命/次		2000	
撞击器动作脱扣时间/s			≤0.06
SF_6 气体额定压力（表压）/MPa		0.045	
防护等级		IP3X	

（2）结构特点

1）柜体。XGN15－12 型环网柜总体结构如图 6-83 所示，它主要由一个负荷开关–熔断器组合室和两个负荷开关室组成。其上部为左右联络母线室即上母线室，上母线室前部是仪表室、控制室，柜体下部为电缆进出线室即下进出线室。柜中部的负荷开关室将上母线室和下进出线室分隔开。负荷开关室内的负荷开关分断额定工作电流，负荷开关–熔断器组合室内由熔断器分断短路电流。

2）操动机构及联锁。操动机构有手动操动和电动操动，手操操动杆按操动程序由人手动旋转传动杆，机构弹簧即可储能，并驱动负荷开关和接地开关动作；电操只需按仪表板的指示按钮就可使负荷开关和接地开关动作。

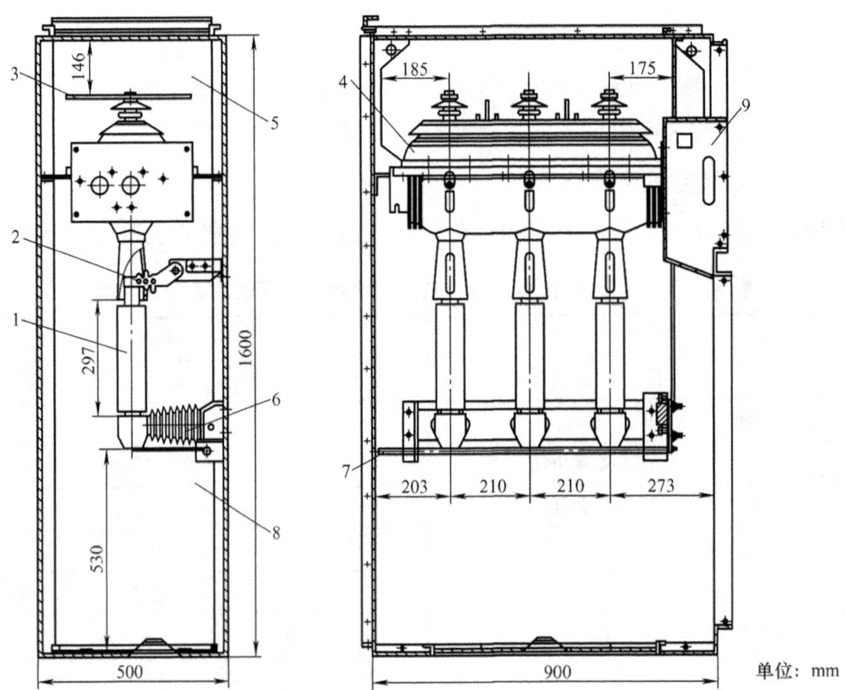

图 6-83　XGN15－12 型环网柜总体结构

1—熔断器　2—脱扣器　3—主母线　4—负荷开关（SF_6）

5—母线室　6—传感器　7—下接地开关　8—电缆室　9—机构安装箱

开关柜设“五防”功能，负荷开关的主闸刀、隔离闸刀、接地闸刀互相联动，即主开关、隔离开关、接地开关不能同时闭合，接地开关与柜门也设有机械联锁，只有当接地开关闭合时，柜门才能打开。

4. XGN35－12 型 SF_6 绝缘环网柜

（1）柜体　XGN35－12 型 SF_6 绝缘环网柜总体结构如图 6-84 所示，柜体外壳为密封结构，由耐腐蚀敷铝锌钢板加工组成，防护等级 IP4X。主母线、负荷开关、电缆置于独立的金属小室内，小室设压力释放装置。电缆室内有贯穿的接地母线，柜体和电缆屏蔽层安全接地。柜体操作面板有气体状况观察窗、手动操动孔、挂锁、模拟接线图、开关分合位置指示及带电显示装置。电缆室门与接地开关有机械联锁装置，接地开关闭合后才能打开电缆室的门，电缆室门关上后才能打开接地开关。

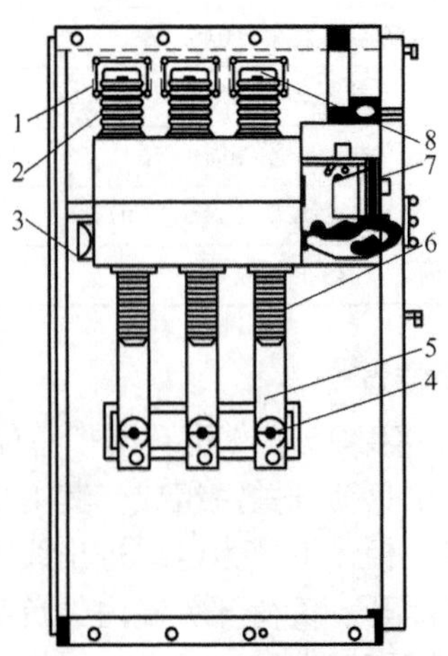

图 6-84　XGN35－12 型 SF_6 绝缘环网柜的总体结构

1—绝缘套管　2—上进线　3—压力释放装置　4—传感器

5—馈线　6—下出线　7—操动机构　8—主母线

（2）气室 气室内部装有负荷开关、母线、吸附剂等，充额定压力0.05MPa的SF_6气体。气室用不锈钢外壳组成，动静密封面全采用焊接密封，正常操作时保证使用30年。气室背面装设防爆片，当气室内部出现电弧时，气体通过防爆片排出，防止损害。

（3）弹簧操动机构 弹簧操动机构使用可卸出手柄沿垂直方向上下操动，三工位负荷开关通过焊接于气室正面板的气密贯穿件与弹簧操动机构相连接。开关操动速度与手柄的操动速度无关，开关操动之后弹簧再次松弛。适用于变压器馈线柜上的操动机构上装有储能装置，可在熔断器动作或负荷开关脱扣装置动作时，使负荷开关跳闸。

6.3.2 F-C柜

1. F-C柜的特点

F-C柜由高压限流熔断器、高压接触器、集成化多功能综合保护装置等组成，其体积小、寿命长、可频繁操作、维护少、防火性能好、噪音低、环保性能好、内部故障概率小、使用成本低。由于高压限流熔断器独特的分断短路电流能力，高压接触器适于频繁操作，因此F-C柜广泛用于控制高压电动机。

F-C柜的高压接触器有真空式和SF_6式两种类型，其体积较小，机械寿命和电寿命高。F-C柜可设计成双层结构，使一座柜可容纳两台接触器。F-C柜可限制故障电流，因此使用F-C柜的系统中相应电器和线路故障承受能力可略微下调。采用F-C柜后，速断保护由高压限流熔断器完成，与用断路器配继电保护装置相比，减少了中间时延。电流越大，限流熔断器分断故障电流的时间越短。当短路电流达7kA时，熔断器的分断时间小于10ms。因此，F-C柜对电动机及电缆的保护更有利，其对故障电流快速分断的特性将减少故障对电网的影响。

2. F-C柜的典型结构

F-C柜基本是手车式，有单回路和双回路两种，双回路主要有上下布置方式（双层结构）和并列布置方式（双列结构）；双层F-C柜宽度窄，高压限流熔断器有限流特性，不必每个小室单独设置释压通道，但上层手车的进出需借助升降车；双列F-C柜宽度窄，手车进出不需升降车。

双列结构F-C回路柜的另一种形式是每列由电缆室、手车室、母线室及继电仪表室组成，每列均有接地开关，每个小室设有单独的释压通道。国内F-C回路柜大都是单回路的。图6-85所示是单回路F-C柜结构示意图，图6-86所示是它的主电路方案。

6.3.3 典型高压成套产品

1. KYN28A-12型铠装手车式高压开关柜

（1）概述

KYN28A-12（GZS1）型铠装手车式高压开关柜产品外形如图6-87所示，它可作为3.6~12kV、三相交流、50Hz、单母线及单母线分段系统的成套配电装置，主要用于中小型发电机组送电、用电单位配电以及电力系统二次变电站的受电、送电及大型高压电动机起动等。这种高压开关柜符合GB/T 3906—2020，由柜体和中置式手车组成。外壳防护等级为IP4X，各小室间防护等级为IP2X，可从正面安装、调试和维护，也可背靠背组成双重排列和靠墙安装，其安全性、灵活性高。KYN28A-12型铠装手车式高压开关柜主要技术参数见表6-17。

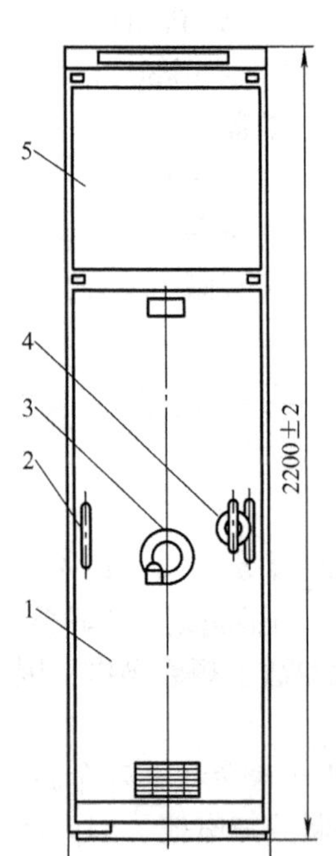

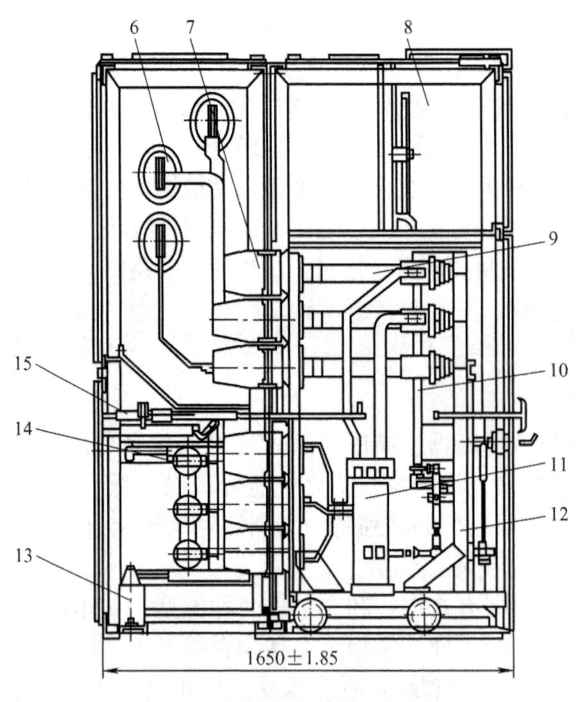

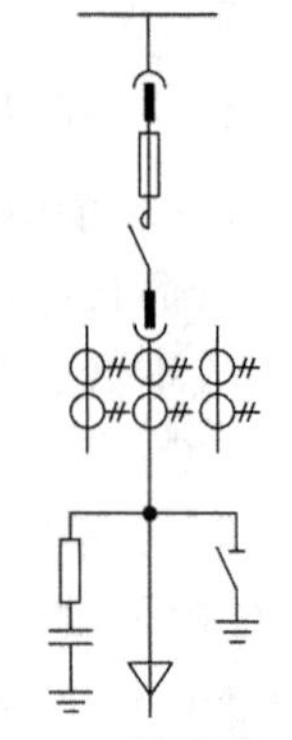

图 6-85　单回路 F－C 柜的结构示意图

1—手车门　2—门把手　3—手车推进机构　4—接触器与接地开关操动手柄
5—仪表门　6—主母线套管　7—一次隔离触点盒　8—继电器室　9—高压熔断器
10—熔断器撞击装置　11—真空接触器　12—F－C 手车
13—RC 过电压吸收器　14—接地开关　15—接地开关转轴

图 6-86　单回路 F－C 柜主电路方案

表 6-17　KYN28A－12 型铠装手车式高压开关柜的主要技术参数

项目		数据
额定电压/kV		3.6，7.2，12
额定绝缘水平/kV	工频耐受电压（1min）	42
	雷电冲击耐受电压	75
额定频率/Hz		50
主母线额定电流/A		630，1250，1600，2000，2500，3150，4000
分支母线额定电流/A		630，1250，1600，2000，2500，3150，4000
额定短时耐受电流（3s）/kA		16，20，25，31.5，40，50
额定峰值耐受电流/kA		40，50，63，80，100，125
防护等级		外壳 IP4X，小室、断路器室门打开时 IP2X

（2）结构特点

1）柜体。该产品为铠装式金属封闭结构，分手车室、主母线室、电缆室、继电器仪表室，有架空进出线、电缆进出线及其他功能方案，经排列、组合后能成为各种形式的配电装置。

2）手车及推进机构。手车包括断路器手车、电压互感器手车、计量手车以及隔离手车等。同类型手车互换性良好。手车在柜内有“工作”和“试验”位置的定位机构。即使在柜门关闭时，也可进行手车在两个位置之间的移动操作。手车操作轻便、灵活。

3）小室。除继电器仪表室外，其他三个小室都分别设有泄压排气通道和泄压窗。

4）防误动作联锁装置。产品满足“五防”要求，继电器仪表室门上装有提示性的信号指示或编码插座，以防误合、误分断路器；手车在试验或工作位置时，断路器才能开始合分动作；仅当接地开关处在分闸状态时，断路器手车才能从试验与断开位置移至工作位置或从工作位置移至试验与断开位置，以防带接地线误合断路器。当断路器手车处于试验与断开位置时，接地开关才能合上。接地开关处于分闸位置时，下门（及后门）都无法打开，以防止误入带电小室。

2. KYN61－40.5 型手车式高压开关柜

（1）概述　这种高压开关柜可在三相交流、50Hz、40.5kV 单母线分段电力系统中用于在发电厂、变电站和高层建筑中接受和分配电能，并对电路实行控制、保护和监测，符合 IEC60298、GB/T 3906—2020、DL/T 404—1997 等标准，“五防”功能完善，主要由柜体和断路器手车组成。柜体分断路器室、母线室、电缆室和继电器仪表室，外壳防护等级 IP4X，断路器室门打开时防护等级 IP2X。具有电缆进出线、架空进出线、联络、计量、隔离及其他功能方案。其型号含义如图 6-88 所示，主要技术参数见表 6-18。

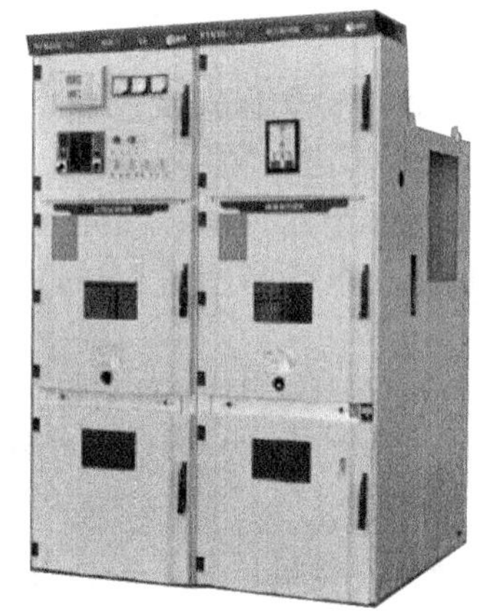

图 6-87　KYN28A－12 型铠装手车式高压开关柜外形

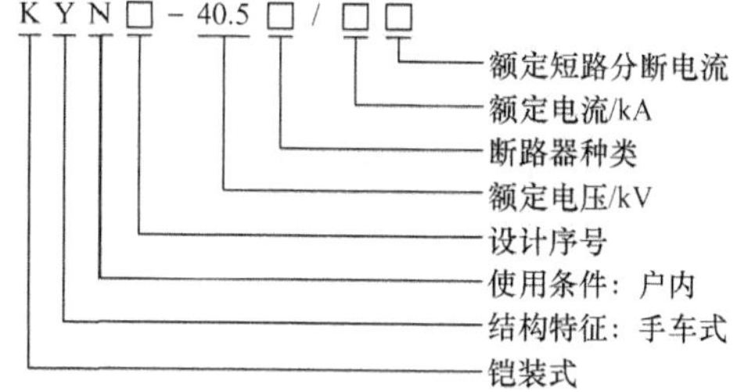

图 6-88　手车式开关柜型号含义

表 6-18　KYN61－40.5 型开关柜的主要技术参数

项目		数据	
额定电压/kV		40.5	
额定频率/Hz		50	
主母线额定电流/A		1250，1600，2000	
支母线额定电流/A		6300，1250，1600	
额定绝缘水平	1min 工频耐受电压（有效值）/kV	相间、相对地	一次隔离断口
		95	115
	雷电冲击耐受电压（峰值）/kV	185	215
	辅助控制回路 1min 工频耐受电压/V	2000	
额定短路开断电流/kA		25，31.5	

（续）

项目	数据
额定短路关合电流（峰值）/kA	63，80
额定短时耐受电流（4s）/kA	25，31.5
额定峰值耐受电流/kA	63，80
辅助控制回路额定电压/V	DC 110，DC 220，AC 220
外形尺寸（宽×深×高）/mm	1400×2800（3000）×2600
重量/kg	2300
防护等级	外壳 IP4X；小室、断路器室门打开时 IP2X

（2）结构特点　该型高压开关柜结构分为柜体和手车，柜体内配用全绝缘真空断路器或 SF_6 断路器。接线方案分为继电器仪表室、手车室、电缆室和母线室，各部分以接地的金属隔板分隔，可阻止电弧延伸，如发生故障时范围不大。在电缆室里装有电流互感器、接地开关等，宽裕的空间便于连接电缆。触点盒前装有金属活门，上下活门在手车从断开与试验位置运动到工作位置过程中自动打开，当手车反方向运动时自动关闭，形成有效隔离。

1）手车室。手车室中，车、柜的滑动接地装置应当良好，确保安全，触点盒前装有金属活门，随手车进出、开闭并到位锁定，采用丝杠机构的手车进出轻巧、灵活。

2）电缆室。电缆室中带有关合能力的接地开关采用锥齿轮传动，因此省力、自锁性好。柜体上下均可进出电缆；空间大，便于多根电缆连接，电缆高度达 650mm；可在电缆室内安装避雷器。

3）母线室。母线室中安装有管状或矩形截面的绝缘母线，相临柜间用母线套管隔开，限制故障电弧蔓延，避免事故扩大；母线接头采用 SMC 材料加强母线接头间的绝缘水平，更加可靠。

4）继电器仪表室及二次插头。继电器仪表室内设网孔安装板，便于安装继电器，可采用综合保护实现遥控功能。柜体与手车之间二次回路的连接具有可靠的锁定装置。

3. GZS－12 型中置式高压开关柜

GZS－12 型开关柜由固定的柜体和可抽出的手车部分组成，如图 6-89 所示，柜体外壳和多功能单元的隔板用敷铝锌钢，组合方便，柜体与手车大小门（手车分大车和小车两类）之间的防误动作闭锁装置牢固，操作灵活。其外壳防护等级 IP4X，断路器室门打开时防护等级 IP2X，高压开关柜有架空进出线，电缆可左右进出联络，柜内可配温度、湿度监控系统，微机保护控制装置，三段保护及接地保护完善。时间整定、电流定值整定精度高，配用装置具有 RS－232 通信口，可以很方便地组成变电站综合自动化保护系统，使配发电实现遥

图 6-89　GZS－12 型中置式高压开关柜外形

测、遥控、遥信和遥调的“四遥”功能，技术参数见表6-19。

表6-19 GZS-12型中置式高压开关柜技术参数

项目		单位	数据
额定电压		kV	12
额定绝缘水平	1min工频耐压	kV	42
	额定雷电冲击电压	kV	75
额定频率		Hz	50
主母线额定电流		A	630、1250、1600、2000、2500、3150
4s热稳定电流（有效值）		kA	16、20、31.5、40
额定动稳定电流（峰值）		kA	40、63、80、100
防护等级		—	外壳IP4X，断路室门打开为IP2X
外形尺寸（宽×深×高）		mm	800×1500（1660）×2200

根据GB/T 3906—2020、IEC298，三相50Hz的单母线及母线分段系统成套装置，可用于接受及分配3～12kV电网的电能和对电路的监控，还用于发电厂送电、工矿配电及电力系统的二次变电站的受电、馈电及大型高压电动机起动等。接线方案见表6-20。

表6-20 GZS-12型中置式高压开关柜接线方案

方案编号		A	B	C	D	D
主接线方案						
额定电流/A		630～3150	630～3150	630～3150	630～3150	630～3150
主要设备	真空断路器VS1、VD4、ZN63	2	1	1	1	1
	电流互感器	4	2	2	3	3
	氧化锌避雷器	3	3	3	3	3
用途		—	电缆出线	架空出线	电缆出线	架空出线

课堂练习

（1）叙述高压电气设备的“五防”要求。

（2）某工业企业用电，要求电力系统的二次变电站受电、送电。符合GB 3906—2020，要求设备由柜体和中置式手车两大部分组成，外壳防护等级IP4X，各小室间防护等级IP2X。柜内装有各种联锁装置，达到“五防”要求，正面安装调试和维护，主要技术参数见表6-21。请根据实际，选用高压电气成套设备。

表 6-21　开关柜的主要技术参数

项目		数据
额定电压/kV		12
额定绝缘水平/kV	工频耐受电压（1min）	42
	雷电冲击耐受电压	75
额定频率/Hz		50
主母线额定电流/A		2500
分支母线额定电流/A		630
额定短时耐受电流（3s）/kA		20
额定峰值耐受电流/kA		50
防护等级		外壳 IP4X，小室、断路器室门打开时 IP2X

手车保护知识阅读资料见配套资源。

6.4　高压电气设备的主回路及辅助回路

6.4.1　主回路方案类别与进出线方式

1. 主回路方案类别

高压电器成套设备，即高压开关柜的主电路，根据其型号不同，主回路方案少则几十种，多则上百种。厂家还可根据需要，设计非标准的主电路方案。每种型号高压开关柜的主电路方案按照其用途，通常包括以下类别：

1）进、出线柜，用于高压受电和配电。

2）联络柜，包括用于变电站单母线分段主接线系统的分段柜（母联柜）、柜与柜之间相互连接的联络柜等。

3）电压测量柜，安装有电压互感器，接线方案有 V/V 形、Y_0/Y_0形、$Y_0/Y_0/\triangle$等，除电压测量外，电压测量柜还用于绝缘监视。

4）避雷器柜，用于防止雷电过电压。

5）所用变压柜，柜中安装有 30、50、80kV · A 等小容量干式变压器及高、低压开关，用于所（站）自用电系统的供电，如图 6-90a 所示。

6）计量柜，用于计量电能消耗，如图 6-90b 所示。

7）隔离柜，柜中主要电器仅为隔离开关（固定式高压开关柜）或隔离小车（手车式高压开关柜），用于检修时隔离电源，如图 6-90c 所示。

8）接地手车柜，配有接地手车的手车式高压开关柜，当推入接地手车时，将线路或设备接地，如图 6-90d 所示。

9）电容器柜，安装有 6.3kV 或 10.5kV 高压电容器，用于高压电动机等高压设备的分散或就地无功补偿，如图 6-90e 所示。

10）高压电动机控制柜，用于高压电动机的配电与起动、停止，如图 6-90f 所示。

每类别主电路方案可根据回路电流规格、主要电器、进出线方案的不同，包括若干个主电路方案。

2. 进出线与柜间连接方式

（1）母线连接　柜上部空间母线是开关柜的主母线，大多数开关柜有这一母线，贯通各开关柜，构成变电站的系统母线。相邻柜间的连接，可以用柜下部母线，图6-90b和图6-90c所示就是这种进出线。图中实线表示柜底母线，表示本高压开关柜通过柜下部母线与右侧高压开关柜的联络，虚线表示也可与左边的高压开关柜柜底母线联络。

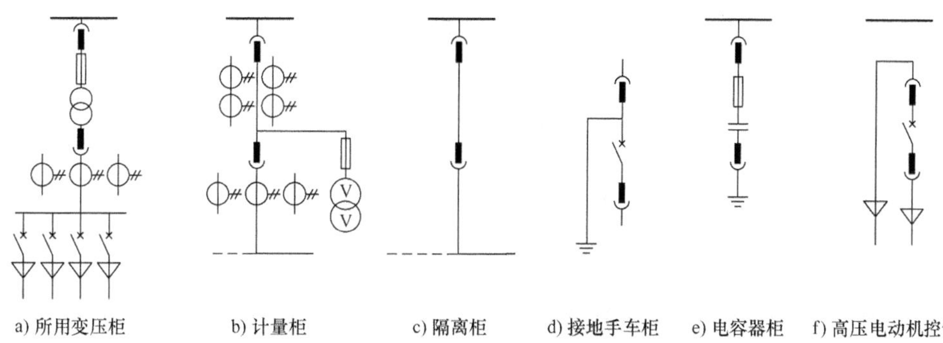

图6-90　高压开关柜主回路方案类别举例

有些开关柜的柜顶母线并不与柜内电路连接，仅起过渡母线作用，用于贯通主母线，如图6-91a所示，其柜顶母线并不与柜底母线以及电缆进出线连接。

（2）电缆进出线　图6-90a、图6-90f、图6-91a所示电路采用电缆进出线，电缆安装于高压开关柜电缆室中。

（3）架空线路进出线　图6-91b、c、d所示采用架空进出线，其中图6-91b没有柜顶母线，如作为进线柜，则需通过架空进线受电，通过柜底母线左右联络。如作为出线柜，由左右联络的高压开关柜从系统主母线受电，通过架空线馈电。

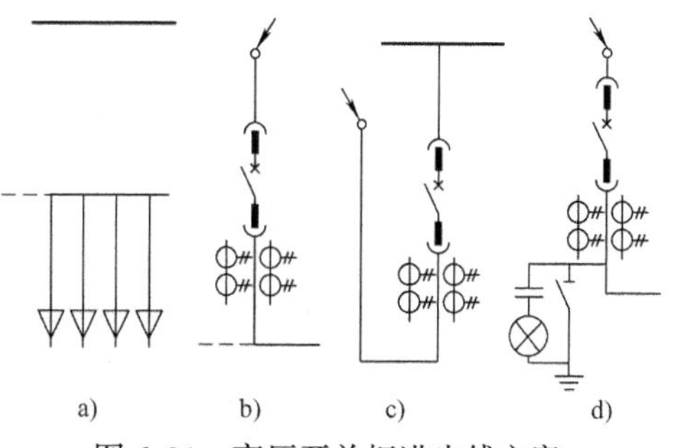

图6-91　高压开关柜进出线方案

3. 典型主电路介绍

（1）KYN29A－12型高压开关柜例　每种型号高压开关柜的主电路方案从几十到上百种，功能各异。如KYN29A－12型开关柜，设有一个辅助设备手车室，如图6-92所示，位于中置手车的下方空间，可安装电压互感器手车、RC过电压吸收器手车和避雷器手车等，柜内空间利用充分。主母线室分上、中、下3种方案，其中一种典型接线方案见表6-22。

1）方案1～12。这12种主电路方案均为隔离柜，除中置式隔离手车外，还安装电压互感器辅助手车或电压互感器＋避雷器辅助手车。主母线有左右联络、左联络、右联络三种形式，主母线室设在开关柜上部空间。主电路形式相同，只是主回路的额定电流不同。

2）方案13～36。此24个主电路方案基本形式相同，全为进出线柜，主要电器为断路器，电缆进出线，主母线室位于柜内中部，安装有电压互感器辅助手车或“电压互感器＋避雷器”辅助手车。电缆室中安装有电流互感器，有V形接线、Y形接线。在3～35kV电网中，系统中性点用小电流接地方式，测量和过电流保护用的电流互感器用V形接线。为实现电缆线路的接地保护（零序电流保护），可安装零序电流互感器，即表6-22中的25～27、31～33号方案。Y形接线的电流互感器可用于测量和过电流保护，也可用于电缆线路的零序电流保护。

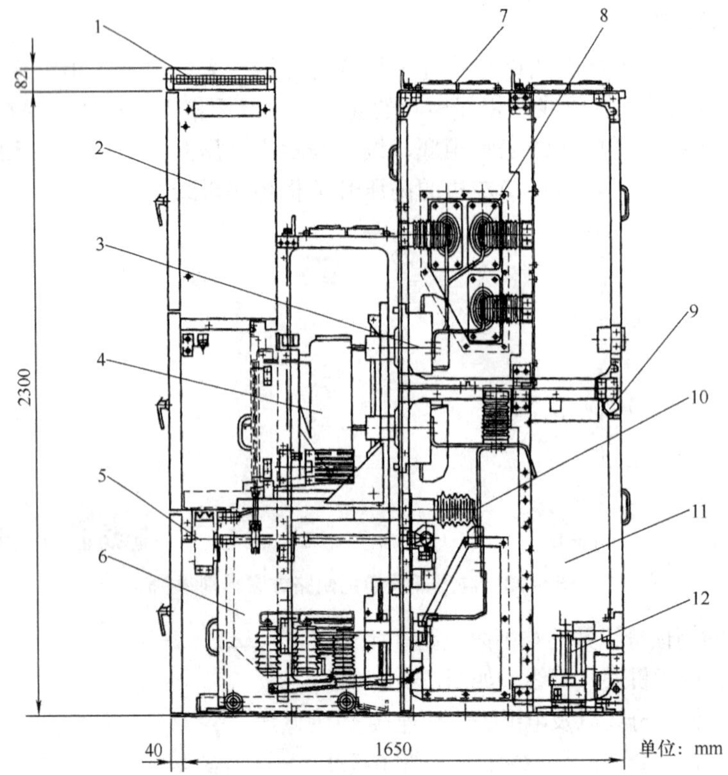

图 6-92　KYN29A－12 型开关柜结构

1—小母线室　2—继电仪表室　3—一次隔离静触点座与电流互感器　4—中置手车　5—接地开关操动机构　6—辅助设备手车室　7—压力释放活门　8—主母线室（分上、中、下方案）　9—照明灯　10—接地开关　11—电缆室　12—加热板（防潮发热器）

表 6-22　KYN29A－12 型开关柜的主电路方案及组合典型案例

1	2	3	4	5	6	7
8	9	10	11	12	13	14

（续）

15	16	17	18	19	20	21
22	23	24	25	26	27	28
29	30	31	32	33	34	35
36	37	38	39	40	41	42
43	44	45	46	47	48	49

（续）

50	51	52	53	54	55	56
57	58	59	60	61	62	63
64	65	66	67	68	69	70
71	72	73	74	75	76	77
78	79	80	81	82	83	84

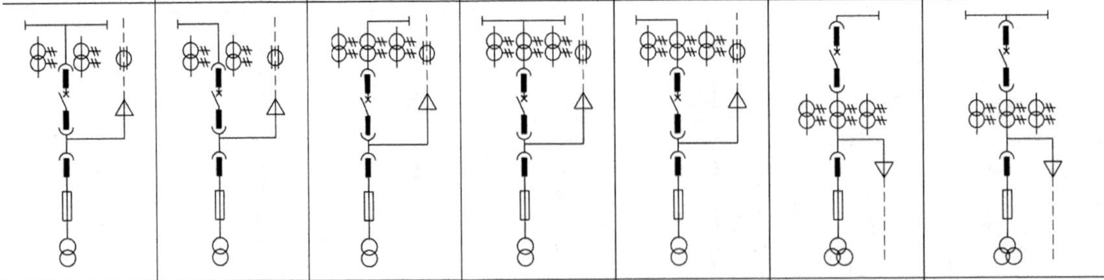

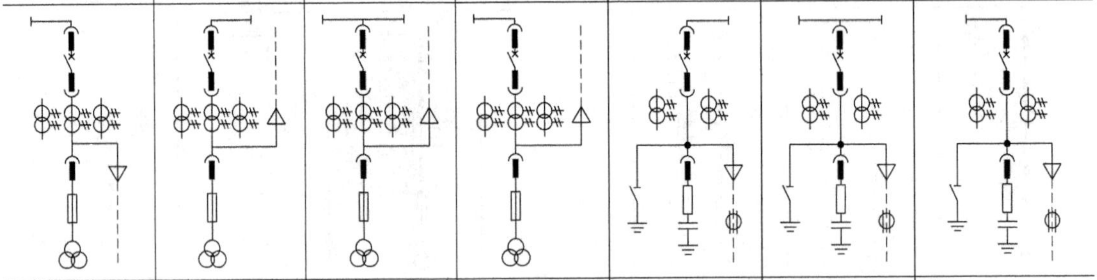

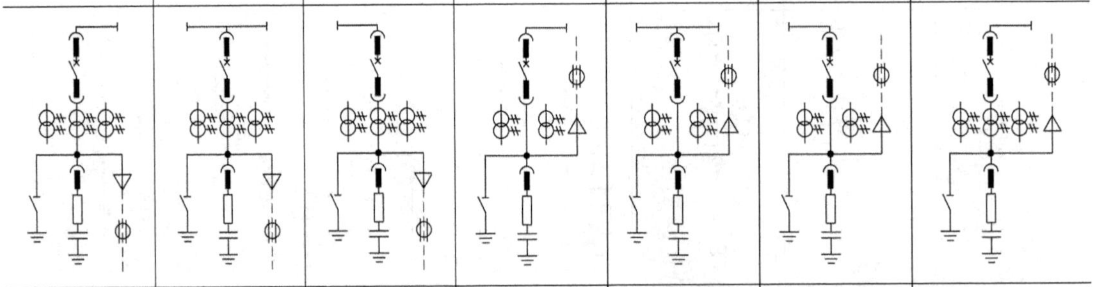

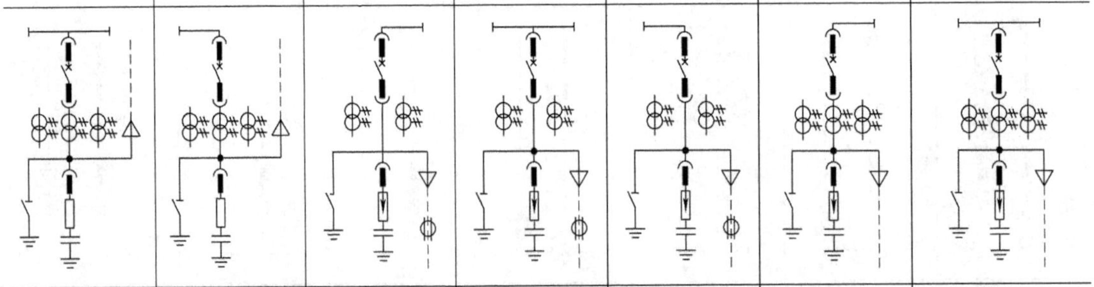

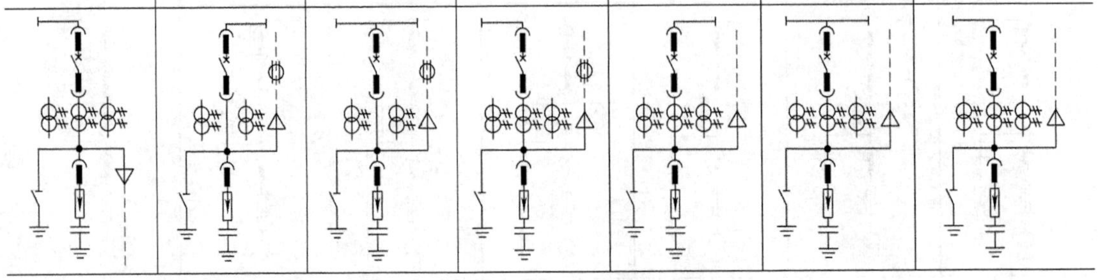

（续）

85	86	87	88	89	90	91
92	93	94	95	96	97	98
99	100	101	102	103	104	105
106	107	108	109	110	111	112
113	114	115	116	117	118	119

（续）

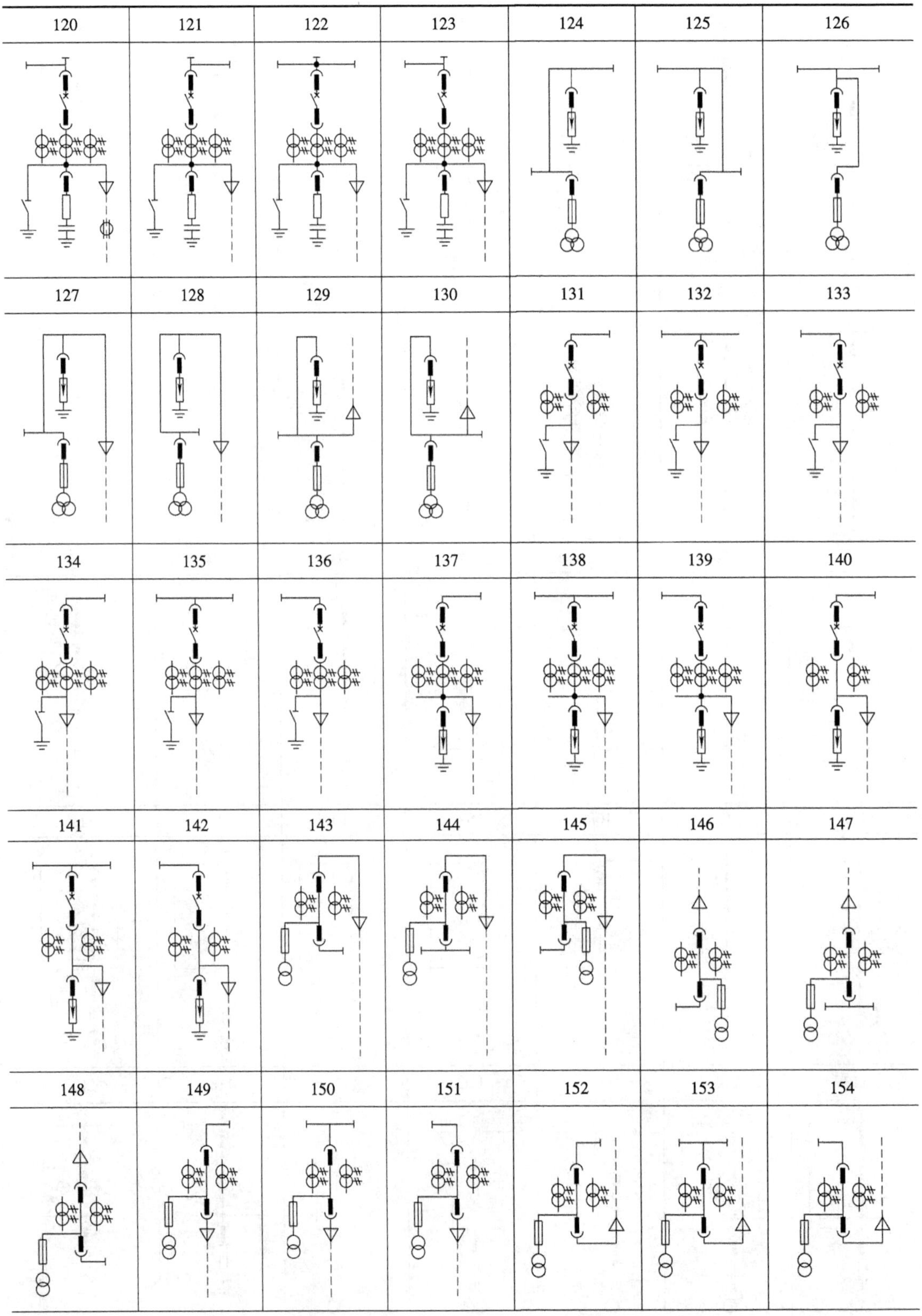

120	121	122	123	124	125	126
127	128	129	130	131	132	133
134	135	136	137	138	139	140
141	142	143	144	145	146	147
148	149	150	151	152	153	154

（续）

155	156	157	158			
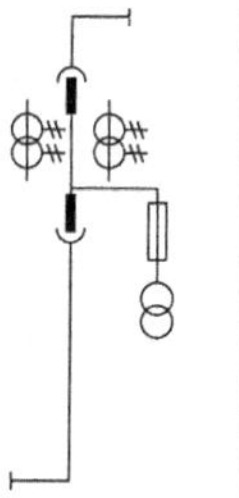	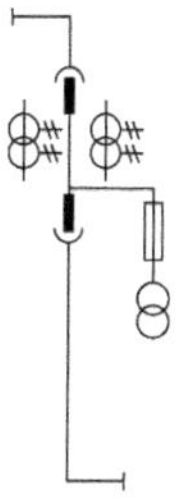	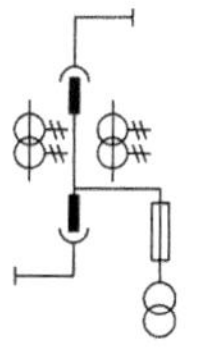	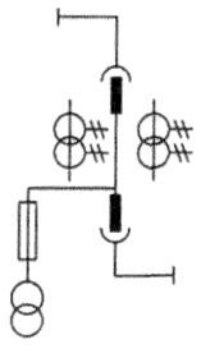			

3）方案 37～42。这些方案是进出线柜，主母线室位于高压开关柜下部。

4）方案 43～54。这些方案同样是进出线柜，主母线室位于高压开关柜上部，并安装有电压互感器辅助手车，电压互感器为 V 形接线。

5）方案 55～60。这些方案还是进出线柜，主母线室位于高压开关柜上部，并安装有电压互感器辅助手车，电压互感器为 $Y_0/Y_0/\triangle$接线。

6）方案 61～72。这些方案安装有中置式断路器手车和 RC 过电压吸收器辅助设备手车及接地开关，适于高压电容器组投切、高压电动机和电弧炉的起动、停止等。

电力系统中的过电压分雷电冲击过电压和内部过电压（工频过电压），后者可采用氧化锌避雷器或 RC 阻容吸收器保护。

7）方案 73～90。这些方案是进出线柜，安装有避雷器辅助手车或电压互感器 + 避雷器辅助手车。其中 88～90 号方案不安装电流互感器。

8）方案 91～94。这些方案是母联柜，用于连接主接线单母线分段系统中的母线段，又称分段柜。电流互感器用于母线保护，三相都装有电流互感器的开关柜可进行母线差动保护。

9）其余方案。方案 124～126 是单母线带旁路母线，主母线室分别设于高压开关柜上、中部，有避雷器与电压互感器柜；方案 127～130 是单母线，主母线室设在高压开关柜中部，安装有避雷器与电压互感器的进出线柜；方案 131～142 是单母线，有断路器手车的电缆进出线柜，带有接地开关或避雷器；方案 143～158 是计量柜，有电流互感器和电压互感器安装于计量手车上。

另外，方案 95、96、99、100 为隔离柜；方案 97、98、101、102 为母线过渡（转接）柜；方案 103～108 为单母线带旁路的进出线柜；方案 109～114 为联络柜，带电压互感器辅助手车；方案 115～117 为单母线带旁路母线，主母线室设在高压开关柜上部的避雷器与电压互感器柜；方案 118～123，为单母线带旁路母线，有中置式断路器手车和 RC 过电压吸收器辅助设备手车，以及接地开关，适于高压电容器组投切、高压电动机和电弧炉的起动、停止等用途。

（2）标准主接线系统　该系统由各功能单元主接线模块排列组合，可组合成无数个接线系统，此处介绍几种常用的变电站或开关站主接线系统。

1）6～10kV 末端配电室主接线方案。该方案也称方案一，如图 6-93 所示。进线与计量合用一台中置柜（中置柜即主要电器置于柜体中部），对进线及计量柜手车内装入电流互感器、装熔断器及电压互感器，这种方案电器多、空间有限，安装的电器需与空间适应，电流互感器应需配套型号，电压互感器应与保护熔断器合理组合。计量柜由供电部门监管，不可随意抽出，变电站停电维修时，尽管总开关断开，进线母线仍带电。采用此种接线方案，进线计量柜手车与总开关联锁，只在总进线断路器断开时，才允许抽出或推进计量手车。

需说明，此方案如用于35kV系统，1号柜及3号柜主接线应做少量变动，如图6-94所示，12kV手车柜应首选此方案，能安装3只电流互感器的柜体，若安装2只电流互感器；电气间隙会更大；图6-94a所示接线不必与总进线柜联锁，此为优点，尽管电流互感器流过总进线电流，但固定敷设，只有电压互感器安装于手车内，电压互感器手车可不加联锁推进与抽出。因电流互感器发生故障时，不论固定安装还是装于手车内，均影响供电，而电流互感器故障率低，故电流互感器总进线电流不经插接头，即基本不因接触不好产生载流故障。

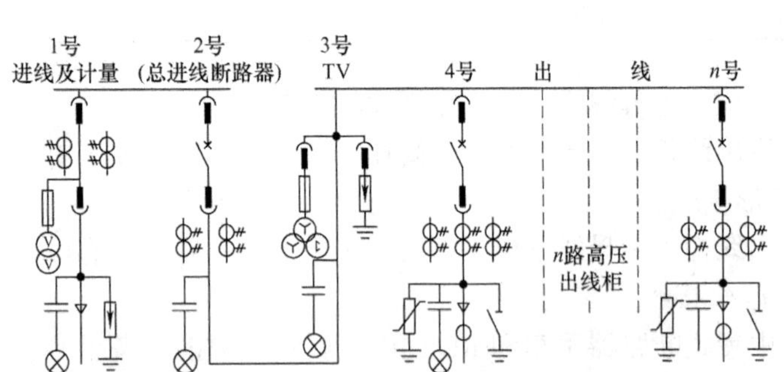

图6-93 6~10kV末端配电室主接线（单电源进线）

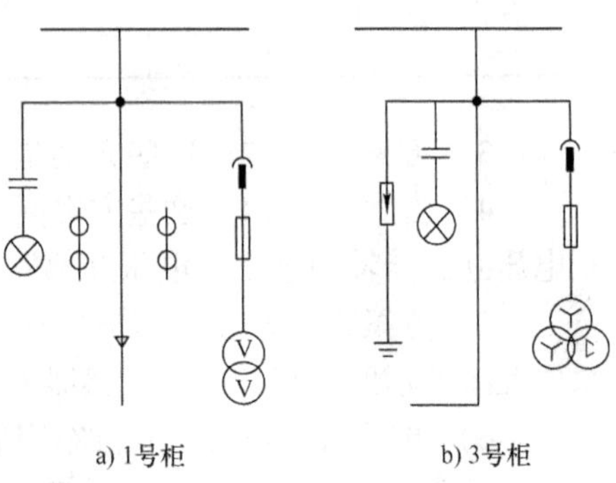

图6-94 主接线用于35kV系统

2）单电源进线主接线系统方案，如图6-95所示。与方案一的区别是配电系统带有总隔离手车，当配电室全停电维护时，可将隔离手车抽出，因为全部母线不带电。计量柜所用电流互感器固定安装，考虑到电流互感器故障率低，不必为维修或更换方便采用手车，因为有充足空间，可选合适的电流互感器。

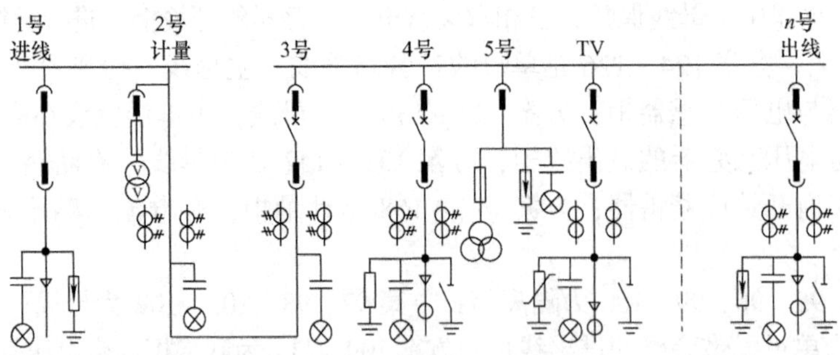

图6-95 单电源进线主接线系统

3）无总隔离柜的单电源进线系统方案，如图6-96所示，较常用。配电系统没有隔离手车，用于与降压变电所毗邻的系统，整个系统停电维修时，只要将降压变电所侧的相应配出回路断开即可。不加隔离手车，可减少空间，且故障点少，节省

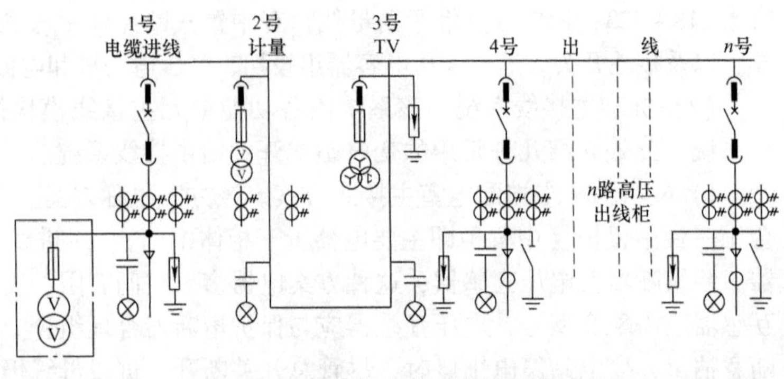

图6-96 无总隔离柜的单电源进线系统

与总进线断路器的联锁。点画线框内电压互感器可根据实际是否需要设置。当有电源自投、并车要求或作为变电站电源时，可增加进线电压互感器。在中性点不接地系统中，电流互感器常采用接在 A、C 相，两只电流互感器可满足要求。

4）所用变压器方案，如图 6-97 所示。此方案带的所用变压器，一般不受总开关控制，总开关断开时，配电室由所用变压器供电，保证照明、控制及维修的电源。架空进线一般用母线槽柜顶进线或电缆柜顶进线，不是裸导体直接引入柜子上端，进线直接搭接柜顶母线。

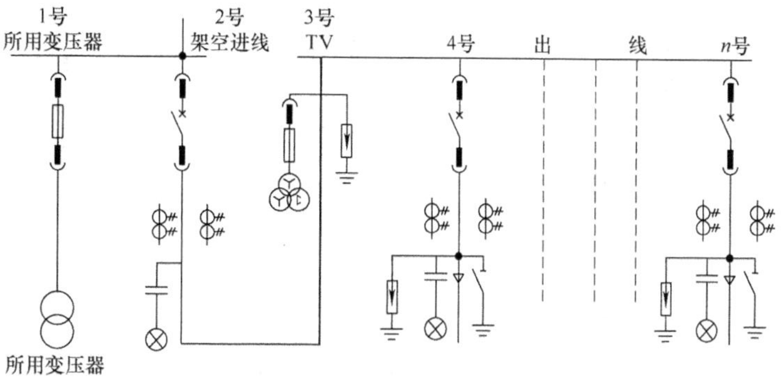

图 6-97　带所用变压器的主接线系统

对手车式中压柜，手车内很难放置所用变压器，容量低于 30kV・A 的干式变压器可置于柜内。如小容量所用变压器置于柜内且固定安装，而不是装于手车内，如图 6-97 所示。只有熔断器置于手车内，容量大的所用变压器要与成排柜体保持一定距离，并加防护等级高于 IP20 的防护外壳。

5）两路电源电缆进线的主接线系统方案，如图 6-98 所示。当两路电源进线且两路电源同时工作时，只需在两个单电源进线系统中间加联络柜。联络柜由两台柜体拼成，其中一台加隔离手车，否则带有断路器的联络柜会因下端带电而造成检修困难。由单电源进线的单母线分段开关柜不另加隔离手车。如两段母线不在同一配电室，分处较远的距离，则在每段母线处均加断路器。

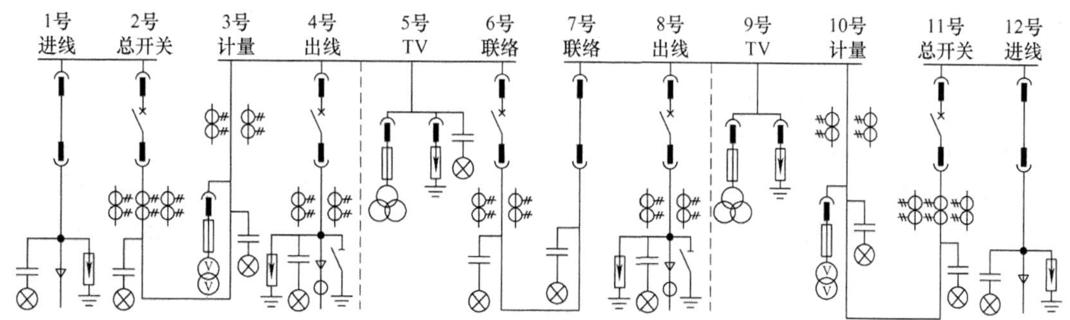

图 6-98　6～10kV 典型一次方案

6）电源进线直接进入总断路器柜方案，如图 6-99 所示，它与方案三相似，配电室毗邻降压变电所，如使此配电室全部停电，可断开上级变电站的出线回路，此外用户电能计量可在变电站完成，节省计量柜。

7）35kV 双电源带联络开关的主接线方案，如图 6-100 所示。架空进线时，因进线柜在成排柜体中间，进线柜深度需加大，多柜并列时不易布置，并排敷设的所有柜子深度要加大。对 35kV 系统，如出线不加断路器，实际是典型的外桥接线；如进线不加断路器只有隔离开关，则是内桥接线。如每段母线上有多个回路出线，则成为双电源带母联开关的普通单母线分段主接线系统。

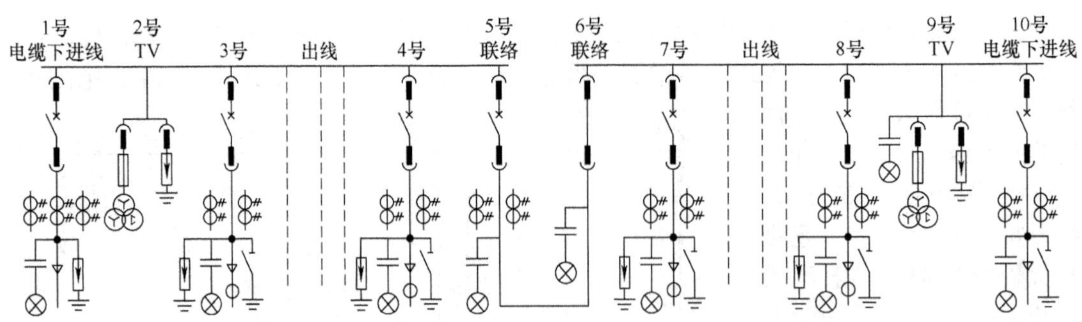

图 6-99　电源进线直接进入总断路器柜

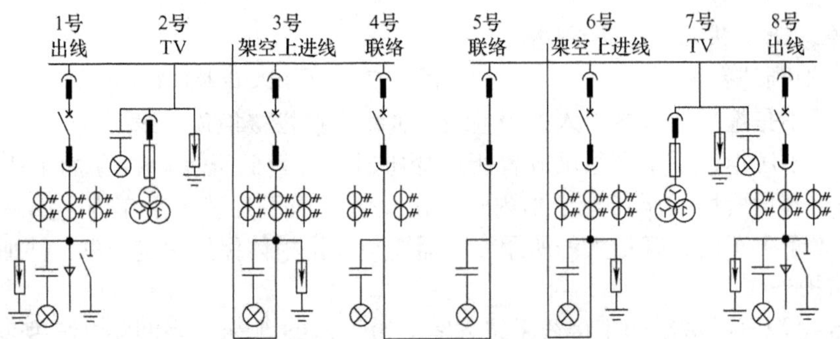

图 6-100　35kV 双电源带联络开关的主接线

8）变电站采用固定式开关柜主接线方案，如图 6-101 所示。对固定式高压开关柜，与手车式高压柜主接线基本相同，只是将手车内的断路器固定安装、断路器两侧的主回路插头换成隔离开关、下隔离开关采用三工位。电源进线柜下隔离开关最好不采用具有接地位的隔离开关，除非可靠联锁，否则可能会造成带电闭合接地。另外，当确定出线回路无返回电源时，可不装下隔离开关。

注意，三工位隔离开关尽管有接地功能，但与接地开关不同，接地开关为弹簧储能，快速闭合，如合于短路时也能克服电动力，强行合闸到位，引起上位断路器跳闸，具有短时耐受短路电流、耐冲击峰值电流及闭合短路电流能力，但三工位隔离开关只能承受短路热稳定及动稳定电流，不具备闭合短路电流能力，当闭合于短路点时，引发的电弧电流会损坏隔离开关。

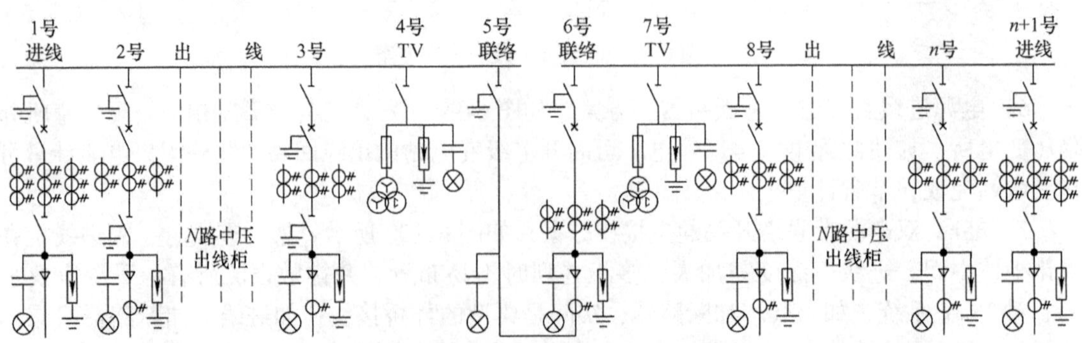

图 6-101　变电站采用固定式开关柜主接线

9）电缆下进线柜置于中间的电气主接线系统方案，如图 6-102 所示。进线隔离柜、计量柜、进线断路器柜处于成排布置柜体的中间。开关站扩展时，可向两侧增加柜体。但向两侧延伸的水平母线与进线隔离柜、计量柜的柜顶母线合用母线室，不方便。开关站两路电源进线时，当一路电源停电，母联开关闭合，水平母线带电，电源进线隔离柜、计量柜即使退出运行，母线室仍有带电的水平母线，检修时不安全。

此方案最好不采用，实际中对电缆下进线、进线柜处于中间时，可直接进电源断路器柜，计量柜在变电站或进线柜置于端头。

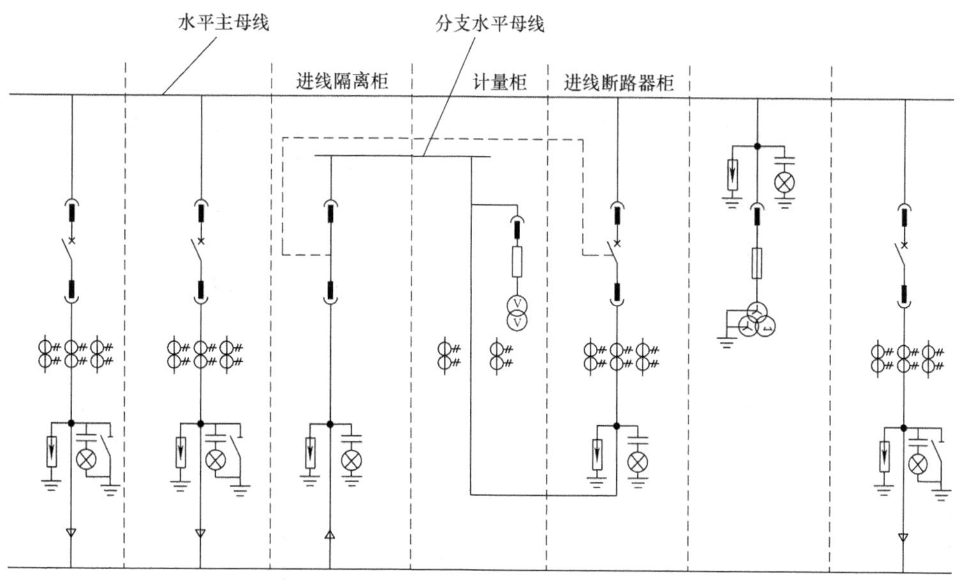

图 6-102　电源进线柜置于成排开关柜中间位置

10）内桥及外桥接线方案，内桥及外桥接线用在两台主变压器及两路电源进线变电站升压站中，多为 35kV 及 110kV 等级。内桥及外桥接线如图 6-103 及图 6-104所示。桥式接线与双电源进线（或出线）加母联开关相比，节省两台断路器，但增加了两台隔离开关，桥式接线比双电源母线分段方案的成本低。

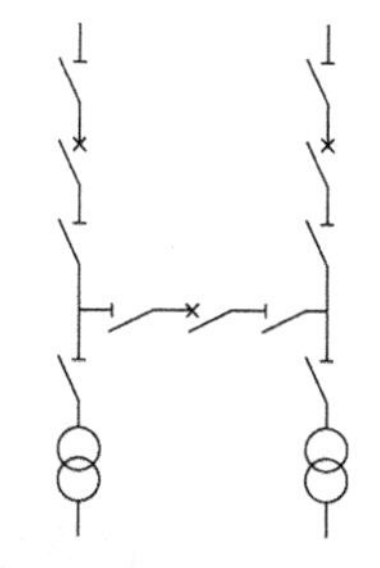

图 6-103　内桥接线

对内桥接线，如线路侧发生故障，只要线路断路器动作，平时线路的切换也方便，用于线路长度大、线路故障率高的场合。对外桥接线，当线路发生故障时，桥联断路器及线路断路器应动作，线路的切换需要停两台断路器，变压器也需短暂停电，但外桥接线变压器的切换方便。因此，外桥接线常用于线路短、故障率低但变压器经常切换的场合。

11）双电源进线互为备用方案，此种主接线系统比较常用，无需母联开关，两路电源接于同一母线，互相联锁，不许两路同时投入。

课堂练习

（1）熟悉高压成套电气设备的一些典型接线方案。

（2）根据图 6-99 所示，分析接线方案的功能。

（3）根据图6-103及图6-104所示的方案结构，分析内桥及外桥接线的特点。

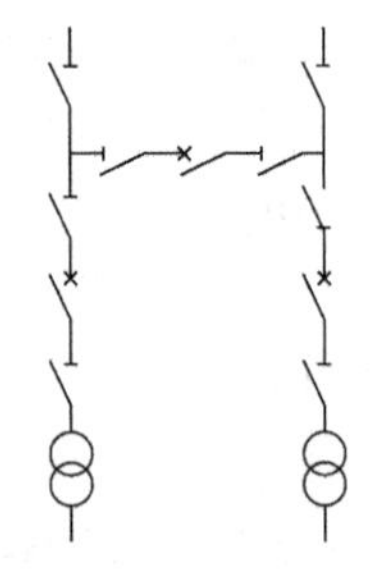
图6-104　外桥接线

（3）功能单元模块化方案　将常见主接线方案做成相对固定的结构，形成“模块”，即模块化，组成整体的单元组件具有特定功能，可与整体单独脱开。高压成套系统可看作由多个主接线模块的组装，如进线模块、计量模块、隔离模块、母线联络模块、电压互感器模块和馈线模块等。

1）电源进线模块。常见的电源进线模块如图6-105所示。图6-105a为电缆下进线，图6-105b、c为架空进线，架空进线可为电缆或高压母线槽。对KYN28A－12型高压开关柜，图6-105b由柜顶上方进线，柜深应再加约250mm，要占据电缆隔室的泄压通道。柜体深度增加，与其他柜体并列敷设时，背部尺寸较大；该模块优点明显，进线柜可置于任何位置，如置于柜子中间位置或端头；进线单元只需一台柜。图6-105c所示的接线模块，只能置于开关柜的端头，进线需两台开关柜，需增加一台母线升高柜，但柜体不用加深。这种接线不可能增加柜体，因水平母线不便向另一端延伸。

除上述进线方式外，还有图6-106所示的方式。图6-106a所示为电缆下进线，此种进线连同断路器只需一台柜体，需增加柜深250mm。图6-106b、c所示为隔离开关进线，也称隔离柜。图6-106b是进线隔离柜与断路器的组合，二者之间需联锁。图6-106c是进线隔离柜与计量柜组合，此种进线隔离柜应与总进线断路器联锁（图中未表示出总进线断路器柜主接线）。

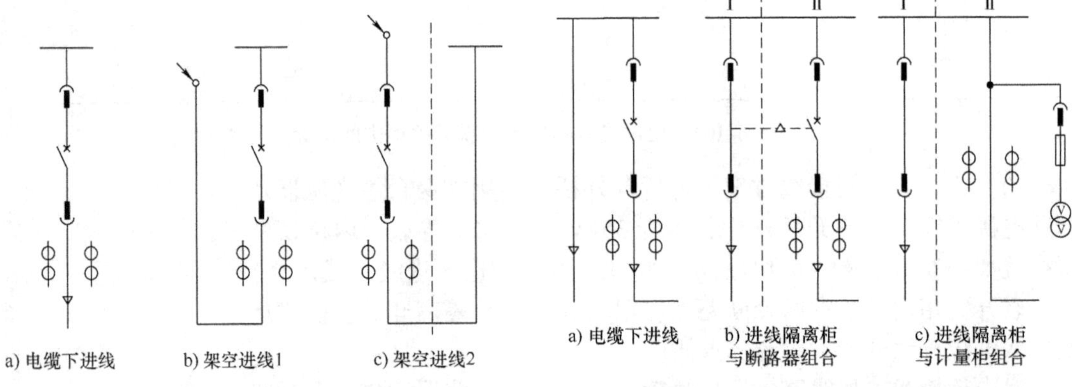

a) 电缆下进线　b) 架空进线1　c) 架空进线2

图6-105　进线模块主接线

a) 电缆下进线　b) 进线隔离柜与断路器组合　c) 进线隔离柜与计量柜组合

图6-106　组合电源进线模块

2）母线联络模块。一般母线联络采用断路器分合，但要与母线升高柜配合，如图6-107所示，两段母线中间加联络断路器，如两段母线均有单独电源进线，则母线升高柜应由隔离柜代替，如图6-108所示。如不加隔离柜，联络断路器柜即使断路器处于断开或移出状态，断路器的其中一侧仍无法维修。

如果联络断路器无隔离柜配合，如图6-107所示，只能在一侧母线有电源进线，则可用作母线分段柜，而不是联络柜。断路器柜与母线升高柜联合组成母线分段单元。最大程度利用柜内空间，母线升高柜常兼用作电压互感器柜。

3）电压互感器模块。电压互感器模块接线如图6-109所示。图6-109a中过电压保护装置为固定接线，安装方便，但更换过电压保护装置或年检时母线需停电。过电压保护装置可承受多次雷电过电压冲击，寿命长，即使偶尔更换或年检也可在配电室维修时实施，或在无雷电时实施。图 6-109b 中，采用单独手车安装过电压保护装置，更换或试验过电压保护装置方便，但需加手车。图 6-109c 中，过电压保护装置与电压互感器置于同一手车。中置柜中，手车空间不大，有些型号如安装过电压保护装置，可能会有电气间隙和爬电距离不够的情况。

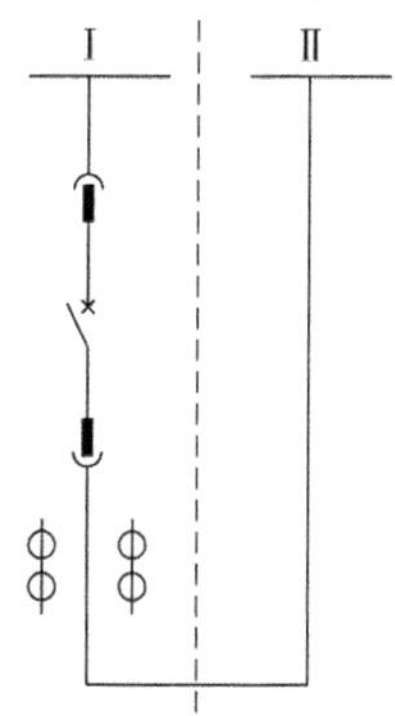

图 6-107　母线联络模块

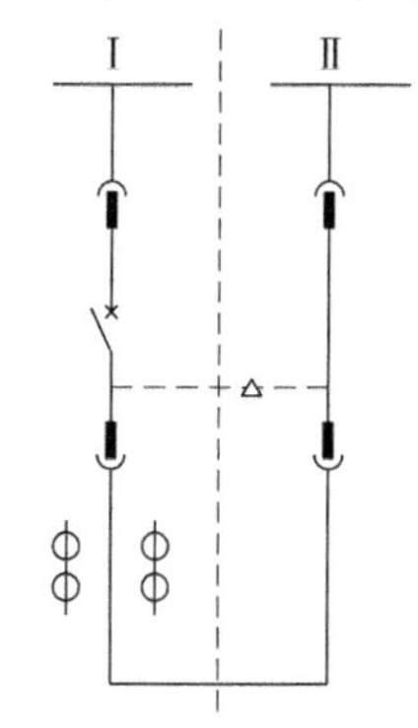

图 6-108　两段母线有电源进线时母线联络模块

a) 固定接线的过电压保护　b) 单独手车安装过电压保护　c) 过电压保护装置与电压互感器置于同一手车

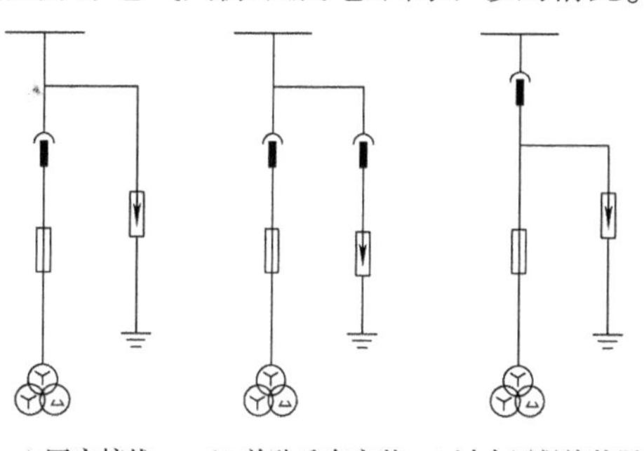

图 6-109　母线电压互感器模块接线

4）馈线模块。所谓馈线即从柜体给负载提供电源的电线，如线路馈出、变压器馈线、电容器馈线、电动机馈线等。一般而言，凡电源进线模块均可作馈线模块，只是电能传输方向相反。对 KYN28A－12 型高压开关柜，电动机主接线模块常采用如图 6-110 所示的 F－C 单元模块，即“熔断器-接触器”单元模块。

熔断器与真空接触器置于同一手车。用于常起动的高压电机馈电回路，因真空接触器的机械寿命、电气寿命为百万次以上，而普通真空断路器机械寿命为 25000 次、电气寿命为 5000 次左右。对有自动投入的高压电容器补偿回路，可用此模块。此模块中，高压熔断器只起短路保护作用，其他保护如过负荷、过电压、欠电压、断相、倒相、堵转等，由微机保护完成，因此回路应加电流互感器，电压信号取自母线电压互感器，执行电器为接触器。

F－C 柜主要用于电动机控制、保护及高压补偿电容器的自动投切回路，它可发挥真空接触器的优点，即大分断电流的高压限流熔断器用于短路保护，且成本低于真空断路器。因此，可用 F－C 柜作为电动机及电容器自动补偿的高压回路。

实际在变压器馈电回路中很少采用 F－C 柜，原因是它的断路器闭合后通过锁扣装置保持，主触点接触紧密。只有对小容量变压器馈电，且对 F－C 柜的联锁功能能保证变压器低压侧不可能向 F－C 柜反馈高压电时，才可适当采用。

电动机功率低于 1250kW 时，F－C 柜可用于电动机控制与保护，大容量电动机采用真空断路器柜，柜内安装用于电动机差动保护的电流互感器及零序电流互感器。

5）计量模块。计量模块分收费计量与考核计量。收费计量模块不受电源总开关控制，置于电路总断路器的电源侧。考核计量属于企业内部管理，用于分析耗电状况，考核计量模块多置于电源总断路器之后。接线如图 6-111 所示。

图 6-111a 中，电流互感器固定接线，电压互感器接插式接线，回路一次电流低于毫安级，接插头不会出现载流故障。电压互感器装于手车内，维修更换方便。电流互感器固定接线，主回路中通过接插头不会造成载流故障，电流互感器本身故障率非常小，不像电压互感器那样因谐振过电压经常造成损坏故障。

图 6-111b 所示是电流互感器装于手车，主回路经插接头连接的方案，它容易在插接处造成

载流故障，此种计量柜插接头承担总电流，各分柜承担较小的负载电流，建议不采用此方案。

对于图 6-111c 所示接线，计量电流互感器与保护测量电流互感器分开，安装两套电流互感器，电气设备成套困难。电压互感器用手车，增加成本。此种接线计量与电源总进线置于同一柜中，若用作收费，需供电部门认可。这种方案不推荐使用。

因此，选择时应综合上述各主接线单元功能模块特点，根据实际需要，合理组合。

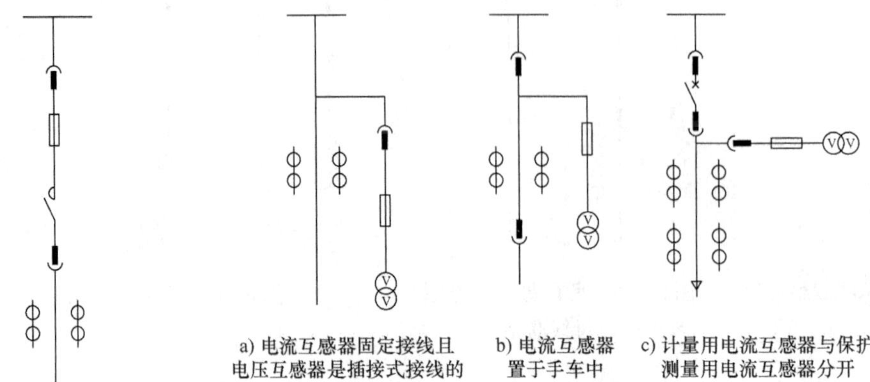

图 6-110　F－C 单元模块

图 6-111　计量模块主接线

课堂练习

（1）典型的功能单元模块化方案有哪些？请叙述其特点。

（2）选择某一种典型的功能单元模块化方案，分析其具体的功能。

6.4.2　高压开关柜的辅助回路

1. 电能计量专用柜二次回路

每种型号高压开关柜都有电能计量专用柜（计量柜），图 6-112 所示 10kV 电网中电能计量专用柜二次电路。包括有功电度表、无功电度表、一个电压表和一个电力定量器。电力定量器的原理与功率表类似，由供电部门设置一个最大功率值，当用户负荷超过设定最大功率值时报警，并延时后使电源进线的断路器动作，切断电源。因 3～35kV 电网属小电流接地系统，系统中性点不接地或经消弧线圈接地，所以使用三相两元件电度表，如图 6-113 所示。

2. 电压测量与绝缘监视回路

高压开关柜都有电压互感器柜，监视母线电压和系统绝缘情况。我国 3～35kV 电网系统中性点不接地或经消弧线圈接地，当电力线路或电气设备对地绝缘损坏导致一相接地时，系统接地相电压为零，另两相对地电压升高到线电压，产生接地电流。因系统线电压并不改变，按规定系统还可继续运行 2h，但保护装置必须发出报警信号。绝缘监视装置电路如图 6-114所示。

3. 信号灯的选择

当信号灯引出线短路时，通过跳、合闸回路电流应小于最小动作电流及长期热稳定电流，一般按不大于合闸线圈额定电流的 10% 选择。当直流母线电压为 95% 额定电压时，加

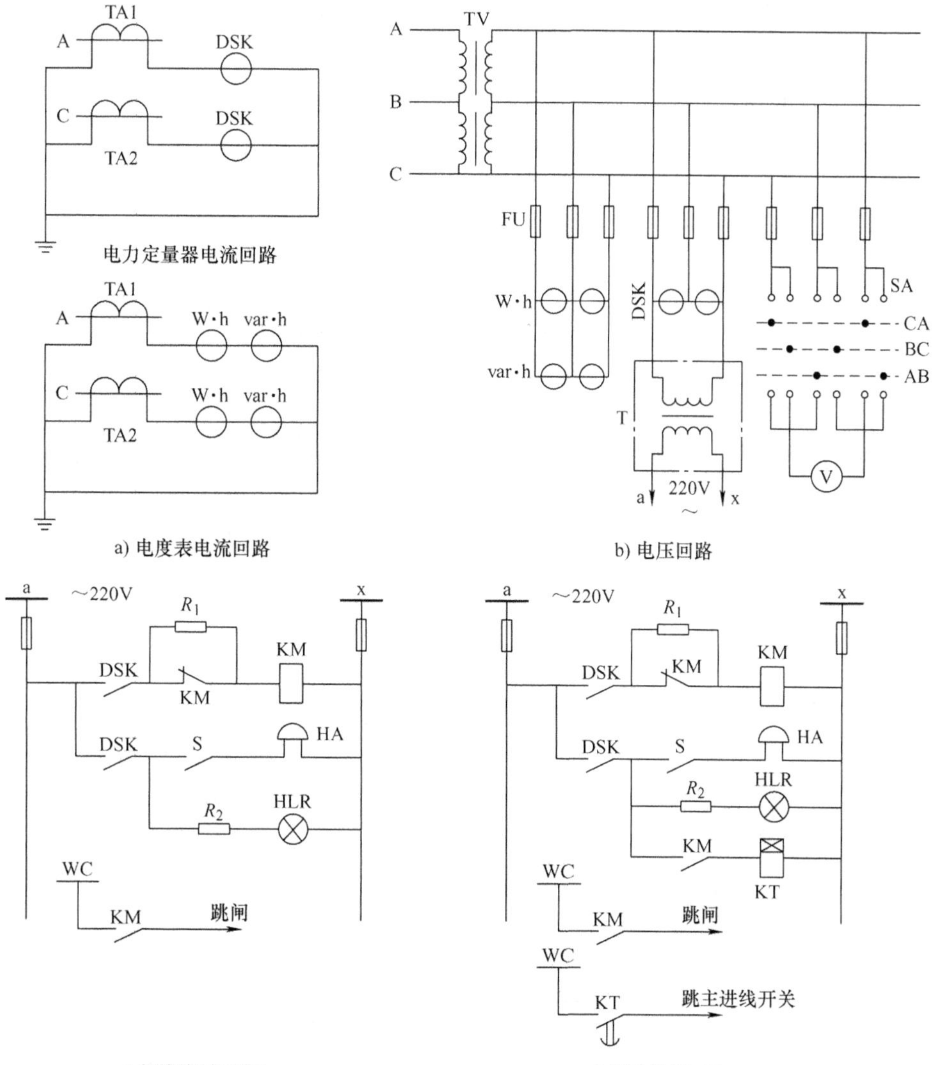

电力定量器电流回路

a) 电度表电流回路

b) 电压回路

c) 保护控制回路1

d) 保护控制回路2

图 6-112　电能计量专用柜的二次电路

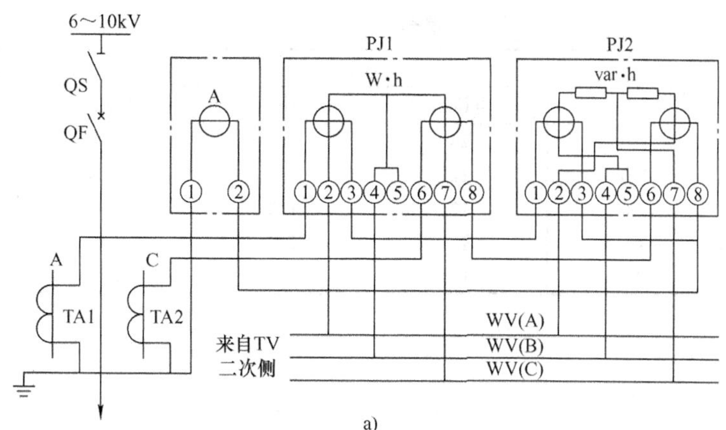

a)

图 6-113　电网电气测量仪表原理接线图

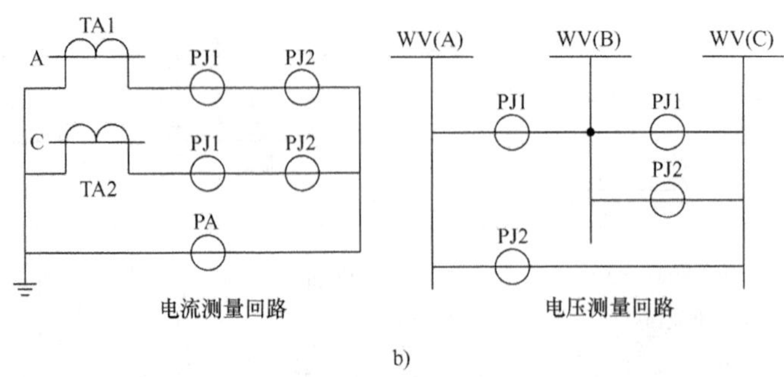

b)

图 6-113　电网电气测量仪表原理接线图（续）

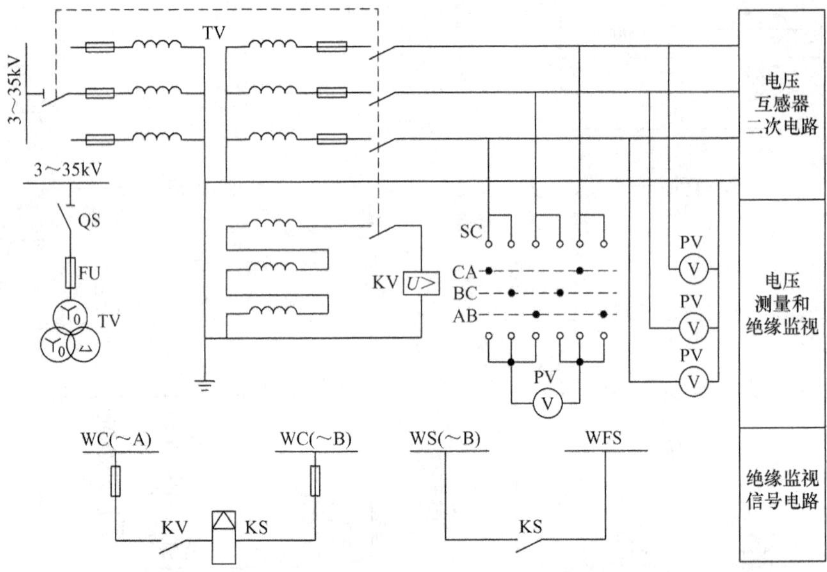

图 6-114　电压测量与绝缘监视装置电路

SC—电压转换开关　PV—电压表　KV—电压继电器　KS—信号继电器　WC—小母线
WS—信号母线　WFS—预告信号母线

在信号灯上电压一般为额定电压的 60% ~70%。现常用带附加电阻的信号灯，只需按额定电压选择即可。常用的信号灯及其附加电阻技术数据见表 6-23。

表 6-23　常用的信号灯及其附加电阻的技术数据

信号灯型号	额定电压/V	灯泡		附加电阻	
		电压/V	功率/W	阻值/Ω	功率/W
XD5 - 380	380	24	1.5	6000	30
XD5 - 220	220	12	1.2	2200	30
XD5 - 110	110	12	1.2	1000	30
XD5 - 48	48	12	1.2	400	25
XD5 - 24	24	12	1.2	150	25

4. 典型二次接线

（1）概述　根据技术、现场条件、维护维修要求，12kV 开关柜从固定式高压开关柜向手车式高压开关柜变化，中置手车式高压开关柜最常见。其一次部分是主回路，二次部分是控制、保护、信号回路，有时将直流电源纳入二次部分。高压断路器与低压断路器的结构不同，低压断路器的保护检测元件与脱扣机构置于断路器本体内，只要接上主接线即可；高压断路器的保护、检测、延时、信号等装置一般置于断路器外，根据实际选择，如加装电流互感器、电压互感器、电流继电器、时间继电器、中间继电器、差动继电器、信号继电器或微机综合保护装置、按钮、转换开关及端子等。

高压开关柜的二次回路，应满足规范要求，对分、合闸回路的完整性有监视作用，能指示断路器合闸、分闸的位置状态，且自动合闸或分闸有明显信号，断路器合闸与分闸完成后，使命令脉冲自动解除，并有防止断路器跳跃的闭锁装置。

传统的二次电路可能不能完全达到要求，采用了微机综合保护装置的二次电路，可对分、合闸回路的完整性进行监视。

（2）断路器控制回路　典型的断路器控制回路，具有以下特点：因合闸冲击电流大，用接触器控制合闸线圈；采用中间继电器防断路器跳跃；用信号灯作分、合闸回路完好性监视，并给出分、合闸状态指示；采用专用控制开关作为合、分闸开关，开关面板有断路器状态指示，分、合闸操作过程中接通闪光提示灯，具有自复位功能，触点不对称时发报警信号。

目前，断路器控制电路已不用电动操动机构而采用弹簧储能，储能电动机工作电流小于5A。电磁合闸冲击电流为100～200A，通过接触器控制合闸线圈，合闸直流电源用放电倍率20以上的蓄电池。

控制开关LW2－Z－1a，4，6a，40，20，6a/F8目前在高压开关柜中继续采用，用于断路器手动分、合闸，其接线见表6-24。

表6-24　LW2－Z－1a，4，6a，40，20，6a/F8控制开关接线图表

“分闸后”位置手柄（正面）和触点盒（背面）接线图	合 分	1 2 4 3		5 6 8 7		9 10 12 11			13 14 16 15			17 18 20 19			21 22 24 23		
手柄和触点盒型式	F8	1a		4		6a			40			20			6a		
触点号－位置	—	1－3	2－4	5－8	6－7	9－10	9－12	10－11	13－14	14－15	13－16	17－19	17－18	18－20	21－22	21－24	22－23
分闸后		—	×	—	—	—	—	×	—	×	—	—	—	×	—	—	×
预备合闸		×	—	—	—	×	—	—	×	—	—	—	×	—	×	—	—
合闸		—	—	×	—	—	×	—	—	—	×	×	—	—	—	×	—
合闸后		×	—	—	—	×	—	—	—	—	×	×	—	—	×	—	—
预备分闸		—	×	—	—	—	—	×	×	—	—	—	×	—	—	—	×
分闸		—	—	—	×	—	—	×	—	×	—	—	—	×	—	—	×

接线如图6-115所示，合、分动作时，中间有过渡过程，即“预备合闸”及“预备分闸”，当开关处于过渡过程时，闪光母线＋SM接通信号灯，发出闪光，提示工作人员。

在分闸位置，HG 绿灯亮，指示分闸并监视合闸电路的完好状态。电路合闸，转换开关使 HR 红灯亮，表示已合闸并监视分闸电路的状态。

利用合闸位置转换开关触点与断路器辅助触点 KQF 的不对应性，发出事故分闸信号。在合闸位置，KK 触点①③与⑩⑥连通，事故分闸时，KQF 辅助触点闭合，发出信号。正常分闸后，虽 KQF 辅助触点闭合，但 KK 的①③与⑩⑥不连通，不发出事故信号；触点容量大，可控制大功率的分、合闸回路；有位置指示，判断断路器的合分状态。

图 6-115 所示合闸回路采用合闸接触器控制合闸线圈。弹簧储能操作器由储能电动机完成，合闸线圈 HQ 直接接控制回路。对手车式高压开关柜，操动机构与动主触点、灭弧机构连成整体，只要接入外部控制线。保护元件用微机综合保护装置。合闸、分闸信号灯 HG、HR 串联 R，确保合闸回路或分闸回路不能通过 HG 或 HR 信号灯回路动作，如果 HG 或 HR 短路，不会使合闸接触器线圈 HC 或分闸线圈 TQ 误动。

目前，对合闸回路的完好监视及分、合闸状态指示采用中间继电器，将分、合闸状态及回路信息送给计算机系统，如图 6-116 所示。此方式在合、分闸回路电流小于 10mA 时，合闸或分闸线圈不会误动。

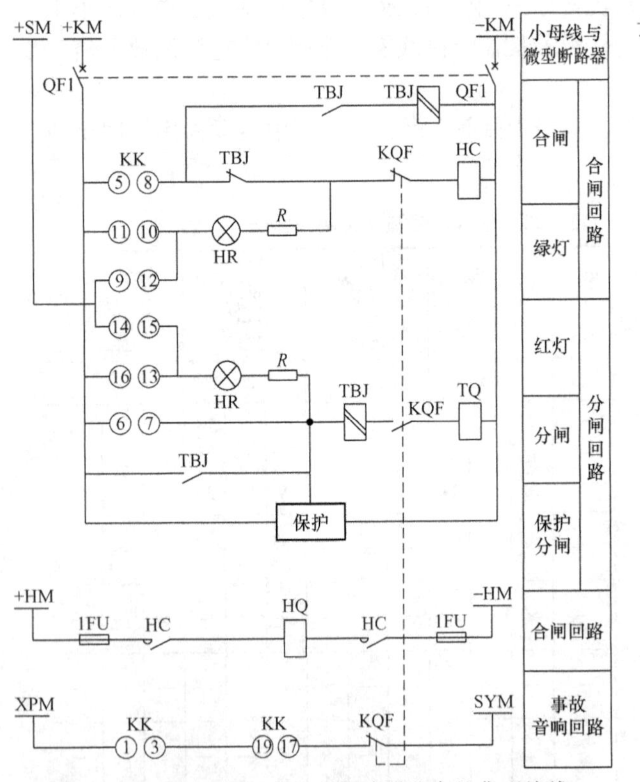

图 6-115 采用转换开关控制断路器分合的典型接线

TBJ—防跳继电器 KK—转换开关 KQF—断路器触点

QF1—微型断路器 HC—合闸接触器

HR—信号灯 HQ—合闸线圈 R—电阻

TQ—分闸线圈 1FU—熔断器

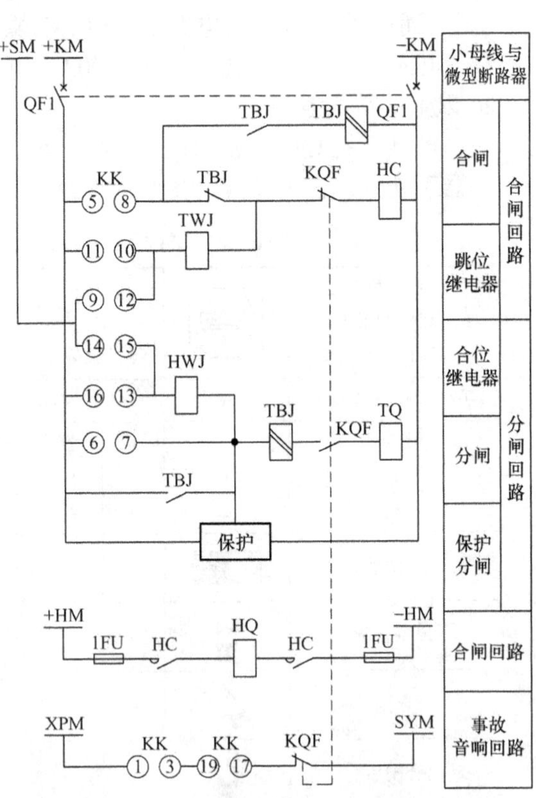

图 6-116 用中间继电器 TWJ 及 HWJ 监视

（3）手车式隔离柜典型二次接线　电源进线柜的电源端装设进线隔离柜，如图 6-117 所示，应与电源进线断路器柜联锁。当电源进线断路器柜处于合闸位置时，无法拉动隔离手

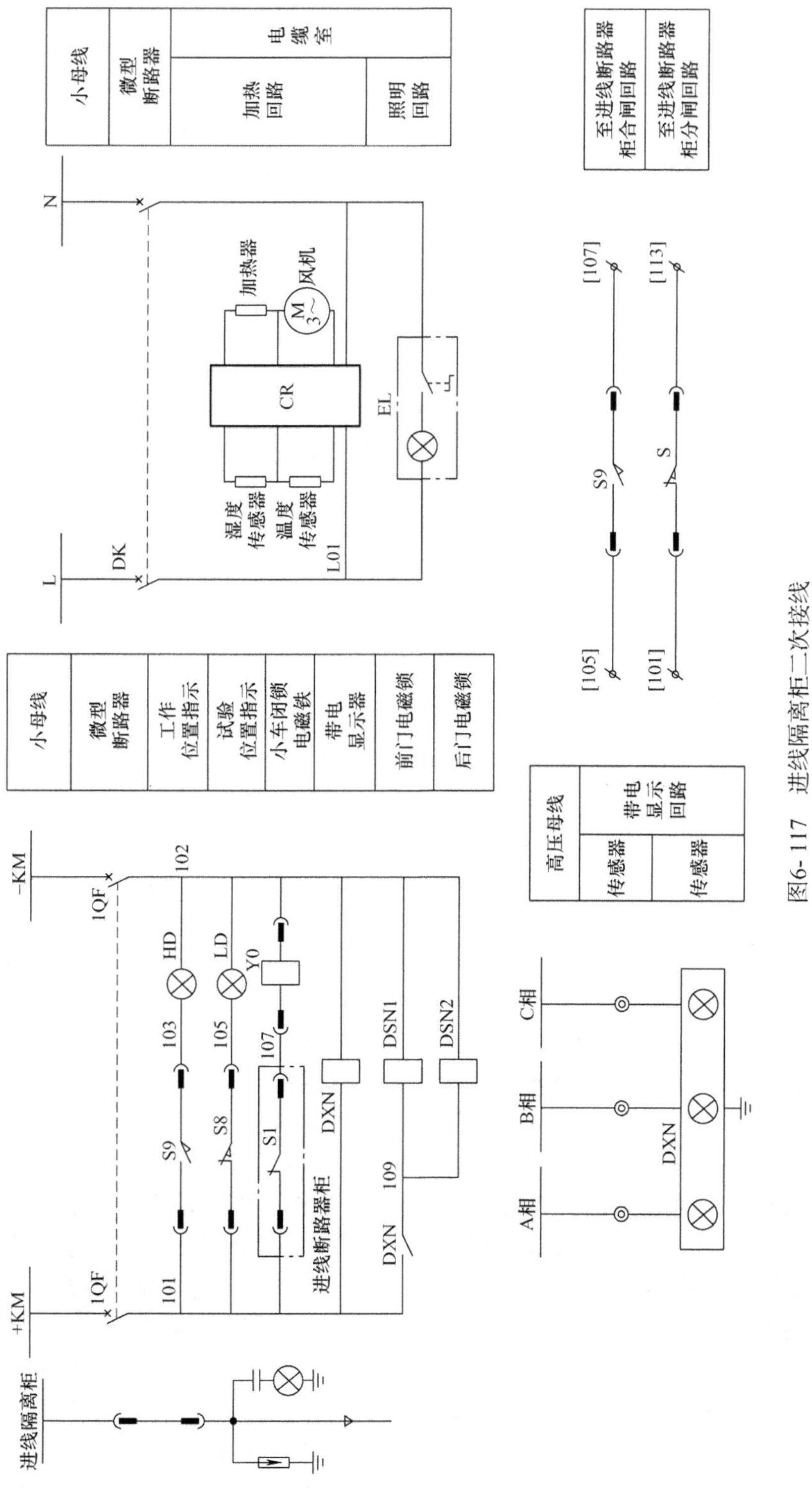

图6-117　进线隔离柜二次接线

车；当隔离手车处于断开位置时，也无法闭合电源进线断路器柜，防止隔离手车带负荷闭合及断开。为实现上述联锁，须在隔离手车上装闭锁电磁锁 Y0。当电源进线柜在断路器闭合位置时，触点 S1 断开，Y0 失电，电磁锁锁住底盘手车，隔离手车无法移动；如强拉隔离手车可使电磁锁失效，但因隔离手车主回路插头尚未脱离前，位置开关 S 闭合，接通电源进线断路器的分闸回路，电源进线断开。这样就形成了双保险。

（4）手车式计量柜典型二次接线　中性点不接地的系统中，因电气计量只取线电压，两只电压互感器接成 Vv 接线。电压互感器可以为双绕组、三绕组，如取三绕组电压互感器，其中 1 个二次绕组备用。

计量用电流互感器可装于手车底盘或安装在高压开关柜上，避免手车与电源进线柜相互联锁所带来的麻烦。因电流互感器装入手车，电源主回路通过插接头进入手车内，不能带负荷推拉手车，必须与电源进线总开关联锁。如计量柜电流互感器固定安装，手车内只装电压互感器，通过电压互感器的电流几十毫安，低压侧不超过 1A，则可以带电推拉手车，计量手车不必与电源进线开关联锁。

手车式开关柜的电流互感器不装入手车内，提高了开关柜可靠性。手车式计量柜典型二次接线如图 6-118 所示。

6.4.3　主回路和辅助回路的性能

1. 环网接线与环网柜

大容量用电企业配电变压器容量如超过 10000kV · A，一般由专用线路供电，建有中压配电室，开关柜内装设的多为真空断路器。中小容量用户的 10kV 供电采用环网柜终端配电方式，此种环网供电能满足二级负荷，对三级负荷则采用电缆分接箱。分散用户且用电容量不大者，当 10kV 供电进入负荷中心时，采用预装式变电站供电更合理。

（1）环网接线　环网接线分单环接线、双环接线，三环、四环接线基本不用。单环接线由变电站开关站同一母线段或设联络开关的不同母线段，引出二回路电缆线路形成环路，环内负荷由这两个回路同时供电，一个回路故障，则另一个回路负担环内所有负荷的供电。每个电缆线路首端有断路器，每条回路设纵差保护的导引电缆，被保护线路两端开关柜内配电流互感器。典型单环接线如图 6-119 所示，其可靠性较高，如 A 点故障，将 A 点两侧 4、5 号负荷开关断开，再将原来的断开点闭合，如果原来是开环运行，可继续供电。

（2）环网柜　环网柜是用于环网接线的高压开关柜，可以是断路器柜、负荷开关柜或负荷开关加熔断器柜，如对变压器馈电时用的负荷开关加熔断器柜。所用负荷开关有 SF_6 负荷开关、真空负荷开关，容量大的变压器可用断路器馈电。产气式或压气式负荷开关柜体积较大，环网接线较少使用。但 SF_6 气体温室效应明显，泄漏后污染环境。

真空负荷开关的真空灭弧室技术成熟，截流值小，不会造成操作过电压危害，灭弧室的密封好，不会发生漏气，但体积比 SF_6 负荷开关大。为了便于维修，真空负荷开关电源侧还要加隔离开关，柜体偏大。有的厂家采用固体绝缘方式，将真空灭弧室浇注于环氧树脂中，则相间及相对地电气间隙减小，使真空负荷开关柜的体积也明显减小至与 SF_6 负荷开关柜基本相当，其维护简单或免维护，且操作、使用、安装方便。正因为如此，环网柜可以是紧凑型开关柜、金属封闭箱式开关柜或紧凑型箱式开关柜。

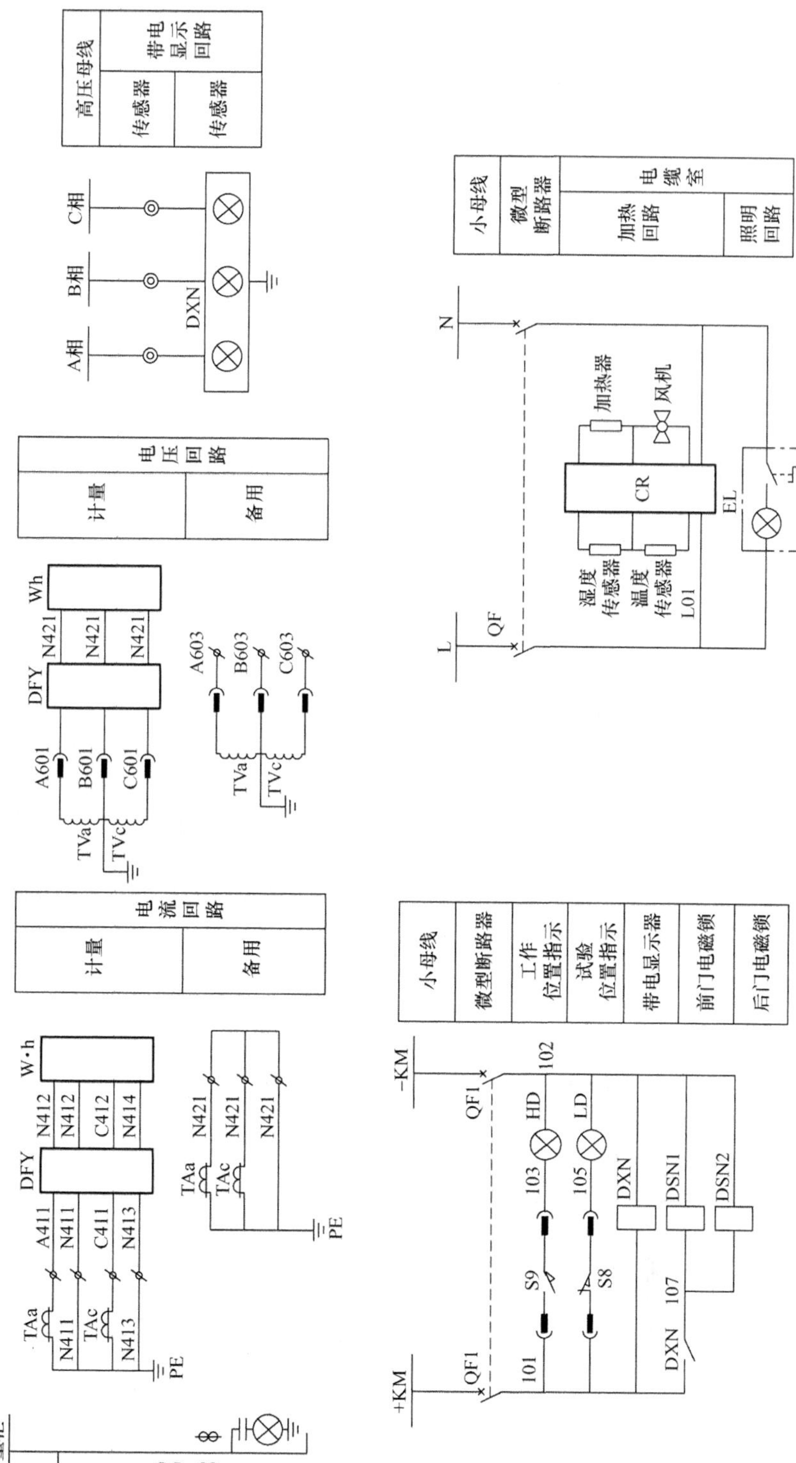

图6-118 手车式计量柜典型二次接线

DXN—带电显示器 DSN1、DSN2—计量柜前后门电磁锁 DFY—电表接线盒

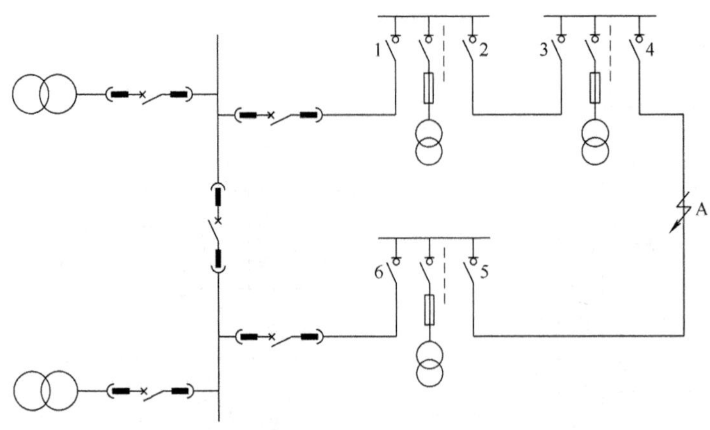

图 6-119　典型单环接线

2. 注意点

(1) 母线分段开关　接入环网系统内的开关站，不得用母线分段开关断开，如图 6-120 所示是一种双电源加母线联络接线。在环网柜中，此接线有错，因为用户不得用分段开关将环网断开。只有一路电源进线如图 6-121 所示，但不能称环网接线。

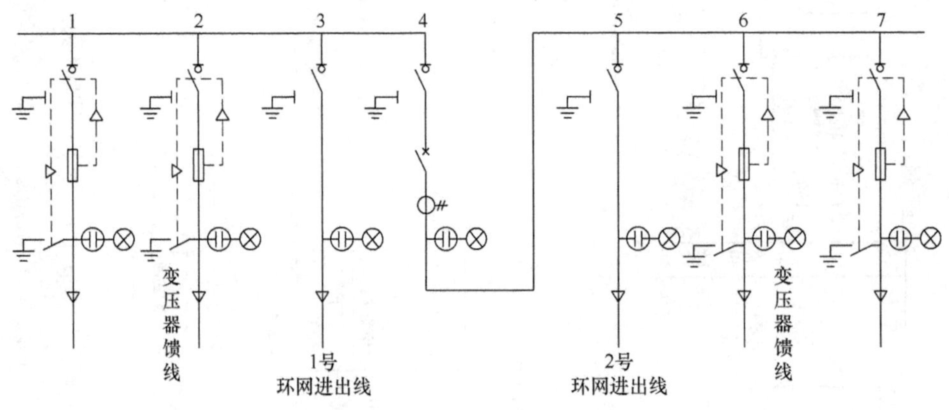

图 6-120　环网系统内开关站错接线

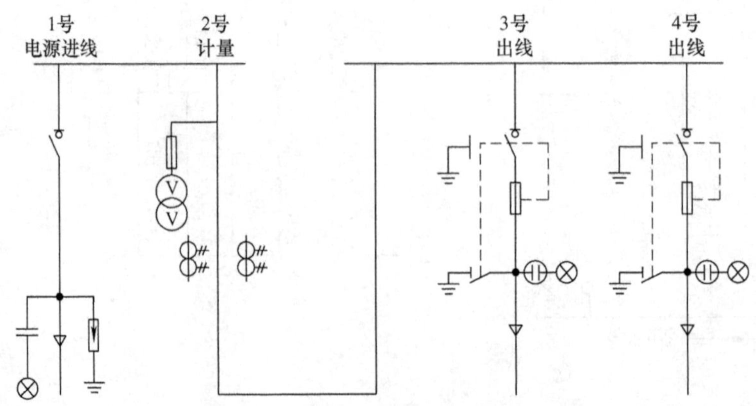

图 6-121　不能称为环网接线的单路电源进线

（2）进出线柜电源侧的开关　根据实际情况，环网进出线柜电源侧是否装接地开关、避雷器、带电显示器及电流互感器，考虑如下：

1）电源侧不宜装接地开关。该方式误操作会造成事故。负荷开关是三工位，有接地档，多加接地开关联锁麻烦，且使柜子复杂。如果环网线路全部是金属铠装电缆，并地下敷设，就无必要加装避雷器。如负荷开关是真空负荷开关，截流会造成操作过电压，但因分断的是负荷电流，操作过电压不大时，可不装过电压保护装置。

2）需装设带电显示器。观察进线带电状况，尤其电路中无电压互感器及电压表时。

3）装设微机终端测控装置。如开关站设计带有微机终端测控装置，需装电流互感器以获取电流信号。环网主干线纵差保护也应当有电流互感器。

（3）加装隔离开关　环网系统负荷开关柜常见装隔离开关、不装隔离开关及装双隔离开关的情况，如图6-122所示。图6-122a为不加隔离开关，多见于SF_6断路器；图6-122b中，真空式负荷开关不能作为隔离开关用，要另加隔离开关；图6-122c为双隔离，为检修负荷开关提供方便；图6-122d为单电源进线，检修断路器时保证安全。

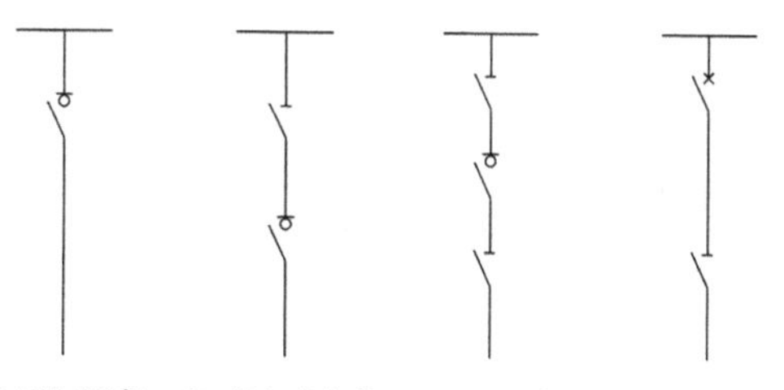

a) 不加隔离开关　b) 真空式负荷开关加隔离开关　c) 双隔离　d) 单电源进线

图6-122　隔离开关的装设

3. 负荷开关分断转移电流能力

所谓转移电流，指本来应由熔断器完成的分断电流任务转移给负荷开关，当任一熔断器熔断后，熔断器中起动的撞击器使负荷开关操动机构脱扣，负荷开关三相联动分断故障电流，避免因一相熔断器熔断造成两相供电的情况发生。负荷开关可分断转移电流为1500A、1700A及2000A以上。当负荷开关分断熔断器转移来的三相故障电流值大于额定转移电流时，三相故障电流由熔断器分断；三相故障电流在转移电流区域内，由熔断器与负荷开关共同分断故障电流；当故障电流低于额定转移电流时，三相故障电流由负荷开关分断。

第7章 预装式变电站及保护

7.1 预装式变电站的基本性能

7.1.1 预装式变电站及种类

1. 概述

预装式变电站是低压成套设备、高压成套设备和配电变压器的综合应用，尽管低压成套设备、高压成套设备和配电变压器是独立的产品，但将低压成套设备、高压成套设备和配电变压器按照标准及规范组合成紧凑式配电设备，形成了新的系统，具备新的功能。预装式变电站目前在各类场所应用广泛。

预装式变电站俗称箱式变电站，简称箱式变或箱变。20 世纪 60 年代国外就开始使用，我国从 20 世纪末开始制造，发展较快，许多电气成套厂能够生产。

预装式变电站基本特征：预装式变电站产品在电气设备成套企业完成设计、制造、装配、调试，通过出厂性能检验，并按相应标准，经过有资质的检验单位经过规定的型式试验考核。因此预装式变电站出厂时，应按试验内容完成试验验证，提供出厂检验证明。

注意，预装式变电站中的低压成套部分、低压电器元件、低压导线和电缆，必须通过 CCC 认证，具有 CCC 认证标志。

预装式变电站是经济发展和城市建设的必然产物。

首先，随着经济的发展，供电格局发生了根本性的变化，以前集中降压、长距离配电的方式，制约了城市供电，影响工业企业的供电质量，也影响供电公司的经济效益。因为供电半径大，线路损耗随着用电负荷增加而增加，供电质量降低。要减少线路损耗，保证供电质量，应提供高电压，使高压线路直接进入市区，深入负荷中心，形成“高压受电–变压器降压–低压配电”的供电格局。

资料表明，如将供电电压从 380V 提到 10kV，可减少线路损耗 60%，减少 52% 总投资和用铜量，经济效益相当可观。要实现高压深入负荷中心，预装式变电站是适应“高压受电–变压器降压–低压配电”的配电设备之一，也最经济、方便和有效。

其次，随着社会发展和城市化进程的加快，用电负荷密度明显提高，城市用地紧张，城市配电电网基本不是架空线方式，而是地下走线方式为主，杆架方式安装配电变压器已不能适应环境、美观的要求。

再次，对供电质量尤其是供电可靠性要求越来越高，因此采用高压环网或双电源供电、低压电网自动投切等先进技术的预装式变电站成为首选的配电设备。

预装式变电站有多种分类方法，按整体结构，习惯分“欧式预装式变电所”和“美式预装式变电所”。“欧式预装式变电所”以前称“组合式变电站”，即将高压开关设备、配电变压器和低压配电设备布置在3个小室内，通过电缆或母线实现电气连接，所用高低压配电装置及变压器均为定型产品。“美式预装式变电所”以前称“预装式变电站”或“组合式变压器”，它将变压器身、高压负荷开关、熔断器及高低压连线置于一个共同封闭油箱内，从外形看，就像在变压器身上有一个背包。

预装式变电所按安装场所，分户内式和户外式；按高压接线方式，分终端接线式、双电源接线式和环网接线式；按箱体结构，分整体式和分体式等。

2. 特点

预装式变电站不同于常规化土建变电站。预装式变电站是一种高压开关设备、配电变压器和低压配电装置，按接线方案构成整体，经工厂预制的户内外紧凑式配电设备，即将特高压受电、变压器降压、低压配电等功能的有机地组合，其成套性强、体积小、占地少、能进入负荷中心、能提高供电质量、减少损耗、送电周期短、选址灵活、环境适应性强、安装方便、运行安全可靠、投资少、见效快等。

预装式变电站应用范围广，适用于城市公共配电、建筑、住宅小区、公园、工矿企业和施工场所等，是继土建变电站之后的一种变电站。

我国从20世纪80年代开始采用预装式变电站，并在20世纪90年代迅速发展，如今的城网建设和改造中，广泛采用预装式变电站。尽管预装式变电站产品的发展很快，但目前的应用率仍然不很高，具有很大的市场潜力。

3. 美式与欧式预装式变电站的比较

（1）概况　美式预装式变电站将变压器器身、高压负荷开关、熔断器及高低压连线置于1个共同封闭油箱内，是一体式结构，变压器油作为带电部分相间及对地的绝缘介质。其安装有齐全的运行检视仪器仪表，如压力计、压力释放阀、油位计、油温表等。

美式预装式变电站的结构有三种，变压器和负荷开关、熔断器共用一个油箱；变压器和负荷开关、熔断器分别装在上下两个油箱内；变压器和负荷开关、熔断器分别装在左右两个油箱内。其中第一种是美式预装式变电站的原结构，结构紧缩、简洁、体积小、重量轻，其余两种是第一种的变形，两种变形的产生原因是开关操作和熔断器动作造成游离炭屑，会影响变压器的绝缘，可能影响整个预装式变电站的寿命。

因采用普通油和难燃油作为绝缘介质，美式预装式变电站可用于户外和户内，适用于住宅小区、工矿企业及公共场所，包括机场、车站、码头、港口、高速公路和地铁等。

体积方面，欧式预装式变电站内部安装常规开关柜及变压器，体积较大；美式预装式变电站采用一体化安装，体积较小。

保护方面，欧式预装式变电站高压侧采用负荷开关加限流熔断器保护。当发生一相熔断器熔断时，用熔断器的撞针使负荷开关三相同时分断，避免缺相运行，要求负荷开关具有切断转移电流的能力。低压侧采用负荷开关加限流熔断器保护方式；美式预装式变电站高压侧采用熔断器保护，负荷开关只起投切转换和分断高压负荷电流的功能，容量较小。当高压侧出现一相熔断器熔断，低压侧电压降低，断路器欠电压保护或过电流保护动作，低压运行不会发生。

成本方面，欧式预装式变电站成本高。美式预装式变电站还可降低成本，三相五柱式铁心可改为三相三柱式铁心，高压部分可改型后从变压器油箱内挪到油箱外。

（2）国产预装式变电站的特点　国产预装式变电站同美式预装式变电站相比，增加了接地开关、避雷器，接地开关与主开关之间有机械联锁，保证预装式变电站维护时的安全。国产预装式变电站每相用一只熔断器代替美式预装式变电站的两只熔断器保护，任一相熔断器熔断后，保证负荷开关动作以切断电源，且只有更换熔断器后，主开关才可合上，这是美式预装式变电站所不具备的。

国产预装式变电站高压负荷开关一般分产气式、压气式、真空式等，所用的高压负荷开关主要技术参数见表7-1。

表7-1　国产预装式变电站高压负荷开关主要技术参数

项目	参数
额定工作电压/kV	10
额定工作电流/A	630
1min 工频耐压/kV	48
雷电冲击耐压/kV	85
负荷分断电流/A	630
4s 热稳定电流/kA	20
额定短路关合电流/kA	50
机械寿命/次	2000

国产预装式变电站一般采用各单元相互独立的结构，分设变压器室、高压开关室、低压开关室，通过导线连成完整的供电系统，变压器室一般安装在后部。为方便维修、更换和增容需要，变压器可很容易地从箱体内运出或从上部吊出。因变压器在外壳内，可防止阳光直接照射变压器产生的温升，也可有效地防止外力碰撞、冲击及触电事故，但对变压器的散热提出较高的要求。

高压开关室内安装有独立封闭的高压开关柜，柜内一般安装有产气式、压气式或真空负荷开关-熔断器组合电器，其上安装的高压熔断器保证任一相熔断器熔断都可以使其主开关分闸，避免缺相运行。此外还装有接地开关，其与主开关相互联锁，只有分开主开关后，才可合上接地开关，而合上接地开关后，主开关不能合上，保证维护时的安全。柜内还装有高压避雷器，整个开关操作十分方便，只要使用专用配套手柄即可实现全部开关的分、合闸还可通过透明窗口观察到主开关的分、合闸状态。

低压开关柜内一般装有总开关和各配电分支开关、低压避雷器、电压和总电流及分支电流的仪表显示，为更好地保护变压器运行安全，采取对变压器上层油温监视的措施。当油温达到设定温度时，可自动停止低压侧工作（断开低压侧负荷），动作值可根据要求设定。

国产预装式变电站的各开关柜分别制成独立柜体，安装到外壳内，更换和维护很方便，也提高了防护能力和安全性。钢板外壳均采用特殊工艺进行防腐处理，防护能力可达到20年以上。上盖采用双层结构，减少阳光的热辐射，外观可按照用户要求配各种与使用环境相协调的颜色，达到与自然环境相适应的效果。

课堂练习

（1）请叙述预装式变电站的组成、特点。

（2）预装式变电站一般分为欧式预装式变电站和美式预装式变电站，请叙述各自的特点。

（3）针对某一具体的预装式变电站产品，查阅资料，了解技术参数和特点。

（4）请叙述美式预装式变电站的结构形式。

7.1.2 预装式变电站的基本性能

预装式变电站作为电器成套设备，是比较简易的变配电装置，变压器按一般通则选用，当变压器容量超过1250kV · A，则需考虑采取有效的散热措施。

1. 简单照明用电、公用配电时

此时预装式变电站高压接线方案中不必设高压计量柜，仅设低压计量柜或无计量柜，无需无功功率补偿；馈线出线4~6个回路，一般采用塑壳式断路器控制和保护。

2. 动力照明用电、公用配电时

此时预装式变电站配出线回路有所增加，如达8~12个回路，应有无功功率补偿功能。

3. 自维护用电及特殊情况时

如果供电部门有具体规定，自维护预装式变电站的变压器的容量在250kV · A~315kV · A及以上，需采用高压计量柜；有些场合，如馈线出线回路较多，需设置备用回路，因此，应结合用电和现场实际，参考成套电气成套设备厂提供的说明书，选择适合的技术参数条件，优化设计。

我国地域广阔，环境相差很大，工矿条件也有特殊要求，应用预装式变电站应处理几个问题。

一般条件下，可选用成本较低的大气绝缘预装式变电站；对气候条件、地理条件特殊的环境及有特殊安全要求的场合，应采用SF_6绝缘开关设备。必须解决好环网供电单元的有机组成部分及封闭式电缆插接件问题，对高压室和低压室，应注意防凝露，防止闪络放电；对变压器室需防止因发热影响变压器的输出功率；壳体应考虑安装防爆膜盒、故障电弧限制器、压力开关系统和电子智能保护系统等，防止因内部故障引起的壳体爆炸；对SF_6绝缘开关设备应加装气体监测装置，选用性能好且安全可靠的元件，包括高压开关、变压器和低压开关，保证预装式变电站的可靠性。

显然，为提高供电的可靠性，对高压环网、双电源供电的低压电网自动投切、网络优化等，发达国家已经采取先进的状态监测技术，国内产品也迅速发展。

7.2 美式及欧式预装式变电站

7.2.1 ZBW22-Q-10系列美式预装式变电站

1. 概述

ZBW22-Q-10型预装式变电站全型号含义如图7-1所示。该型预装式变电站分前、后部分。前面为高、低压操作间隔，操作间隔内包括高、低压套管、负荷开关、无励磁分接开关、插入式熔断器、压力释放阀、温度计、油位计、注油孔和放油阀等；后面为箱体及散热片。变压器绕组和铁心、高压负荷开关及保护用熔断器在箱体内。箱体为全密封结构，采用隐蔽式高强度螺钉及硅胶密封箱盖。箱体应满足充分防水、安全性和操作方便的要求，箱门为三点联锁，只有打开低压间隔后才可打开高压间隔。

该型预装式变电站的主要电器和设备有高压端子、肘形氧化锌避雷器、熔断器、肘形电缆插头、负荷开关和变压器等。高压端子配有绝缘套管，插入式肘形电缆插头与绝缘子相接，将带电部分密封在绝缘体内，形成全绝缘结构，端子表面不带电，确保安全。肘形氧化锌避雷器通过双通套管接头直接接于预装式变电站高压端子上，作为过电压保护。

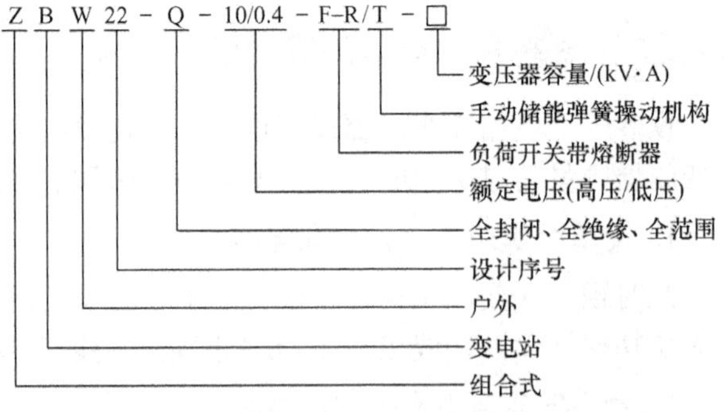

图 7-1 预装式变电站全型号含义

预装式变电站由高压后备保护熔断器与插入式熔断器串联起来提供保护，保护原理先进、经济可靠、操作简便。

高压后备保护熔断器是油浸式限流熔断器，安装在箱体内部，只有预装式变电站发生故障时动作，用于保护一次侧电路。插入式熔断器是油浸式插入型双敏熔丝结构，在二次侧发生短路故障、过负荷及油温过高时熔断。插入式熔断器可在现场方便地更换熔丝。

肘形电缆插头可带额定电流 200A 的负荷拔插，并安装故障指示装置和带电指示装置等附件。

负荷开关一般采用油浸式负荷开关，为三相联动开关，具有弹簧操动机构，可完成负荷分断和关合。负荷开关分两位置和四位置两种，四位置负荷开关分 V 形和 T 形结构，分别用于放射式配电系统和环式配电系统。

ZBW22 – Q – 10 型预装式变电站的变压器铁心选用高导磁硅钢片，采用 45°全斜接缝和椭圆形截面结构，高度低、损耗小。高、低压绕组采用同模绕制工艺，低压绕组和高压绕组间结合十分紧密，无套管间隙，具有较强的短路承受能力。高、低压引线全部采用软连接，分接线与分接开关之间采用冷压焊接，器身紧固件带有自锁放松螺母。

变压器的油箱采用波纹式，波纹散热片，具有冷却、呼吸功能，波纹散热片的弹性可补偿因温度升降引起的变压器油体积变化。当负荷和环境温度引起油温升高使油体积增加时散热片膨胀，反之则收缩。变压器器身与油箱通过连接件固定并采取防松措施，变压器经长途运输的振动和颠簸，到用户安装现场无需二次检查。

2. 用途与特点

这种组合式变电装置是将变压器器身、开关设备、熔断器、分接开关及相应辅助设备都作为变压器的部件装置于变压器的油箱内，可在 10kV 环网供电、双电源供电或终端供电系统中，用于变电、配电、计量、补偿、控制和保护，其供电可靠、结构合理、安装迅速灵活、操作方便、体积小、成本低，可用于户外或户内，并适用于工业园区、居民小区、车站码头、宾馆、工地、机场和商业中心等各种场所。

该产品元件符合相应标准外，还满足 GB/T 17467—2020，正常使用条件见表 7-2。

表 7-2 ZBW22 – Q – 10 型预装式变电站的正常使用条件

周围空气温度	–30 ~ +45℃，最高日平均气温 +30℃，最高月平均气温 +20℃
海拔	1000m
风压	不大于 700Pa（相当于 35m/s）

（续）

湿度	日平均值不大于95%，月平均值不大于90%
地震水平加速度	不大于0.3g
安装地点倾斜度	不大于3°
其他	应考虑日照、污秽、凝露及自然腐蚀的影响，周围空气应不受腐蚀性或可燃性气体、水蒸气等明显污染，安装地点无剧烈振动

3. 基本结构

ZBW22－Q－10型预装式变电站外形如图7-2所示，分前、后两部分，前面为高、低压操作间隔，操作间隔内包括高压套管、低压套管、负荷开关、无励磁分接开关、插入式熔断器、压力释放阀、温度计、油位计、注油孔和放油阀等。后部为箱体及散热片。变压器的绕组和铁心、高压负荷开关及保护用熔断器都在箱体内。箱体为全密封结构，采用隐蔽式高强度螺钉及硅胶来密封箱盖。

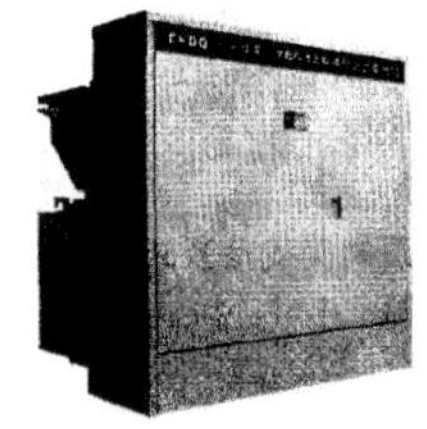

图7-2　ZBW22－Q－10型预装式变电站的外形

ZBW22－Q－10型预装式变电站特点：该型预装式变电站为全密封、全绝缘结构，无需绝缘距离，可靠地保证安全；可用于环网及终端接线，转换十分方便，提高供电可靠性；采用双熔丝保护，即温度/电流双敏熔丝，降低运行成本；外形尺寸采用标准化设计，便于安装。箱体采用防腐设计和粉末喷涂处理，可广泛用于各种恶劣环境，如多暴风雨和高污染地区。

4. 主要技术参数

ZBW22－Q－10型预装式变电站的主要技术参数见表7-3，变压器主要技术数据见表7-4，负荷开关主要参数见表7-5。

表7-3　ZBW22－Q－10型预装式变电站的主要技术参数

项　　目	技术参数
额定电压/kV	高压侧6、10；低压侧0.4
高压侧设备最高电压/kV	6.9、11.5
辅助回路额定电压/V	110、220、380
1min工频耐受电压/kV	6～25，10～35
雷电冲击耐压/kV	6～60，10～75
额定短时耐受电流/kA	12.5（2s）、16（2s）
额定容量/kV·A	125、160、250、315、400、500、630、800、1000
高压分接范围	±2×2.5%（根据用户要求，变压器的高压分接范围可提供±5%）
联结组别	Dyn11
额定频率/Hz	50或60
温升限值	高压电器、低压电器和变压器符合相应的国家标准
噪声等级/dB	在空载条件下，预装式变电站的噪声不应超过50
高压后备保护熔断器额定短路分断电流/kA	50
外壳防护等级	IP34

表 7-4　变压器主要技术数据

额定容量/kV·A	电压组合			联结组别	空载损耗/kW	负载损耗/kW	空载电流（%）	短路阻抗（%）	质量/kg		轨距/mm
	高压/kV	分接范围	低压/kV						环网	终端	
125					0.260	1.80	1.60		1450	1230	
160					0.320	2.20	1.50		1570	1340	
200					0.380	2.60	1.50		1620	1490	550
250					0.450	3.05	1.40	4.0	1800	1670	
315	6，6.3，10	5%或2×2.5%	0.4	Yyn0或Dyn11	0.530	3.65	1.40		1950	1890	
400					0.645	4.30	1.40		2280	2200	
500					0.755	5.15	1.20		2530	2450	660
630					0.910	6.20	1.20		2920	2770	
800					1.080	7.50	1.10	4.5	3750	3600	820
1000					1.260	10.30	0.90		4544	4390	

表 7-5　负荷开关主要参数

额定电流/A	最高工作电压/kV	冲击耐压/kV	1min 工频耐压/kV	额定热稳定电流/(kA/s)	额定短路关合电流/kA	额定动稳定电流/kA	额定操作次数/次	机械寿命/次
315	12	75/85（断口）	42/48（断口）	12.5/2	31.5	31.5	100	2000
630	12	75/85（断口）	42/48（断口）	16/2	40	40	100	3000

课堂练习

（1）简单叙述美式预装式变电站的特点。

（2）根据表 7-3～表 7-5，体会美式预装式变电站的技术参数。

7.2.2　ZBW 系列 10kV 欧式预装式变电站

1. 结构特点

ZBW 系列 10kV 欧式预装式变电站是将高压开关设备、变压器、低压开关设备按接线方案组合成一体的成套配电设备，适于 10kV 系统、容量 1000kV·A 及以下的社区、工地、建筑、企业及临时性设施等场所，可用于环网供电及放射式终端供电。图 7-3 所示是该型产品外形，一种为沉箱式，另一种为平置式。本系列预装式变电站分高压开关设备室、电力变压器室、低压开关设备室三个小室，如图 7-4 所示。ZBW 系列 10kV 欧式预装式变电站作为成套产品，具有以下主要特点。

a) 沉箱式

b) 平置式

图 7-3　ZBW 系列 10kV 欧式预装式变电站外形

（1）箱体结构　箱体骨架一般采用敷铝锌板弯制后组装或拉铆，防腐性能优越，两侧

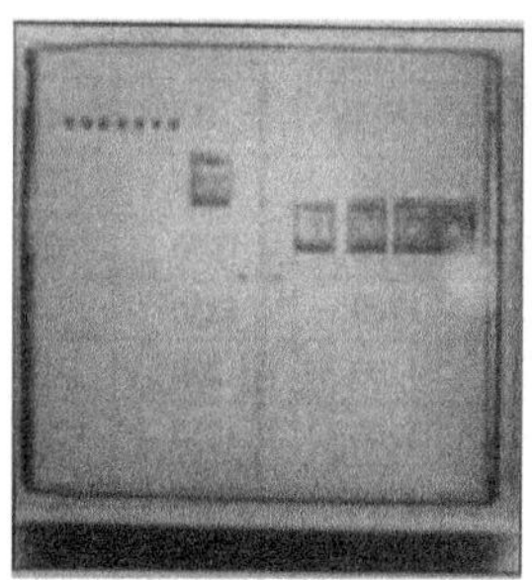

a) 低压开关设备室

b) 电力变压器室

c) 高压开关设备室

图 7-4　ZBW 系列 10kV 欧式预装式变电站的小室

有四根起吊轴，底座表面需要特殊的防腐处理。

（2）底座形式　底座主要为金属型钢底座，这种底座结构刚性好、强度高、密封严，可选用干式变压器或油浸式变压器，即使内置的油浸式变压器发生漏油，油液也不会渗入地下污染环境，环保特性好，同时也防止水渗入。

（3）框架布置　框架部分为“目”字形和“品”字形结构，分高压开关设备室、电力变压器室和低压开关设备室。总体布置主要有组合式和一体式两种形式。欧式预装式变电站采用组合式布置，如图 7-5 所示。“目”字形接线及维护方便；“品字形”结构紧凑，特别当变压器室多台变压器排布时，“品”字形布置较为有利。

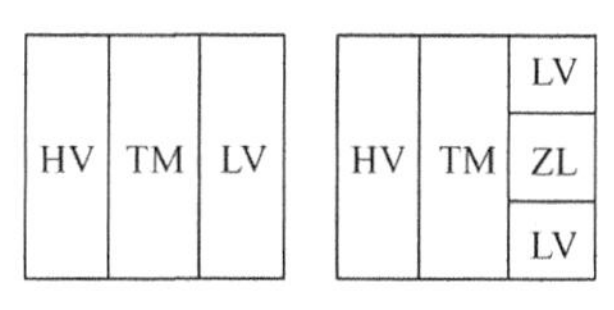

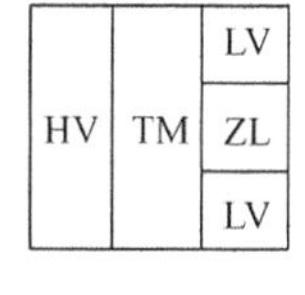

a) 目字形布置

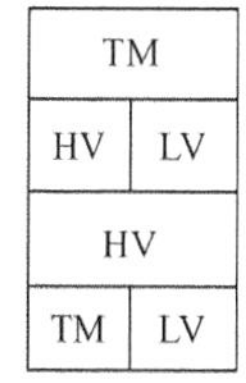

b) 品字形布置

图 7-5　欧式预装式变电站的整体布置形式

HV—高压开关设备室　LV—低压开关设备室

TM—变压器室　ZL—走廊

（4）通风降温及照明　低压开关设备室门及变压器室门上开有通风孔，对应位置装有防尘装置，箱体采用自然通风。箱体顶盖为双层结构，夹层间可通气流，隔热性能良好；高、低压开关设备室在内部有独立顶板，变压器室内设有顶部防凝露板。高压开关设备室、变压器室和低压开关设备室均有自动照明装置。

（5）主要开关选用　配电变压器可根据用户要求配置油浸式低损耗节能型电力变压器或环氧树脂浇注干式变压器；高压开关设备室主要选用真空负荷开关或 SF_6 负荷开关 + 熔断器组合电器的结构，作为保护变压器的主开关，并可采用终端供电、环网供电或双电源供电等形式。

（6）低压开关设备室及电缆连接　低压开关设备室采用模数化面板式、屏装式安装，或非标准设计。

变压器的高压侧到高压开关设备之间的连接采用电缆，电缆两个端头选用全封闭可触摸式肘形电缆头，保证运行安全、可靠。变压器的低压侧到低压开关设备之间的连接可采用全母线连接或电缆连接。变压器与高压电缆及低压母线的连接情况如图 7-6 所示。

（7）功率补偿　低压开关设备可根据用户要求设计，并可安装自动无功功率补偿装置。低压开关设备与无功功率补偿装置的布置如图 7-7 所示。

预装式变电站的箱体呈现多样化、人性化，外形可为矩形、圆形等，也可以是小型房屋、亭式等各种箱体形状、颜色和材质。形状和颜色可尽量与外界环境协调。箱体高度一般为 2.5m 左右。为不影响视线，德国规定预装式变电站下挖 1m，露出地面高度低于 1.5m；离地高度也不可太低，防止儿童爬到预装式变电站顶玩耍。

图7-6　变压器与高压电缆及低压母线的连接

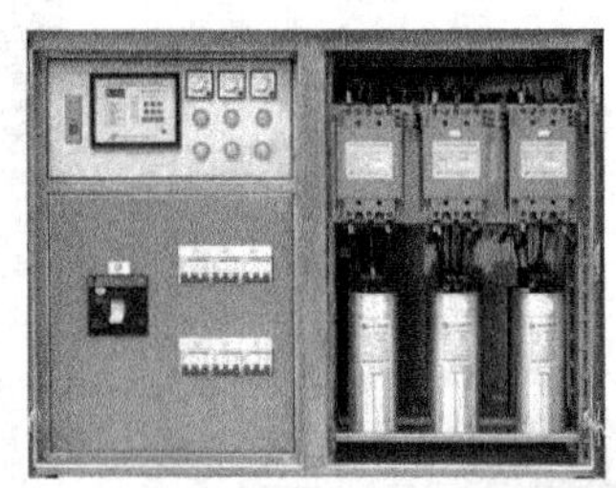

图7-7　低压开关设备与无功功率补偿装置的布置

壳体材质可用普通钢板、热镀锌钢板、水泥预制板、玻璃纤维增强塑料板、铝合金板和彩色板等。国产预装式变电站的金属板壳体有普通钢板、热镀锌钢板及铝合金板，也用钢板夹层彩色板、玻璃纤维增强水泥板及增强塑料板。图7-8所示是玻璃纤维增强水泥板壳体的预装式变电站外形。

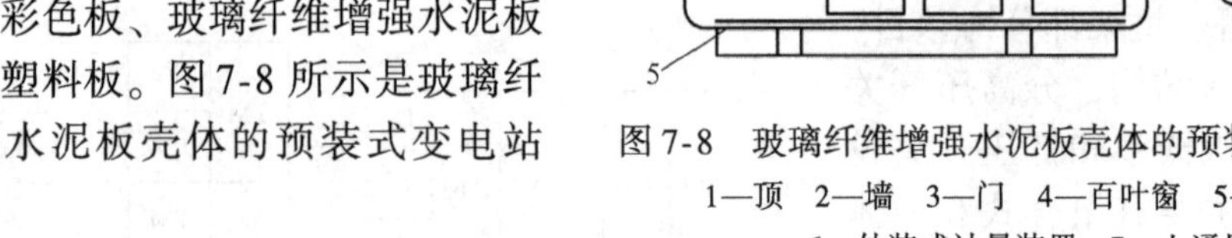

图7-8　玻璃纤维增强水泥板壳体的预装式变电站外形

1—顶　2—墙　3—门　4—百叶窗　5—槽钢底架

6—外装式计量装置　7—上通风道

一般而言，如装普通开关设备，预装式变电站体积大；若装 SF_6 绝缘开关设备则体积小。我国电网中性点不接地，因此绝缘很关键。为保证绝缘，对12kV电网而言，要求相对相、相对地工频耐压42kV，绝缘距离大于125mm。对预装式变电站不能为缩小尺寸，不适当地减小绝缘距离。

2. 主要技术参数

ZBW系列10kV欧式预装式变电站主要技术参数见表7-6。变压器容量与一、二次电流及高压熔断器、低压主断路器的参考选择见表7-7。低压电气设备可装设自动投切的低压无功功率补偿装置，补偿容量一般为变压器容量的15%～20%。

表7-6　ZBW系列10kV欧式预装式变电站的主要技术参数

<table>
<tr><th colspan="2">项　目</th><th>数　据</th><th colspan="2">项　目</th><th>数　据</th></tr>
<tr><td rowspan="13">高压单元</td><td>额定频率/Hz</td><td>50</td><td rowspan="7">低压单元</td><td>额定电压/V</td><td>400</td></tr>
<tr><td>额定电压/kV</td><td>10</td><td>主回路额定电流/A</td><td>100～1600</td></tr>
<tr><td>最高工作电压/kV</td><td>12</td><td>额定短时耐受电流/A</td><td>30（1s）</td></tr>
<tr><td>额定电流/A</td><td>630</td><td>额定峰值耐受电流/A</td><td>63</td></tr>
<tr><td>闭环分断电流/A</td><td>630</td><td>支路电流/A</td><td>100～400</td></tr>
<tr><td>电缆充电分断电流/A</td><td>135</td><td>分支回路数</td><td>6～10</td></tr>
<tr><td>转移电流/A</td><td>2200</td><td>补偿容量/kvar</td><td>0～200</td></tr>
<tr><td>额定短时耐受电流/A</td><td>25（2s）</td><td rowspan="4">变压器单元</td><td>额定容量/kV·A</td><td>50～1000</td></tr>
<tr><td>额定峰值耐受电流/A</td><td>63</td><td>阻抗电压（%）</td><td>4</td></tr>
<tr><td rowspan="2">工频耐受电压/kV</td><td rowspan="2">42（对地及相间），48（断口）</td><td>电压分接范围</td><td>±2×2.5%或±5%</td></tr>
<tr><td>联结组别</td><td>Yyn0或Dyn11</td></tr>
<tr><td rowspan="2">雷电冲击耐受电压/kV</td><td rowspan="2">95（对地及相间），110（断口）</td><td rowspan="2">箱体</td><td>外壳防护等级</td><td>IP33</td></tr>
<tr><td>声级水平/dB</td><td>≤55</td></tr>
</table>

表 7-7 变压器容量与一、二次电流及高压熔断器、低压主断路器参考选择表

变压器额定容量/kV·A	一次电流/A	二次电流/A	高压熔断器熔体额定电流/A	低压主断路器额定电流/A
50	2.9	72	6.3	100
80	4.6	115	10	125
100	5.8	144	16	160
125	7.2	180	16	250
160	9.2	231	16	250
200	11.5	290	20	400
250	14.4	360	25	400
315	18.2	455	31.5	630
400	23	576	40	630
500	28.9	720	50	800
630	36.4	910	63	1250
800	46	1164	80	1250
1000	58	1440	100	1600

3. 电气接线与配置方案

ZBW 系列 10kV 欧式预装式变电站的高压侧、低压侧接线方案见表 7-8 和表 7-9，请自行分析如图 7-8 所示的高压接线 01～07 方案、如图 7-9 所示的低压接线 01～07 方案的特点。

图 7-9～图 7-11 所示是三种典型组合配置方案。其中，如图 7-9 所示配置方案一为电缆进出线、终端供电、高供低计、低压面板式；如图 7-10 所示的配置方案二为电缆进出线、终端供电、高供高计、低压走廊式、带低压无功补偿。如图 7-11 所示的配置方案三为电缆进出线、环网供电、高供低计、低压走廊式、带低压无功补偿。

表 7-8 ZBW 系列 10kV 欧式预装式变电站的高压侧接线方案

方案号	01	02	03	04	05	06	07
主回路方案	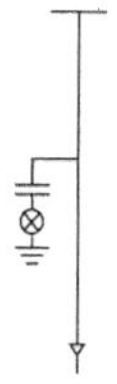	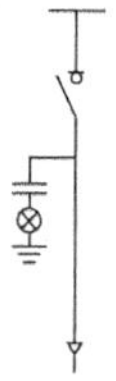	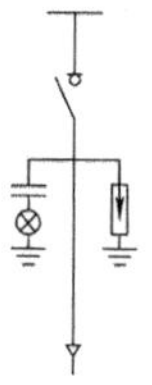	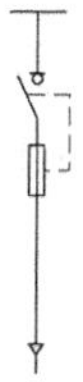	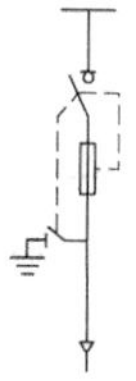	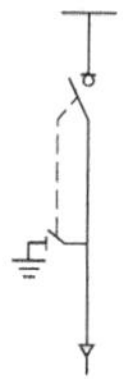	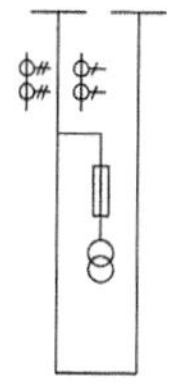
功能	电缆引入	电缆进出线	电缆进出线	终端供电	终端供电	馈电	环网计量

表 7-9 ZBW 系列 10kV 欧式预装式变电站的低压侧接线方案

方案号	01	02	03	04	05	06	07
主回路方案	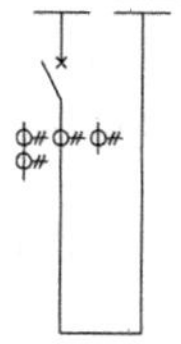	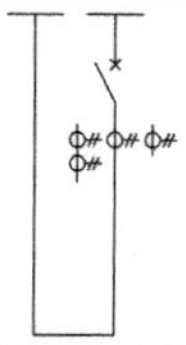	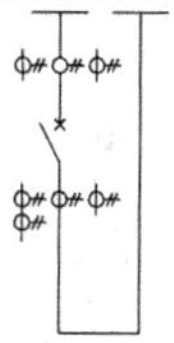	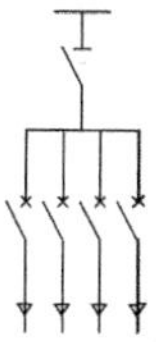	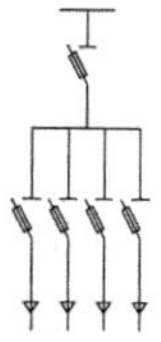	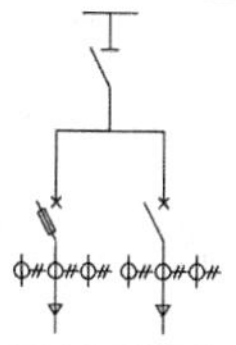	
功能	进线右联络	进线左联络	进线带计量	出线	出线	出线带计量	电容补偿

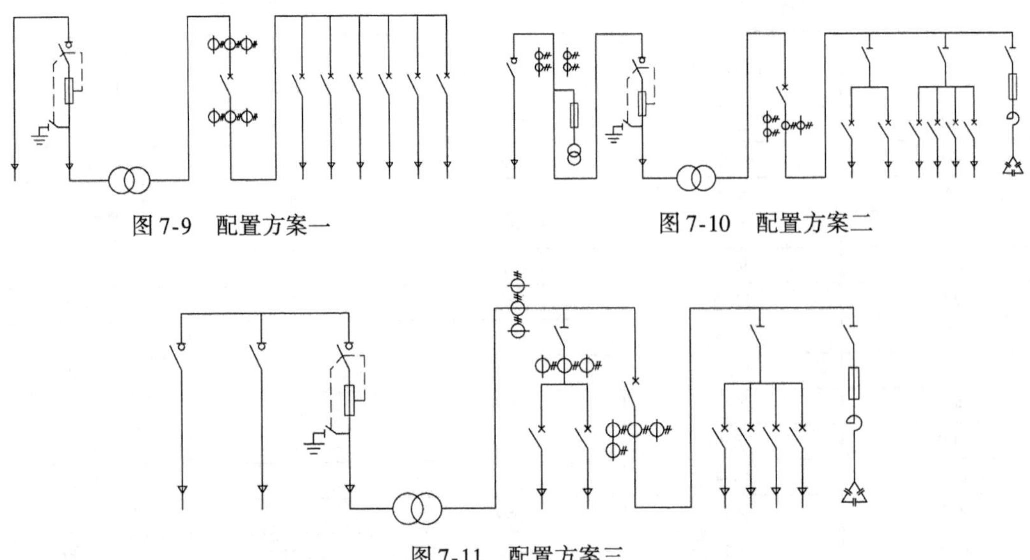

图 7-9　配置方案一

图 7-10　配置方案二

图 7-11　配置方案三

4. 平面布置与安装

（1）沉箱式预装式变电站　ZBW 系列 10kV 沉箱式预装式变电站的平面布置及外形和安装尺寸如图 7-12 所示，箱体安装基础如图 7-13 所示。

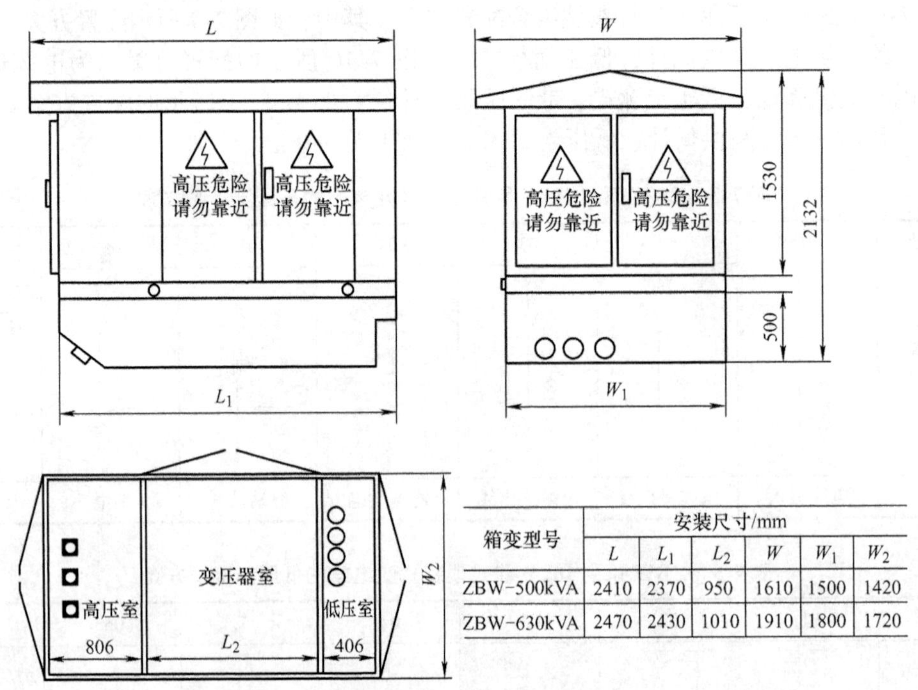

箱变型号	安装尺寸/mm					
	L	L_1	L_2	W	W_1	W_2
ZBW-500kVA	2410	2370	950	1610	1500	1420
ZBW-630kVA	2470	2430	1010	1910	1800	1720

图 7-12　ZBW 系列 10kV 沉箱式预装式变电站平面布置、外形和安装尺寸

（2）平置式预装式变电站　ZBW 系列 10kV 平置式预装式变电站的平面布置及外形和安装尺寸如图 7-14 所示，箱体安装基础如图 7-15 所示。

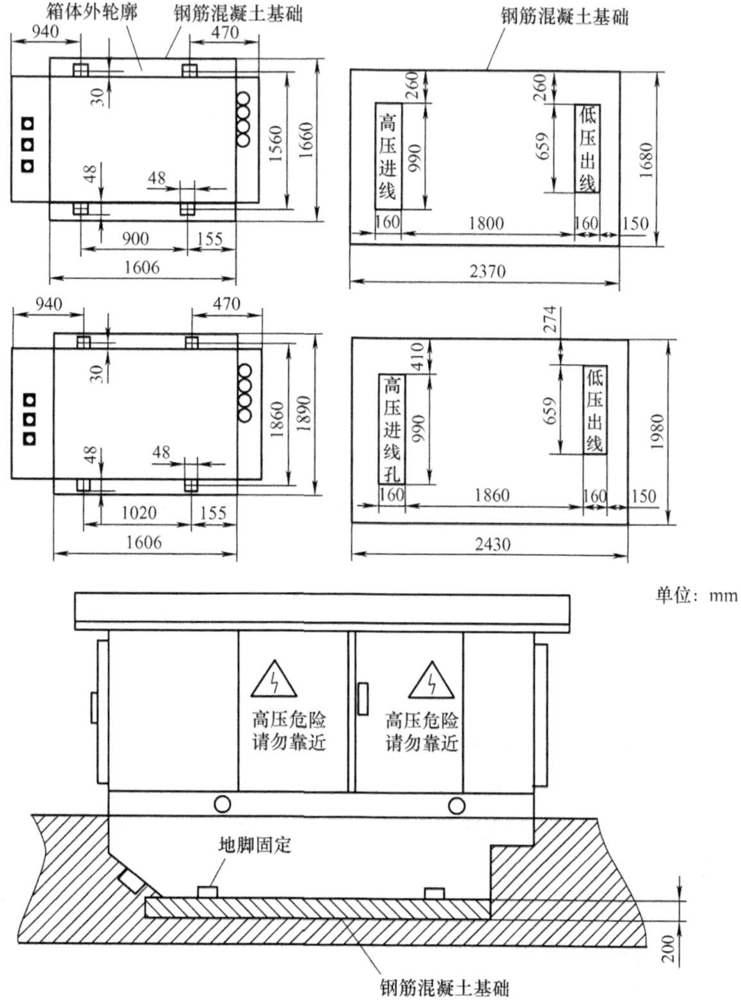

图 7-13　ZBW 系列 10kV 沉箱式预装式变电站箱体安装基础

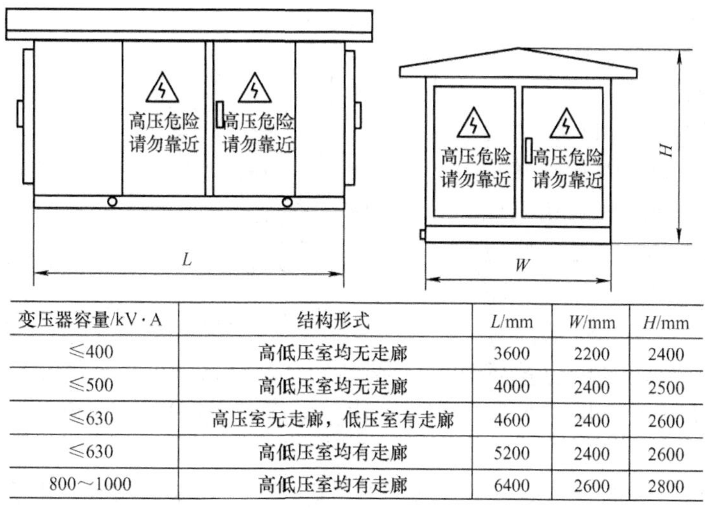

变压器容量/kV·A	结构形式	L/mm	W/mm	H/mm
≤400	高低压室均无走廊	3600	2200	2400
≤500	高低压室均无走廊	4000	2400	2500
≤630	高压室无走廊，低压室有走廊	4600	2400	2600
≤630	高低压室均有走廊	5200	2400	2600
800～1000	高低压室均有走廊	6400	2600	2800

图 7-14　ZBW 系列 10kV 平置式预装式变电站平面布置、外形和安装尺寸

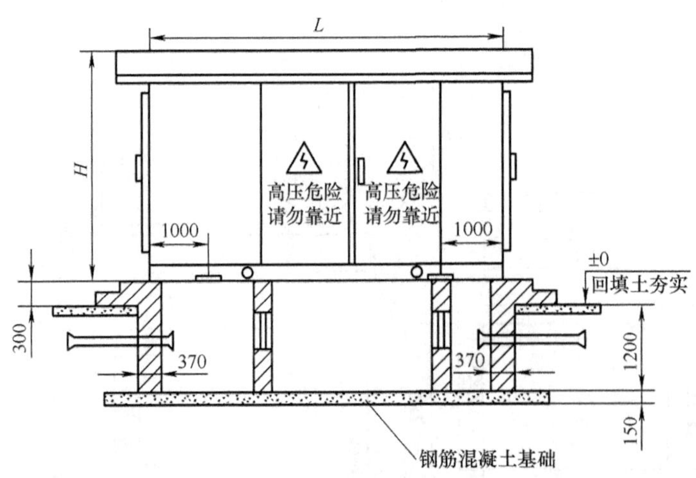

图 7-15　ZBW 系列 10kV 平置式预装式变电站箱体安装基础图

7.2.3　预装式变电站的技术特点

1. 美式预装式变电站变压器的类型

国产美式预装式变电站大都采用 S9、S11 系列配电变压器，也可选用非晶合金铁心变压器。非晶合金铁心变压器的优点是空载损耗小，只有同容量 S9 变压器的 1/4 ~ 1/3，但价格较高，为同容量 S9 变压器的 1.5 ~ 1.8 倍。不过随着非晶合金材料制造技术的提高，其价格将逐步下降，在未来非晶合金铁心变压器可能会占据主导地位。

变压器器身为三相三柱或三相五柱结构，采用 D, yn11 或 Y, yn0 联结组，熔断器连接在绕组外部，如图 7-16a 所示。三相五柱式 D, yn11 变压器的优点是带三相不对称负载能力强，不会因三相负载不对称造成中性点电压偏移，保证负载电压质量，耐雷特性好。

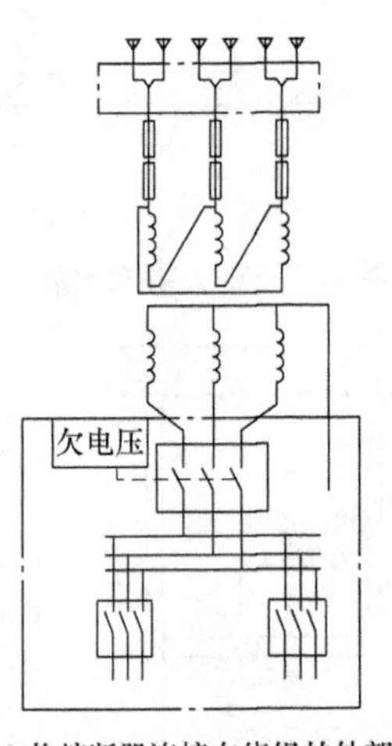

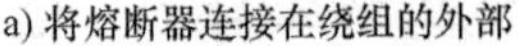

a) 将熔断器连接在绕组的外部

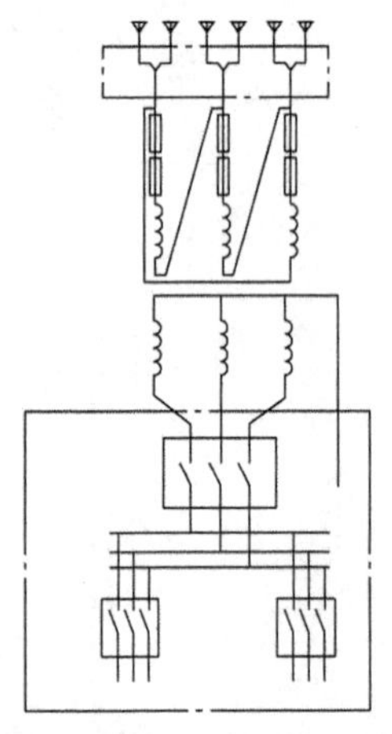

b) 将熔断器连接在绕组的内部

图 7-16　D, yn11 联结组变压器接线方式

三相五柱结构 D, yn11 联结的变压器也有缺点，如当熔断器某一相熔断后，会造成低压侧两相电压不正常，为额定电压的 1/2，使负载欠电压运行。为解决此问题，将熔断器连接在绕组内部，如图 7-16b所示，该结构的特点是熔断器一相熔断后，不会造成低压侧两相电压不正常，熔断相所对应的低压侧相电压几乎为零，其他两相电压正常，这种方法对单相供电系统或单相负载的保护有效。

我国三相供电系统的三相动力供电和照明供电可能采取混合方式，电力系统对三相不对称负荷范围有限制，不允许缺相运行。因两相运行将会造成三相用电设备无法起动，运行中

的三相用电设备也可能发热或烧毁，所以变压器一相断开后，不允许两相供电。为彻底解决这个问题，可采用智能型欠电压控制器安装在低压出线开关。

2. 美式预装式变电站的结构形式

（1）高压接线　高压回路由电缆终端接头、负荷开关、熔断器组等主要部件组成。进线方式有终端、双电源和环网三种供电方式，如图 7-17 所示。

环网和双电源由四种方式实现：一个四位置 V 形负荷开关；一个四位置 T 形负荷开关；两个二位置负荷开关；三个二位置负荷开关。终端接线方式由一个两位置负荷开关实现。

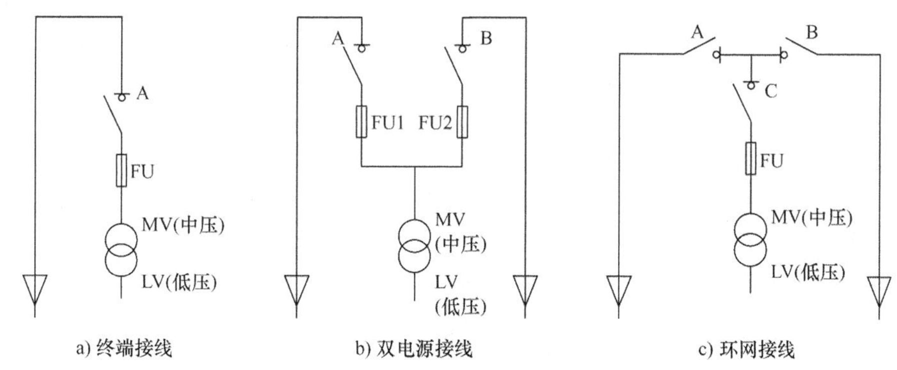

图 7-17　预装式变电站的高压接线

（2）负荷开关　美式箱变专用二位置和四位置油浸式负荷开关，体积小、重量轻，有 300A、400A、630A 等三种电流，但动、热稳定电流和短路关合电流都不大，四位置开关的热稳定电流为 12.5kA（2s），动稳定电流和短路关合电流为 31.5kA。二位置开关的热稳定电流 16kA（2s），动稳定电流和短路关合电流 40kA。四位置开关的原理接线图如图 7-18 所示，其中 A、B 端接电缆进线，C 端通过熔断器接变压器。可看出，T 形开关和 V 形开关接线功能不同，T 形开关缺少 A、B、C 同时断开的功能，V 形开关缺少 A、B 连通断开 C 的功能。因此，T 形开关更适合环网运行，V 形开关更适合双电源运行。

环网和双电源功能除了采用四位置开关外，还可采用两个或三个二位置开关的组合实现。两个二位置开关组合可实现 V 形开关的功能，三个二位置开关的组合更加灵活。

（3）熔断器　预装式变电站采用两组熔断器串联分段全范围保护，这两组熔断器是插入式熔断器和后备保护熔断器。插入式分断器的分断电流小于 2500A，用以分断低压侧故障的过电流；后备保护熔断器为限流熔断器，分断电流大，达到 50kA，用以防护隔离变压器内部故障。熔断器组的保护原理如图 7-19 所示。

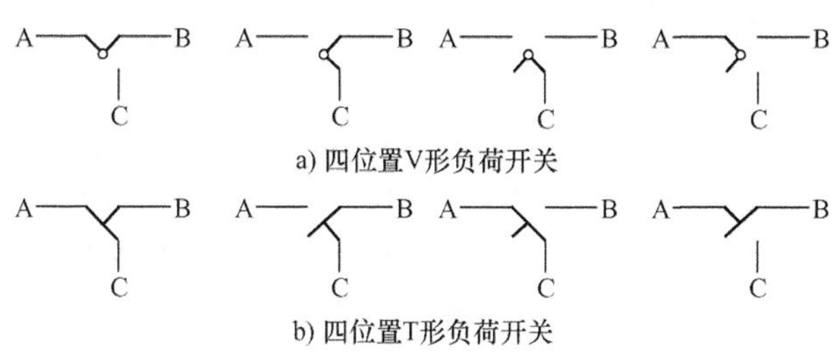

图 7-18　四位置负荷开关原理接线图

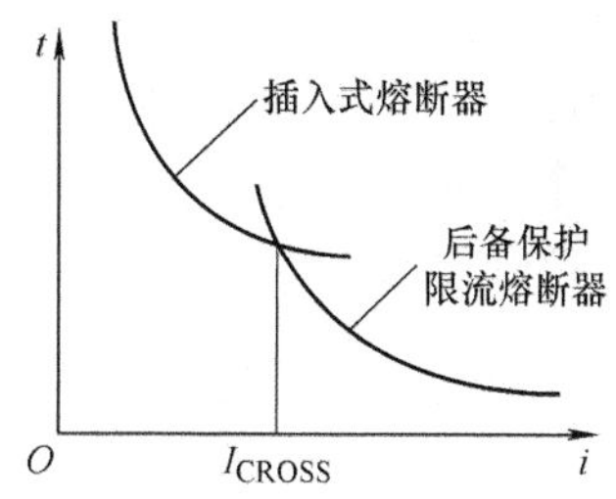

图 7-19　熔断器组的保护原理

运行中可能较频繁发生的故障是变压器低压侧短路，因变压器短路阻抗原因，短路电流被大大限制，反映到高压侧的过电流一般不超过 1kA。采用插入熔断器保护更换方便，且成本低。如变压器内部发生故障，短路电流将达到 2～10kA，在此电流下，限流熔断器可以在 10ms 以内分断故障电流，将故障变压器与系统隔离。

选取熔断器需考虑的原则是，低压侧短路时，高压侧最大通过电流小于图 7-19 所示的两条熔断器曲线的交叉点电流 I_{CROSS}，保证两个熔断器正确有选择地分断，确保变电站可靠、安全运行，并降低运行成本。

(4) 油箱内高低压电缆　目前，国内很多美式预装式变电站生产厂家都沿用油浸纸绝缘电缆，接线端子与电缆的连接采用焊接工艺。国外配变生产厂已不采用这种工艺，而采用耐油橡皮电缆，接线端子与电缆的连接采用压接工艺，这种高、低压电缆的性能稳定，容易施工、美观。

(5) 低压接线方案　预装式变电站体积小，低压馈电方案就受到限制。一般而言，在不扩展外挂柜子时，出线可以有低压断路器四路或带熔断器的刀开关六路，并有三组计量柜。如此配置，在负荷密度较高的配电网中，一般可以满足大部分要求。

(6) 油箱及外壳制造工艺　变压器的渗漏油是难题，既浪费，也降低了变压器运行的可靠性，使维护保养困难增加。户外产品表面防护漆的附着力差、寿命短。预装式变电站安装在城市道路边、住宅小区等，运行几年后，表面质量下降，影响与周边环境的协调，安全性也有所下降，需要对设备维护与防护。

3. 欧式预装式变电站的高压接线

欧式预装式变电站有环网、双电源和终端三种供电方式。若为终端接线，使用负荷开关—熔断器组合电器；若为环网接线，则采用环网供电单元。

环网供电单元配负荷开关，由两个作为进出线的负荷开关柜和一个变压器回路柜（负荷开关 + 熔断器）组成。环网供电单元有大气绝缘和 SF_6 绝缘两种。配大气绝缘环网供电单元的负荷开关主要有产气式、压气式和真空式。

环网供电单元由至少三个小室组成，即两个环缆进出室和一个变压器回路室。图 7-20 是环网供电单元的主回路，负荷开关 QS_1 和 QS_2 在隔离故障线段时，能及时恢复回路的连续供电。同负荷开关 QS_3 相连的熔断器 FU 在高压/低压变压器发生内部故障时起保护作用。开关 QS_3 对熔断器和变压器还起隔离和接地作用。

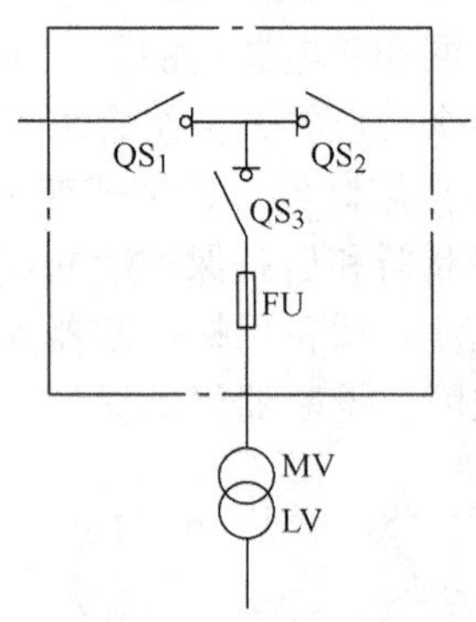

图 7-20　环网供电单元的主回路

QS_1、QS_2—进出线负荷开关

FU—QS_3-负荷开关-熔断器组合电器

MV/LV—变压器一、二次侧（中压、低压）

图 7-21 所示是终端接线供电方式，电缆进线，有高压带电显示装置，其中图 7-21b 采用高压计量。图 7-22 所示的高压主接线采用环网供电方式，由三个小室组成，一个负荷开关-熔断器组合电器室，两个负荷开关室。负荷开关均为二工位压气式、真空式或 SF_6 式负荷开关。高压侧未装互感器，只能低压计量，即所谓“高供低计”方式。

4. 预装式变电站的变压器

预装式变电站用变压器，一般将 10kV 降至 380V/220V，供用户使用。在预装式变电站

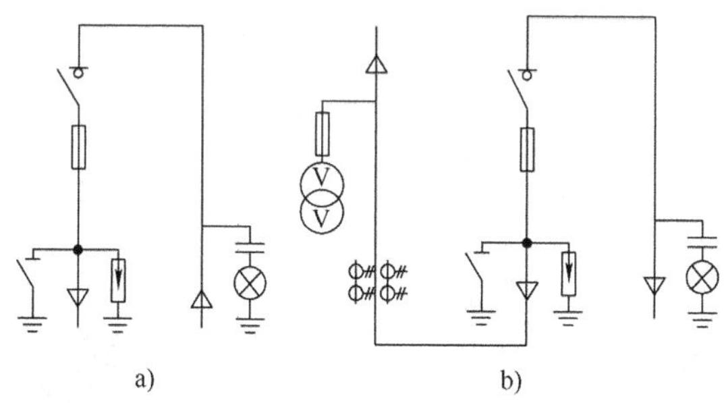

图 7-21 终端接线供电方式

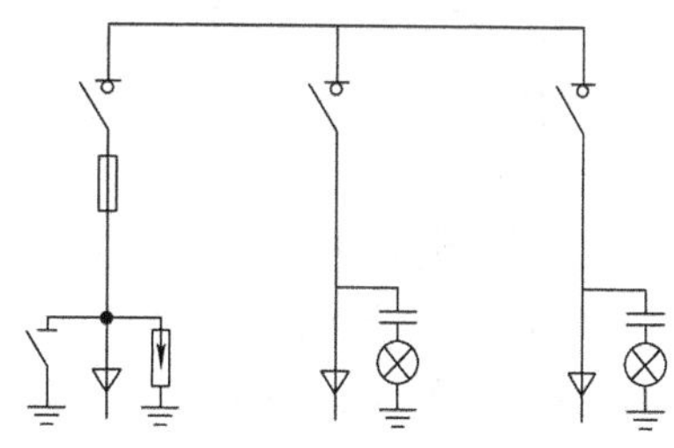

图 7-22 环网供电方式

中，变压器容量一般为 160～1600kV·A，最常用容量 315～630kV·A，可以是油浸变压器、耐燃液变压器、树脂浇注干式变压器等。在防火要求严格场合，应采用符合相应要求的变压器，如在高层建筑中，按规定不可使用带油的电器，如开关及变压器均不得含油，开关应采用无油开关，如产气、压气和真空 SF_6开关，变压器可用干式变压器等。

预装式变电站中的变压器设置，一种将变压器外露，不设置在封闭的变压器室内，放在变压器室内会因散热不好而影响变压器的工作；另一种将变压器设置在封闭的室内，用自然和强迫通风来解决散热问题，此法采用较多。

变压器散热有自然通风和机械强迫通风，机械强迫通风散热的测温方法中，一种以变压器室上部空气温度作为风扇动作整定值；另一种以变压器内上层油温不超过 95℃ 作为动作整定值，后一种方法最为有效。

自然通风散热有变压器门板通风孔间对流、变压器门板通风孔与顶盖排风扇间的对流，及在预装式变电站基础上设置通风孔与门板或顶盖排风扇间的对流几种方式。当变压器容量小于 315kV·A 时，使用后两种方法为宜。

强迫通风有多种办法，如排风扇设置在顶盖下面抽风，排风扇设置在基础通风口处送风。前者是风扇搅动室内的热空气，散热效果不理想，后者是将基础下面坑道处的较冷空气送入室内，因此温差大，散热效果较好。送风的强迫通风方法中，一般用轴流风机或辐面风机，轴流风机对变压器散热片内外侧散热不均匀，外侧散热好，内侧散热差些，辐面风机的排风口较均匀吹拂内外侧，通风散热效果较好。如左右各装一台风机，散热效果更好。

为了通风，变压器室箱体上一般设置有百叶窗。气流通过百叶窗进入变压器室的同时，往往夹杂灰尘，这对变压器外绝缘不利，需注意百叶窗的结构，使气流能进去，灰尘被分离。最简单做法是将叶片做成折变形状，在弯曲处，气流夹杂的灰尘大多受阻，靠自身重量从拐弯处滑出落下，使气流可以进去而大多数灰尘进不去。

变压器需采取防日照措施，以防止变压器室温度上升。防日照措施主要有在变压器的四壁添加隔热材料、采取双层夹板结构、顶盖采用带空气垫或隔热材料的气楼结构。

5. 预装式变电站的低压配电装置

低压配电室装有主开关和分路开关，分路开关一般 4～8 台，多到 12 台。分路开关占相当大的空间，缩小分路开关尺寸可多装分路开关。选择主开关和分路开关时，除体积要求外，还应选择短飞弧或零飞弧开关。

低压室有带操作走廊和不带操作走廊两种形式。操作走廊一般宽度 1000mm。不带操作走廊时，也可将低压室门板做成翼门上翻式，翻上面板在操作时可遮阳挡雨。低压室还装有静电电容器无功补偿装置、低压计量装置等。实际使用时，要精心设计以便充分利用空间。

图 7-23所示是低压回路接线方案。

6. 预装式变电站的控制系统

由于预装式变电站一般在户外运行，内部电器设备容易受到外界环境的影响。如高压室和低压室发生凝露，将危及电器绝缘，甚至导致闪络。变压器室的温度若超过一定限度，则会影响功率输出。因此，为保护预装式变电站免受外界环境的影响，需装设除湿机、调温装置、强迫排气等保护装置。总之，对高、低压室而言，主要防止凝露危害绝缘，对变压器室，主要监控温度，以免影响变压器的工作。

对这些保护装置的控制，除用一般电气控制电路外，还可用微处理器控制，后者可使控制安全准确。如用单片机嵌入式控制器监控温度和湿度，当达到某一定湿度和温度下的露点前发出指令，使除湿机和调温器动作；也可监控变压器的油温，当温度超过某一定值时，起动风扇，强迫通风散热。凝露温度控制器在预装式变电站中的安装情况，如图 7-24 所示。

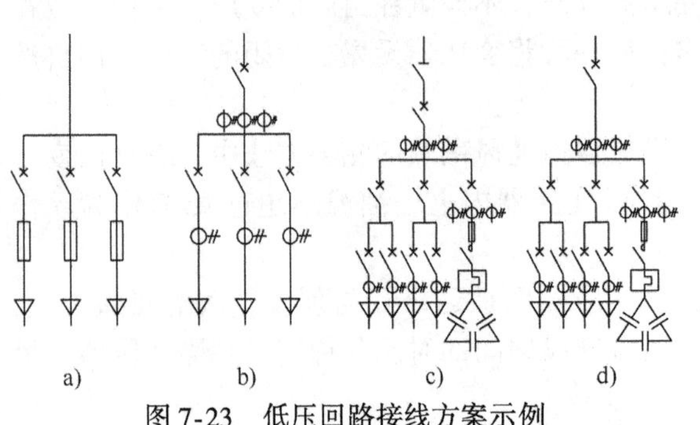

图 7-23 低压回路接线方案示例

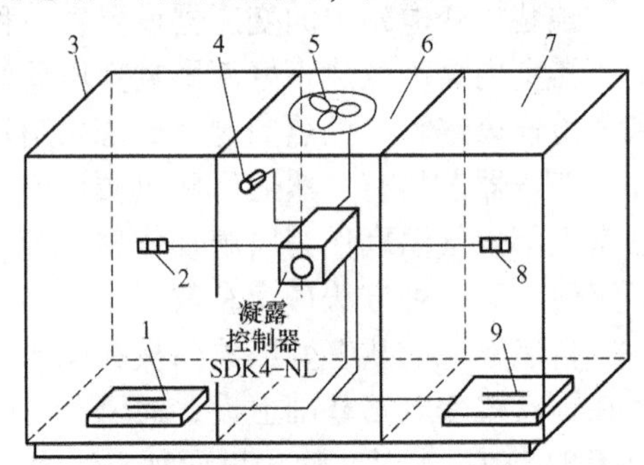

图 7-24 凝露温度控制器在预装式变电站中的应用

1—加热器 2、8—凝露传感器 3—高压室

4—温度传感器 5—排风扇 6—变压器室

7—变压器 9—加热器

图 7-24 所示凝露温度控制器的三路传感器当中任意一路监测到产生凝露时，控制器发出警报，并自动驱动相应的加热及通风装置，阻止凝露的发生；当变压器或其他被测介质的温度超过设定温度时，控制器会自动接通相应的通风装置，达到降温的目的，确保电器设备的正常运行。

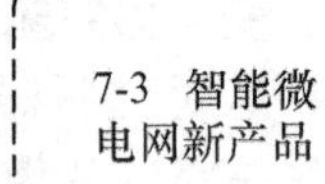

7.3 变电站的保护

7.3.1 电气安全

1. 电气安全的概念

电气安全包括人身安全和设备安全，人身安全指电气工作人员或其他人员的身体安全，

设备安全包括电气设备本身及其所拖动的设备安全。

电气设备如设计不合理、施工安装不妥当、使用不规范、操作不规范、维修不及时，尤其是电气工作人员缺乏必要的安全知识与安全技能，意识上不重视安全，可能引发各类事故，如触电伤亡、设备损坏、停电、影响生产，甚至引起火灾或爆炸等严重后果。必须采取切实有效的措施，杜绝事故的发生，一旦发生事故，也应有现场应急处理的方法。

2. 电气安全措施

（1）岗位及制度　用电单位应建立完整的安全管理机构，如单位规模不大、人员紧张，职能部门应设立用电安全的管理岗位，建立健全安全规程并严格执行，普及安全用电知识。

（2）严格执行设计、安装规范　车间或设备用电时，电气设备和线路的设计、安装，应严格遵循相关的国家标准、行业标准，精心设计，按图施工，确保质量，绝不留隐患。如本单位没有专业电气设计人员，可委托有资质的单位设计。

（3）加强运行维护和检修　应定期测量在用电气设备中的绝缘电阻及接地装置中的接地电阻，确保处于合格状态；对安全用具、避雷器、保护电器，应定期检查、测试，确保性能良好、工作可靠。

（4）正确使用电气安全用具　电气安全用具分绝缘安全用具和防护安全用具，前者又分基本安全用具和辅助安全用具。常用电气基本安全用具如绝缘棒、绝缘夹钳和验电器等，常用的电气防护安全用具如绝缘手套、绝缘靴和绝缘垫等。

（5）选用安全电压和符合安全要求的电器　为防止触电事故，可采用由特定电源供电的电压系列，称安全电压，如机床的信号指示和照明电源。对容易触电及有触电危险的场所，应按表7-10中的规定采用相应的安全电压。

表7-10　安全电压

安全电压（有效值）/V		选用案例
额定值	空载上限值	
42	50	在有触电危险的场所使用的手持式电动工具等
36	43	在矿井、多导电粉尘等场所，使用行灯等
24	29	工作空间小，操作者容易大面积接触带电体如金属容器内
12	15	人体可能经常触及的带电体设备
6	8	

注：某些重负荷电气设备，额定值虽然符合表格中的规定，但空载时电压很高，若超过空载上限值仍不能认为是安全。

3. 电气防火和防爆

（1）电气火灾的特点　当电气设备、线路处于短路、过负荷、接触不良、散热不良的运行状态时，发热量增加、温度升高，容易引起火灾。有爆炸性混合物的场合，电火花、电弧还会引发爆炸。

着火的电气设备可能带电，应防止可能引起触电事故。有些电气设备如油浸式变压器、油断路器，设备本身带有油，可能发生喷油甚至爆炸事故，扩大火灾范围。

(2) 电气失火的处理　电气失火后应首先切断电源，但有时因各种原因只能带电灭火。二氧化碳、四氯化碳、1211 或干粉灭火器使用的灭火剂均不导电，可用于带电灭火，二氧化碳灭火器使用时应打开门窗，离火区 2 ~ 3m 喷射，勿使干冰沾着皮肤，防止冻伤，使用四氯化碳灭火器灭火时应打开门窗，防止中毒，应戴防毒面具，因四氯化碳与氧气在热作用下起化学反应，生成有毒的光气（$COCl_2$）和氯气（Cl_2）。不能使用普通泡沫灭火器，因泡沫灭火剂有导电性，还对电气设备有腐蚀作用。

小范围带电灭火可用干沙土覆盖，也可用棉被、棉衣等覆盖，应保证能一次性全部覆盖住，并完全有效隔离空气。

专业灭火人员用水枪灭火时宜采用喷雾水枪，这种水枪通过水柱的泄漏电流较小，带电灭火比较安全；用普通直流水枪灭火时，为防止泄漏电流流过人体，可将水枪喷嘴接地，也可穿戴绝缘手套、绝缘靴或穿戴均压服后灭火。

(3) 防火防爆的措施　选择适当的电气设备及保护装置，根据具体环境、危险场所区域等级，选用相应的防爆电气设备和配线方式，所选用防爆电气设备的级别，不低于该爆炸场所内爆炸性混合物的级别。防爆电气设备具体选择和配线方式，应符合防爆标准。保持必要的防火间距，通风良好。

4. 触电概念及危害

当人体触及带电体，或带电体与人体之间的距离较近、电压较高产生放电，或电弧烧伤人体表面对人体所造成的伤害，都称触电。

触电事故分“电击”与“电伤”。电击指电流通过人体内部，破坏人的心脏、呼吸系统和神经系统，触电事故中，电击是最危险的，可能危及生命，绝大部分的触电伤亡事故由电击造成。电伤指电流的热效应、化学效应或机械效应对人体造成的伤害，如电弧烧伤、电烙印、皮肤金属化等，电伤可危害人体内部组织甚至骨骼，也可能在人体体表留下诸如电流印、电纹等触电伤痕。

触电的类型包括单相触电、双相触电和跨步电压触电。单相触电指当人体直接接触到带电设备或物体时，电流通过人体流入到大地。有时对高压带电体，人体尽管没有直接接触及，但人体位置小于安全距离，高压带电体对人体放电，造成单相接地而引起触电，这也属单相触电，单相电路中的电源相线与零线（或大地）之间的电压是 220V，加在人体的电压约 220V，高于安全电压 36V，这时电流就通过人体流入大地而发生单相触电事故。

当人体同时接触带电设备或带电导线其中两相，或在高压系统中，人体同时接近不同相的两相带电导体，发生放电，电流通过人体从某一相流入另一相，此种触电称两相触电。这类事故多发生在带电检修或安装电气设备时。

当电气设备发生接地短路故障时或电力线路断落接地时，电流经大地流走，这时，接地中心附近的地面存在不同电位。此时人若在短路接地点周围行走，两脚间按正常人 0.8m 跨距考虑会有一个电位差，即跨步电压，由跨步电压引起的触电称跨步电压触电。

间接触电指由于事故，使正常情况下不带电的电气设备金属外壳带电，致使人体触电。由于导线漏电触碰金属物（如管道、金属容器等），使金属物带电而使人触电，属于间接触电。

触电事故引起死亡是由于电流刺激人体心脏，引起心室的纤维性颤动、停搏，电流引起呼吸中枢麻痹，导致呼吸停止。

安全电流指人体触电后最大的摆脱电流，我国规定为 50Hz 交流 30mA，触电时间不超过 1s。

电流对人体的危害程度与触电时间、电流大小和性质及电流在人体的路径有关，触电时间越长，电流越大，接近工作频率，对人体危害越大，电流流过心脏最为危险。此外，还与人的体重、健康状况有关。

5. 触电防护

（1）直接触电防护　将带电导体做绝缘处理，带电导体应全部用绝缘层覆盖，绝缘层能长期承受运行中遇到的机械、化学、电气及热的各种不利因素。

采用遮拦或外护物，设置防止人、畜意外触及带电导体的防护设施，并在可能触及带电导体的开孔处，设置“禁止触及”的醒目标志。

裸带电导体采用遮拦或外护物防护有困难时，在电气专用房间或区域宜采用栏杆或网状屏障等阻挡物防护。

将人可能无意识同时触及不同电位的可导电部分置于伸臂范围之外。

（2）间接触电防护　将故障时变为带电的设备外露可接近导体接地或接零，设置等电位连接，建筑物内的总等电位连接和局部等电位连接应符合标准或规范。设置剩余电流保护电器，故障时自动切断电源；采用特低电压供电，指相间电压或相对地电压不超过交流方均根值50V的电压，在一些供电系统中，也可用安全特低电压系统或保护特低电压系统供电。

7.3.2 雷电过电压及防止措施

1. 直击雷过电压

当雷电直接击中电气设备、线路或建筑物时，强大的雷电电流通过被击物流入大地，在被击物上产生较高的直击雷过电压。如雷云很低，周围没有带异性电荷的雷云，可能在地面凸出物上感应出异性电荷，在雷云与大地之间形成很大的雷电场。当雷云与大地之间在某方位的电场强度达到25～30kV/cm时开始放电，此为直击雷击，如图7-25所示。根据观测统计，雷云对地面的雷击约90%为负极性雷击，约10%的雷击为正极性雷击。

2. 雷电感应过电压

雷电感应指闪电放电时，在附近导体上产生的雷电静电感应和雷电电磁感应，可能使金属部件之间产生火花放电。

（1）雷电静电感应过电压　因雷云作用，附近导体感应出与雷云相反的电荷，雷云主放电时，先导通道中的电荷迅速中和，导体上感应电荷释放，如没有就近泄入大地，将产生很高的电动势，出现雷电静电感应过电压，如图7-26所示。输电线路的雷电静电感应过电压可达几万至几十万伏，导致线路绝缘层及所连接的电气设备绝缘遭受损坏。危险环境中未做等电位联结的金属管线间可能产生火花放电，导致火灾或爆炸危险。

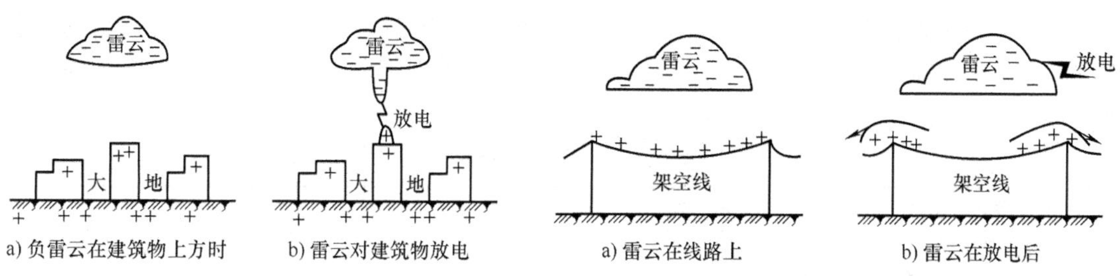

a) 负雷云在建筑物上方时　b) 雷云对建筑物放电

图7-25　直击雷示意图

a) 雷云在线路上　b) 雷云在放电后

图7-26　架空线路上的闪电感应过电压

（2）雷电电磁感应过电压　因雷电电流迅速变化，在周围空间会产生瞬变的强电磁场，附近导体上感应出很高的电动势，产生雷电电磁感应过电压。

（3）雷电电涌侵入　雷电电涌指雷电击于防雷装置或线路上，及由雷电静电感应和雷电电磁脉冲引发，表现为过电压、过电流的瞬态波。

雷电电涌侵入指雷电电流对架空线路、电缆线路和金属管道的侵入，雷电电涌可能沿管线侵入室内，危及人身安全或损坏设备。雷电电涌侵入造成的危害占雷害总数的超过一半。

3. 防雷装置

防雷装置指用于对电力装置或建筑物进行雷电防护的整套装置，由外部防雷装置（避雷针、避雷线）和内部防雷装置组成，前者由接闪器、引下线和接地装置等组成，后者由避雷器或屏蔽导体等电位连接件和电涌保护器等组成，用于减小雷电电流在所需防护空间内产生的电磁效应。

（1）避雷针和避雷线的作用与结构　避雷针和避雷线是防止雷击的有效措施。避雷针吸引雷电并将其安全导入大地，保护附近的建筑和设备免受雷击。避雷针由接闪器、引下线、接地装置组成。独立避雷针还需要支持物，支持物可以是混凝土杆、木杆，也可以由角钢、圆钢焊接而成。

接闪器是避雷针最重要的组成部分，专门接受雷云放电，它采用直径 10 ~ 20mm，长 1 ~ 2m 的圆钢，或用直径大于 25mm 的镀锌金属管制成。

引下线是接闪器与接地装置之间的连接线，用于将接闪器上的雷电流安全引入接地装置，应保证雷电流通过时不致熔化，引下线一般采用直径 8mm 的圆钢或截面面积不小于 $25mm^2$的镀锌钢绞线。如避雷针本体是铁管或铁塔，可以用本体作为引下线或用钢筋混凝土杆的钢筋作为引下线。

接地装置是避雷针的地下部分，用于将雷电流直接泄入大地。接地体埋设深度不应小于 0.6m，垂直接地体的长度不应小于 2.5m，垂直接地体之间的距离一般不小于 5m。接地体一般采用直径为 19mm 的镀锌圆钢。

引下线与接闪器及接地装置之间，以及引下线本身接头应可靠连接。连接处不能用绞合接法，必须使用烧焊、线夹或螺钉。

避雷线主要是保护架空线路，由悬挂在空中的接地导线，接地引下线和接地装置组成。

（2）单根避雷针保护范围的确定　保护范围指被保护物在此空间范围内不致遭受雷击。保护范围的大小与避雷针的高度有关。应采用滚球法对避雷针、避雷线进行保护范围的计算。

滚球法使用以 h_r为半径的一个球体，沿需防止雷击的部位滚动，当球体只触及接闪器（包括被利用作为接闪器的金属物）或接闪器和地面（包括与大地接触能承受雷击的金属物），而不触及需要保护的部位时，该部位就在接闪器的保护范围之内，如图 7-27 所示。不同防雷建筑物的滚球半径见表 7-11。

表 7-11　滚球半径的确定

建筑物防雷类别	第一类	第二类	第三类
滚球半径/m	30	45	60

1）当避雷针高度为 $h \leqslant h_r$ 时的保护范围：距地面 h_r 处作一平行于地面的平行线；以避雷针的针尖为圆心，h_r 为半径，作弧线交于平行线的 A、B 两点；以 A、B 两点为圆心，h_r 为半径作弧线，该弧线均与针尖相交，并与地面相切，从此弧线起到地面止的整个锥体空间就是避雷针的保护范围。

避雷针在地面上的保护半径为

$$r_0 = \sqrt{h(2h_r - h)}$$

式中　h——避雷针的高度，单位为 m；

h_r——滚球半径，按表 7-11 确定；

r_0——避雷针在地面上的保护半径 m。

2）当 $h > h_r$ 时：除在避雷针上取高度 h_r 的一点代替避雷针针尖作圆心外，其余做法同前，在计算水平面和地面上保护半径时，h 用 h_r 代替。

4. 单根架空避雷线保护范围的确定

单根架空避雷线保护范围，当避雷线高度 $h \geqslant 2h_r$ 时，无保护范围；当避雷线高度 $h < 2h_r$ 时，按以下方法确定保护范围，如图 7-28 所示。

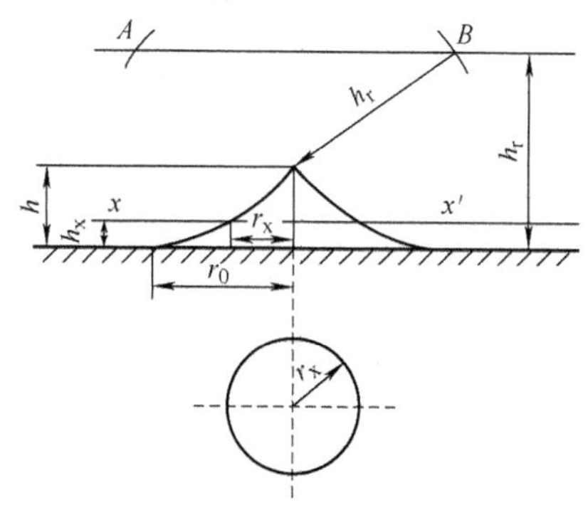
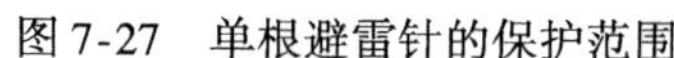

图 7-27　单根避雷针的保护范围

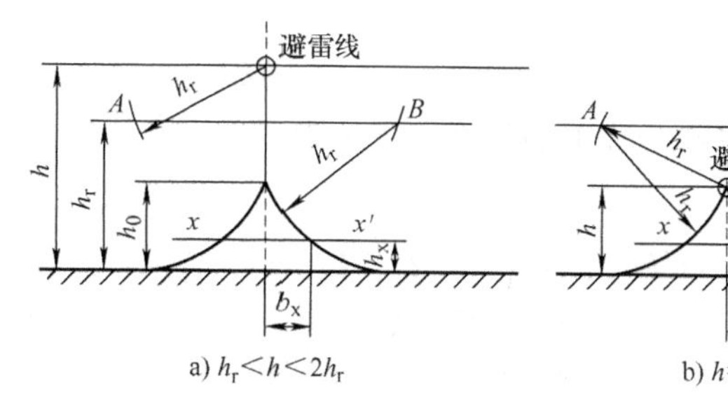

图 7-28　单根避雷线的保护范围

距地面 h_r 处作一平行于地面的平行线；以避雷线为圆心，h_r 为半径，作弧线交平行线的 A、B 两点；以 A、B 为圆心，h_r 为半径作弧线，两弧线相交或相切并与地面相切，从两弧线起到地面都是保护范围；当 $h_r < h < 2h_r$ 时，保护范围最低点的高度 h_0 为

$$h_0 = 2h_r - h$$

避雷线在 h_x 高度的平面 xx' 上的保护半径为

$$b_x = \sqrt{h(2h_r - h)} - \sqrt{h_x(2h_r - h_x)}$$

式中　b_x——避雷线在 h_x 高度 xx' 平面上的保护宽度，单位为 m；

h——避雷线的高度，单位为 m；

h_x——被保护物的高度，单位为 m；

h_r——滚球半径，按表 7-11 确定，$h \leqslant h_r$ 的情况，确定保护范围和保护空间的方法相同。

（1）接闪器　接闪器是用于拦截闪击的接闪杆、引下线及金属屋面和金属构件等组成的外部防雷装置，分接闪杆、接闪线、接闪带和接闪网，接闪杆俗称避雷针，接闪线俗称避雷线，接闪带俗称避雷带，接闪网俗称避雷网。

接闪杆用于保护露天变配电设备及建筑物；接闪线或架空地线用于保护输电线路；接闪的金属带、称接闪带、接闪网用于保护建筑物。它们都是利用高出被保护物的突出地位，将雷电引向自身，再通过引下线和接地装置将雷电电流泄入大地，保护线路、设备、建筑物。

接闪杆的作用就是引雷，当雷电先导临近地面时，使雷电场畸变，改变雷云放电通道，吸引到接闪杆本身，然后经与接闪杆相连的引下线和接地装置将雷电流泄放到大地中，使被保护物不受直接雷击。接闪杆的保护范围以其可防护直击雷的空间表示，按 GB 50057—2010 规定，采用“滚球法”确定。“滚球法”是选择半径为 h_r的滚球，沿需要防护直击雷的部分滚动，如球体只触及接闪器或接闪器和地面，而不触及需要保护的部位时，该部位就在这个接闪器保护范围内。滚球半径按建筑物防雷类别确定，见表 7-12。

表 7-12　各类防雷建筑物的滚球半径和避雷网格尺寸

建筑物防雷类别	滚球半径 h_r/m	避雷网格尺寸/m
第一类防雷建筑物	30	≤5×5 或≤6×4
第二类防雷建筑物	45	≤10×10 或≤12×8
第三类防雷建筑物	60	≤20×20 或≤24×16

1）单支接闪杆的保护范围。保护范围如图 7-29 所示，按下列方法确定。当接闪杆高度 $h \leqslant h_r$时，距地面 h_r处作平行于地面的直线；以接闪杆杆尖为圆心、h_r为半径，作弧线交平行线于 A、B 两点；以 A、B 为圆心，h_r为半径作弧线，该弧线与杆尖相交，与地面相切，由此弧线起到地面为止的整个锥形空间，就是接闪杆的保护范围。接闪杆在被保护物高度 h_x的 xx'平面上的保护半径 r_x为

$$r_x = \sqrt{h(2h_r - h)} - \sqrt{h_x(2h_r - h_x)}$$

接闪杆在地面上的保护半径 r_0为

$$r_0 = \sqrt{h(2h_r - h)}$$

h_r为滚球半径，见表 7-12 。当接闪杆高度 $h > h_r$时，在接闪杆上取高度 h_r的一点代替接闪杆的杆尖作为圆心，其余方法与接闪杆高度 $h \leqslant h_r$时相同。

2）两支接闪杆的保护范围。保护范围如图 7-30 所示，接闪杆高度 $h \leqslant h_r$时，当每支接闪杆的距离 $D \geqslant 2\sqrt{h(2h_r - h)}$时应各按单支接闪杆保护范围计算；当 $D < 2\sqrt{h(2h_r - h)}$时，保护范围如图 7-30 所示，$AEBC$ 外侧的接闪杆保护范围，按单支接闪杆方法确定；两支接闪杆之间 C、E 两点位于两杆间的垂直平分线上，在地面每侧的最小保护半径 b_0为

$$b_0 = CO = EO = \sqrt{2(2h_r - h) - \left(\frac{D}{2}\right)^2}$$

在 AOB 轴线上，距中心线任一距离 x 处，在保护范围上边线上的保护高度 h_x为

$$h_x = h_r - \sqrt{(h_r - h)^2 + \left(\frac{D}{2}\right)^2 - x^2}$$

该保护范围上边线是以中心线距地面 h_r的一点 O'为圆心，以$\sqrt{(h_r - h)^2 + \left(\frac{D}{2}\right)^2}$为半径所作的圆弧 AB。

对两杆间（$AEBC$ 内）的保护范围来说，ACO，BCO，BEO，AEO 部分的保护范围确定方法相同，以 ACO 部分的保护范围为例，在任一保护高度 h_x和 C 点所处的垂直平面上以 h_r作为假想接闪杆，按单支接闪杆的方法逐点确定，如图 7-30 中的 1-1 剖面图。

确立 xx'平面上保护范围。以单支接闪杆的保护半径 r_x为半径，以 A、B 为圆心作弧线

与四边形 $AEBC$ 相交；以单支接闪杆的 (r_0-r_x) 为半径，以 E、C 为圆心作弧线与上述弧线相接，如图 7-30 中的粗虚线所示。

两支不等高接闪杆保护范围的计算，在 h_1，h_2 分别小于或等于 h_r 时，当 $D \geqslant \sqrt{h_1(2h_r-h_1)}+\sqrt{h_2(2h_r-h_2)}$，接闪杆保护范围计算按单支接闪杆保护范围规定方法确定。

对比较大的保护范围，采用单支接闪杆，因保护范围并不随接闪杆的高度成正比增大，将大大增加接闪杆的高度，且安装困难、投资增大，应采用双支接闪杆或多支接闪杆。

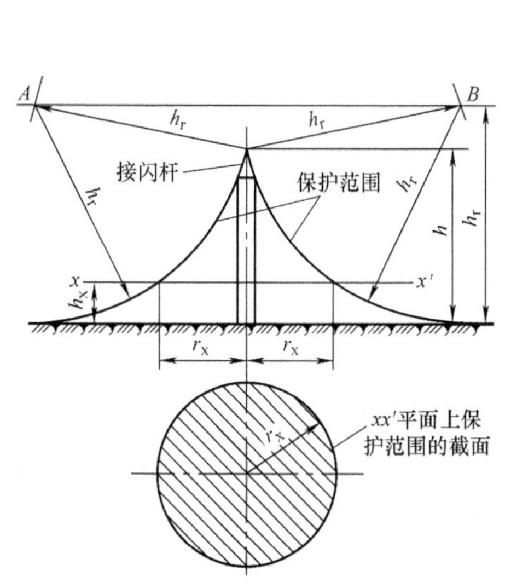

图 7-29　单支接闪杆的保护范围

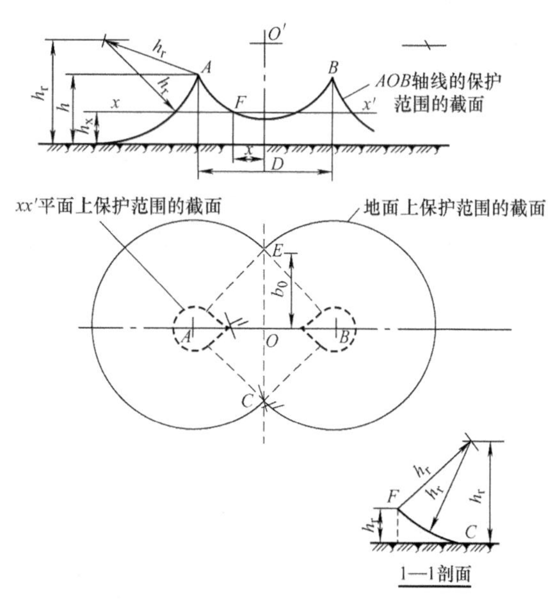

图 7-30　两支等高接闪杆的保护范围

(2) 接闪线　当单根接闪线高度 $h \geqslant 2h_r$ 时，无保护范围。当接闪线的高度 $h<2h_r$ 时，保护范围如图 7-31 所示，保护范围确定时，架空接闪线的高度应计入弧垂影响，在无法确定弧垂时，当等高支柱间的距离 <120m 时架空接闪线中点的弧垂采用 2m，距离 120～150m 时采用 3m。

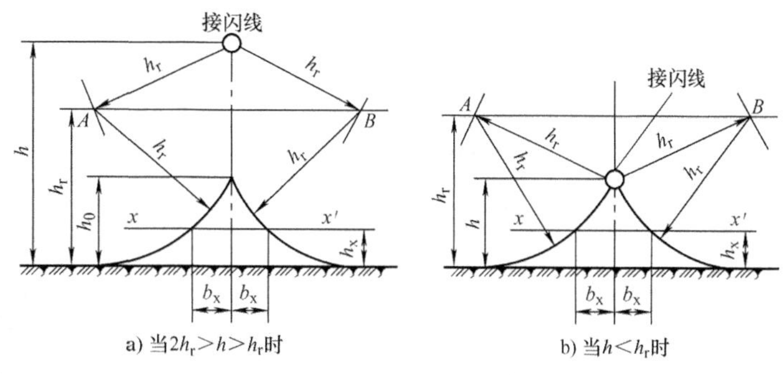

图 7-31　单根接闪线的保护范围

距地面 h_r 处作平行于地面的平行线；接闪线为圆心，h_r 为半径作弧线交于平行线的 A、B 点；以 A、B 为圆心，h_r 为半径作弧线，两条弧线相交或相切，并与地面相切。这两条弧线与地面围成的空间就是接闪线的保护范围。

当 $2h_r>h>h_r$ 时，保护范围最高点的高度 h_0 为

$$h_0=2h_r-h$$

接闪线在 h_x 高度的 xx' 平面上的保护宽度 b_x 为

$$b_x = \sqrt{h(2h_r - h)} - \sqrt{h_x(2h_r - h_x)}$$

式中　h——接闪线的高度；

h_x——保护物的高度。

接闪带和接闪网的保护范围，所处的整幢高层建筑，接闪网的网格尺寸有具体的要求，见表7-12。

5. 避雷器

避雷器用以防止雷电产生的过电压沿线路侵入变电站、配电所或建筑物内，有阀型避雷器、管型避雷器、金属氧化物避雷器、保护间隙。

（1）阀型避雷器　这种避雷器由火花间隙和阀片组成，装在密封的瓷套管内。火花间隙是用铜片冲制而成，每对为一个间隙，中间用厚度0.5～1mm的云母片隔开。正常工作电压时，火花间隙不被击穿从而隔断工频电流，在雷电过电压出现时，火花间隙被击穿。阀片用碳化硅制成，有非线性特征。正常工作电压下，阀片电阻值较高，起绝缘作用，雷电过电压出现时电阻值较小。当火花间隙被击穿后，阀片能使雷电电流泄放到大地。当雷电电压消失后，阀片又呈现较大电阻，火花间隙恢复绝缘，切断工频续流，保证线路恢复正常运行。

雷电电流流过阀片时形成的电压降俗称残压，加在电力设备，残压不能超过设备绝缘允许的耐压值，否则会使设备绝缘被击穿，应引起注意。图7-32所示为FS4－10型高压阀型避雷器外形结构。

（2）氧化锌避雷器　这种避雷器属目前先进的过电压保护设备，由基本元件和绝缘底座构成，基本元件内部由氧化锌电阻片串联组成，电阻片有圆饼状或环状，工作原理与阀型避雷器基本相似。因氧化锌非线性电阻片具有极高的电阻而呈绝缘状态，其非线性特性优良。正常工作电压时仅有几百微安的电流通过，无须串联的放电间隙，结构先进合理。

氧化锌避雷器主要有普通氧化锌避雷器、有机外套氧化锌避雷器、整体式合成绝缘氧化锌避雷器、压敏电阻氧化锌避雷器等。图7-33a、b分别为基本型、有机外套型氧化锌避雷器外形。

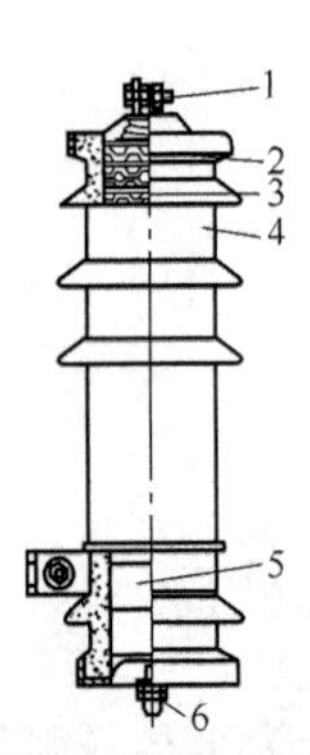

图7-32　FS4－10型高压阀型避雷器外形结构

1—上接线端　2—火花间隙　3—云母片

4—瓷套管　5—阀片　6—下接线端

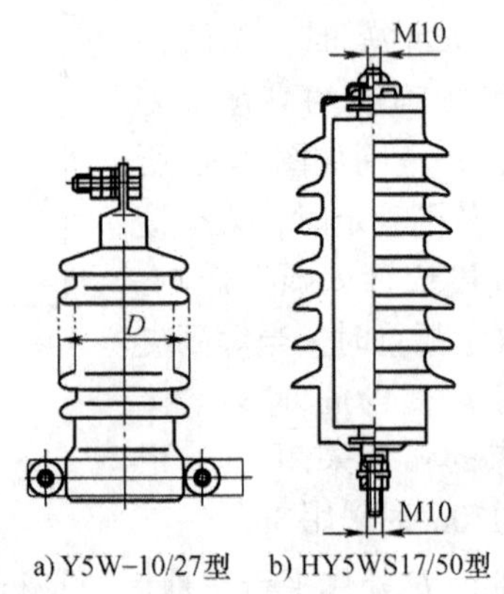

图7-33　氧化锌避雷器外形结构

有机外套氧化锌避雷器有无间隙和有间隙两种，前者广泛用于变压器、电机、开关、母线等的防雷，后者主要用于6～10kV中性点非直接接地配电系统的变压器、电缆头等交流配电设备的防雷。这种避雷器保护特性好、通流能力强，体积小、质量轻、不易破损、密封性好、耐污能力强。

整体式合成绝缘氧化锌避雷器是整体模压式的无间隙避雷器，防爆防污、耐磨抗震能力强、体积小、重量轻，可采用悬挂方式，用于3～10kV电力系统电气设备的防雷。

MYD系列压敏电阻氧化锌避雷器是一种新型半导体陶瓷产品，它通流容量大、非线性系数高、残压低、漏电流小、无续流、响应时间快。可用于几伏到几万伏的交、直流电压电气设备的防雷、操作过电压，对各种过电压抑制作用良好。氧化锌避雷器的技术参数见表7-13。

表7-13　氧化锌避雷器的典型技术参数

型号	避雷器额定电压/kV	系统标称电压/kV	持续运行电压/kV	直流1mA参考电压/kV	标称放电流下残压/kV	陡波冲击残压/kV	2ms方波通流容量/A	使用场所
HY5WS－10/30	10	6	8	15	30	34.5	100	配电(S)
HY5WS－12.7/45	12.7	10	6.6	24	45	51.8	200	
HY5WZ－17/45	17	10	13.6	24	45	51.8	200	电站(Z)
HY5WZ－51/134	51	35	40.8	73	134	154	400	
HY2.5WD－7.6/19	7.6	6	4	11.2	19	21.9	400	旋转电动机(D)
HY2.5WD－12.7/31	12.7	10	6.6	18.6	31	35.7	400	
HY5WR－7.6/27	7.6	6	4	14.4	27	30.8	400	电容器(R)
HY5WR－17/45	17	10	13.6	24	45	51	400	
HY5WR－51/134	51	35	40.5	73	134	154	400	

（3）保护间隙　与被保护物绝缘并联的空气火花间隙称为保护间隙。按结构形式可分棒形、球形和角形，角形间隙广泛应用于3～35kV线路，由两根10～12mm镀锌圆钢弯成羊角形电极并固定在瓷瓶上，如图7-34a所示。

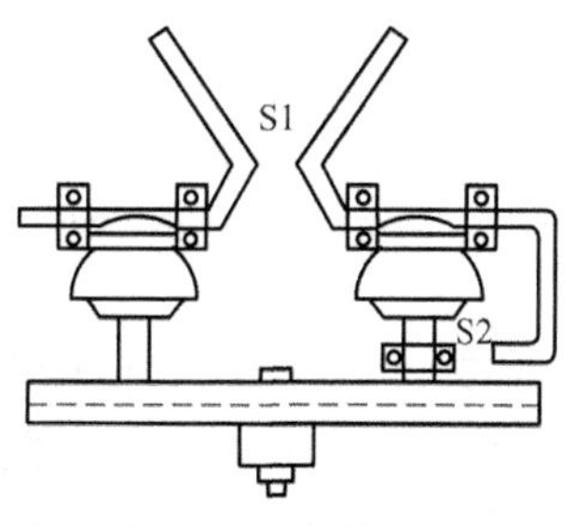

a) 间隙结构

b) 三相线路上保护间隙接线图

图7-34　羊角形保护间隙结构与接线

S1—主间隙　S2—辅助间隙

正常时，保护间隙对地绝缘。当遭遇雷击时，角形间隙被击穿，雷电电流泄入大地。角形间隙击穿时产生电弧，空气受热上升，电弧转移到间隙上方拉长并熄灭，线路绝缘子或其他电气设备的绝缘因此不发生闪络。因主间隙暴露在空气中，易被鸟、鼠、虫、树枝等短接，对本身没有辅助间隙的保护间隙，一般在引下线中串联一个辅助间隙，即使主间隙被外物短接时，也不造成接地或短路，如图7-34b中的S2所示。

保护间隙灭弧能力较小，雷击后，保护间隙很可能不能切断工频续流造成接地短路，引起线路的断路器动作或熔断器熔断，因此只用于无重要负荷线路。在装有保护间隙的线路中，一般要求装设自动重合闸装置或自复式熔断器。

6. 引下线

引下线用于将雷电电流从接闪器传导至接地装置，有热镀锌钢、铜、镀锡铜、铝、铝合金和不锈钢等材料。引下线一般采用热镀锌圆钢或扁钢，优先用热镀锌圆钢。热镀锌钢结构和最小截面积按表7-14取值。一般情况下，明敷引下线固定支架间距小于或等于表7-15的规定。

表7-14　引下线的结构、最小截面积、最小厚度或直径

结构	明敷		暗敷		烟囱	
	最小截面积/mm^2	最小厚度或直径/mm	最小截面积/mm^2	最小厚度或直径/mm	最小截面积/mm^2	最小厚度或直径/mm
单根扁钢	50	2.5	80		100	4
单根圆钢	50	8	80	10	100	12
绞线	50	每股直径1.7			50	每股直径1.7

表7-15　明敷引下线固定支架的间距

布置方式	扁形导体和绞线固定支架的间距/mm	单根圆形导体固定支架的间距/mm
安装于水平面上的水平导体	500	1000
安装于垂直面上的水平导体	500	1000
安装于从地面至高20m垂直面上的垂直导体	1000	1000
安装于高于20m垂直面上的垂直导体	500	1000

7. 电涌保护器

电涌保护器是用于限制瞬态过电压和分泄电涌电流的器件，它里面至少有一个非线性元件，将窜入电力线、信号传输线的瞬时过电压限制在设备或系统所能承受的电压范围内，或将很大雷电电流泄流入大地，保护设备或系统不受冲击。电涌保护器按工作原理分电压开关型、限压型及组合型。

电压开关型电涌保护器，在没有瞬时过电压时呈现高阻抗，一旦响应雷电瞬时过电压，就会突变为低阻抗，以允许雷电电流通过，也称短路开关型电涌保护器。

限压型电涌保护器在没有瞬时过电压时为高阻抗，随电涌电流和电压的增加，阻抗不断减小，电流电压特性为强烈非线性，也称钳压型电涌保护器。

组合型电涌保护器由电压开关型组件和限压型组件组合，显示为电压开关型或限压型或两者兼有的特性，这决定于所加电压的特性。

7.3.3　变电站的防雷保护

1. 电力装置的防雷保护

（1）架空线路的防雷保护

1）架设接闪线的线路防雷措施最有效，但成本高，只用于66kV及以上的全线路。架空线路本身的绝缘水平较高，在线路上用瓷横担代替铁横担或改用高一绝缘等级的绝缘子可提高线路的防雷水平，是10kV及以下架空线路的基本防雷措施。

2）利用三角形排列的顶线兼作为防雷保护线。因3～10kV线路中性点通常不接地，因此，如在三角形排列的顶线绝缘子装设保护间隙，如图7-35所示，在雷击时顶线承受雷击，保护间隙被击穿，通过引下线对地泄放雷电电流，保护下面两条线，一般不引起线路断路器动作。

3）加强对绝缘薄弱点的保护，线路上特别高的电杆、跨越杆、分支杆、电缆头、开关等处，是全线路的绝缘薄弱点，在这些薄弱点，需装设管型避雷器或保护间隙。

4）采用自动重合闸装置，遭受雷击时，线路可能发生相间短路，断路器动作后，电弧自行熄灭，经过0.5s或稍长时间后断路器又自动合上，电弧不会复燃，可恢复供电，停电时间很短。

绝缘子铁脚接地，对分布广密的用户，低压线路及接户线的绝缘子铁脚应当接地，当落雷时，能通过绝缘子铁脚放电，将雷电电流泄入大地。

（2）变电站、配电所的直击雷保护　变电站、配电所内的很多电气设备，如变压器等的绝缘性能远比电力线路的绝缘性能低，变电站、配电所是电网的枢纽，必须采用防雷措施。变电站、配电所对直击雷的防护，一般是装设避雷针，装设避雷针应考虑两个原则：

1）所有被保护设备均应处于避雷针的保护范围之内；

2）当雷电击中避雷针后，雷电电流沿引下线入地时，对地电位很高，如它与被保护设备的绝缘距离不够，有可能在避雷针受雷击之后，从避雷针至被保护设备发生放电，此情况称逆闪络或反击。如图7-36所示，为防止反击，避雷针和被保护物之间应保持足够的安全距离S_k，被保护物外壳和避雷针接地体在地中的距离S_d分别满足

$$S_k > 0.3R_{sh} + 0.1h$$

$$S_d > 0.3\ R_{sh}$$

式中　R_{sh}——避雷装置的冲击接地电阻，单位为Ω；

h——被保护设备的高度，单位为m。

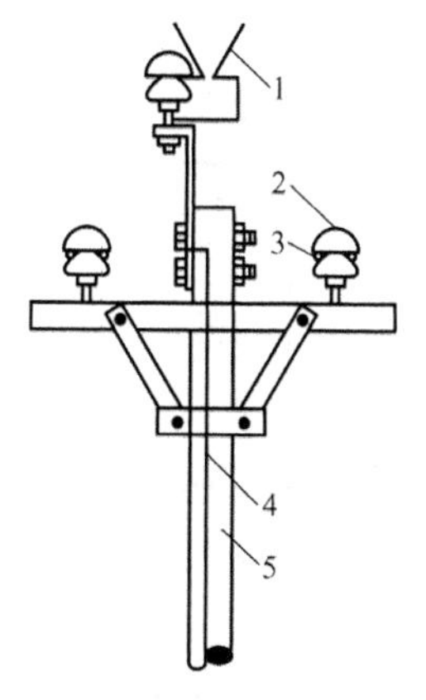

图7-35　顶线兼作为防雷保护线
1—保护间隙　2—绝缘子　3—架空线
4—引下线　5—电杆

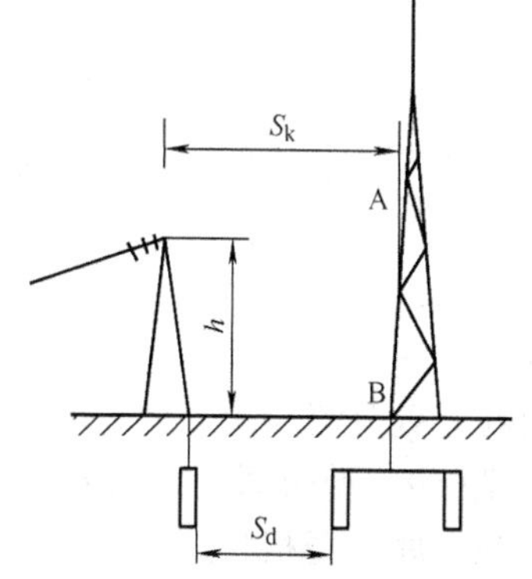

图7-36　独立避雷针与被保护设备间的距离

为降低雷击时所造成的感应过电压的影响，条件许可时，S_k和S_d应尽量增大，一般情况下$S_k > 5$m、$S_d > 3$m。避雷针的接地电阻不能太大，若太大，S_k和S_d将增大，避雷针的高度需增加，成本提高。因此，一般土壤中的工频接地电阻不宜大于10Ω。

变电站、配电所内的避雷针分独立避雷针和构架避雷针。前者和接地装置一般独立；后者装设在构架上或厂房上，接地装置与构架或厂房的大地相连，与电气设备的外壳连在一起。

35kV 及以下配电装置绝缘较弱，构架或房顶不宜装设避雷针，需用独立的避雷针保护。独立避雷针及其接地装置不应装设在工作人员经常通行处，距离人行道路大于 3m，否则需采取均压措施，或铺设厚度为 50～80mm 的沥青加碎石层。

60kV 及以上配电装置，因电气设备或母线的绝缘水平较强，不易造成反击，为降低成本，便于布置，可将避雷针（线）装于架构或房顶，成为架构避雷针（线）。

架构避雷针的接地利用变电站主接地网，但应在其附近装设辅助集中接地装置，为避免雷击时主接地网电位升高太多造成反击，应保证避雷针接地装置与接地网的连接点距离 35kV 及以下设备的接地线入地点沿接地体的距离大于 15m。因变压器的绝缘较弱，在其门形架上不得安装避雷针。任何架构避雷针的引下线入地点到变压器接地线的入地点，沿接地体地中距离应大于 15m，防止反击击穿变压器的低压绕组。

2. 变电站、配电所配电装置的防雷保护

为防止侵入变电站、配电所的行波损坏电气设备，应保护措施，使用阀型避雷器，或在变电站、配电所适当的距离内装设可靠的进线保护。

使用阀型避雷器后，可将侵入变电站、配电所的雷电通过避雷器放电限制在一定数值内。变电站、配电所中所有设备的绝缘都应受阀型避雷器的可靠保护。变压器的绝缘水平较低，避雷器设置应尽量靠近变压器。为对变压器实施有效保护，变压器伏秒特性的下限应当高于避雷器伏秒特性的上限。避雷器应安装在变电站、配电所的母线上，运行时，变电站、配电所均应受到避雷器的保护，各段母线上均应装设避雷器。变电站、配电所 3～10kV 配电装置包括电力变压器，应在每组母线和架空进线上装设阀型避雷器，分别用 FZ 和 FS 型，并采用图 7-37 所示的接线。母线上阀型避雷器与 3～10kV 主变压器电气距离不应大于表 7-16 所列数值。

表 7-16　阀型避雷器与 3～10kV 主变压器的最大电气距离

雷雨季经常运行的进线路数	1	2	3	≥4
最大电气距离/m	15	20	25	30

为可靠地保护电气设备，使用阀型避雷器应考虑侵入雷电电流的幅值不能太高；侵入雷电电流陡度不能太大。为限制当近处雷击时流过母线上避雷器 FZ 的雷电电流，应在 3～10kV 每路出线上装 FS 型阀型避雷器，雷电电流在此处分流一次。如变电站、配电所的出线有电缆段，则此 FS 型避雷器应装在电缆头附近，其接地线应和电缆金属外壳相联。如电缆段后面装有限流电抗器 L，对雷电电流的波阻抗很大，雷电电流在传播的过程中效果等相当于开路，使雷电电流产生全反射，雷电电压增加一倍，在 L 前面还应装设 1 组 FS 型避雷器以保护电缆的末端和电抗器。

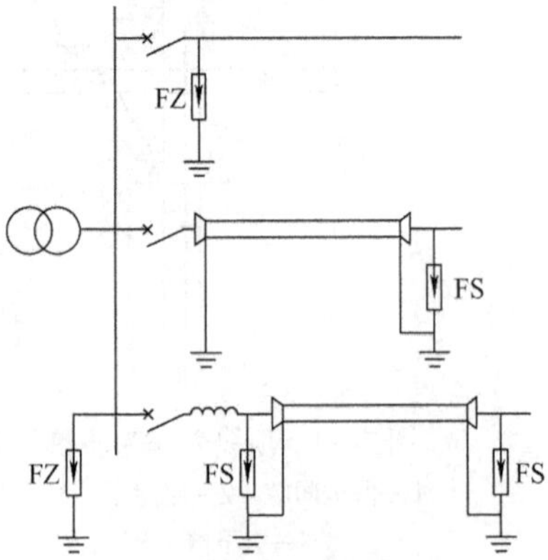

图 7-37　变电站、配电所 3～10kV 侧的过电压保护

（1）防直击雷　35kV 及以上电压等级变电所可采用接闪杆、接闪线或接闪带保护室外配电装置，并使主变压器、主控室、室内配电装置及变电站免遭直击雷。一般装设独立接闪杆或在室外配电装置架构上装设接闪杆防直击雷。当采用独立接闪杆时应当装设独立的接地装置。

当雷电击中接闪杆时，强大的雷电电流通过引下线和接地装置直接泄入大地，接闪杆及引下线的高电位可能对附近建筑物和变配电设备发生“反击闪络”。为防止发生“反击”，应注意：

1）空间距离。独立接闪杆与被保护物之间应保持一定的空间距离 S_0，如图 7-38 所示，此距离与建筑物的防雷等级有关，一般应满足 $S_0 \geqslant 5m$。

2）接地装置。独立接闪杆应装设独立的接地装置，接地体与被保护物接地体之间应保持地中距离 S_E，如图 7-38 所示，应满足 $S_E \geqslant 3m$。

3）安装位置。接闪杆及接地装置不可设在有人经常出入处，与建筑物出入口及人行道的距离大于 3m，以限制跨步电压，或采取相应的措施，如水平接地体局部埋深大于 1m；水平接地体局部包绝缘物，涂沥青层 50 ~ 80mm；采用沥青碎石路面，或在接地装置上面敷设沥青层 50 ~ 80mm，宽度超过接地装置 2m，采用“帽檐式”均压带。

（2）进线防雷保护　35kV 电力线路防直击雷一般不用全线装设接闪线，但为防止变电站附近线路受雷击时，雷电电压沿线路侵入变电所内损坏设备，需在进线 1 ~ 2km 段内装设接闪线，保护该段线路免遭直接雷击。为使接闪线保护段以外的线路受雷击时侵入变电所的过电压有所限制，一般在接闪线两端处的线路装设管型避雷器，进线段防雷保护接线方式如图 7-39 所示。当保护段以外线路受雷击时，雷电波到管型避雷器 F1 处，即对地放电，降低雷电过电压值。管型避雷器 F2 是防止雷电在断开的断路器 QF 处产生过电压击坏断路器。

实现 3 ~ 10kV 配电线路的进线防雷保护，可以在每路进线终端，装设 FZ 型或 FS 型阀型避雷器，保护线路断路器及隔离开关，如图 7-39 所示的 F1，F2。如进线是电缆引入的架空线路，在架空线路终端靠近电缆头处装设避雷器，接地端与电缆头外壳相连后接地。

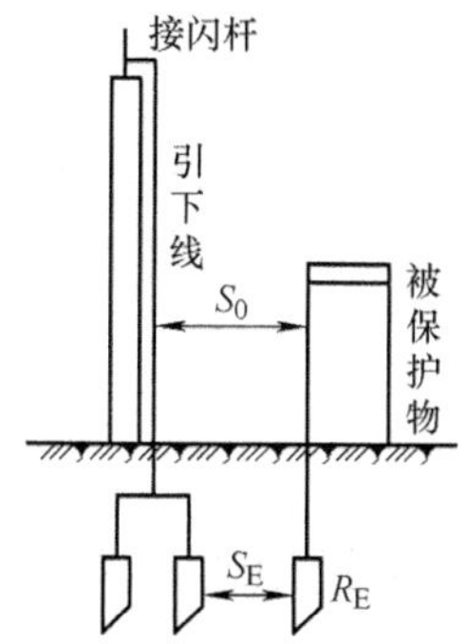

图 7-38　接闪杆接地装置与被保护物及接地装置的距离
S_0—空气中间距　S_E—地中间距

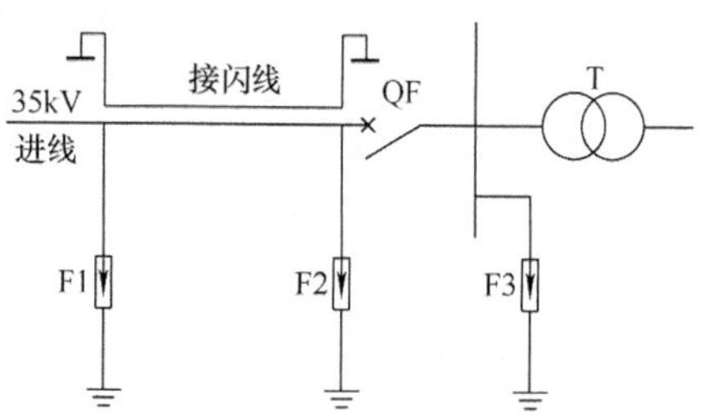

图 7-39　变电站 35kV 进线段防雷保护接线
F1，F2—管型避雷器　F3—阀型避雷器

3. 配电装置防雷保护

为防止雷电沿高压线路侵入变电站，对绝缘相对薄弱的电力变压器造成危害，在变电站、配电所每段母线装设一组阀型避雷器并尽量靠近变压器，距离小于 5m。如图 7-39 和图 7-40 所示的 F3。避雷器接地线与变压器低压侧接地中性点及金属外壳同接地，如图 7-41 所示。

4. 高压电动机的防雷保护

高压电动机的绝缘水平比变压器低，如高压电动机经变压器再与架空线路相接时，一般不采取特殊的防雷措施。但直接和架空线路连接时，防雷很重要。高压电动机长期运行，耐压水平降低，对雷电侵入的防护，不能用普通的 FS 型和 FZ 型阀型避雷器，应采用专用于

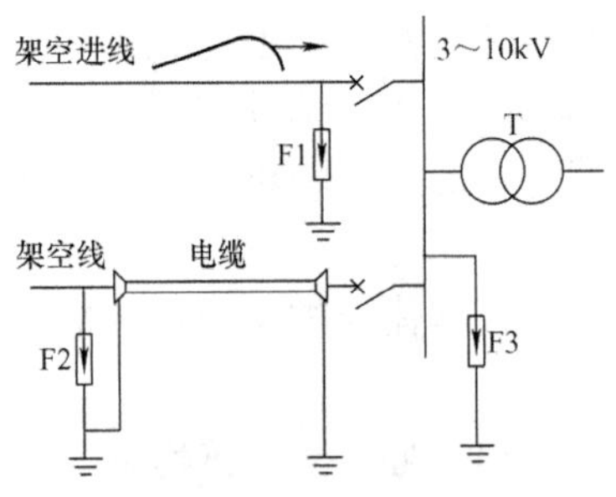

图 7-40　配电装置防雷保护

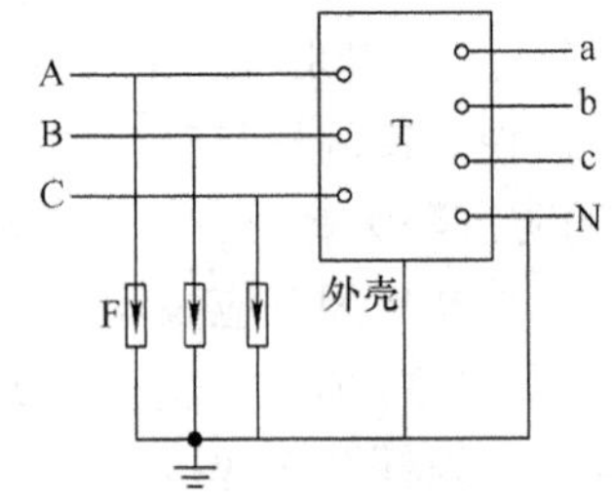

图 7-41　避雷器接地线与金属外壳同接地

保护旋转电动机的 FCD 磁吹阀型避雷器或有串联间隙的金属氧化物避雷器，且尽可能靠近电动机安装。对定子绕组中性点能引出的高压电动机，在中性点装设避雷器。对定子绕组中性点不能引出的高压电动机，为降低侵入电动机的雷电陡度，采用如图 7-42 所示的接线，在电动机前加引入电缆 100～150m，在电缆头处安装一组管型或阀型避雷器。F1 与电缆联合作用，利用雷电电流将 F1 击穿后的趋肤效应减小流过电缆芯线的雷电电流。在电动机电源端安装并联电容器（0.25～0.5μF）的 FCD 磁吹阀型避雷器。

7.3.4　变电站、配电所的进线保护

为了使变电站、配电所内的阀型避雷器能可靠地保护变压器，要设法使避雷器中流过的雷电电流幅值低于 5kA。如进线没有架设避雷线，当变电站、配电所进线上遭雷击时，流过变电站、配电所内的避雷器的电流幅值可能超过 5kA，陡度可能超过允许值。因此，这种架空线路靠近变配电所的一段进线上必须加装避雷线或避雷针。图 7-43 所示为 35～110kV 无避雷线线路的变电站、配电所进线段的保护接线。进线段长度为 1～2km，接地电阻应小于 10Ω。进线段避雷线保护角 α 一般不超过 20°，最大不超过 30°，以减少在这段发生雷击的可能性，如图 7-44 所示。当雷电击中进线段以外导线时，因导线的波阻抗和串联的避雷器有限流作用，使流过变电站、配电所的电流幅值低于 5kA。

图 7-43 中，对铁塔和铁横担、瓷横担的钢筋混凝土电杆线路及全线有避雷线的线路，进线段首端一般不装设管型避雷器 F1，只在对冲击绝缘水平较高的线路如木电杆线路上才装设，接地电阻低于 10Ω，且限制流过变配电所内阀型避雷器的雷电电流幅值不超过 5kA。

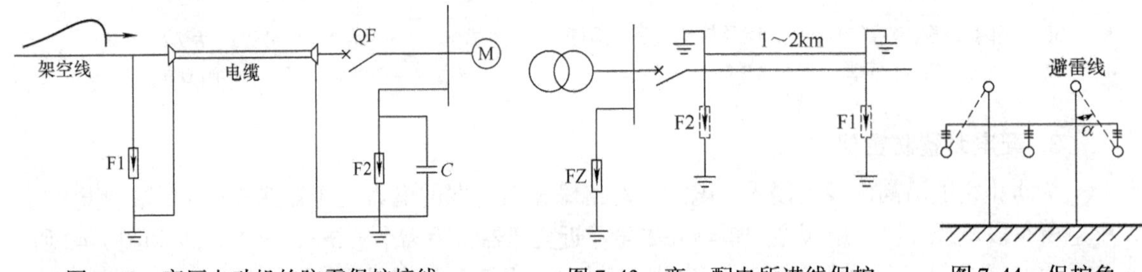

图 7-42　高压电动机的防雷保护接线
F1—管型或普通阀型避雷器　F2—磁吹阀型避雷器

图 7-43　变、配电所进线保护

图 7-44　保护角 α

雷雨季，如变电站、配电所进线断路器或隔离开关可能经常断路运行，同时线路侧带电，必须在靠近隔离开关或断路器处装设一组管型避雷器 F2。此情况下发生雷击线路时，雷电沿线路传播到隔离开关或断路器断开处产生反射而电压升高，过电压使断开处设备发生

闪络，线路侧带电时将可能引起工频短路，烧毁绝缘支座，威胁设备安全运行。F2 外间隙值应整定在断路器断开时能可靠地保护隔离开关及断路器的程度；闭路运行时不应动作，即处于站内或所内阀型避雷器的保护范围内。

对 35kV 以上电缆进线的变电站、配电所，进线段保护可采用图 7-45 所示的保护接线，在架空线路与电缆进线的连接处必须装设阀型避雷器，接地线与电缆金属外皮连接后共同接地，可利用电缆金属外皮的分流作用，让很大部分雷电电流沿电缆外皮流入大地，产生磁通，这个磁通全部与电缆芯线交链，在线芯上感应出与外加电压相等、方向相反的电动势，此电动势将阻止雷电电流沿电缆线芯侵入变电站、配电所中的配电装置，降低配电装置的过电压幅值。

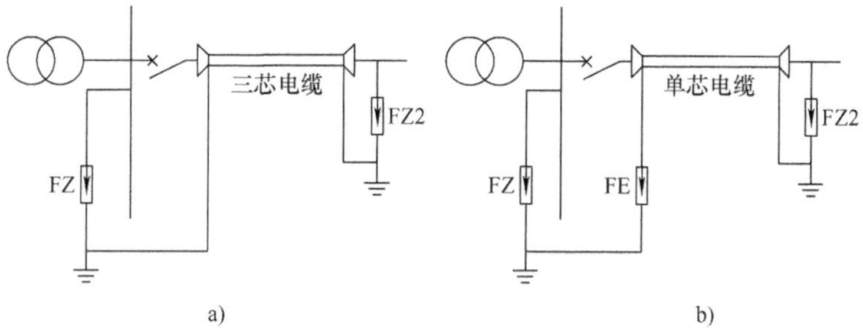

图 7-45 具有 35kV 及以上电缆段的变配电所的进线保护接线

对三芯电缆，末端金属外壳应直接接地。如图 7-45a 所示。对单芯电缆，应经保护间隙（FE）接地，如图 7-45b 所示。当雷电浸入时，很高的过电压将保护间隙击穿，使雷电电流泄入大地，降低过电压幅值。另外，正常运行时，保护间隙在低电压下有很高的电阻，相当于电缆金属外皮开路，工作电流不会在金属外皮上感应出环流，有效地阻止了环流烧损电缆金属外皮和环流发热而降低电缆的载流量等问题。

课堂练习

（1）查阅资料，叙述避雷针和避雷线的作用及结构。

（2）避雷器的作用是什么？有几种类型？

（3）根据本任务介绍的资料，叙述变配电所的进线保护的方式。

7.4 接地保护

7.4.1 接地要求

1. 一般要求

电气设备的外壳应接地，交流电气设备应充分利用自然接地体，并应校验自然接地体的稳定；直流电力回路中，不应利用自然接地体作为电流回路的接地线或接地体；安装接地装置时，应考虑土壤干燥或冻结等季节变化影响，接地电阻应均能保证所要求的电阻值；不同用途和不同电压的电气设备，除规定外用一个总接地体，但电气设备的工作接地和保护接地，应与防雷接地分开，并保持安全距离；在中性点直接接地的供、用电系统中，应装设能迅速自动切除接地短路故障的保护装置，在中性点非直接接地的供、用电系统中，应装设能迅速反映接地故障的信号装置，必要时也可装设延时自动切除故障的装置。

2. 防静电接地要求

车间内每个系统的设备和管道应可靠连接，接头接触电阻低于0.03Ω；车间内和栈桥等平行管道，相距约10cm时，每隔20m互相连接一次；相交或相距近于10cm的管道，应该在该处互相连接，管道与金属构架相距10cm处也要互相连接；气体产品输送管干线头尾部和分支处应接地；储存液化气体、液态碳氢化合物及其他有火灾危险的液体的储罐，以及储存易燃气体的储气罐以及其他储器都应接地。

3. 特殊设备的接地要求

一般电气设备有单独的接地体，接地体电阻低于10Ω，接地体与设备的距离小于5m，可与车间接地干线相连；对于测量高频电源的波形及其他参数的电子设备，就应采用独立接地装置，此接地装置与车间接地干线距离至少2.5m。

中性点不接地系统供电的电弧炉设备，外壳及炉壳均应接地，接地电阻低于4Ω；中性点接零系统供电的电弧炉设备，外壳和炉壳应采用接零保护。

高压试验室接地网的接地电阻为1~4Ω，冲击设备应有独立接地网并自成回路，接地电阻小于10Ω。

7.4.2 接地范围及种类

1. 接地范围

1000V及以上的电气设备，在各种情况下均应保护接地；与变压器或发电机的中性点是否直接接地无关。1000V以下的电气设备，在变压器中性点不接地的电网中应保护接地；在中性点直接接地的电网中，应采用保护接零，如果没有中性线，也可采用保护接地。

同一台发电机、变压器，或者由几台发电机、变压器的同一段母线供电的低压线路，只能用一种保护方式，不可对一部分电气装置保护接地、对另一部分电气装置保护接零，因接地接零混合时，当保护接地的设备绝缘击穿，接地电流受到接地电阻的影响，短路电流大大减小，使保护开关不能动作，这时变压器中性点的电位上升，使同一系统中接零保护的电气设备外壳带电，非常危险。

2. 接地与不接地

（1）电气装置必须接地的部分

1）电动机、发电机、变压器、断路器及电气设备的金属底座、外壳。

2）断路器、隔离开关等电气装置的操作（操动）机构；配电盘与控制盘的柜架；电流互感器及电压互感器的二次绕组；室内及室外配电装置的金属构架。

3）电力电缆的金属外皮；电缆终端接头的金属外壳；导线的金属保护管等。

4）居民区内，无避雷线的小接地电流线路的金属杆塔和钢筋混凝土电杆；有架空避雷线的电力线路杆塔。

5）装在配电线路构架上的电气设备的金属外壳；避雷针、避雷器、避雷线及各种过电压保护间隙。

（2）电气装置中不需接地的部分

1）安装在已接地的金属构架上的电气设备的金属外壳；安装在电气柜或配电装置上的

电气测量仪表、继电器和其他低压电器的外壳；控制电缆的金属外皮。

2）额定电压220V及以下蓄电池室内的金属支架；在干燥场所交流额定电压127V及以下，直流额定电压110V及以下的电气设备外壳。

木质、沥青等不良导电地面的干燥房间内，交流380V及以下、直流440V及以下的电气设备外壳，但维护人员可能同时触及电气设备外壳和接地物件时除外。

3. 接地种类

（1）工作接地　正常或故障时，为保证电气设备可靠工作，将电力系统中某一点接地称工作接地。电源如发电机或变压器的中性点直接或经消弧线圈接地，能维持非故障相对地电压不变，电压互感器一次绕组的中性点接地，保证一次系统中相对地电压测量的准确度，防雷设备的接地是为雷击时对地泄放雷电电流。

（2）保护接地　将在故障情况下可能呈现危险的对地电压设备外露可导电部分接地称保护接地。与带电部分相绝缘的电气设备金属外壳，通常因绝缘损坏或其他原因而导致意外带电，容易造成人身触电事故，必须保护接地。低压配电系统的保护接地按接地形式，分为TN系统、TT系统和IT系统三种。

1）TN系统。该系统有一点直接接地，电气设备的外露可接近导体通过保护导体与该接地点相连接。TN－S系统如图7-46a所示；TN－C系统如图7-46b所示；TN－C－S系统如图7-46c所示。

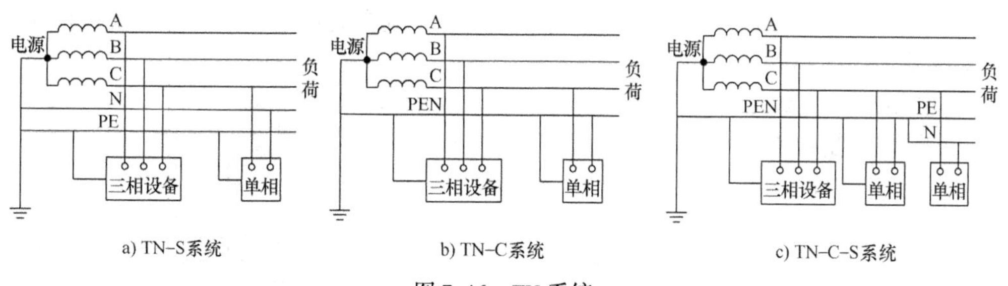

图7-46　TN系统

TN系统中，电气设备的外露可接近导体通过保护导体或保护中性导体接地，这种接地形式习惯称“保护接零”。TN系统中的电气设备发生单相碰壳漏电故障时，形成单相短路回路，因该短路回路内不含接地电阻，阻抗很小，故障电流很大，足以保证在最短的时间内使熔丝熔断、保护装置或断路器动作，切除故障设备的电源，保障人身安全。

2）TT系统。该系统中有一点直接接地，电气设备的外露可接近导体通过保护接地线接至与电力系统接地点无关的接地极，如图7-47a所示。当设备一相接地故障时，通过保护接地装置形成单相短路电流$I_K^{(1)}$，如图7-47b所示，因电源相电压为220V，如按电源中性点工作接地电阻4Ω、保护接地电阻4Ω计

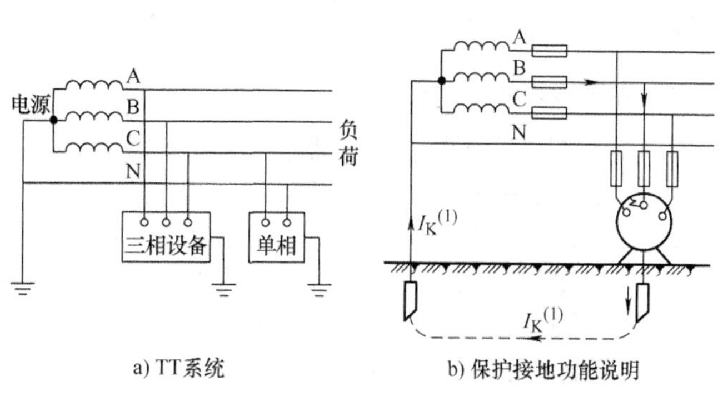

图7-47　TT系统及保护接地功能说明

算，则故障回路产生电流27.5A。故障电流大，对容量较小的电气设备，所选用熔断器熔断，断路器动作，切断电源，保障人身安全。但对于容量较大的电气设备，因所选用的熔断器或断路器额定电流较大，则不能保证切断电源，无法保障安全，这是保护接地方式的局限性，可通过加装剩余电流断路器，可完善保护接地的功能。

3）IT系统。该系统与大地间不直接连接，属三相三线制，电气装置的外露可接近导体，通过保护导体与接地点连接，如图7-48a所示。当设备一相接地故障时，通过接地装置、大地、另外的两个非故障相对地电容及电源中性点接地装置，如采取中性点经阻抗接地时形成单相接地故障电流，如图7-48b所示。人体触及漏电设备外壳时，人体电阻与接地电阻并联，且人体电阻 R_{man} 远大于接地电阻 R_E（人体电阻比接地电阻大200倍以上），因分流作用，通过人体的故障电流远小于流经 R_E 的故障电流，减小触电的危害程度。

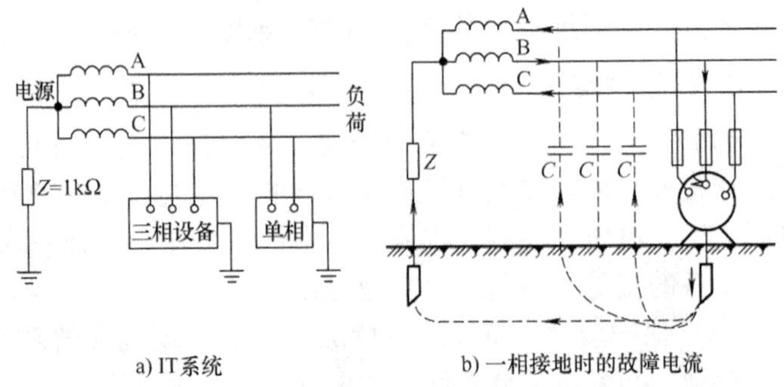

图7-48　IT系统及一相接地时的故障电流

注意，同一低压配电系统中，保护接地与保护接零不能混用。否则，当采取保护接地的设备发生单相接地故障时，危险电压将通过大地窜至中性线及采用保护接中性的设备外壳。

（3）重复接地　将保护中性线（PEN线）的一处或多处通过接地装置与大地再次连接。在架空线路终端及沿线每1km处、电缆或架空线引入建筑物处都要重复接地。如不重复接地，当中性线断线且断点之后某设备发生单相碰壳时，断点之后的接零设备外壳将出现较高接触电压，即 $U_E \approx U_\varphi$，如图7-49a所示，这很危险。如重复接地，接触电压大大降低，$U_E = I_E R_R \leqslant U_\varphi$，如图7-49b所示，这样危险会降低。

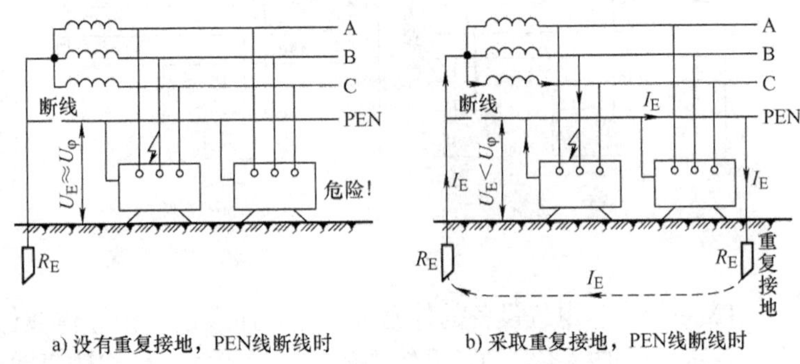

图7-49　重复接地功能说明示意图

7.4.3　接地措施

1. 应接地或接零的设备

1）电动机、发电机、变压器、电器、携带式或移动式用电器具等的金属底座和外壳；电气设备的传动装置；配电、控制、保护用的屏（柜、箱）及操作台等的金属框架和底座。

2）屋内外配电装置的金属部分、钢筋混凝土构架以及靠近带电部分的金属遮拦物和金属门。

3）交、直流电力电缆的接头盒、终端接头、膨胀器的金属外壳、电缆的金属护层、可触及的电缆金属保护管和穿线的钢管；电缆桥架、支架和井架；装有接闪线的电力线路杆塔；装在配电线路电杆上的电力设备。

4）非沥青地面的居民区内，无接闪线的小接地电流架空电力线路的金属杆塔和钢筋混凝土杆塔；电除尘器的构架；封闭母线的外壳及其他裸露的金属部分；SF_6 封闭式组合电器和预装式变电站的金属箱体；电热设备的金属外壳；控制电缆的金属护层；互感器的二次绕组。

总之，凡因绝缘损坏而可能带有危险电压的电气设备及电气装置的金属外壳和框架均应可靠接地或接零。

2. 接地电阻的要求

电气设备接地电阻值，应根据电力系统中性点的运行方式、电压等级、设备容量和接触电压确定。

（1）电压在 1kV 及以上的大短路电流接地系统　单相接地是单相短路，线路电压高，接地电流大。当发生接地故障时，接地装置及附近所产生的接触电压和跨步电压很高，要限制在安全电压几乎不可能。当发生单相接地短路时，继电保护装置应立即动作，使出现接地电压的时间极短，则产生危险较少。相关规程允许接地网的对地电压升高不超过 2kV，接地电阻规定为

$$R \leqslant 2000/I_{ck}$$

式中　R——接地电阻，单位为 Ω；

I_{ck}——计算用的接地短路电流，单位为 A。

可知，当接地电流 $I_{ck}=4000\text{A}$ 时，接地装置电阻不应大于 0.5Ω；当接地电流大于 4kA 时，规程规定接地装置的接地电阻在一年内任何季节均不应大于 0.5Ω。

（2）电压在 1kV 及以上的小短路电流接地系统　规程规定接地电阻在一年内任何季节均不超过一定数值，即使接地电流很小，接地电阻也应≤10Ω。高压和低压电气设备共用一套接地装置时，对地电压要求低于 120V，$R \leqslant 120/I_{ck}$；当接地装置仅用于高压电气设备时，要求对地电压不超过 250V，$R \leqslant 250/I_{ck}$。

（3）1kV 以下中性点直接接地系统　1kV 以下中性点直接接地的三相四线制系统，发电机和变压器的中性点接地装置的接地电阻不大于 4Ω；容量不超过 100kV · A 时，接地电阻不大于 10Ω。

中性线的每一处重复接地的接地电阻不大于 10Ω；容量不超过 100kV · A，且当重复接地点多于三处时，每一重复接地装置的接地电阻可不大于 30Ω。

（4）1kV 以下的中性点不接地系统　该类系统发生单相接地时，不会产生很大的接地短路电流，设计时用 10A 作计算值，接地电阻规定不大于 4Ω，即发生接地时的对地电压不超过 10A × 4Ω = 40V，保证小于 50V 电压值。对 1kV · A 及以下的小容量电气设备，接地短路电流更小，规定接地电阻不大于 10Ω。

（5）降低接地电阻的方法　为保证人身和设备的安全，需使接地装置的接地电阻满足规定的要求，接地装置的接地体应尽可能埋设在土壤电阻率较低的土层内。如果变配电所和杆塔处的土壤电阻率很高，附近有较低土壤电阻率的土层时，可以用接地线引至土壤电阻率较低的土层处再做集中接地，引线短于 60m，也可考虑换土，在接地沟内换用土壤电阻率较低的土壤。

如电阻率较低的土壤距离太远，可用化学处理方法，用土壤质量的 10% 左右的食盐，加木炭与土壤混合，或用长效减阻剂与土壤混合。

3. 接地装置的敷设

（1）接地体的选用

1）自然接地体。在敷设接地装置时，首先用自然接地体，可作自然接地体的有敷设在地下的各种金属管道如自来水管、下水管、热力管等（但液体燃料和爆炸性气体的金属管

道除外)，也可采用建筑物与构筑物的基础等。

2）人工接地体。人工接地体尽量选用钢材，避免腐烂，一般常用角钢或钢管，角钢一般用40mm×40mm×5mm 或 50mm×50mm×5mm 规格；钢管一般用直径 50mm，壁厚大于3.5mm 的钢管；在腐蚀性土壤中，应使用镀锌钢材或增大接地体的尺寸。接地体分为水平接地体和垂直接地体，前者用圆钢或扁钢水平铺设在地面以下 0.5 ~ 1m 的坑内，长度 5 ~ 20m，后者垂直接地体用角钢，圆钢或钢管垂直埋入地下，长度大于 2.5m；接地体距离地面距离大于 0.8m；埋设接地体时，不要埋设在有垃圾、炉渣和有强烈腐蚀土壤处。

（2）接地线的选用　埋入地中各接地体必须用接地线互相连接构成接地网。接地线必须连接牢固，和接地体一样，除尽量采用自然接地线外，一般用扁钢或钢管作为人工接地线。接地线的截面面积应满足热稳定和机械强度的要求。接地线最小尺寸应符合表 7-17 的规定。

表 7-17　接地体和接地线的最小尺寸

种类	规格及单位	地上		地下
		屋内	屋外	
圆钢	直径/mm	6	8	8/10
扁钢	截面面积/mm^2	24	48	48
	厚度/mm	3	4	4
角钢	厚度/mm	2	2.5	4
钢管	管壁厚度/mm	2.5	2.5	3.5/2.5

注：架空线路杆塔的接地极引出线，截面面积不小于 $50mm^2$，并应热镀锌。

（3）接地电阻的估算

1）工频接地电阻。工频接地电流流经接地装置所呈现的电阻，称工频接地电阻，按表 7-18的计算公式。工频接地电阻简称接地电阻，只在需区分冲击接地电阻时才注明工频接地电阻。

表 7-18　接地电阻计算公式

接地体形式			计算公式	说明
人工接地体	垂直式	单根	$R_{E(1)} \approx \frac{\rho}{l}$	ρ 为土壤电阻率（单位为 $\Omega \cdot m$），l 为接地体长度（单位为 m），单位下同
		多根	$R_E = \frac{R_{E(1)}}{n\eta E}$	n 为垂直接地体根数，ηE 为接地体的利用系数，由管间距 a 与管长 l 之比及管子数目 n 确定。
	水平式	单根	$R_{E(1)} \approx \frac{2\rho}{l}$	ρ 为土壤电阻率，l 为接地体长度
		多根	$R_E \approx \frac{0.062\rho}{n+1.2}$	n 为放射形水平接地带根数（$n \leqslant 12$），每根长度 $l = 60m$
	复合式接地网		$R_E \approx \frac{\rho}{4r} + \frac{\rho}{l}$	r 为接地网面积等值的圆半径（即等效半径）；l 为接地体总长度，包括垂直接地体
	环形		$R_{\sim} = 0.6\frac{\rho}{\sqrt{S}}$	S 为接地体所包围的土壤面积（单位为 m^2）

（续）

接地体形式		计算公式	说明
自然接地体	钢筋混凝土基础	$R_E=\frac{0.2\rho}{\sqrt[3]{V}}$	V为钢筋混凝土基础体积（单位为m^3）
	电缆金属外皮、金属管道	$R_E\approx\frac{2\rho}{l}$	l为电缆及金属管道埋地长度

2）冲击接地电阻。雷电电流经接地装置泄放入大地时所呈现的接地电阻，称冲击接地电阻。因强大的雷电电流泄放入地时，土壤被雷电击穿并产生火花，散流电阻显著降低，因此，冲击接地电阻一般小于工频接地电阻。冲击接地电阻$R_{E.sh}$与工频接地电阻R_E的换算为

$$R_E=AR_{E.sh}$$

式中　R_E——接地装置各支线的长度，取值≤接地体有效长度l_e或有支线大于l_e而取其等于l_e时的工频接地电阻，单位为Ω；

A——换算系数，其值按图7-50所示确定。

接地体的有效长度l_e（单位为m）应按下式计算

$$l_e=2\sqrt{\rho}$$

式中　ρ——敷设接地体处的土壤电阻率，单位为Ω·m。

接地体长度和有效长度计量如图7-51所示，单根接地体时，l为实际长度；有分支线的接地体，l为最长分支线的长度；环形接地体，l为周长的一半。一般$l_e>l$，因此$l/l_e<1$。若$l_e>l$，取$l=l_e$，即$A=1$，$R_E=R_{E.sh}$。

3）接地装置的设计计算。在已知接地电阻要求值的前提下，所需接地体根数的计算按以下方法计算：

① 按设计规范要求，确定允许的接地电阻值R_E。

② 实测或估算可以利用的自然接地体的接地电阻$R_{E;nat}$。

③ 计计算需要补充的人工接地体的接地电阻，即

$$R_E=\frac{R_{E;nat}R_E}{R_{E;nat}-R_E}$$

若不考虑自然接地体，则$R_{man}=R_E$。

④ 根据设计经验，初步安排接地体的布置、确定接地体和连接导线的尺寸。

⑤ 计算单根接地体的接地电阻$R_{E(1)}$。

⑥ 用逐步渐近法计算接地体的数量，即

$$n=\frac{R_{E(1)}}{\eta_E R_{man}}$$

⑦ 校验短路热稳定度。对于大电流接地系统中的接地装置，应进行单相短路热稳定校验。由于钢线的热稳定系数$C=70$，因此接地钢线的最小允许截面积（单位为mm^2）为

$$S_{th.min}=I_k^{(1)}\frac{\sqrt{t_k}}{70}$$

式中　$I_k^{(1)}$——单相接地短路电流，为计算方便，可取$I''^{(3)}$，单位为A；

t_k——短路电流持续时间，单位为s。

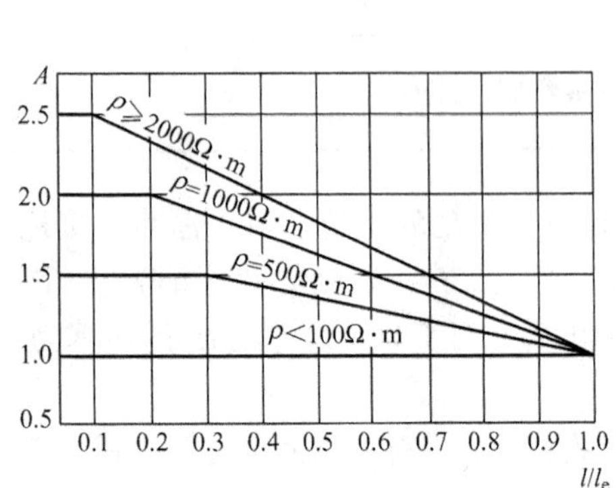

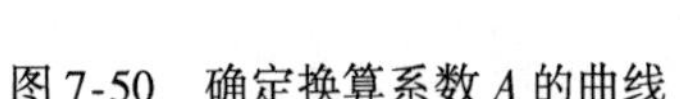

图 7-50 确定换算系数 A 的曲线

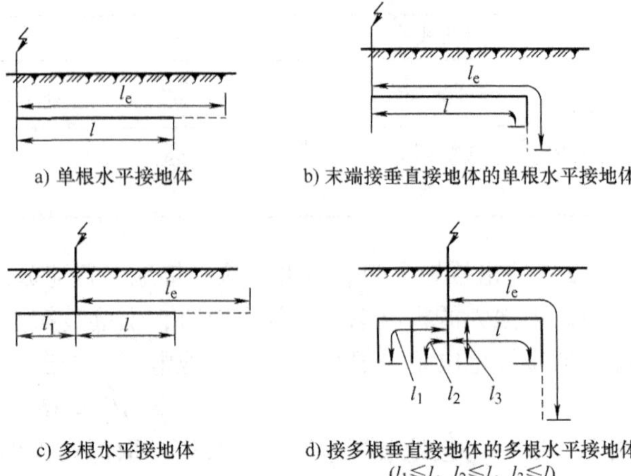

图 7-51 接地体的有效长度

4）降低接地电阻的方法。在高土壤电阻率场地，可采取下列方法降低接地电阻：将垂直接地体深埋到低电阻率的土壤中或扩大接地体与土壤的接触面积；置换成低电阻率的土壤；采用降阻剂或新型接地材料；在永冻土地区和采用深井技术降低接地电阻，并符合 GB 50169—2016 的规定；采用多根导体外引接地装置，外引长度不应大于有效长度。

4. 接地电阻的测量

接地装置施工后，应测量接地电阻的实际值，判断是否符合要求。若不符合要求，需补打接地体，每年雷雨季到来前还需重新检查测量。接地电阻测量有电桥法、补偿法、电流表电压表法和接地电阻测量仪法等。

接地电阻测量仪俗称接地绝缘电阻表，其自身能产生交变的接地电流，使用简单，携带方便，抗干扰性能好，应用广泛。ZC－8 型接地电阻测量仪接线图如图 7-52 所示，三个接线端子 E，P，C 分别接被测接地体（E′）、电压极（P′）和电流极（C′）。转动手柄时，绝缘电阻表产生的交变电流沿被测接地体和电流极形成回路，调节粗调旋钮及细调拨盘，使表针指在中间位置，可读出被测接地电阻。具体测量步骤如下：

1）拆开接地干线与接地体的连接点。

2）将两支测量接地棒分别插入距离接地体 20m 与 40m 的地中，深度约 400mm。

3）将接地绝缘电阻表放置于接地体附近平整处，再用最短的一根连接线接到接线柱 E 和被测接地体 E′，用较长的一根连接线连接接线柱 P 和 20m 远处的接地棒 P′，用最长的一根连接线接到接线柱 C 和 40m 远处的接地棒 C′。

4）根据被测接地体的估计电阻值，调节好粗调旋钮。

5）以约 120r/min 转速摇动手柄，当表针偏离中心时，边摇动手柄边调节细调拨盘，直至表针居中并稳定后为止。

6）微调拨盘的读数 × 粗调旋钮倍数而成的积，即被测接地体的接地电阻。

5. 低压配电系统的等电位联结

多个可导电部分间为达到等电位的联结称等电位联结。等电位联结可以更有效地降低接触电压值，还可防止建筑物外传入的故障电压对人身造成危害。

（1）等电位联结的分类

1）按用途分类。等电位联结分保护等电位联结和功能等电位联结，保护等电位联结指为安全目的构造的等电位联结，功能等电位联结指为保证正常运行构造的等电位联结。

2）按位置分类。等电位联结分总等电位联结、辅助等电位联结和局部等电位联结，GB 50054—2011 规定，用接地故障保护时，在建筑物内构造总等电位联结，当电气装置或某一部分接地故障后，间接接触的保护电器不能满足自动切断电源要求时，应在局部范围内将可导电部分构造局部等电位联结；亦可将伸臂范围内能同时触及的两个可导电部分构造辅助等电位联结。

接地可视为以大地作为参考电位的等电位联结，为防电击而设的等电位联结一般均做接地处理，使之与大地电位一致，利于人身安全。

（2）总等电位联结　总等电位联结是保护等电位联结中将总保护导体、总接地导体或总接地端子、建筑物内的金属管道和可利用的建筑物金属结构等的可导电部分接一起，使其都具有基本相等的电位，如图 7-53 所示。

建筑物内的总等电位联结，应符合规定，每个建筑物中的总保护导体、电气装置总接地导体或总接地端子排、建筑物内的金属管道（含水管、燃气管、采暖和空调管道等）和可接用的建筑物金属结构部分应做总等电位联结；建筑物外部的可导电部分，应在建筑物内距离引入点最近处做总等电位联结；总等电位联结导体应符合规定。

（3）辅助等电位联结　辅助等电位联结是在导电部分间用导体直接构成联结，使其电位相等或接近而实施的保护等电位联结。

（4）局部等电位联结　局部等电位联结是在局部范围内将各导电部分连通而实施的保护等电位联结。总等电位联结虽能降低接触电压很多，但如建筑物离电源较远，建筑物内保护线路过长，则保护电器的动作时间和接触电压仍可能超过规定值。这时应在局部范围内再做一次局部等电位联结，作为总等电位联结的补充，见图 7-53 所示。通常在容易触电的浴室、卫生间及安全要求极高的胸腔手术室等地，宜作局部等电位联结。

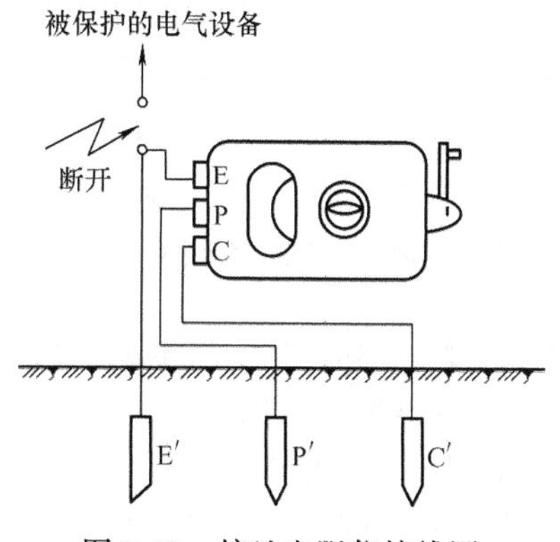

图 7-52　接地电阻仪接线图

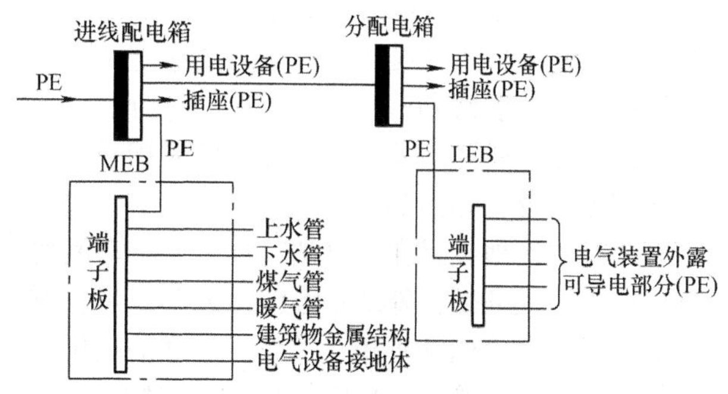

图 7-53　总等电位联结和局部等电位联结

MEB—总等电位联结　LEB—局部等电位联结

6. 等电位联结导体的选择

（1）保护联结导体的截面积　总等电位联结用的保护联结导体截面积，不应小于保护线路最大保护导体（PE）截面积的 1/2，其保护联结导体截面积的最小值和最大值应符合

表 7-19 所示的规定。

表 7-19　总等电位联结用保护联结导体截面积的最小值和最大值

导体材料	最小值/mm^2	最大值/mm^2
铜	6	25
铝	16	按载流量与 $25mm^2$ 铜导体的载流量相同确定
钢	50	

(2) 辅助等电位联结用保护联结导体截面积的规定　联结两个外露可导电部分的保护联结导体，其电导不应小于接到外露可导电部分的较小的被保护导体的电导；联结外露可导电部分和装置外可导电部分的保护联结导体，其电导不应小于相应被保护导体截面积 1/2 的导体所具有的电导；单独敷设保护联结导体的截面积，有机械损伤防护时，铜导体截面积≥$2.5mm^2$，铝导体截面积≥$16mm^2$，无机械损伤防护时，铜导体截面积≥$4mm^2$，铝导体截面积≥$16mm^2$。

(3) 局部等电位联结用保护联结导体截面积的规定　保护联结导体的电导不应小于局部场所内最大被保护导体截面积 1/2 的导体所具有的电导；保护联结导体采用铜导体时，其截面积最大值为 $25mm^2$，采用其他金属导体时，其截面积最大值应按其载流量与 $25mm^2$ 铜导体的载流量相同确定；单独敷设保护联结导体的截面积，有机械损伤防护时，铜导体截面积≥$2.5mm^2$，铝导体截面积≥$16mm^2$，无机械损伤防护时，铜导体截面积≥$4mm^2$，铝导体截面积≥$16mm^2$。

7. 变电站、配电所和车间的接地装置

变电站接地与一般单台设备接地要求不同。变电站占地面积较大，因单根接地体周围地面电位分布不均匀，接地电流或接地电阻较大时，人容易接触到接触电压或跨步电压。采用接地体埋设点距被保护设备较远的外引式接地时，若相距 20m 以上，则加到人体电压为设备外壳的全部对地电压，这将更严重。此外，单根接地体或外引式接地可靠性较差，如引线断开则很不安全。因此，变电站、配电所和车间接地装置一般采用环路式接地装置，如图 7-54 所示。

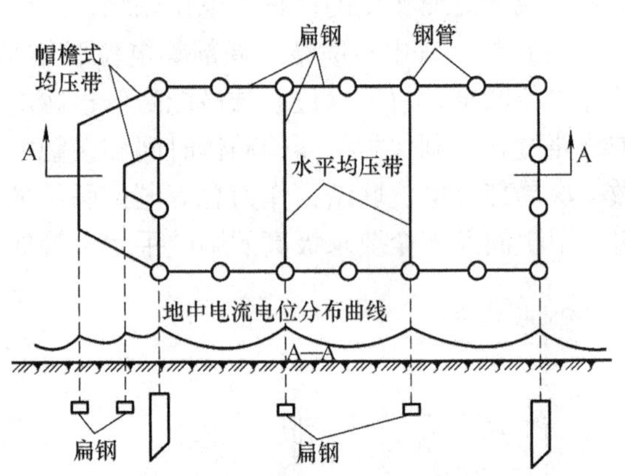

图 7-54　加装均压带的环路式接地网

环路式接地装置在变电站、配电所和车间建筑物四周，距墙脚 2～3m 打入一圈接地体，再用扁钢连成环路，外缘各角应做成圆弧形，圆弧半径不宜小于均压带间距的一半。这样，接地体间的散流电场将相互重叠，地面的电位分布较均匀，跨步电压及接触电压很低。当接地体之间距离为接地体长度的 2～3 倍时，效应更明显。若接地区域范围较大，可在环路式接地装置范围内，每隔 5～10m 宽度增设 1 条水平接地带进行均压，该均压带还可作为接地干线用，以使各被保护设备的接地线连接更为方便可靠。在有人经常出入处，应加装帽檐式均压带或采用高绝缘路面。

接地技术知识阅读资料见配套资源。

第8章 电气照明及节约用电

8.1 光源的基本知识及选择光源

8.1.1 电气照明概述

照明是工厂生产环境的必要措施。最好的光源是自然光，但在车间内，自然光不可能充分进入，必须要采取补光措施。照明应通过科学的设计，选择合适的电光源，采用效率高、寿命长、安全且性能稳定的照明电器产品，达到节约能源、保护环境的目的，有益于提高生产、工作、学习效率和生活质量，保护身心健康。

照明分自然照明（即天然采光）和人工照明，电气照明是人工照明中应用范围最广的方式。

1. 光、光谱和光通量

（1）光　光是物质的一种形态，是一种辐射能，在空间中以电磁波的形式传播，波长比无线电波短而比 X 射线长。这种电磁波的频谱范围较广，因波长不同，其特性也不同。

（2）光谱　将光线中不同强度的单色光，按波长长短依次排列，称光源的光谱。

光谱大致范围包括：红外线，波长为 780nm ~ 1mm；可见光，波长为 380 ~ 780nm；紫外线，波长为 1 ~ 380nm。

波长为 380 ~ 780nm 的辐射能作用于人的眼睛产生视觉。但人眼对各种波长的可见光具有不同的敏感性。正常人眼对于波长为 555nm 的黄绿色光最敏感。因此，波长越偏离 555nm 的辐射，可见度越小。

（3）光通量　光源在单位时间内，向周围空间辐射出的使人眼产生光感的能量，称光通量。用符号 $\varPhi$ 表示，单位为流明（lm）。

2. 发光强度及其分布特性

（1）发光强度　发光强度表示向空间某一方向辐射的光通量。用符号 I 表示，单位为坎德拉（cd）。

对于向各个方向均匀辐射光通量的光源，各个方向的发光强度相等，计算公式为

$$I = \frac{\varPhi}{\varOmega}$$

式中 Ω——光源发光范围的立体角，单位为球面度（sr），$\Omega = A/r^2$，r 为球的半径，A 为相对应的球面积；

Φ——光源在立体角内所辐射的总光通量。

（2）发光强度分布曲线 发光强度分布曲线也叫配光曲线，是在通过光源对称轴的一个平面上绘出的灯具发光强度与对称轴之间角度 α 的函数曲线。

配光曲线用以照度计算的基本技术资料。对一般灯具，配光曲线用极坐标绘制表示，如图 8-1 所示。对聚光很强的投光灯，发光强度分布在很小的角度内，配光曲线一般用直角坐标绘制表示，如图 8-2 所示。

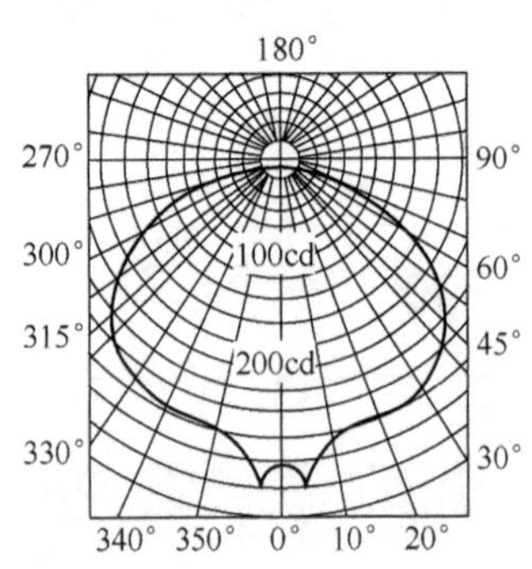

图 8-1 绘在极坐标上的配光曲线

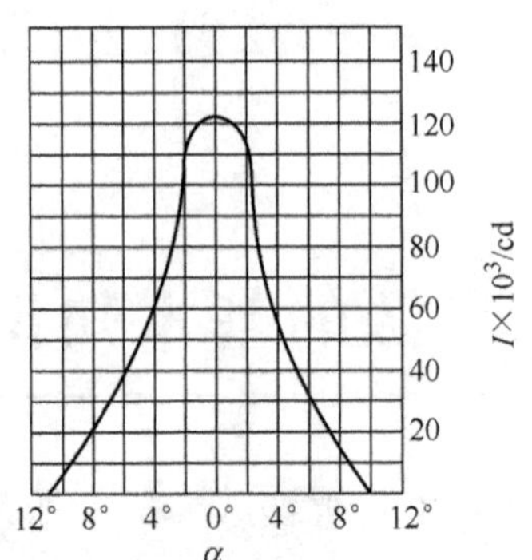

图 8-2 绘在直角坐标上的配光曲线

3. 照度和亮度

（1）照度 受照物体表面的光通量称为照度，用符号 E 表示，单位为勒克司（lx）。当光通量均匀地照射到某物体表面上，面积为 S 时，该平面上的照度为

$$E = \frac{\Phi}{S}$$

（2）亮度 发光体（受照物体对人眼可看做是间接发光体）在视线方向单位投影面上的发光强度称亮度。用符号 L 表示，单位为 cd/m²。如图 8-3 所示，该发光体表面法线方向的发光强度为 I，人眼视线与发光体表面法线成 α 角，视线方向的光强 $I_\alpha = I_{\cos\alpha}$，视线方向的投影面 $S_\alpha = S_{\cos\alpha}$，可得发光体在视线方向的亮度为

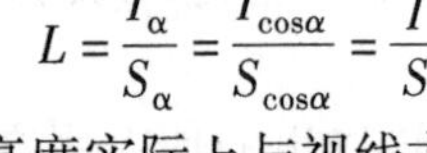

$$L = \frac{I_\alpha}{S_\alpha} = \frac{I_{\cos\alpha}}{S_{\cos\alpha}} = \frac{I}{S}$$

可见，发光体的亮度实际上与视线方向无关。

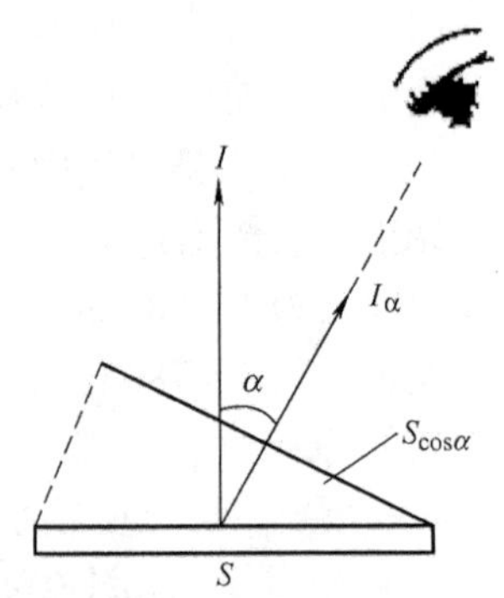

图 8-3 亮度表示

4. 照明方式和种类

（1）照明方式 照明即利用各种光源照亮工作和生活场所或个别物体的措施。利用太阳和天空光的称天然采光；利用人工光源的称人工照明。照明可分一般照明、分区一般照明、局部照明和混合照明。

一般照明，即供照度要求基本均匀的场所的照明；分区一般照明，即对某一特定区域，如工作地点，设计成不同的照度照亮该区域的一般照明；局部照明为仅供工作地点如机床设备固定式使用或设备检修现场便携式使用的照明；混合照明为一般照明和局部照明组成的照明。

工作位置密度很大而对光照方向无特殊要求的场合，建议采用一般照明；局部地点需要高照度并对照射方向有要求时，建议采用局部照明；工作位置需要较高照度并对照射方向有特殊要求的场所，建议采用混合照明。

（2）照明的种类　照明按用途可分正常照明、应急照明和值班照明等。

正常照明指正常工作时的室内外照明，如正常工作的场所、车间、办公室等；应急照明指正常照明熄灭后，供工作人员继续和暂时继续作业的照明、供疏散人员使用的照明；值班照明是非生产时间内供值班人员使用的照明。

应急照明包括疏散照明、安全照明、备用照明、警卫照明和障碍照明。疏散照明用于出现危险状况时，确保疏散通道被有效辨认和使用；安全照明用于确保处于潜在危险之中的人员安全；备用照明用于确保正常活动继续进行，如停电后需要短暂的照明以完成连续的工作；警卫照明是安全保卫、警卫地区周界的照明；障碍照明是在高层建筑上或基建施工、开挖路段时，作障碍标志用的照明。

正常照明一般可单独使用，也可和应急照明、值班照明同时使用，但控制电路应独立分开。应急照明装设在可能引起事故的设备、材料周围及主要通道和入口处，并在灯的明显部位涂红色，照度不应小于场所规定照度的 10%。工厂三班制生产的重要车间及有重要设备的车间和仓库等场所应装设值班照明。障碍照明一般用闪光、红色灯显示。

课堂练习

（1）可见光有哪些颜色？哪种颜色光的波长最长？哪种颜色光的波长最短？哪种波长的光可引起人眼最大的视觉？

（2）什么叫发光强度？什么叫照度和亮度？它们的符号和单位各是什么？

（3）照明的种类有哪些？

8.1.2　常用照明光源和灯具

照明器一般由照明光源、灯具及附件组成。照明光源和灯具是照明器的主要部件，照明光源提供发光源，灯具起固定光源、保护光源及美化环境作用，还对光源产生的光通量再分配、定向控制和防止光源产生眩光。

照明工程中使用的各种电光源，可根据发光物质、构造等特点分类。根据光源的发光物质分固体发光光源和气体放电发光光源。固体发光光源按发光形式又分热辐射光源和电致发光光源，前者如白炽灯、卤钨灯等，后者如场致发光灯、发光二极管等。气体放电光源按放电形式分氙灯、霓虹灯等的辉光放电光源和弧光放电光源；弧光放电光源又包括荧光灯、低压钠灯等低气压灯和高压钠灯、金属卤化物灯等高气压灯。

1. 热辐射光源

热辐射光源包括白炽灯、卤钨灯等。白炽灯的发光效率不高，我国规定 2016 年底逐步淘汰普通照明白炽灯，反射型白炽灯和特殊用途白炽灯除外，特殊用途白炽灯是指专门用于科研医疗、火车、船舶、航空器、机动车辆、家用电器等的白炽灯。这里不再介绍。

卤钨灯是在白炽灯泡中充入微量的卤化物制成的，它利用卤钨循环作用，使灯丝蒸发的一部分钨重新附着在灯丝上，提高光效、延长寿命，但卤钨灯对电压波动比较敏感，耐振性较差，结构如图 8-4 所示。为使灯管温度分布均匀，防止出现低温区，保持卤钨正常循环，卤钨灯要求水平安装，偏差不大于 4°。

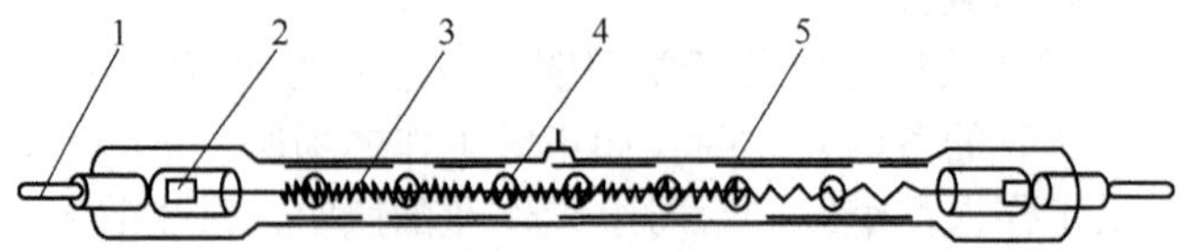

图 8-4　卤钨灯结构图

1—灯脚　2—钼箔　3—灯丝（钨丝）　4—支架　5—石英玻管

最常用的卤钨灯为碘钨灯，碘钨灯不允许采用人工冷却措施（如电风扇吹、水淋等），碘钨灯工作时管壁温度很高，应与易燃物保持一定距离。碘钨灯耐振性能差，不能用在振动较大的场合，更不能用于移动光源。

这里介绍一下卤钨循环的原理：当灯管工作时，灯丝即钨丝的温度很高，蒸发出钨移向玻管内壁。一般白炽灯泡逐渐发黑就是这个原因。卤钨灯的灯管内充有卤素，如碘或溴，钨在管壁与卤素作用，生成气态卤化钨，由管壁向灯丝迁移。当卤化钨进入灯丝高温区域后，由于这里温度超过 1600℃，卤化钨重新分解为钨和卤素，钨就沉淀回灯丝上。当钨的沉淀数量等于灯丝蒸发的钨的数量时形成动态平衡。此过程称“卤钨循环”。

因卤钨灯内的卤钨循环，玻管不易发黑，灯丝不易烧断，光效比白炽灯高，使用寿命大大延长。

2. 气体放电光源

利用气体放电时发光的原理所做成的光源称气体放电光源。常用的气体放电光源主要有荧光灯、高压钠灯、金属卤化物灯、高压汞灯、氙灯、紧凑型荧光灯和单灯混光灯等。

（1）荧光灯　荧光灯外形见图 8-5 所示，利用汞蒸气在外加电压作用下产生电弧放电，发出少许可见光和大量紫外线，紫外线又激励管内壁涂覆的荧光粉，使之再发出大量的可见光，二者混合光色接近白色。

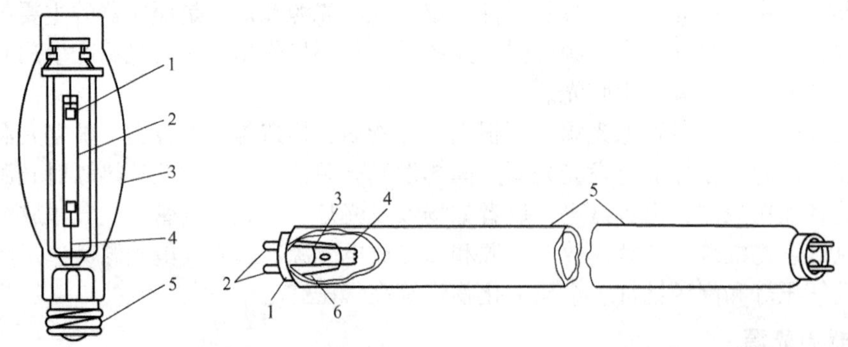

图 8-5　荧光灯

1—灯头　2—灯脚　3—玻璃芯柱　4—灯丝　5—玻管　6—汞蒸气

因荧光灯是低压气体放电灯，工作在弧光放电区，此时灯管具有负的伏安特性。当外电压变化时工作不稳定，为保证灯管的稳定性，利用镇流器的正伏安特性平衡灯管的负伏安特性。又因灯管工作时会有频闪效应，在有旋转电机的车间里使用荧光灯时，应设法消除频闪效应。因荧光灯的功率因数低，可利用电容器提高功率因数。如未接电容器时，荧光灯功率因数约0.5，接电容器后，功率因数可达到0.95。

荧光灯采用细管径直管，有管径为16mm的T5管和26mm的T8管。T5荧光灯平均寿命长达20000h，采用电子镇流器，功率因数达0.95，比T8荧光灯节能30%以上。该类荧光灯管径更细，体积更小，降低了荧光粉等有害物质的消耗量，环保性更好，适于办公楼、教室、图书馆、商场，以及高度在4.5m以下的生产场所，如仪表、电子、纺织、卷烟生产等。荧光灯是应用最广泛、用量最大的气体放电光源，其结构简单、发光效率高，发光柔和、寿命长，但需要附件较多，不适宜安装在频繁启动的场合。

荧光灯的接线如图8-6所示。荧光灯接电源后，辉光启动器先产生辉光放电，使其双金属片加热伸开，两极短接，使电流通过灯丝。灯丝加热后发射电子，并使管内的少量汞气化。镇流器就是铁心电感线圈。当辉光启动器两极短接使灯丝加热后，辉光启动器内的辉光放电停止，双金属片冷却收缩，突然断开灯丝加热回路，镇流器两端感生很高的电动势，连同电源电压加在灯管两端，使充满汞蒸气的灯管击穿，产生弧光放电。灯管起燃后，管内电压降很小，靠镇流器产生很大的电压降，限制灯管的稳定电流。电容器用于提高电路功率因数。

荧光灯光将随灯管两端电压周期性交变而频繁闪烁，这种“频闪效应”使人眼容易产生错觉，安装有旋转设备的车间中不适合用荧光灯，或者应设法消除频闪效应，消除频闪效应最简单的方法是在灯具内安装两根或三根荧光灯管，各根灯管分别接到不同相位的线路。

（2）高压钠灯　高压钠灯的结构如图8-7所示，它利用高压钠蒸气放电工作，光呈淡黄色。工作电路图和高压汞灯类似。高压钠灯照射范围广，光效高，寿命长，比高压汞灯高一倍，紫外线辐射少，透雾性好，色温和显色指数较优，但启动时间为4~8min、再次启动时间可能有10~20min，对电压波动较敏感。高压钠灯广泛用于大空间工业厂房、体育场馆、道路、广场和户外作业场所等。

（3）金属卤化物灯　金属卤（碘、溴、氯）化物灯是在高压汞灯的基础上，改善光色的新型光源，其光色好、光效高，受电压影响较小，是目前比较理想的光源。发光原理是在高压汞灯内添加金属卤化物，靠金属卤化物的循环作用，不断向电弧提供金属蒸气，金属原子在电弧中受电弧激发而辐射该金属的特征光谱线。选择适当的金属卤化物并控制比例，可制成各种不同光色的金属卤化物灯。

金属卤化物灯体积小、发光效率高、功率集中、便于控制、价格便宜，可用于商场、大型的广场和体育场等场所。

（4）高压汞灯　高压汞灯是荧光灯的改进产品，属高气压的汞蒸气放电光源。按结构有三种类型，GGY型荧光高压汞灯，最常用，如图8-8所示；GYZ型自镇流高压汞灯，利用自身灯丝兼作为镇流器；GYF型反射高压汞灯，采用部分玻壳内壁镀反射层的结构，使光线集中均匀地定向反射。

（5）氙灯　氙灯为稀有气体弧光放电灯，高压氙气放电时能产生很强的白光，接近连续光谱，和太阳光十分相似，其点燃方便，不需镇流器，自然冷却能瞬时启动，是较为理想的光源。适于广场、车站和机场等场所。

（6）紧凑型荧光灯　紧凑型荧光灯又称为节能灯，主要通过灯管和电子镇流器低功耗化实现节能。发光原理与荧光灯相同，区别在于以三基色荧光粉代替荧光灯的荧光粉，灯管与镇流器、辉光启动器一体化。

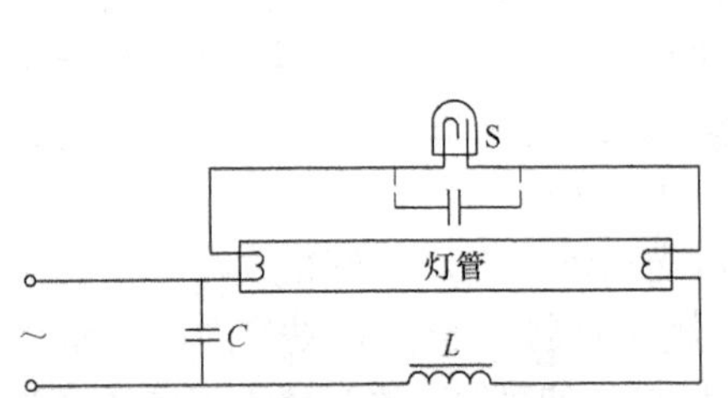

图 8-6　荧光灯的接线图
S—辉光启动器　L—镇流器
C—电容器

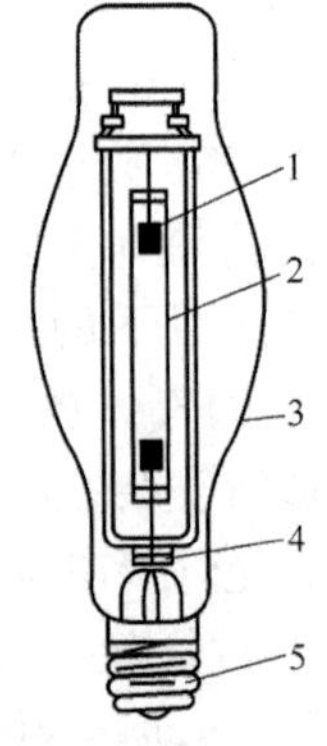

图 8-7　高压钠灯结构图
1—主电极　2—半透明陶瓷放电管
3—外玻壳　4—消气剂　5—灯头

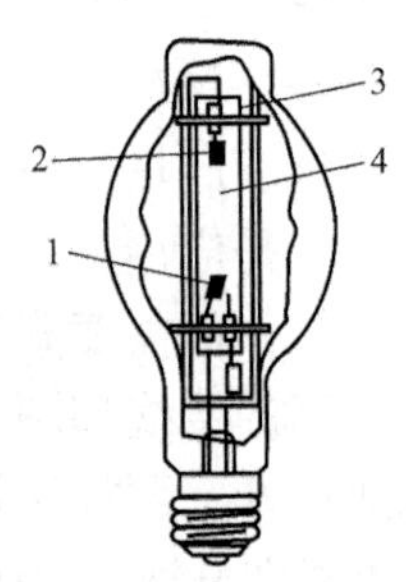

图 8-8　GGY 型高压汞灯
1—第一主电极　2—第二主电极
3—金属支架　4—内石英玻壳

紧凑型荧光灯按色温分冷色和暖色，按结构有 2U、3U、螺旋管节能灯、双 U 插拔管节能灯、H 型插拔管节能灯等产品。紧凑型荧光灯显色指数高、发光效率高、寿命长、体积小，节能效果明显、使用方便，比同功率白炽灯节能 80%。现作为节能产品重点推广和使用，适用于住宅、宾馆和商场等场所。

(7) 单灯混光灯　单灯混光灯是高效节能灯，在一个灯具内有两种不同光源，吸取各光源优点。如金卤钠灯混光灯由一支金属卤化物灯管芯和一支中显钠灯管芯串联构成；中显钠汞灯混光灯由一支中显钠灯管芯和一支汞灯管芯串联构成。主要用于照度要求高的高大建筑室内照明。

3. 各种照明光源的技术特性

光源的主要技术特性有发光效率、寿命、色温等，这些技术特性中有相互矛盾者，实际选用时，一般先考虑发光效率高、寿命长，再考虑显色指数、启动性能等。常用照明光源的主要技术特性见表 8-1。

表 8-1　常用照明光源的主要技术特性

特性参数	卤钨灯	荧光灯	高压汞灯	高压钠灯	金属卤化物灯	管形氙灯	紧凑型荧光灯	LED 灯
额定功率/W	20 ~ 5000	20 ~ 200	50 ~ 1000	35 ~ 1000	35 ~ 3500	1500 ~ 100000	5 ~ 55	0.05 ~
发光效率/(lm/W)	14 ~ 30	60 ~ 100	32 ~ 55	64 ~ 140	52 ~ 130	20 ~ 40	44 ~ 87	80 ~ 140
寿命/h	1500 ~ 2000	11000 ~ 12000	10000 ~ 20000	12000 ~ 24000	1000 ~ 10000	1000	5000 ~ 10000	50000 ~ 8000
色温/K	2800 ~ 3300	2500 ~ 6500	5500	2000 ~ 4000	3000 ~ 6500	5000 ~ 6000	2500 ~ 6500	3000 ~ 7000
一般显色指数（%）	95 ~ 99	70 ~ 95	30 ~ 60	23 ~ 85	60 ~ 90	95 ~ 97	80 ~ 95	75 ~ 90
启动稳定时间	瞬时	1 ~ 4s	4 ~ 8min	4 ~ 8min	4 ~ 10min	瞬时	10s 或快速	瞬时
再启动时间间隔	瞬时	1 ~ 4s	5 ~ 10min	10 ~ 15min	10 ~ 15min	瞬时	10s 或快速	瞬时
功率因数	1	0.33 ~ 0.52	0.44 ~ 0.67	0.44	0.4 ~ 0.6	0.4 ~ 0.9	0.98	>0.95
电压波动不宜大于		±5% U_N	±5% U_N	<5% 自灭	±5% U_N	±5% U_N	±5% U_N	

（续）

特性参数	卤钨灯	荧光灯	高压汞灯	高压钠灯	金属卤化物灯	管形氙灯	紧凑型荧光灯	LED 灯
频闪效应	无	有	有	有	有	有	有	无
表面亮度	大	小	较大	较大	大	大	大	大
电压变化对光通量的影响	大	较大	较大	大	较大	较大	较大	较大
环境温度变化对光通量的影响	小	大	较小	较小	较小	小	大	较小
耐振性能	差	较好	好	较好	好	好	较好	好
需增附件	无	电子镇流器/节能电感镇流器	镇流器	镇流器	镇流器触发器	镇流器触发器	电子镇流器	无
适用场合	工厂前区、室外配电装置、广场	广泛应用	广场、车站、道路、室外配电装置等	广场、街道、交通枢纽、展馆等	广场、体育场、商场等	广场、车站、室外配电装置	家庭、宾馆等照明	广泛应用

4. 新型照明光源

普通照明光源的制作和使用寿命有的局限性很大，随新材料和新工艺发展，已研制和生产出许多发光效率高、体积小、高效节能的新型照明光源。

1）固体放电灯，如采用红外加热技术研制的耐高温陶瓷灯，采用聚碳酸酯塑料研制出的双重隔热塑料灯，利用化学蒸气沉积法研制出的回馈节能灯，表面温度仅 40℃的冷光灯，具有发光和储能能力的储能灯等。

2）高强度气体放电灯，如无电极放电灯寿命长、易调光，氩气灯耐高温、节能，电子灯节能、寿命长。

3）半导体节能灯，根据半导体光敏特性研制，电压低、电流小、发光效率高，节能效果好。

4）LED 灯，寿命长、发光效率高，虽然目前价格还较高，但发展前景广阔。

另外还有氙气准分子光源灯和微波硫分子灯等。前者是无电极灯，寿命长，无污染；后者高发光效率、无污染。

5. 光源的选择

选择照明光源，在满足显色性、启动时间等之后，应比较光源价格、光源全寿命期的综合经济情况。高效、长寿命光源尽管价格较高，但使用数量减少，运行维护费用低，因此经济和技术方面需综合考虑。照明光源一般采用小于 26mm 细管径的直管荧光灯、紧凑型荧光灯、高强度气体放电灯（金属卤化物灯、高压钠灯）和 LED 灯等。

选择光源时的一般原则是，高度较低的房间，如办公室、教室、会议室及仪表、电子等生产车间建议采用小于 26mm 的细管径直管形荧光灯；商店营业厅建议小于 26mm 的细管径直管形荧光灯、紧凑型荧光灯或小功率的金属卤化物灯；高度较高的工业厂房，应按照生产使用要求，采用金属卤化物灯或高压钠灯，亦可采用大功率细管径荧光灯；选用高效、节能和环保的光源。荧光高压汞灯发光效率低、寿命不长，显色指数不高，不建议采用。自镇流荧光高压汞灯发光效率更低，不应采用。白炽灯发光效率低、寿命短，为节约能源，不应采用普通照明白炽灯。

8.1.3 灯具的类型、选择及布置

1. 灯具的类型

（1）按光通量在空间的分布分类　国际照明委员会根据光通量在上下半球空间的分布，将室内灯具划分为直接型、半直接型、直接-间接型、半间接型和间接型五种类型，光通量分布及特点见表8-2。其中直接-间接型的灯具也称均匀漫射型灯具。

表8-2　灯具按光通量在空间的分布分类

分　布	光通量分布（%）		特　点
	上半球	下半球	
直接型	0~10	100~90	光线集中，工作面上可获得充分照度
半直接型	10~40	90~60	光线集中于工作面，空间环境有适当照度，比直接型眩光小
直接-间接型	40~60	60~40	空间各方向光通量基本一致，无眩光
半间接型	60~90	40~10	增加反射光的作用，使光线比较均匀柔和
间接型	90~100	10~0	扩散性好、光线柔、均匀，避免眩光；光的利用率低

（2）按配光曲线分类　按灯具配光曲线分类，是按灯具的发光强度分布特性（如图8-9所示）进行分类。正弦分布型，光强是角度的正弦函数，当$\theta=90°$时光强最大；广照型，最大光强分布在50°~90°之间，较广面积上形成均匀照度；漫射型，各角度的光强基本一致；配照型，光强是角度的余弦函数，当$\theta=0°$光强最大；深照型，光通量和最大光强值集中在0°~30°间立体角内；特深照型，光通量和最大光强值集中在0°~15°的狭小立体角内。

（3）按灯具的结构特点分类

1）开启型，光源与外界空间直接接触（无罩）。

2）闭合型，灯罩将光源包合起来，但内外空气仍能自由流通。

3）封闭型，灯罩固定处加以一般性封闭，内外空气仍可有限流通。

4）密闭型，灯罩固定处加以严密封闭，内外空气不能流通。

5）防爆型，灯罩及其固定处均能承受要求的压力，符合《防爆电气设备制造检验规程》的规定，能安全使用在有爆炸危险性介质的场所，防爆型又分隔爆型和安全型。工厂各种灯具类型如图8-10所示。

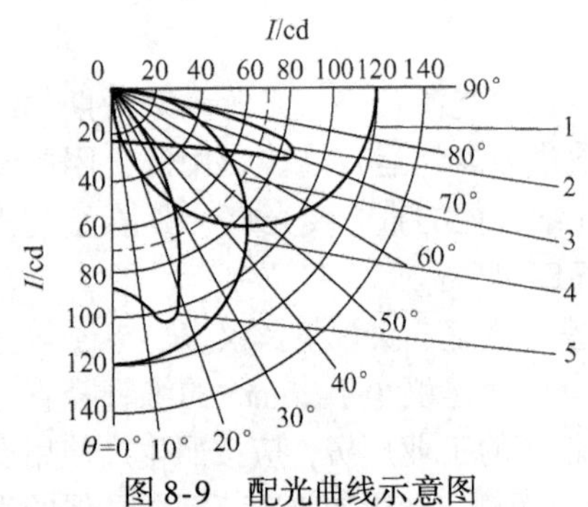

图8-9　配光曲线示意图

1—正弦分布型　2—广照型　3—漫射型　4—配照型　5—深照型

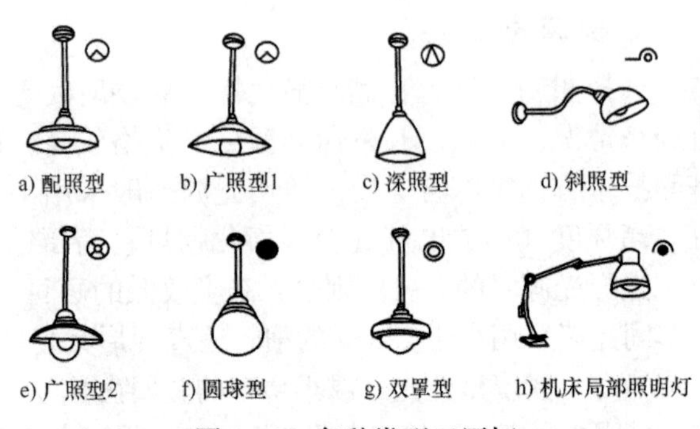

图8-10　各种类型工厂灯

（4）按灯具的安装方式分类　按安装方式，灯具分吊灯、吸顶灯、壁灯、嵌入式灯、地脚灯、庭院灯、道路广场灯和自动应急照明灯等。根据使用光源，可分荧光灯灯具、高强度气体放电灯灯具、LED 灯灯具等。

2. 灯具的选择

在潮湿场所，建议采用相应防护等级的防水灯具或带防水灯头的开敞式灯具；在有腐蚀性气体或蒸汽的场所，应采用防腐蚀密闭式灯具，如采用开敞式灯具，各部分应有防腐蚀或防水措施；在高温场所，应采用散热性能好、耐高温的灯具；在有尘埃的场所，应按防尘的相应防护等级选择适宜的灯具；在装有锻锤、大型桥式起重机等振动和摆动较大的场所使用的灯具，应有防振和防脱落的措施；在易受机械损伤、光源自行脱落可能造成人身伤害或财产损失的场所使用的灯具，应有防护措施；在有爆炸或火灾危险场所使用的灯具，应符合 GB 50058—2014 的规定，爆炸危险场所灯具防爆结构的选型见表 8-3，火灾危险场所灯具防护结构的选型见表 8-4；有洁净要求的场所，应采用不易积尘、易于擦拭的洁净灯具；在需防止紫外线照射的场所，应采用隔紫灯具或无紫光源。其中，爆炸危险场所的分类，见附表 14。

表 8-3　爆炸危险场所灯具防爆结构的选型

爆炸危险区域		1 区		2 区	
灯具防爆结构		防爆型	增安型	防爆型	增安型
灯具设备	固定灯具	适用	不适用	适用	适用
	移动灯具	慎用	—	适用	适用
	携带式灯具	适用	—	—	—
	指示灯类	适用	不适用	适用	适用
	镇流器	适用	慎用	适用	适用

表 8-4　火灾危险场所灯具防护结构的选型

火灾危险区域		21 区	22 区	23 区
照明灯具	固定安装时	IP2X	IP5X	IP2X
	移动式、携带式	IP5X		

（1）灯具的安装　直接安装在可燃材料表面上的灯具，当灯具发热部件紧贴在安装表面时，需采用带▽标志的灯具，因为一般灯具的发热会导致可燃材料燃烧，酿成火灾。

室内灯具应当悬挂高度适当，满足工作面的照度要求，另外，需运行维修、擦拭或更换灯泡方便；室内灯具不宜悬挂过低，否则易被人碰撞而不安全，并会产生眩光，降低人的视觉。

室内一般照明灯具的最低悬挂高度，符合标准 JBJ 6—1996 的规定。灯具的遮光角示意如图 8-11所示。

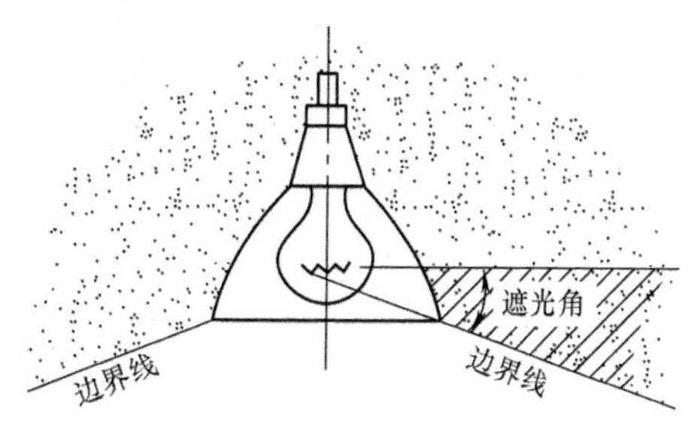

图 8-11　灯具的遮光角

（2）镇流器选择　自镇流荧光灯应配用电子镇流器；直管形荧光灯应配用电子镇流器或节能型电感镇流器；高压钠灯、金属卤化物灯应配用节能型电感镇流器，在电压偏差较大的场所，宜配用恒功率镇流器，功率较小者可配用电子镇流器；所有采用的镇流器均应符合国家能效标准；

高强度气体放电灯的触发器与光源的安装距离应符合产品的要求。

(3) 室内灯具的布置方案　这类方案应考虑房间结构及照明的要求，经济实用，美观协调。车间内一般照明灯具通常有均匀布置和选择布置两种方案。所谓均匀布置，指整个车间内灯具均匀分布，与具体生产设备位置没有相互关系，如图 8-12a 所示；所谓选择布置，与生产设备的位置有关，大多按工作面对称布置，力求使工作面获得最有利的光照并消除阴影，如图 8-12b 所示。

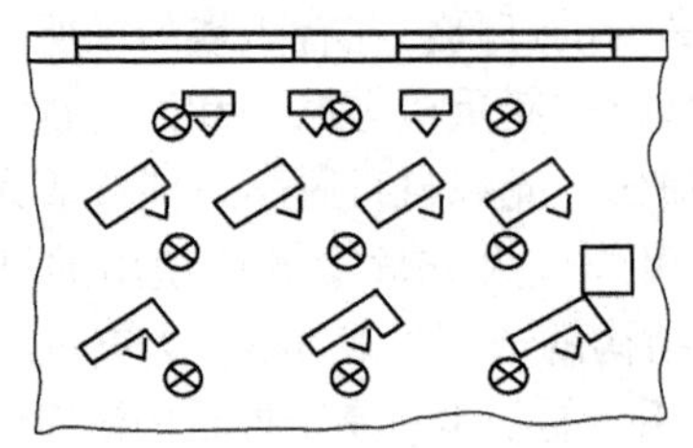

a) 均匀布置

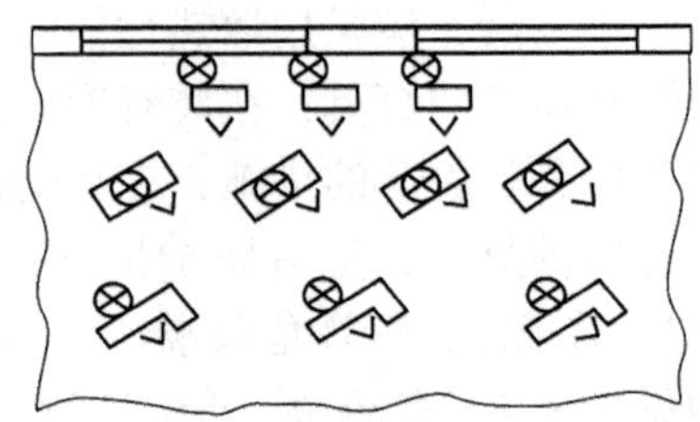

b) 选择布置

图例：⊗灯具位置　∨工作位置

图 8-12　车间内一般照明灯具的布置方案

因灯具均匀布置较之选择布置更美观，整个车间照度比较均匀，在既有一般照明又有局部照明的场所，一般照明灯具宜采用均匀布置。

灯具间距应按其发光强度的分布、悬挂高度、房屋结构及照度要求等多种因素确定，为了在工作面上获得较均匀的照度，间距与灯具在工作面的悬挂高度之比（简称距高比）一般不超过各类灯具规定的最高距高比。如 GC1－A、B－2G 型工厂配照灯的最大允许距高比为 1.35，各种灯具的最大距高比可查有关技术手册。

课堂练习

(1) 请叙述典型灯具的种类及特点。

(2) 灯具的安装应当符合哪些条件？

3. 电光源的选择及布局例

下面通过一个基本应用例，说明照明的基本知识：某车间平面面积为 $36\times18\text{m}^2$，桁架跨度为 18m，桁架之间相距 6m，桁架下弦离地 5.5m，工作面离地 0.75m。拟采用 GC1－A－2G 型工厂配照灯，装 220V/125W 高压汞灯即 GGY－125 型灯具作为车间一般照明。

根据所介绍的知识，初步确定灯具的布置方案。车间的建筑结构，灯具宜悬挂于桁架。如灯具下吊 0.5m，则灯具的悬挂高度即在工作面的高度为 $h=(5.5-0.75-0.5)\text{ m}=4.25\text{m}$。

根据表 8-5 所示，GC1－A－2G 型灯具的最大距高比 $l/h=1.35$，则灯具间的合理距离为

$$l\leqslant1.35\ h=1.35\times4.25\text{m}=5.7\text{m}$$

表 8-5　GC1－A、B－2G 型工厂配照灯的主要技术数据和图表

1. 主要规格数据

光源型号	光源功率	光源光通量	遮光角	灯具效率	最大距高比
GGY－125	125W	4750lm	0°	66%	1.35

（续）

2. 灯具外形及其配光曲线

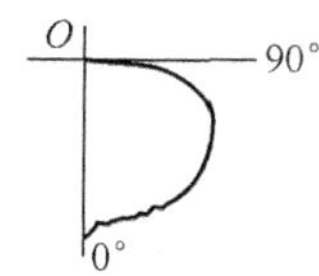

3. 灯具利用系数 n

顶棚反射比 ρ_c（%）		70			50			30			0
墙壁反射比 ρ_w（%）		50	30	10	50	30	10	50	30	10	0
室空间比（RCR）（地面反射比 $\rho_f=20\%$）	1	0.66	0.64	0.61	0.64	0.61	0.59	0.61	0.59	0.57	0.54
	2	0.57	0.53	0.49	0.55	0.51	0.48	0.52	0.49	0.47	0.44
	3	0.49	0.44	0.40	0.47	0.43	0.39	0.45	0.41	0.38	0.36
	4	0.43	0.38	0.33	0.42	0.37	0.33	0.40	0.36	0.32	0.30
	5	0.38	0.32	0.28	0.37	0.31	0.27	0.35	0.31	0.27	0.25
	6	0.34	0.28	0.23	0.32	0.27	0.23	0.31	0.27	0.23	0.21
	7	0.30	0.24	0.20	0.29	0.23	0.19	0.28	0.23	0.19	0.18
	8	0.27	0.21	0.17	0.26	0.21	0.17	0.25	0.20	0.17	0.15
	9	0.24	0.19	0.15	0.23	0.18	0.15	0.23	0.18	0.15	0.13
	10	0.22	0.16	0.13	0.21	0.16	0.13	0.21	0.16	0.13	0.11

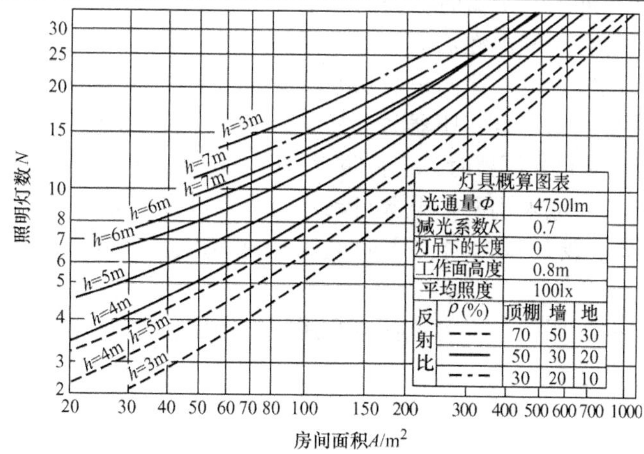

根据车间结构和以上计算所得的合理灯距，初步确定灯具的布置方案如图 8-13 所示。

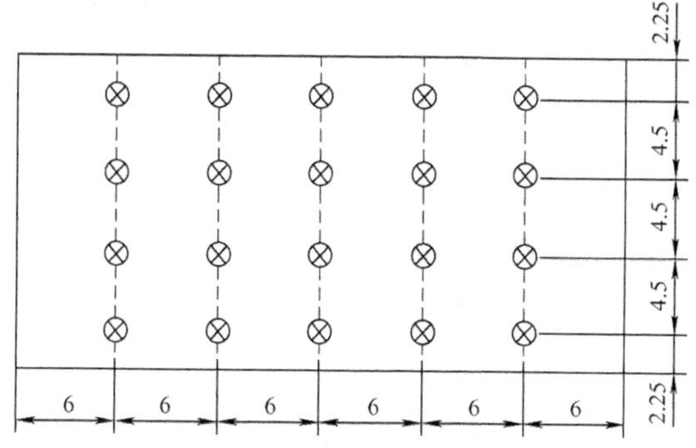

图 8-13 灯具布置方案（尺寸单位：m）

该布置方案的灯距几何平均值为

$$l=\sqrt{4.5\times6\text{m}}=5.2\text{m}<5.7\text{m}$$

灯距符合要求，但工作面上照度是否符合要求，需根据工作现场的照度计算检验。

8.2 照明的配电及控制

8.2.1 照明配电系统介绍

对电光源的控制，是根据电光源的照明特点和用途实施的，实际是电气控制。照明装置都采用电光源，为保证照明系统工作正常、安全、可靠，便于控制、管理和维护，利于节约电能，就必须有合理的配电系统和控制方式。

我国照明供电一般采用220/380V三相四线制中性点直接接地的交流电网供电，其中普通照明光源的电源电压采用220V，1500W及以上的高强度气体放电灯电源电压建议采用380V。移动式和手提式灯具应采用36V以下的低电压供电，且在潮湿场所不大于25V。

1. 正常照明

电力设备无大功率冲击性负荷时，照明和电力供电一般共用变压器；当电力设备有大功率冲击性负荷时，照明宜与冲击性负荷接于不同变压器；如条件不允许，需接自同一变压器时，照明应由专用馈电线供电；照明安装功率较大时，建议采用照明专用变压器。

当照明与电力设备共用一台变压器时，如图8-14a所示，由变压器低压母线上引出独立的照明线路供电。当有两台变压器时，正常照明和应急照明由不同的变压器供电，如图8-14b所示，对重要的照明负荷应采用两个电源自动切换装置进行供电。

当采用“变压器干线”供电时，照明电源接在变压器低压侧总开关前，如图8-14c所示。

当电力负荷稳定时，照明与电力负荷可合用供电线路，但应在电源进户处将动力与照明线路分开，如图8-14d所示。

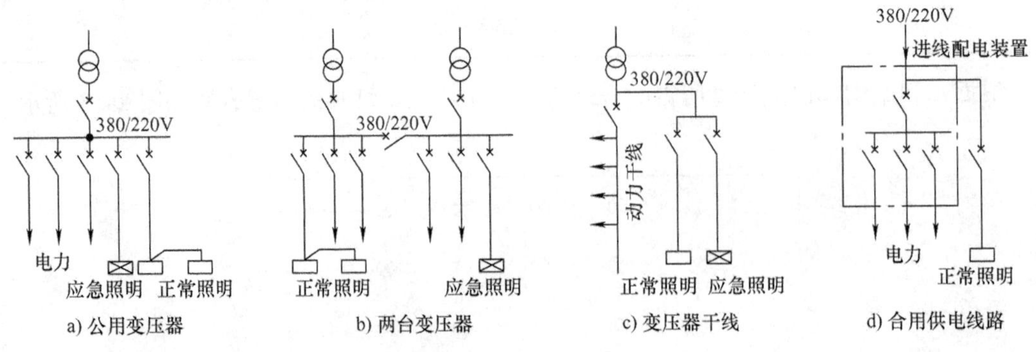

图8-14　照明配电系统

2. 应急照明

应急照明的电源，应根据应急照明类别、场所使用要求和实际电源条件选取。可采用的

接法有：接自电网，能有效地独立于正常照明电源的线路；接自蓄电池组，包括灯内自带蓄电池、集中设置或分区集中设置的蓄电池装置；接自应急发电机组；以上任意两种方式的组合，优先采用接自电网的方式。

备用照明应接于与正常照明不同的电源，当正常照明因故停电时，备用照明电源可自动投入。有时为节约照明线路，也有从整个照明中分出一部分作备用照明的，但配电线路及控制开关应分开装设。

3. 疏散照明

当只有一台变压器时，应与正常照明的供电线路自变电所低压配电屏上或母线上分开；当装设两台及以上变压器时，应与正常照明的干线分别接自不同的变压器；当室内未设变压器时，应与正常照明在进户线进户后分开，并不得与正常照明共用一个总开关；当只需装少量应急照明灯时，可采用带有直流逆变器的应急照明灯。疏散照明的出口标志灯和指向标志灯宜用蓄电池电源。安全照明电源应和该场所的电力线路接自不同变压器或不同馈电干线。

4. 局部及室外照明

机床和固定工作台的局部照明可接自动力线路，移动式局部照明应接自正常照明线路。

室外照明应与室内照明线路分开供电，道路照明、警卫照明的电源宜接自有人值班的变电站低压配电的专用回路上。当室外照明的供电距离较远时，可由不同地区的变电站分区供电。

8.2.2 照明配电方式

照明配电网络由馈电线、干线和分支线组成，如图8-15所示。馈电线将电能从变电站低压配电屏送到总照明配电箱；干线将电能从总照明配电箱送到各分照明配电箱；支线由各分照明配电箱分出，将电能送到各个灯。

照明配电方式有放射式、树干式和混合式，如图8-16所示。一般采用放射式和树干式结合的混合式。

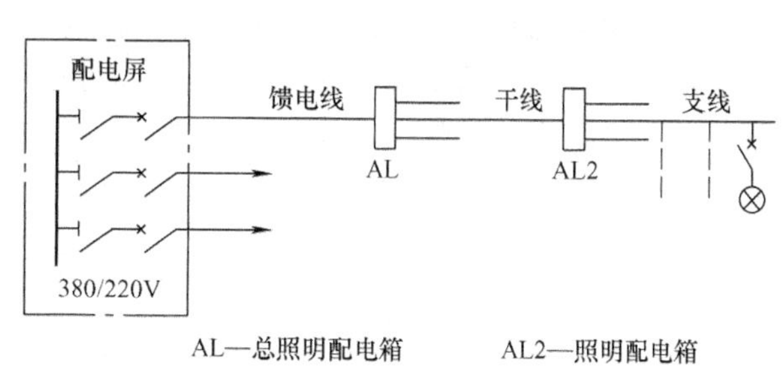

图8-15 照明配电网络

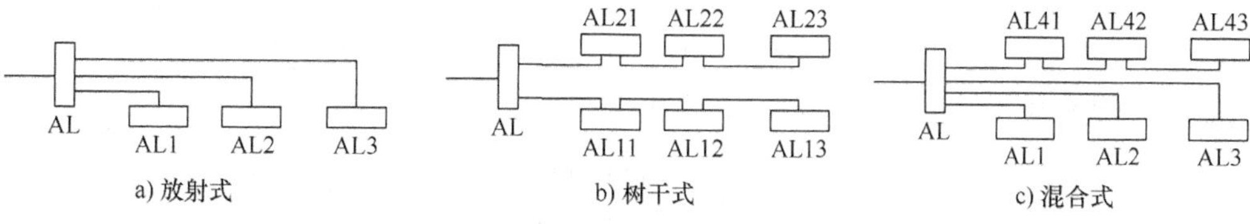

图8-16 照明配电方式

照明配电箱建议设置在靠近照明负荷中心处，以便于操作维护。每一照明单相分支回路的电流不超过16A，所接灯数不超过25个；连接建筑组合灯具时，回路电流不超过25A，灯数不超过60个；连接高强度气体放电灯的单相分支回路的电流不应超过30A。插座回路应装设剩余电流断路器，并和照明灯分接于不同分支回路，以避免不必要的停电。

1. 照明控制

照明控制是实现工作环境亮化的措施，应满足舒适照明的需求，符合节约电能的原则。

控制方式有跷板开关控制、断路器控制、定时控制、光电感应开关控制和智能控制等方式。

公共建筑和工业厂房的走廊、楼梯间、门厅等公共场所的照明，建议采用集中控制，并按建筑使用条件和天然采光状况采取分区、分组控制措施。房间或场所装设有两列或多列灯具时，应分组控制，所控灯具列与侧窗平行；生产场所按车间、工段或工序分组；电化教室、会议厅、多功能厅、报告厅等场所，按靠近或远离讲台分组。

居住建筑有天然采光的楼梯间、走道的照明，除应急照明外，应采用光电感应开关控制。每个照明开关所控光源数不可太多，每个房间灯开关数不少于两个，只设置 1 个灯的除外。

2. 照明配电系统图

照明配电系统图是电气控制图，是表示电气照明系统电能控制、输送和分配的电路图。照明配电系统图按国家标准规定的电气图形符号表示电气设备和照明电路，以一定次序连接，按绘图标准，可以以单线或多线表示照明配电系统。

照明配电柜或配电箱及各电气设备应标注型号规格；照明电路应标注导线或电缆的型号规格、敷设方式、照明容量或计算电流，单相线路应标其相序，如 L1、L2、L3 或 L1 N、L2 N、L3 N 或 L1 N PE、L2 N PE、L3 N PE。

图 8-17 所示为某机加工车间的照明配电系统图，图中 AL1 表示 1 号照明配电箱，型号为 PZ30－307，采用 C65NC/3P 型断路器，标注电路编号、导线或电缆型号和规格、敷设方式、照明容量和计算电流等。

3. 电气照明平面布置图

电气照明平面布置图用标准规定的建筑和电气平面图图形符号及文字，表示照明区域内照明配电箱、开关、插座及照明灯具等的平面位置、型号、规格、数量、安装方式和部位，并表示照明电路走向、敷设方式及导线型号、规格、根数等。如图 8-18 所示是某机加工车间的照明布置。

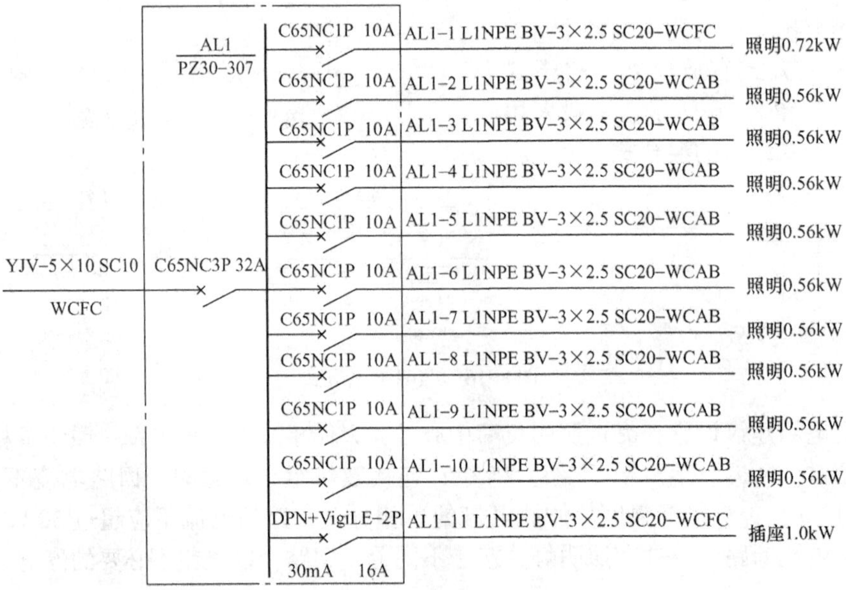

AL1
PZ30–307
YJV–5×10 SC10
WCFC
C65NC3P 32A
C65NC1P 10A AL1–1 L1NPE BV–3×2.5 SC20–WCFC 照明0.72kW
C65NC1P 10A AL1–2 L1NPE BV–3×2.5 SC20–WCAB 照明0.56kW
C65NC1P 10A AL1–3 L1NPE BV–3×2.5 SC20–WCAB 照明0.56kW
C65NC1P 10A AL1–4 L1NPE BV–3×2.5 SC20–WCAB 照明0.56kW
C65NC1P 10A AL1–5 L1NPE BV–3×2.5 SC20–WCAB 照明0.56kW
C65NC1P 10A AL1–6 L1NPE BV–3×2.5 SC20–WCAB 照明0.56kW
C65NC1P 10A AL1–7 L1NPE BV–3×2.5 SC20–WCAB 照明0.56kW
C65NC1P 10A AL1–8 L1NPE BV–3×2.5 SC20–WCAB 照明0.56kW
C65NC1P 10A AL1–9 L1NPE BV–3×2.5 SC20–WCAB 照明0.56kW
C65NC1P 10A AL1–10 L1NPE BV–3×2.5 SC20–WCAB 照明0.56kW
DPN+VigiLE–2P 30mA 16A AL1–11 L1NPE BV–3×2.5 SC20–WCFC 插座1.0kW

图 8-17　某机加工车间照明

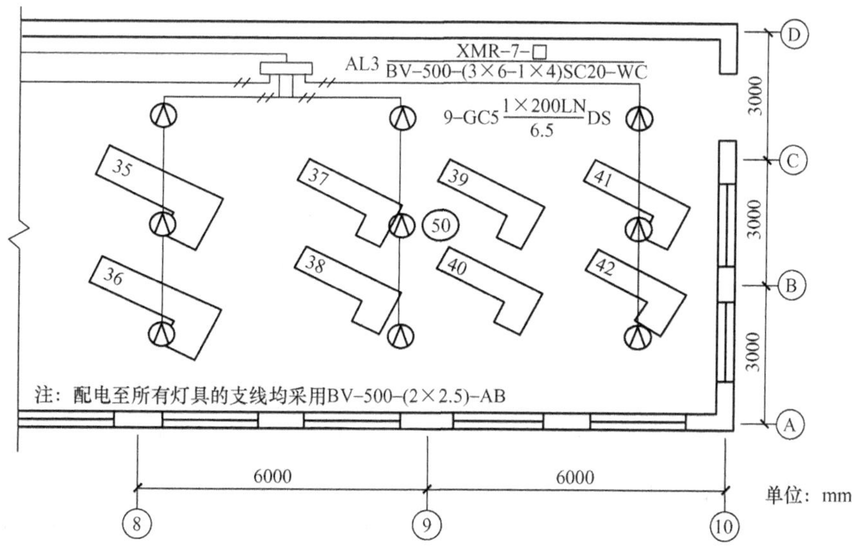

图 8-18　某机加工车间照明平面布置

（1）照明灯具的位置和标注　照明灯具的图形符号应符合标准 GB 4728.11—2008 及相关规定，标注格式为

$$a - b\frac{c \times d \times L}{e}f$$

式中　a——某场所同种类照明灯具的套数；

b——照明灯具类型符号；

c——每只照明灯具内安装的光源数，通常一个时可不表示；

d——光源的功率，单位为 W；

L——光源种类代号，FL 表示紧凑型荧光灯，管型荧光灯可省略；

e——照明器的悬挂高度，f 表示吸顶安装，可省略；

f——安装方式代号。

灯具安装方式及光源种类的文字代号，见表 8-6。

表 8-6　灯具安装方式及光源种类的文字代号

灯具安装方式	文字代号	灯具安装方式	文字代号	光源种类	文字代号	光源种类	文字代号
线吊式	SW	顶内安装	CR	氙	Xe	荧光	FL
链吊式	CS	墙壁式安装	WR	氖	Ne	白炽	IN
管吊式	DS	支架上安装	S	钠	Na	发光二极管	LED
壁装式	W	柱上安装	CL	汞	Hg	混光	HL
吸顶式	C	座装	HM	碘	I	弧光	ARC
嵌入式	R	—	—	金属卤化物	MH	紫外线	UV

（2）典型的照明控制电路　装设两台及以上变压器时，应与正常照明的供电干线分别接不同的变压器，应急照明由两台变压器交叉供电的照明供电系统，如图 8-19 所示。

仅装有一台变压器时，应与正常照明供电干线自变电所的低压柜或母线分开，应急照明由一台变压器供电的应急照明供电系统，如图 8-20 所示。

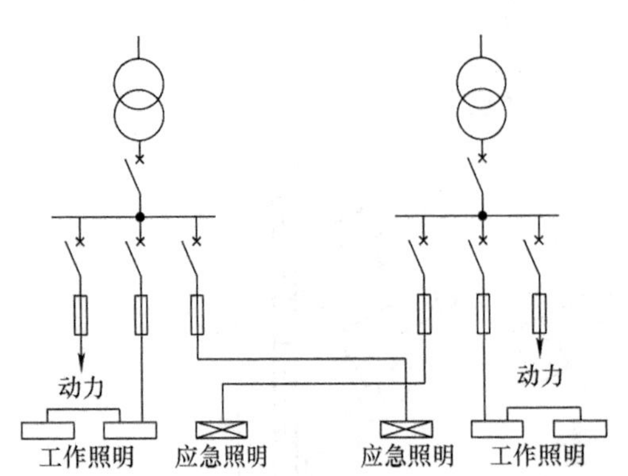

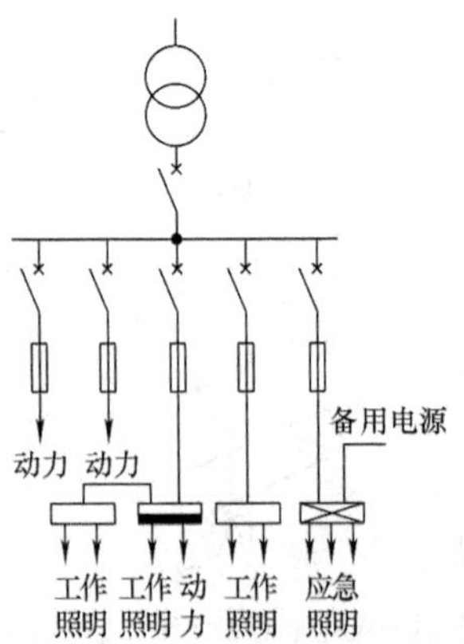

图 8-19　由两台变压器交叉供电的应急照明供电系统　图 8-20　由一台变压器供电的应急照明供电系统

应急照明控制回路备用电源自动投入，简称 APD，如图 8-21 所示，正常电源停电时，APD 投入。停电时，KM1 失电断开，常闭触点 KM1 闭合→KT 得电动作，触点 KT 经 0.5s 延时闭合→KM2 得电动作，主触点闭合接通备用电源；同时 KM2 断开→切断 KM1 线圈回路；常开触点 KM2 闭合→KM2 线圈自锁；常闭触点 KM2 断开→KT 线圈失电，触点 KT 瞬时断开。

4. 电气照明的平面布线图

该图是表示照明电路及控制、保护设备和灯具等的平面相对位置及其相互联系的施工图，是照明工程施工、竣工验收和维护检修的重要依据。如图 8-22 所示是某高压配电所及附设 2 号车间变电站的照明平面布线图。图中表达了安装施工的主要技术要求，该变电站和配电所采用带剩余电流断路器的 XRML10－B203 型照明配电箱控制，安装在值班室靠低压配电室一侧的墙上，由低压配电室供电。配电箱有三条单相出线，第一路至变压器室，第二路至低压配电室，第三路至值班室、高压配电室和高压电容器室。进线 BV－500－1×6mm^2 五根，TN－S制；出线 BV－500－1×2.5mm^2 三根，均穿钢管敷设。

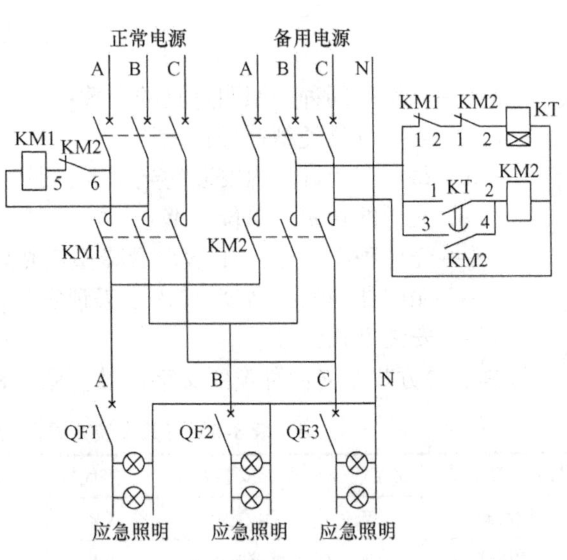

图 8-21　采用 APD 的应急照明控制回路
KM1—正常电源接触器　KM2—备用电源接触器
KT—时间继电器　QF—低压断路器

变压器室采用 GC1－E 型弯杆灯，每灯装 60W 白炽灯一个。距地面 2.5m，采用单极平开关控制。

高压配电室和高压电容器室采用 GC1－A 型配照灯，每灯装 100W 白炽灯一个。管吊式灯具安装于顶棚，高度 3.5m，采用单极三线双控开关控制。

低压配电室采用两个 YG2－1 型荧光灯和 1 盏 GC1－A 型工厂配照灯。荧光灯装 40W 荧光灯管一个，配照灯装 60W 白炽灯一个。灯具采用链吊式，安装于顶棚，距地 3m。荧光灯

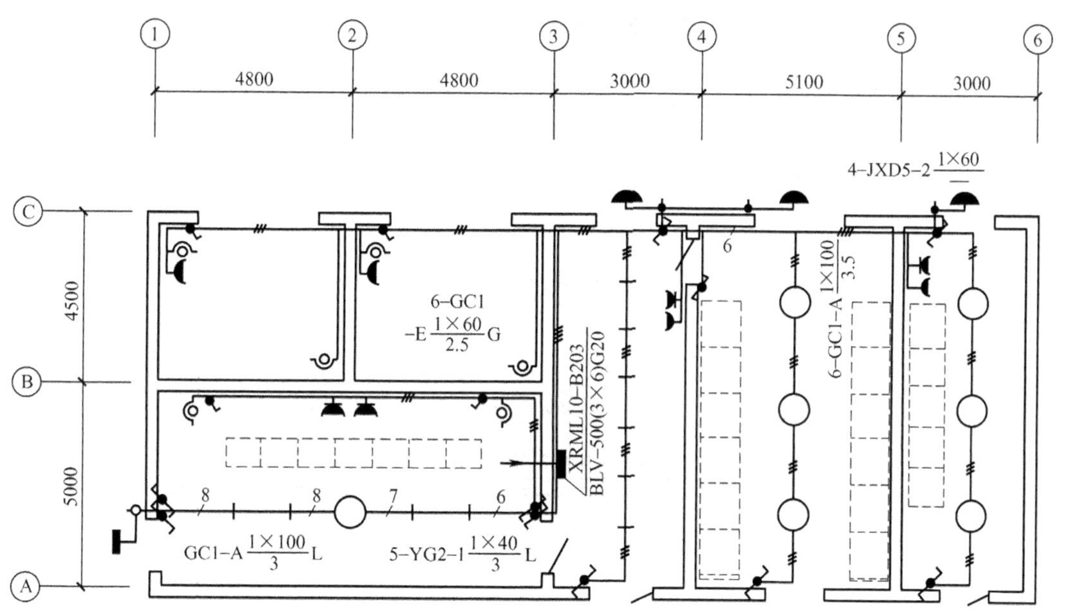

图 8-22　高压配电所及附设车间变电站的照明平面布线图

和白炽灯分别采用三线双控开关控制。为便于低压配电屏后面维修，柜体后墙安装两个 GC1 - E型弯杆灯，每个弯杆灯 60W 白炽灯一个，安装高度离地 2.5m，采用单极平开关控制。

图中表示了具体安装要求，如值班室采用三个 YG2 - 1 型荧光灯，每个装 40W 荧光灯管一个，链吊式，安装于离地 3m 的顶棚，采用单极三线双控开关控制；工作台安装台灯；在变电站、配电所外侧各门的水泥遮雨板均安装 JXD5 - 2 型吸顶灯，每灯装 60W 白炽灯一个，采用防水拉线开关控制。

考虑到临时用电，各房间均装设一定数量的电源插座。因高压配电室与值班室相通，必须保证安全，因此高压配电室内未装设电源插座。

所有开关应装设在相线，即相线成为“受控线”以保证安全。平面布线图对配电设备、线路和照明灯具等的规格、数量、安装位置及方式，按建设部的《建筑电气工程设计常用图形和文字符号》格式标注。

当配电设备如箱、柜标注引入线时，标注格式为

$$a\,\frac{b}{c}$$

式中　a——设备编号，只有一台时可省略；

b——设备型号；

c——配电设备引入线路的导线型号、根数、截面积（单位为 mm^2）和导线敷设方式。

课堂练习

（1）分析图 8-17 所示的某机加工车间照明功能。

（2）比较图 8-19 及图 8-20 的功能特点。

(3) 如图 8-23 所示为某车间的照明布置，分析此图的主要组成及功能。

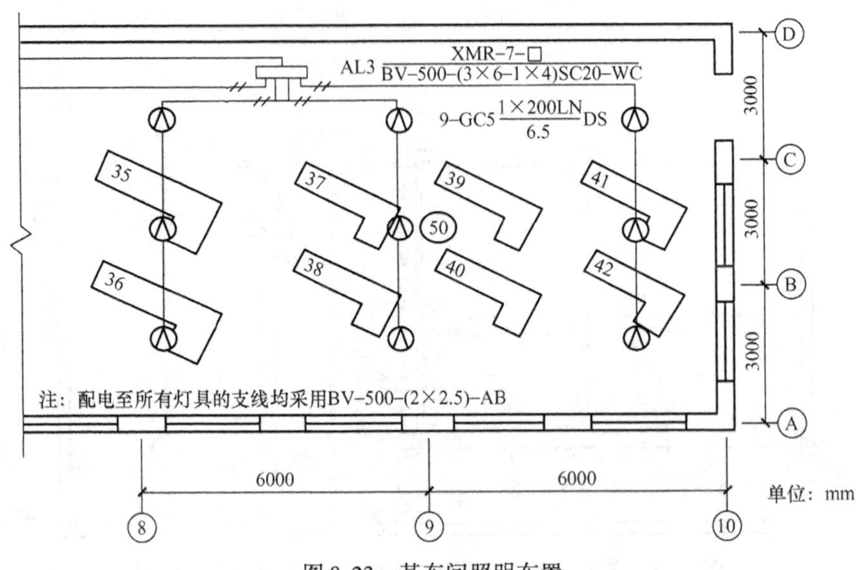

图 8-23　某车间照明布置

8.3 工厂供电节能

8.3.1 节约电能的一般措施

1. 管理措施

(1) 合理用电　用电单位应加强对节电工作的组织，加强组织协调，由专人或专岗负责节电，推广节电的深入开展。

用电单位应建立科学合理的管理制度，加强管理与考核，制定车间、部门的耗电定额，精细计量，考核到位。

根据供电系统的电能供应情况及各类用户的用电规律实行负荷调整，合理安排各类用户的用电时间，降低负荷高峰，填补负荷的低谷，即“削峰填谷”，充分发挥发、变电设备的潜力，提高系统的供电能力。

具体方法有：同一地区各企业轮流开工与休息；对用电容量大的企业，各车间上下班时间错开，使各车间的高峰负荷分散；调整大容量用电设备的用电时间，避开高峰负荷时间用电，各时段负荷均衡，提高变压器的负荷系数和功率因数，减少电能损耗。鼓励夜间用电，采取措施使夜间电价便宜，白天电价较高，即黑白用电的合理调整。

实行“阶梯电价”和“分时电价”的综合电价模式。“阶梯电价”全名称为“阶梯式累进电价”，将户均用电量设置为若干阶梯，随户均消费电量的增长，电价逐级递增。“分时电价”即“峰谷分时电价”，指根据电网负荷的变化，将每天 24h 划分为高峰、平段、低谷等时段，各时段电价不同，鼓励用电客户合理安排用电时间，削峰填谷，提高电力资源的利用效率。

（2）经济运行，降低电力系统的能耗　经济运行方式指能使整个电力系统的有功损耗最小，获得最佳经济效益的设备运行方式。如负荷率长期偏低的大容量电力变压器，应考虑换用较小容量电力变压器。如运行条件许可，两台并联运行的电力变压器，低负荷时关停一台。

（3）加强运行维护，采用高效节能的设备　电力变压器通过检修，消除铁心起动过热的故障，降低铁损，节约电能；解决处理好线路中接头接触不良、严重发热问题，保证安全用电，减少电能损耗。

采用冷轧硅钢片的节能型电力变压器，如 S10、S11 系列，无负荷损耗比老型号的热轧硅钢片变压器低 50% 左右；推广使用非晶合金材料干式变压器，降低无负荷损耗；推广绿色照明工程，选用高效节能的照明产品，如 T5 细管径荧光灯比 T8 荧光灯节能 30%、紧凑型荧光灯比同功率白炽灯节能 80%、LED 灯能耗低寿命长。

（4）降低线路损耗，优化加工工艺　导线或电缆的截面积适当加大，以截面积稍大的导线或电缆代替偏小的导线或电缆，减少线路损耗；将绝缘老化漏电较大的绝缘导线换新；更新改造或新建厂房、车间时，合理分析选择变电站、配电所选址，使变压器尽量靠近负荷中心，缩短低压配电线路。

机床加工中，如以铣代刨，可使零件加工耗电量下降 30% ~ 40%；铸造生产中采用精密铸造工艺，可使铸件的耗电量减少 50% 左右。

节约用电工作中，应重视新技术和新材料的推广和使用。如在电加热炉，采用硅酸铝纤维作保温耐火材料，可减小电热损耗。

（5）提高功率因数　采取各种技术措施，减少供用电设备中无功功率消耗量，提高自然功率因数后，如功率因数达不到 0.9，应采用无功功率的人工补偿。人工补偿设备主要有并联电容器、同步电动机和动态无功补偿等。此外，我国也已经采取行政措施，当功率因数低于某值时，供电公司可对企业进行经济惩罚。

另外，因技术发展，如电力电子技术装置、变频器的采用，开关电源、非线性光源的使用，电力系统的谐波很大，造成功率因数下降，应当与时俱进，采取治理措施。

2. 电力变压器的经济运行

电力变压器在电能损耗低的状态下运行称电力变压器的经济运行。电力系统的有功损耗不仅与设备的有功损耗有关，还与设备的无功损耗有关，因设备消耗的无功功率也由电力系统提供。

为了计算设备的无功损耗在电力系统中引起的有功损耗增加量，引入换算系数 K_q，即无功功率经济当量，表示电力系统多发送 1kvar 的无功功率而增加的有功功率损耗。K_q 值与电力系统的容量、结构及计算点的具体位置等有关。一般情况下，变配电所平均取 $K_q=0.1$。

（1）单台变压器运行的经济负荷　变压器的损耗包括有功损耗和无功损耗，无功损耗也对电力系统产生附加的有功损耗，可通过 K_q 换算。因此，变压器的有功损耗加变压器的无功损耗所换算的等效有功损耗，称变压器综合有功损耗。

单台变压器在负荷为 S 时的综合有功损耗为

$$\Delta P=\Delta P_T+K_q\Delta Q_T\approx\Delta P_0+\Delta P_K\left(\frac{S}{S_N}\right)^2+K_q\Delta Q_0+K_q\Delta Q_N\left(\frac{S}{S_N}\right)^2$$

即 $\Delta P \approx \Delta P_0 + K_q \Delta Q + (\Delta P_K + K_q \Delta Q_N)\left(\dfrac{S}{S_N}\right)^2$

式中 ΔP_T——变压器的有功损耗，单位为 kW；

ΔQ_T——变压器的无功损耗，单位为 kvar；

ΔP_0——变压器的无负荷有功损耗，单位为 kW；

ΔP_K——变压器的有负荷有功损耗，单位为 kW；

$\Delta Q_0 = S_N \cdot \dfrac{I_0\%}{100}$——变压器无负荷时的无功损耗，单位为 kvar；

$\Delta Q_N = S_N \cdot \dfrac{U_K\%}{100}$——变压器额定负荷时的无功损耗（kvar），$S_N$为变压器的额定容量，单位为 kV · A。

如使变压器运行在经济负荷，应满足变压器单位容量的综合有功损耗 $\Delta P/S$ 为最小值的条件。令 $\mathrm{d}(\Delta P/S)/\mathrm{d}S = 0$，可得变压器的经济负荷为

$$S_{ec.T} = S_N \sqrt{\frac{\Delta P_0 + K_q \Delta Q_0}{\Delta P_K + K_q \Delta Q_N}}$$

变压器经济负荷与变压器额定容量之比，称变压器的经济负荷系数或经济负荷率，用 $K_{ec.T}$表示，即

$$K_{ec.T} = \sqrt{\frac{\Delta P_0 + K_q \Delta Q_0}{\Delta P_K + K_q \Delta Q_N}}$$

一般电力变压器的经济负荷率为 50% 左右。对新型节能变压器，经济负荷率比老型号低。若按此原则选择变压器，则使初期投资增大，基本电费增多。因此，选择变压器容量应多种因素综合考虑，负荷率大致在 70% 左右比较适合。

以例子介绍，计算 S11 - M630/10.5 型变压器的经济负荷和经济负荷率。

查附表 15，得 S11 - M630/10.5 型变压器的技术数据：$\Delta P_0 = 0.81\text{kW}$，$\Delta P_K = 6.2\text{kW}$，$I_0\% = 0.6$，$U_K\% = 4.5$

则

$$\Delta P_0 \approx 630 \times 0.006\text{kvar} = 3.78\text{kvar}$$

$$\Delta Q_N \approx 630 \times 0.045\text{kvar} = 28.35\text{kvar}$$

变压器的经济负荷率为

$$K_{ec.T} = \sqrt{\frac{\Delta P_0 + K_q \Delta Q_0}{\Delta P_K + K_q \Delta Q_N}} = \sqrt{\frac{0.81 + 0.1 \times 3.78}{6.2 + 0.1 \times 28.35}} = 0.3626$$

所以，变压器的经济负荷为

$$S_{ec.T} = K_{ec.T} S_N = 0.3626 \times 630\text{kV} \cdot \text{A} = 228.45\text{kV} \cdot \text{A}$$

（2）两台变压器经济运行的临界负荷　如变电站有两台同型号同容量 S_N的变压器，变电所总负荷 S，应考虑何时投入一台或投入两台运行最经济。

一台变压器单独运行时，求得其在负荷 S 时的综合有功损耗为

$$\Delta P_I \approx \Delta P_0 + K_q \Delta Q_0 + (\Delta P_K + K_q \Delta Q_N)\left(\frac{S}{S_N}\right)^2$$

两台变压器并联运行时，每台各承担 $S/2$，得到两台变压器的综合有功损耗为

$$\Delta P_{\mathrm{II}} \approx 2(\Delta P_0 + K_q \Delta Q_0) + 2(\Delta P_K + K_q \Delta Q_N)\left(\frac{S}{2S_N}\right)^2$$

将以上两式 ΔP 与 S 的函数关系绘成如图 8-24 所示曲线，两条曲线交于 a 点，a 点所对应的变压器负荷，即变压器经济运行的临界负荷，用 S_{cr} 表示。

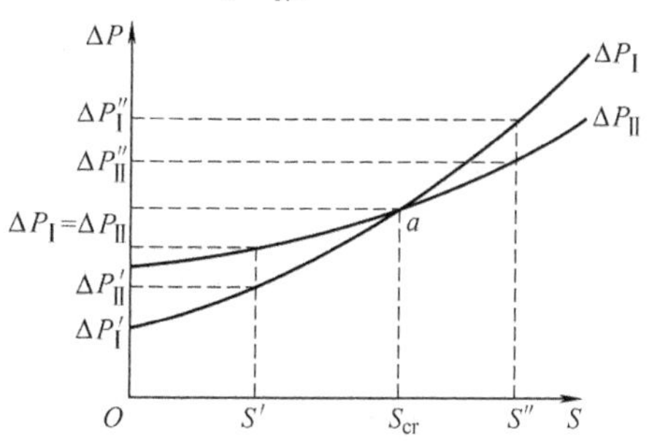

图 8-24 两台变压器经济运行的临界负荷

当 $S = S' < S_{cr}$ 时，因 $\Delta P'_{\mathrm{I}} < \Delta P'_{\mathrm{II}}$，故宜一台运行；当 $S = S'' > S_{cr}$ 时，因 $\Delta P''_{\mathrm{I}} > \Delta P''_{\mathrm{II}}$，故宜两台运行；当 $S = S_{cr}$ 时，一台或两台运行时的综合有功损耗相等，可得两台同型号同容量的变压器经济运行的临界负荷为

$$S_{cr} = S_N \sqrt{2\frac{\Delta P_0 + K_q \Delta Q_0}{\Delta P_K + K_q \Delta Q_N}}$$

如 n 台同型号同容量的变压器，则判别第 n 台与 $n-1$ 台经济运行的临界负荷为

$$S_{cr} = S_N \sqrt{(n-1)n\frac{\Delta P_0 + K_q \Delta Q_0}{\Delta P_K + K_q \Delta Q_N}}$$

图 8-24 所示中提到变压器经济运行的临界负荷，如某变电站装有两台 S11－M630/10 型变压器，试计算变压器经济运行的临界负荷值。

利用前面例子同型的变压器技术数据，得到此变电站两台变压器经济运行取 $K_q = 0.1$ 时的临界负荷为

$$S_{cr} = S_N \sqrt{2\frac{\Delta P_0 + K_q \Delta Q_0}{\Delta P_K + K_q \Delta Q_N}} = 630 \times \sqrt{2 \times \frac{0.81 + 0.1 \times 3.78}{6.2 + 0.1 \times 28.35}}\mathrm{kV \cdot A} = 323.07\mathrm{kV \cdot A}$$

因此，当负荷 $S < 323.07\mathrm{kV \cdot A}$ 时，宜一台运行；当负荷 $S > 323.07\mathrm{kV \cdot A}$ 时，应两台运行。

课堂练习

（1）请叙述节约用电的主要方式。

（2）请叙述电力变压器经济运行的基本条件。

3. 提高功率因数的方法

企业中主要的用电设备是异步电动机和变压器。供电系统除供给这些用电设备有功功率外，还要供给这些用电设备无功功率，这会使工厂企业的功率因数降低。

（1）提高自然功率因数　为提高工厂企业的功率因数，首先应提高自然功率因数，其次采用人工补偿装置提高功率因数。提高工厂企业的自然功率因数，从根本上降低电气设备需要的无功功率，不需投资，一般为首选办法。

1）正确选择异步电动机容量。企业的运行经验表明，异步电动机最高效率一般在负荷达到额定负荷时，功率因数最高，无负荷时功率因数最低。因此，异步电动机额定功率应尽量接近于所拖动的负荷。将运行中的轻负荷电动机更换，选用合适额定功率的电动机，使其平均负荷率接近其最佳值。

2）改变轻负荷电动机的接线。实际运行中，当异步电动机运行于轻负荷时，可调换较小容量的电动机。但当无法用小容量异步电动机调换时，可采用降低异步电动机电压的方法，减少取用的无功功率。降低异步电动机电压的方法，一般采用改变电动机的内部联结，使异步电动机各绕组所承受的电压降低，可减少异步电动机所取用的无功功率。

将轻负荷的异步电动机绕组△联结改接为Y联结，绕组工作电压降低到原来电压的 $1/\sqrt{3}$，功率和转矩都减少到原来的1/3，电动机的铁损减少。

当既不能调换较小容量的电动机，又不能将异步电动机绕组△联结改接为Y联结时，可采用异步电动机绕组的分组改接方法，降低异步电动机绕组各段线圈的工作电压。如可将异步电动机绕组双路并联接法改为单路串联接法，每段线圈的工作电压可降低1/2，使铁损降低。

3）限制异步电动机的无负荷运行。工厂企业异步电动机工作中可能无负荷运行时间较长。异步电动机无负荷运行电流较大，功率因数很低，如将无负荷运行的异步电动机从供电线路切除，可减小无功功率，提高功率因数。

4）提高异步电动机的检修质量。异步电动机的检修质量，对效率和功率因数影响很大，检修时应要保证质量，防止气隙增加，以免增大励磁电流，降低功率因数和效率。防止重绕电动机绕组时使匝数减少，否则其他条件不变也会使磁通量增加，使电动机需要的无功功率和空载电流增加，功率因数下降。

5）变压器的合理使用。更换轻负荷变压器，提高功率因数。企业在低负荷时间内，尽量集中负荷，由一台或多台变压器供电，使每台变压器运行在最佳负荷率，停运多余的变压器，减少无功功率并降低有功功率损耗。

当企业中有多台车间变压器时，可以用低压联络线将变压器二次侧连接起来，在轻负荷时将部分轻载变压器切除，减少有功损耗和无功损耗，提高功率因数。

当企业的变电站有多台变压器并联运行时，可根据负荷，决定投入运行的变压器台数。负荷较大时，投入运行的变压器台数多些，负荷较小时，投入运行的变压器台数少些，以使变压器损耗最少。不过只有在满足供电可靠性时，才能考虑变压器的经济运行。

（2）人工补偿装置提高功率因数

1）概述。降低用电设备所需无功动率可以有效提高自然功率因数，但不能完全达到要求值，有时需采用人工补偿装置，主要有同步补偿机和移相电容器。

同步补偿机是专门改善功率因数的同步电动机，通过调节励磁电流，补偿无功功率；移相电容器是专门改善功率因数的电力电容器，移相电容器是静电电容器，消耗容性无功功率，与电网并联时，可减少电网供给的无功功率，提高功率因数。移相电容器在工厂供电系统中应用广泛，它与同步补偿机相比无旋转部分，安装简单、运行维护方便、有功损耗小。

功率因数是供用电系统重要的技术经济指标，反映供用电系统中无功功率消耗量在系统总容量中所占的比重，反映了供用电系统的供电能力。

瞬时功率因数是运行中的工厂供用电系统在某一时刻的功率因数值；平均功率因数是规定时间段内功率因数的平均值；最大负荷时的功率因数是电力系统运行在年最大负荷时的功率因数；自然功率因数是电气设备或工厂在没有安装人工补偿装置时的功率因数；总的功率因数是电气设备或工厂设置了人工补偿后的功率因数。

企业用电设备多为感性负载，运行中，除消耗有功功率外，还有大量的无功功率在电源至负荷之间交换，导致功率因数降低，给工厂供配电系统造成不利影响。

2）移相电容器并联补偿及补偿容量的计算。移相电容器并联补偿的工作原理是在交流电路中，纯电阻性负荷的电流与电压同相，纯电感性负荷的电流滞后于电压 90°，纯电容性负荷的电流则超前于电压 90°；可见，电容的电流与电感的电流相差 180°，互相抵消。

电力系统的负荷大部分为电感性的，小部分为电阻性的，总电流将滞后于电压 1 个角度，即功率因数角，如将移相电容器与负荷并联，则移相电容器的电流将抵消一部分电感电流，使电感电流减少，总电流减少，功率因数得到提高。无功功率补偿原理见图 8-25 所示，由图可知功率因数提高和有功功率、无功功率的关系。

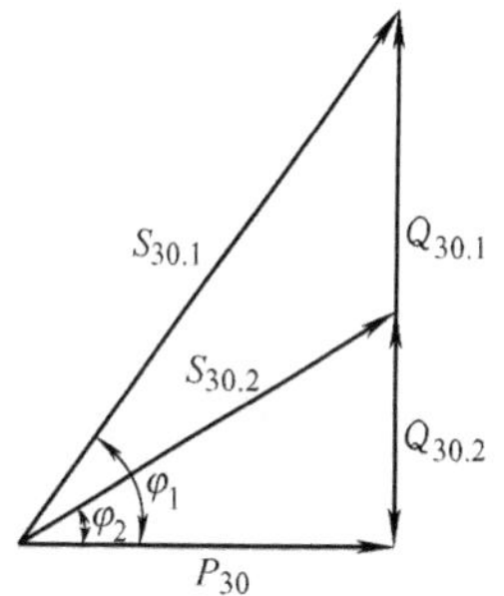

图 8-25 无功功率补偿原理

3）补偿容量计算。假设某企业或车间补偿前的计算负荷 P_{30}、Q_{30}、S_{30}、自然功率因数 $\cos\varphi_1$，补偿后的功率因数 $\cos\varphi_2$，补偿容量的计算

$$Q_c = P_{30}(\tan\varphi_1 - \tan\varphi_2)$$

式中 P_{30}——有功功率计算负荷；

Q_{30}——无功功率计算负荷；

S_{30}——视在功率计算负荷。

在确定总补偿容量 Q_c 后，应根据电容量选择电容器的数量 n，对单个电容器的电容量 q_c，可得出电容器的数量

$$n = \frac{Q_c}{q_c}$$

补偿后，工厂的有功计算负荷不变，电源向工厂提供的无功功率减少，在确定补偿装置装设地点以前的计算负荷，应减去无功补偿容量，总的无功计算负荷为

$$Q'_{30} = Q_{30} - Q_c$$

补偿后的视在计算负荷为

$$S'_{30} = \sqrt{{P_{30}}^2 + {Q'_{30}}^2} = \sqrt{{P_{30}}^2 + (Q_{30} - Q_c)^2}$$

4）移相电容器的接线。并联补偿的移相电容器大多为△联结，低压并联电容器多数做成三相，内部已做成△联结。△联结优点明显，三个电容为 C 的电容器△联结的容量是Y联结容量的 3 倍。电容器△联结时，任一个电容器断线，三相电路仍可得到无功补偿；Y联结时，一相电容器断线时，断线相则将失去无功补偿。

电容器△联结时也有缺点，任一个电容器击穿短路时，将造成三相电路的两相短路，短路电流很大，可能引起电容器爆炸，这对高压电容器特别危险；如Y联结，短路电流小，仅为正常工作电流的 3 倍。因此高压电容器组应当接成中性点不接地Y联结，450kvar 及以下容量时建议△联结。低压电容器组一般为△联结。电容器组一般装在电容器成套柜内。

电容器从电网切除时，电容器两端有残余电压，最高可达到电网电压峰值，对人很危险；同时，电容器极间绝缘电阻很高，自行放电的速度很慢，为尽快消除电容器极板的电荷，并联电容器组必须并联装设放电设备。

500V 及以下电容器组与放电设备的连接方式，可以采用直接固接方式，也可采用电容器断开后自动或手动投入放电设备的方式。低压电容器组的放电设备一般采用灯泡，如

图 8-26所示；1000V 及以上电容器组与放电设备连接采用直接固接方式，高压电容器组放电利用电压互感器的一次侧放电，在电压互感器的二次侧接灯泡，如图 8-27 所示。为确保可靠放电，电容器组放电回路中不可装设熔断器或开关。功率因数补偿用电容产品外形如图 8-28所示，功率因数补偿电容柜外形如图 8-29 所示。

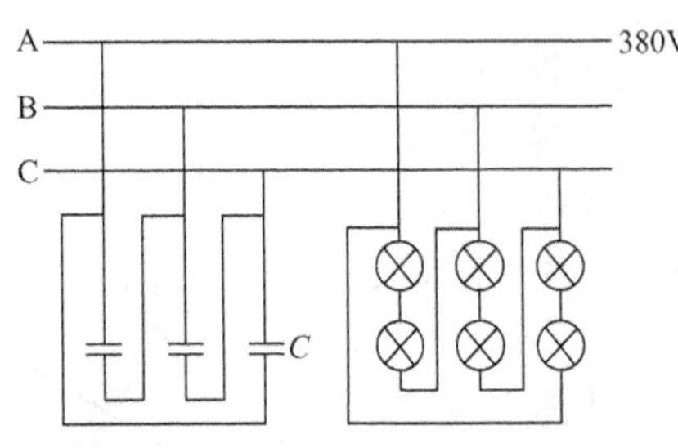

图 8-26　低压电容器组的接线

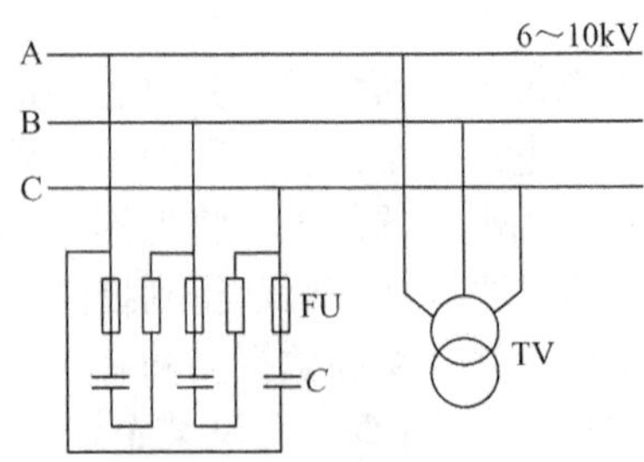

图 8-27　高压电容器组的接线

图 8-28　功率因数补偿用电容产品

图 8-29　功率因数补偿用电容柜产品

4. 移相电容器的装设位置

企业内部移相电容器的补偿方式分高压侧和低压侧补偿，如图 8-30 所示。

（1）高压侧补偿　高压侧补偿多采用集中补偿，将移相电容器组接在变电所 6 ~ 10kV 母线，根据电容器组容量选配开关，对集中补偿的高压电容器利用高压断路器手动投切。电容器组的安装，可根据台数设置在高压配电室或专用电容器室。

采用高压集中补偿，电容器利用率高，可减少供电系统及线路中输送的无功负荷，此补偿方式投资少，便于集中运行维护。但不能减少配电变压器和低压配电网络的无功负荷。这种补偿可满足工厂总功率因数的要求，在大中型工厂中应用广泛。

（2）低压侧补偿

1）变电所低压母线的集中补偿。将低压电容器集中装设在车间变电站的低压母线，能补偿变电所低压母线前的变压器、高压线路及电力系统的无功功率，有较大的补偿区，能减少变压器的无功功率，可使变压器容量较小，经济、维护方便，此补偿方式在工厂广泛应用。

对集中补偿的低压电容器组，可按补偿容量分组投切，根据功率因数实际状况，利用接

触器分组自动投切，也可利用低压断路器分组投切。电容器组一般装设在高低压配电室或低压配电室内。

2）电气设备的个别补偿。个别补偿是按某一用电设备的需要装设电容器，电容器靠近接在用电设备旁。通常电容器与用电设备共用开关，与电气设备同时投入或退出运行，如图8-31所示。这种电容器组通常使用用电设备本身的绕组电阻放电。对个别补偿的电容器组，利用控制用电设备的断路器或接触器手动投切。

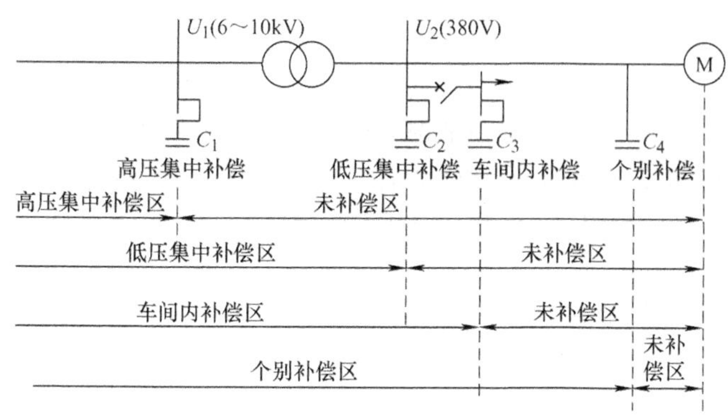

图8-30 移相电容安装地点及补偿区域

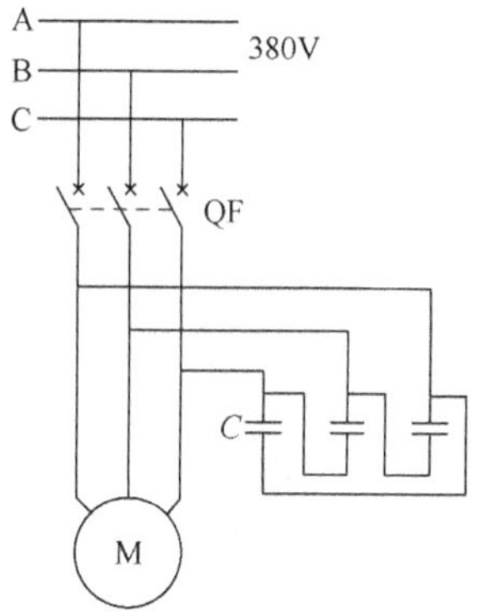

图8-31 电动机旁的个别补偿

个别补偿可以使无功功率能做到就地补偿，减少企业内部的配电线路、变压器、高压线路中的无功功率；补偿范围最大，补偿效果最好。但补偿投资大，电容器只在电气设备运行时才能投入，利用率低，电容器附近安装用电设备时，电容器可能受到剧烈的振动。

个别补偿适于负荷平稳、经常运转、大容量电动机，也适于容量小、数量多、长期稳定运行的设备。另外还有分组补偿（如图8-32所示），集中补偿（如图8-33所示）。对高低压侧的无功功率补偿，应当采用高压集中补偿和低压集中补偿。

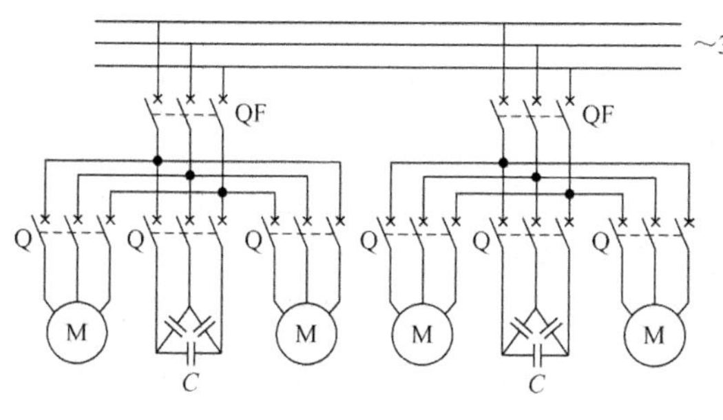

图8-32 分组补偿

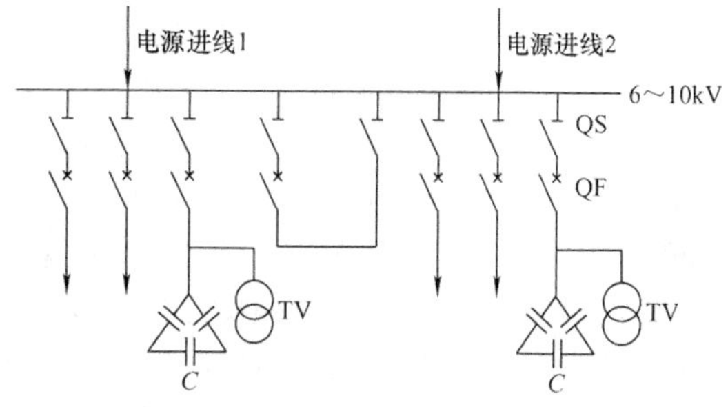

图8-33 集中补偿

3）车间补偿。车间补偿的电容器组接于车间配电柜的母线，利用率比个别补偿大，能减少低压配电线路及变压器中的无功功率。

工厂供电系统中，不是绝对采用上述的某种补偿方式，而是综合采用几种补偿方式，达到总的无功补偿要求，使企业电源进线处的功率因数符合规定值。

5. 移相电容器的保护与维护

（1）移相电容器的保护　移相电容器的主要故障是短路，一般分为电容器组与断路器之间的连线短路和电容器内部短路。对450kvar及以下低压移相电容器和容量较小的高压移相电容器，可装设熔断器作为相间短路保护；对容量较大的高压移相电容器，需用高压断路器控制，装设过电流保护作为相间短路保护。

为防止△联结的高压电容器组电容器被击穿，引起相间短路，△联结的各边均接有高压熔断器保护；当6～10kV电容器组装在有可能出现过电压的场所时，需装设过电压保护；当电容器组所接电网的单相接地电流超过10A时，应装设单独的单相接地保护装置；电容器组单相接地保护与6～10kV线路接地保护相似；当接地电流小于10A以及电容器与支架绝缘时，可不装设接地保护。

（2）电容器组的操作

1）正常状态全站停电操作时。先拉开电容器开关，后拉开各路出线开关；恢复送电时，先合上各路出线开关，后合上电容器组的开关；事故时，全站无电后必须将电容器开关拉开。因为变电站母线无负荷时，母线电压可能超过电容器的允许电压，对电容器的绝缘不利；电容器组可能与空载变压器产生共振而使过电流保护动作，应避免无负荷空投电容器。

2）操作。电容器组开关断开后不应抢送电，熔丝熔断后，未查明原因之前不准更换熔丝送电；电容器组禁止带电荷合上开关，电容器组切除3min后才能再次合上开关。

3）运行中电容器组的巡查。日常巡查一般由变电站、配电所的值班人员巡视，夏季应在室温最高时巡视，其他可在系统电压最高时巡视。巡视时应注意观察电容器的外壳无膨胀；无漏油、喷油等现象；无异常的声响及火花；示温蜡片的熔化情况等。值班员应检查电压、电流和室温等，确认无放电响声和放电痕迹，接头无发热，放电回路应完好、指示灯正常。电容器组应定期停电检查，检查各螺钉接点的松紧和接触情况，检查放电回路的完整性，检查风道的灰尘并清扫电容器的外壳、绝缘子及支架等，检查电容器的开关、馈线，检查电容器外壳的保护接地线，检查保护装置。

移相电容器在工厂供电系统正常运行时是否投入或切除，需根据系统的功率因数和电压确定，如功率因数或电压过低时应投入。移相电容器是否切除，也根据功率因数和电压而定，如电压偏高，应立即切除电容器。

当发生一些情况时，应立即切除电容器。如电容器爆炸（当电容器内部发生极间或极对外壳击穿时，并联运行的其他电容器组将对它放电，此时因能量极大可能造成电容器爆炸）；接头严重过热；套管闪络放电；电容器喷油或燃烧；环境温度超过40℃；如变电站、配电所停电，应切除电容器，以免突然来电时电压过高，击穿电容器。

切除电容器时，须从外观检查其放电回路是否完好，如指示灯。电容器从电网切除后，应立即由放电回路放电。高压电容器放电时间不少于5min，低压电容器的放电时间不少于1min。但对故障电容器本身应特别注意两极间可能有残余电荷，因故障电容器可能是内部断线、熔丝熔断、引线接触不良，在自动放电或人工放电时，残余电荷不能放完。为确保人身安全，接触故障电容器前，运行或检修人员应戴绝缘手套，用导线将所有电容器两端直接短接放电。

课堂练习

（1）请说明功率因数补偿的原理。

（2）人工功率因数补偿的方式有几种？

(3) 如何计算功率因数补偿的电容量?

(4) 采用电容柜提高功率因数时，如何维护电容柜?

8.3.2　节约用电的具体方式

1. 移相电容器的 作用与结构

移相电容器主要用于提高50Hz电网的功率因数，作为产生无功功率的电源。电力电容器的型号表示如图8-34所示，如电容器型号为BWO.4－14－3，表示并联、十二烷基苯浸渍、全电容纸介质，额定电压0.4kV，标称容量14kvar，户内型三相电容器。

电容器内部结构见图8-35所示，由外壳、电容元件、液体和固体介质、紧固件、引出线和套管等件组成。单相及三相电容器的电容元件均放在外壳（油箱）内，箱盖与外壳焊在一起，上装有引线套管，套管引出线通过出线连接片与元件的极板相连。箱盖的一侧焊有接地片，用于保护接地。在外壳两侧焊有两个搬运用的吊环。

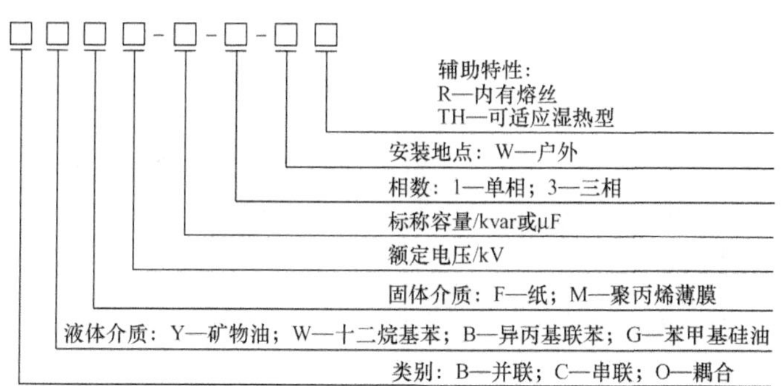

图8-34　电容器的型号含义

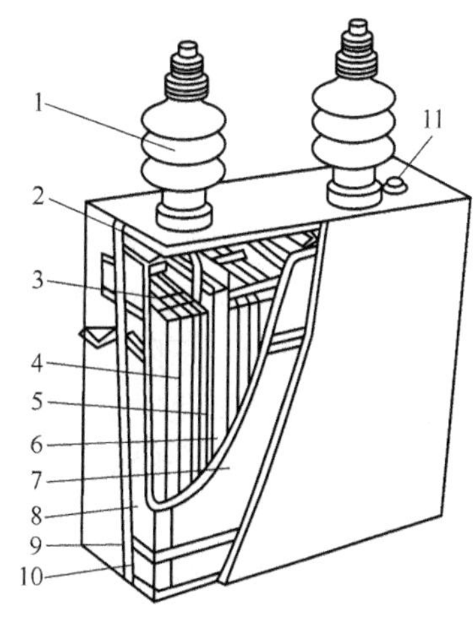

图8-35　电容器的内部结构

1—出线套管　2—出线连接片　3—连接片
4—元件　5—出线连接固定板　6—组间绝缘
7—包封件　8—夹板　9—紧箍
10—外壳　11—封口盖

2. 移相电容器的接线

当单台电容器的额定电压低于电网电压时可串联，串联后电压与电网电压相同。当电容器的额定电压与电网电压相同时，根据容量需要可并联。如条件允许，尽量并联而不采用串联。因并联时，若一台电容器发生故障，其他并联电容器仍可继续运行；串联时一台电容器发生故障，全部电容器必须停止运行。

对串联运行的电容器组，每台电容器电容值应尽量相等，如无法相等，差值应小于10%，否则造成每台电容器所承受的电压不一致，导致三相电压不平衡。串联的电容器接入电网运行时，每台需对地绝缘，绝缘水平应不低于电网的额定电压。

单相电容器组接入三相电网时可采用△或Y联结，但必须满足电容器组的线电压与电网电压相同。

当3个电容为 C 的电容器△联结时，容量为

$$Q_{c,\triangle}=3\omega CU^2$$

式中　U——三相线路的线电压。

3个电容为 C 的电容器接成星形时，容量为

$$Q_{c,\curlyvee}=3\omega CU_{\Phi}^2$$

式中　U_{Φ}——三相线路的相电压。

由于 $U=\sqrt{3}\ U_{\Phi}$，因此 $Q_{c,\triangle}=3Q_{c,\curlyvee}$，这是并联电容器△联结的优点，此时，如任一电容器断路，三相线路仍可无功补偿；用Y联结时，如一相断路时，断线相将失去无功补偿。

3. 电容器的放电

电容器从电源上断开后，因极板上仍蓄有电荷，两极板间仍有电压，电源断开瞬间，即 $t=0$ 时，电压值即电源电压，通过电容器的自由放电，端电压逐渐降低。端电压变化表示为

$$u_t = U_0 e^{-\frac{t}{RC}}$$

式中　u_t——t 时刻电容器的端电压，单位为V；

U_0——电路断开瞬间电源电压，单位为V；

t——放电时间，单位为s；

R——电容器的绝缘电阻，单位为Ω；

C——电容器的电容量，单位为F。

显然，端电压下降的速度取决于时间常数 RC，当电容器绝缘良好，即 R 数值很大时，放电很慢，不能满足安全要求，为快速放电，必须加装放电装置，使电容器断开电源后能迅速放电，保证人员在停电电容器工作时的安全。

电容器通过纯电阻 R 放电时，放电电流是非周期性的单向电流，随放电时间的增加和电容器端电压的降低而减少。

若放电回路存在电感 L，电压和电流随放电时间的变化情况取决于放电回路的参数 R、L 和 C 的数值，放电电流可能是非周期性单向电流，也可能是周期性的振荡电流。这取决于 R 和临界振荡电阻 $2\sqrt{L/C}$ 的数值，当 $R\geqslant 2\sqrt{L/C}$，放电电流为非周期性的单向电流；当 $R<2\sqrt{L/C}$ 时，放电电流为周期性的振荡电流。

（1）对放电电阻的要求　放电电阻的接线必须牢固，为保证电容器停电时能可靠自行放电，放电电阻应直接接在电容器组上，不能装设断路器或熔断器；电容器从电源侧断开放电后，端电压应迅速降低，不论电容器额定电压多少，电容器切断后30s以上，端电压应低于65V；为减少正常运行过程中在放电电阻上的电能损耗，一般规定电网在额定电压时，每千乏电容器放电电阻中的有功损耗小于1W；对额定电压1kV以上的电容器组，可采用电压互感器的一次侧做放电电阻，通常采用两台电压互感器V联结，最好采用三台电压互感器△联结。

对这些情形，可不另行安装放电电阻、电容器或电容器组，直接接在变压器、电动机控制或保护装置内侧，即电容气与电气设备共用一组控制或保护电路，当隔离开关拉开或熔断器断开后，电容器将通过变压器或电动机的绕组自行放电；装在室外柱的电容器组，其电容器安装较高，停电后人体不易触及，放电电阻不易安装，但此种电容器组须有严格的管理制度，尤其停电检修、清扫和检查时，应严格执行安全规程，在悬挂临时接

地线之前，必须进行一次或数次人工放电，直至残余电荷绝大部分放尽，再开始相关工作。

（2）放电电阻的选择　对低压电容器组，选择放电电阻的方式为

$$R \leqslant 15 \times 10^6 \frac{U_{\Phi}^2}{Q_c}$$

式中　R——放电电阻，单位为Ω；

U_{Φ}——电源相电压，单位为kV；

Q_c——电容器组每相容量，单位为kvar。

如此计算出的放电电阻，尚需符合每千乏电能有功损耗不超过1W的要求。一般低压（如400V）电容器组多采用220V的灯泡作为放电电阻，可以将灯泡串联使用。

（3）放电电阻的接线形式　放电电阻有△和Y联结，无论电容器组接成△还是Y联结，放电电阻的△联结比Y联结可靠。如图8-36所示，放电电阻△联结时，当电阻2断线，电容器仍能可靠放电，如电阻2、3同时断线，则 C_2 和 C_3 无法自行放电。当放电电阻Y联结时，如有一个电阻断线，相应的电容器便不能自行放电。

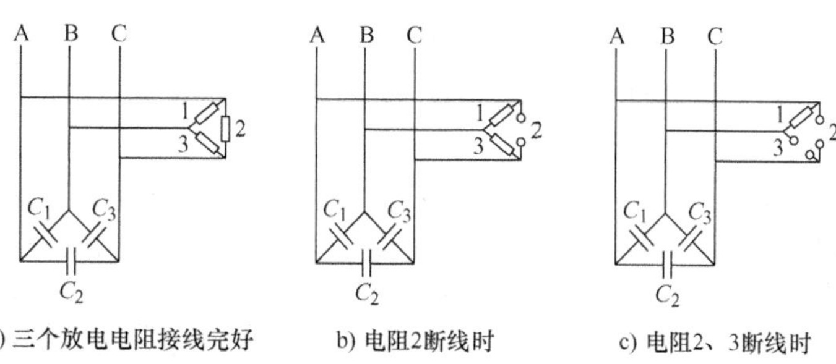

图8-36　电容器组的放电电阻三角形联结

4. 无功功率的补偿

异步电动机、变压器和线路等都要用无功功率建立磁场，是无功功率的主要消耗者。工业企业消耗的无功功率中，异步电动机约占70%，变压器占20%，线路占10%，为提高用户的自然功率因数，应合理选择电动机和变压器的容量，减少线路的感抗，提高用电单位的自然功率因数，如选择电动机的经常负荷不低于额定容量的40%；变压器的负荷率宜在75%～85%，不低于60%。

除发电机是主要无功功率电源外，线路电容也会产生一部分无功功率。但上述无功功率不能满足负荷对无功功率和电网对无功功率的需要，需加装无功补偿设备。

（1）提高功率因数的意义

1）减少线路的有功损耗。线路的有功损耗计算公式为

$$\Delta P = 3I_{30}^2 R \times 10^{-3} = \left(\frac{P_{30}}{U_N \cos\varphi}\right)^2 R \times 10^{-3}$$

式中　U_N——电网电压，单位为V；

R——线路每相电阻，单位为Ω；

P_{30}——线路输送的有功功率（有功计算功率），单位为kW；

$\cos\varphi$——线路负荷的功率因数。

显然，线路有功损耗与功率因数的二次方成反比，功率因数提高后可大幅减少线路的有

功损耗。如功率因数由 0.6 提高到 0.85，线路损耗下降 50% 以上。

2）提高设备利用率。电气设备的视在功率为

$$S=\frac{P}{\cos\varphi}$$

当保持 S 不变，功率因数提高，可多输送有功功率，或 P 不变时，设备安装容量可减少。

（2）提高功率因数的方法

1）提高自然功率因数的方法。供电系统中，异步电动机和变压器是提高自然功率因数的主要对象。异步电动机需要的无功功率大部分用于建立磁场即励磁功率，它主要决定于外加电压，与负荷无关。当电压升高时，励磁功率增加，功率因数下降。异步电动机无负荷运行时，因转速接近同步转速，转差率 $s\to0$，转子电流近似零，定子从电网吸收的电流基本用于建立磁场，功率因数很低。随负荷增加，定子电流的有功分量增加，定子的功率因数也增高，当额定负载时，功率因数为额定值。因此，异步电动机提高自然功率因数主要方法是提高负荷系数。对新安装的电动机，应计算所需的功率和起动转矩。负荷系数要合适，并应合理选择电动机容量。

应尽量缩短无负荷运行的时间，可装设限制器，电动机无负荷运行时自动从电源切除。如允许，一些设备可采用直流电源，如起重机、电焊机等，减少无功功率的需求量。

与异步电动机相似，变压器所需要无功功率大部分是励磁功率，决定于变压器的铁心结构、铁心材料、加工工艺和外加电压，与负荷无关，一般用空载电流占额定电流的百分数表示。当变压器平均负荷低于额定负荷的 30% 时，应考虑更换合适的变压器。

2）提高功率因数的补偿法。采用补偿方法提高功率因数，一般有采用同期调相机、装设移相电容器等。同期调相机就是无负荷运行的同步电动机，在过励磁时，输出感性的无功功率，它与采用移相电容器补偿相比，有功功率的单相损耗较大，具有旋转部分，需专人监护，运行时有噪声。但在短路故障时较为稳定，损坏后可修复继续使用。因其容量较大，一般用于电力系统较大的变电站中，工业企业较少采用。

在工业企业中普遍采用的补偿方法是装设电力电容器，移相电容器优点明显，无旋转部件，不需专人维护管理，安装简单；可自动投切，按需要增减补偿量，有功功率损耗小。移相电容器的无功功率与端电压的二次方成正比，因此电压波动对其影响较大；寿命短，损坏后不易修复；对短路电流的稳定性差；切除后有残留电荷，危及人身安全。

尽管如此，移相电容器还是被广泛用于提高功率因数。

（3）移相电容器的控制　移相电容器组的控制方式分手动投切和自动，对补偿低压基本无功功率的电容器组以及常年稳定的无功功率和投切次数较少的高压电容器组，一般手动投切。为避免过补偿或在轻载时电压过高，造成某些用电设备损坏等，一般自动投切。因高压电容器组采用自动补偿时对电容器组回路中的切换元件要求较高、价格贵、检修困难，当在高、低压自动补偿效果相同时，采用低压自动补偿装置。

附　　录

附表 1　用电设备组的需要系数、二项式系数及功率因数参考表

用电设备组名称	需要系数 K_d	二项式系数		最大容量设备台数 x	$\cos\varphi$	$\tan\varphi$
		b	c			
小批量生产的金属冷加工机床电动机	0.16～0.2	0.14	0.4	5	0.5	1.73
大批量生产的金属冷加工机床电动机	0.18～0.25	0.14	0.5	5	0.5	1.73
小批量生产的金属热加工机床电动机	0.25～0.3	0.24	0.4	5	0.6	1.33
大批量生产的金属热加工机床电动机	0.3～0.35	0.26	0.5	5	0.65	1.17
通风机、水泵、空压机	0.7～0.8	0.65	0.25	5	0.8	0.75
非连锁的连续运输机械及铸造车间整砂机械	0.5～0.6	0.4	0.4	5	0.75	0.88
连锁的连续运输机械及铸造车间整砂机械	0.65～0.7	0.6	0.2	5	0.75	0.88
锅炉房和加工、机修、装配类车间的起重机械（$\varepsilon=25\%$）	0.1～0.15	0.06	0.2	3	0.5	1.73
铸造车间的起重机械（$\varepsilon=25\%$）	0.15～0.25	0.09	0.3	3	0.5	1.73
自动连续装料的电阻炉设备	0.75～0.8	0.7	0.3	2	0.95	0.33
实验室用小型电热设备（电阻炉、干燥箱等）	0.7	0.7	0	—	1.0	0
工频感应炉（未带无功补偿装置）	0.8	—	—	—	0.35	2.68
高频感应炉（未带无功补偿装置）	0.8	—	—	—	0.6	1.33
电弧炉	0.9	—	—	—	0.87	0.57
点焊机、缝焊机	0.35	—	—	—	0.6	1.33
对焊机、铆钉加热机	0.35	—	—	—	0.7	1.02
自动弧焊变压器	0.5	—	—	—	0.4	2.29
单头手动弧焊变压器	0.35	—	—	—	0.35	2.68
多头手动弧焊变压器	0.4	—	—	—	0.35	2.68
单头弧焊电动发电机组	0.35	—	—	—	0.6	1.33
多头弧焊电动发电机组	0.7	—	—	—	0.75	0.88
生产厂房、办公室、阅览室、实验室照明	0.8～1	—	—	—	1.0	0
变配电所、仓库照明	0.5～0.7	—	—	—	1.0	0
生活区宿舍照明	0.6～0.8	—	—	—	1.0	0
室外照明、应急照明	1	—	—	—	1.0	0

附表 2　部分工厂的需要系数、功率因数及最大功率负荷利用小时参考值

工厂类别	需要系数 K_d	功率因数 $\cos\varphi$	年最大有功负荷利用小时 T_{max}
汽轮机制造厂	0.38	0.88	5000
锅炉制造厂	0.27	0.73	4500

（续）

工厂类别	需要系数 K_d	功率因数 $\cos\varphi$	年最大有功负荷利用小时 T_{max}
柴油机制造厂	0.32	0.74	4500
重型机械制造厂	0.35	0.79	3700
机床制造厂	0.2	0.65	3200
石油机械制造厂	0.45	0.78	3500
量具刃具制造厂	0.26	0.60	3800
工具制造厂	0.34	0.65	3800
电机制造厂	0.33	0.65	3000
电器开关制造厂	0.35	0.75	3400
电线电缆制造厂	0.35	0.73	3500
仪器仪表制造厂	0.37	0.81	3500
轴承制造厂	0.28	0.70	5800

附表 3　绝缘导线芯数的最小截面积

线路类别			芯数最小截面积/mm^2		
			铜芯软线	铜芯线	铝芯线
照明用灯头引下线	室内		0.5	1.0	2.5
	室外		1.0	1.0	2.5
移动式设备线路	生活用		0.75	—	—
	生产用		1.0	—	—
敷设在绝缘支持件上的绝缘导线（L 为支持点间距）	室内	$L\leqslant 2m$	—	1.0	2.5
	室外	$L\leqslant 2m$	—	1.5	2.5
		$2m < L\leqslant 6m$	—	2.5	4
		$6m < L\leqslant 15m$	—	4	6
		$15m < L\leqslant 25m$	—	6	10
穿管敷设的绝缘导线			1.0	1.0	2.5
沿墙敷设的塑料护套线			—	1.0	2.5
板孔穿线敷设的绝缘导线			—	1.0	2.5
PE 线和 PEN 线	有机械保护时		—	1.5	2.5
	无机械保护时	多芯线	—	2.5	4
		单芯干线	—	10	16

注：根据 GB 50096—2011 规定，住宅导线应采用铜芯绝缘线，每套住宅进户线截面积≥$10mm^2$，分支回路导线截面积≥$2.5mm^2$。

附表 4　LJ 型铝绞线和 LGJ 型钢铝绞线的允许载流量

导线截面积/mm^2	LJ 型铝绞线				LGJ 型钢铝绞线			
	环境温度/℃				环境温度/℃			
	25	30	35	40	25	30	35	40
10	75	70	66	61	—	—	—	—
16	105	99	92	85	105	98	92	85
25	135	127	119	109	135	127	119	109
35	170	160	150	138	170	159	149	137
50	215	202	189	174	220	207	193	178
70	265	249	233	215	275	259	228	222

（续）

导线截面积/mm²	LJ 型铝绞线 环境温度/℃				LGJ 型钢铝绞线 环境温度/℃			
	25	30	35	40	25	30	35	40
95	325	305	286	247	335	315	295	272
120	375	352	330	304	380	357	335	307
150	440	414	387	356	445	418	391	360
185	500	470	440	405	515	484	453	416
240	610	574	536	494	610	574	536	494
300	680	640	597	550	700	658	615	566

附表 5　LMY 型矩形硬铝母线的允许载流量

每相母线条数		1 条		2 条		3 条		4 条	
母线放置方式		平放	竖放	平放	竖放	平放	竖放	平放	竖放
母线尺寸/mm（宽×厚）	40×5	480	503	—	—	—	—	—	—
	40×5	542	562	—	—	—	—	—	—
	50×4	586	613	—	—	—	—	—	—
	50×5	661	692	—	—	—	—	—	—
	63×6.3	910	952	1499	1547	1866	2111	—	—
	68×8	1038	1085	1623	1777	2113	2379	—	—
	68×10	1168	1221	1825	1994	2381	2665	—	—
	80×6.3	1128	1178	1724	1892	2211	2505	2558	3411
	80×8	1274	1330	1946	2131	2491	2809	2863	3817
	80×10	1427	1490	2175	2373	2774	3114	3167	4222
	100×6.3	1371	1430	2054	2253	2633	2985	3032	4043
	100×8	1542	1609	2298	2516	2933	3311	3359	4479
	100×10	1728	1803	2558	2796	3181	3578	3622	4829
	125×6.3	1674	1744	2446	2680	2079	3490	3525	4700
	125×8	1876	1955	2725	2982	3375	3813	3847	5129
	125×10	2089	2177	3005	3282	3725	4194	4225	5633

注：1. 本表载流量是按照导体最高允许工作温度 70℃、环境温度 25℃、无风、无日照条件下计算的结果，如果环境温度不是 25℃，需要考虑以下的校正系数：1.05（20℃），0.94（30℃），0.88（35℃），0.81（40℃），0.74（45℃），0.67（50℃）。

2. 当母线为 4 条时，平放和竖放时第 2、3 条间的间距为 50mm。

附表 6　油浸纸绝缘电力电缆的允许载流量

电缆型号	ZLQ、ZLL			ZLQ20、ZLQ30、ZLQ12、ZLL30			ZLQ2、ZLQ3、ZLQ5、ZLL12、ZLL13		
电缆额定电压/kV	1~3	6	10	1~3	6	10	1~3	6	10
最高允许温度/℃	80	65	60	80	65	60	80	65	60
芯数×截面积/mm²	敷设于 25℃空气中						敷设于 15℃土壤中		
3×2.5	22	—	—	24	—	—	30	—	—
3×4	28	—	—	32	—	—	39	—	—
3×6	35	—	—	40	—	—	50	—	—
3×10	48	43	—	55	48	—	67	61	—
3×16	65	55	55	70	65	60	88	78	73
3×25	85	75	70	95	85	80	114	104	100

（续）

芯数×截面积/mm²	敷设于25℃空气中						敷设于15℃土壤中		
3×35	105	90	85	115	100	95	141	123	118
3×50	130	115	105	145	125	120	174	151	147
3×70	160	135	130	180	155	145	212	186	170
3×95	195	170	160	220	190	180	256	230	209
3×120	225	195	185	255	220	206	289	257	243
3×150	265	225	210	300	255	235	332	291	277
3×180	305	260	245	345	295	270	376	330	310
3×240	365	310	290	410	345	325	440	386	367

附表7　聚氯乙烯绝缘及护套电力电缆允许载流量

电缆额定电压/kV	1				6			
最高允许温度/℃	65							
线芯材料	铝	铜	铝	铜	铝	铜	铝	铜
芯数×截面积/mm²	15℃地中直埋		敷设于25℃空气中		15℃地中直埋		敷设于25℃空气中	
3×2.5	25		32		16		20	
3×4	33		42		22		28	
3×6	42		54		29		37	
3×10	69		73		50		51	
3×16	95		96		73		68	
3×25	119		127		95		92	
3×35	149		155		116		112	
3×50	184		182		148		139	
3×70	230		236		175		174	
3×95	268		287		215		212	
3×120	304		394		250		246	
3×150	350		364		288		290	
3×180	396		407		337		331	
3×240	465		465		368		394	

附表8　交联聚氯乙烯绝缘护套电力电缆允许载流量

电缆额定电压/kV	1（3～4芯）				10（3芯）			
最高允许温度/℃	90							
线芯材料	铝	铜	铝	铜	铝	铜	铝	铜
芯数×截面积/mm²	15℃地中直埋的载流量		敷设于25℃空气中的载流量		15℃地中直埋的载流量		敷设于25℃空气中的载流量	
3×16	99	128	77	105	102	131	94	121
3×25	128	167	105	140	130	168	123	158
3×35	150	200	125	170	155	200	147	190
3×50	188	239	155	205	188	241	180	231
3×70	222	299	195	260	224	289	218	280
3×95	266	350	235	320	266	341	261	335
3×120	305	400	280	370	302	386	303	388
3×150	344	450	320	430	342	437	347	445
3×180	389	511	370	490	382	490	394	504
3×240	455	588	440	580	440	559	461	587

附表 9　BLX 型和 BLV 型铝芯绝缘导线明敷时的允许载流量

线芯截面积/mm²	BLX 型铝芯橡皮线在各种环境温度下的载流量/A				BLV 型铝芯塑料线在各种环境温度下的载流量/A			
	25℃	30℃	35℃	40℃	25℃	30℃	35℃	40℃
2.5	27	25	23	21	25	23	21	19
4	35	32	30	27	32	29	27	25
6	45	42	38	35	42	39	36	33
10	65	60	56	51	59	55	51	46
16	85	79	73	67	80	74	69	63
25	110	102	95	87	105	98	90	83
35	138	129	119	109	130	121	112	102
50	175	163	151	138	165	154	142	130
70	220	206	190	174	205	191	177	162
95	265	247	229	209	250	233	216	197
120	310	280	268	245	283	266	246	225
150	360	336	311	284	325	303	281	257
185	420	392	363	332	380	355	328	300
240	510	476	441	403	—	—	—	—

注：BX 型和 BV 型铜芯绝缘导线的允许载流量约为同截面积的 BLX 型和 BLV 型铝芯绝缘导线允许载流量的 1.3 倍。

附表 10　铜芯导线明敷的允许载流量　　（单位：A）

线芯截面积/mm²	橡皮绝缘线				塑料绝缘线			
	25℃	30℃	35℃	40℃	25℃	30℃	35℃	40℃
2.5	35	32	30	27	32	30	27	25
4	45	41	39	35	41	37	35	32
6	58	54	49	45	54	50	46	43
10	84	77	72	66	76	71	66	59
16	110	102	94	86	103	95	89	81
25	142	132	123	112	135	126	116	107
35	178	166	154	141	168	156	144	132
50	226	210	195	178	213	199	183	168
70	284	266	245	224	264	246	228	209
95	342	319	295	270	323	301	279	254
120	400	361	346	316	365	343	317	290
150	464	433	401	366	419	391	362	332
185	540	506	468	428	490	458	423	387
240	660	615	570	520	—	—	—	—

附表 11　BLX 型和 BLV 型铝芯绝缘导线穿钢管时的允许载流量　　（单位：A）

导线型号	线芯截面积/mm²	2 根单芯线 环境温度/℃				2 根穿管管径/mm		3 根单芯线 环境温度/℃				3 根穿管管径/mm		4～5 根单芯线 环境温度/℃			
		25	30	35	40	G	DG	25	30	35	40	G	DG	25	30	35	40
BLX	2.5	21	19	18	16	15	—	19	17	16	15	15	—	16	14	13	12
	4	28	26	24	22	20	—	25	23	21	19	20	—	23	21	19	18
	6	37	34	32	29	20	—	34	31	29	26	20	—	30	28	25	23
	10	52	48	44	41	25	20	46	43	39	36	25	20	40	37	34	31

（续）

导线型号	线芯截面积/mm²	2 根单芯线 环境温度/℃				2 根穿管管径/mm		3 根单芯线 环境温度/℃				3 根穿管管径/mm		4～5 根单芯线 环境温度/℃			
		25	30	35	40	G	DG	25	30	35	40	G	DG	25	30	35	40
BLX	16	66	61	57	52	25	25	59	55	51	46	32	25	52	48	44	41
	25	86	80	74	68	32	—	76	71	65	60	32	25	68	63	58	53
	35	106	99	91	89	32	25	94	87	81	74	32	32	83	77	71	65
	50	133	124	115	105	40	32	118	110	102	93	50	32	105	98	90	83
	70	164	154	142	130	50	32	150	140	129	118	50	40	133	124	115	105
	95	200	187	173	158	70	40	180	168	155	142	70	(50)	160	149	138	126
	120	230	215	198	181	70	40	210	196	181	166	70	(50)	190	177	164	150
	150	260	243	224	205	70	—	240	224	207	189	70	—	220	205	190	174
	185	295	275	255	233	80	—	270	252	233	213	80	—	250	233	216	197
BLV	2.5	20	18	17	15	15	—	18	16	15	14	15	—	15	14	12	11
	4	27	25	23	21	15	15	24	22	20	18	15	—	22	20	19	17
	6	35	32	30	27	15	15	32	29	27	25	15	15	28	26	24	22
	10	49	45	42	38	20	20	44	41	38	34	20	15	38	35	32	30
	16	63	58	54	49	25	25	56	52	48	44	25	20	50	46	43	39
	25	80	74	69	63	25	25	70	65	60	55	32	25	65	60	56	51
	35	100	93	86	79	32	32	90	84	77	71	32	32	80	74	69	63
	50	125	116	108	98	40	40	110	102	95	87	40	32	100	93	86	79
	70	155	144	134	122	50	50	143	133	123	113	40	40	127	118	109	100
	95	190	177	164	150	50	50	170	158	147	134	50	—	152	142	131	120
	120	220	205	190	174	50	—	195	182	168	154	50	—	172	160	148	136
	150	250	233	216	197	70	—	225	210	194	177	70	—	200	187	173	158
	185	285	266	246	225	70	—	255	238	220	201	70	—	230	215	198	181

注：1. 表中的穿线管 G 为焊接钢管，管径按照内径计；DG 为电线管，管径按照外径计。

2. 表中数据作为学习时的参考，具体的技术参数及条件以查阅手册为准。

附表 12　BLX 型和 BLV 型铝芯绝缘导线穿硬管时的允许载流量　　（单位：A）

导线型号	线芯截面积/mm²	2 根单芯线 环境温度/℃				2 根穿管管径/mm	3 根单芯线 环境温度/℃				3 根穿管管径/mm	4～5 根单芯线 环境温度/℃			
		25	30	25	40		25	30	25	40		25	30	25	40
BLX	2.5	19	17	16	15	15	17	15	14	13	15	15	14	12	11
	4	25	23	21	19	20	23	21	19	18	20	20	18	17	15
	6	33	30	28	26	20	29	27	25	22	20	26	24	22	20
	10	44	41	38	34	25	40	37	34	31	25	35	32	30	27
	16	58	54	50	45	32	52	48	44	41	32	46	43	39	36
	25	77	71	66	60	32	68	63	58	53	32	60	56	51	47
	35	95	88	82	75	40	84	78	72	66	40	74	69	64	58
	50	120	112	103	94	40	108	100	93	85	50	95	88	82	75
	70	153	143	132	121	50	135	126	116	106	50	120	112	103	94
	95	184	172	159	145	50	165	154	142	130	65	150	140	129	118
	120	210	196	181	166	65	190	177	164	150	65	170	158	147	134
	150	250	233	216	197	65	227	212	196	179	75	205	191	177	162
	185	282	263	243	223	80	255	238	220	201	80	232	216	200	183

（续）

导线型号	线芯截面积/mm²	2根单芯线 环境温度/℃				2根穿管管径/mm	3根单芯线 环境温度/℃				3根穿管管径/mm	4～5根单芯线 环境温度/℃			
		25	30	25	40		25	30	25	40		25	30	25	40
BLV	2.5	18	16	15	14	15	16	14	13	12	15	14	13	12	11
	4	24	22	20	18	20	22	20	19	17	20	19	17	16	15
	6	31	28	26	24	20	27	25	23	21	20	25	23	21	19
	10	42	39	36	33	25	38	35	32	30	25	33	30	28	26
	16	55	51	47	43	32	49	45	42	38	32	44	41	38	34
	25	73	68	63	57	32	65	60	56	51	40	57	53	49	45
	35	90	84	77	90	40	80	74	69	63	40	70	65	60	55
	50	114	106	98	114	50	102	95	88	80	50	90	84	77	71
	70	145	135	125	138	50	130	121	112	102	50	115	107	99	90
	95	175	163	151	158	65	158	147	136	124	65	140	130	121	110
	120	206	187	173	181	65	180	168	155	142	65	160	149	138	126
	150	230	215	198	209	75	207	193	179	163	75	185	172	160	146
	185	265	247	229	—	75	235	219	203	185	75	212	198	183	167

附表13　矩形母线竖放置的允许载流量（环境温度25℃，最高允许温度70℃）

母线尺寸，（宽/mm）×（厚/mm）	铜母线（TMY）载流量 每相的铜排数			铝母线（LMY）载流量 每相的铝排数		
	1	2	3	1	2	3
15×3	210	—	—	165	—	—
20×3	275	—	—	215	—	—
25×3	340	—	—	265	—	—
30×4	475	—	—	365	—	—
40×4	625	—	—	480	—	—
50×4	700	—	—	540	—	—
50×5	860	—	—	665	—	—
50×6	955	—	—	740	—	—
60×6	1125	1740	2240	870	1355	1720
80×6	1480	2110	2720	1150	1630	2100
100×6	1810	2470	3170	1425	1935	2500
60×8	1320	2160	2790	1245	1680	2180
80×8	1690	2620	3370	1320	2040	2620
100×8	2080	3060	3930	1625	2390	3050
120×8	2400	3400	4340	1900	2650	3380
60×10	1475	2560	3300	1155	2010	2650
80×10	1900	3100	3990	1480	2410	3100
100×10	2310	3610	4650	1820	2860	3650
120×10	1650	4100	5200	2070	3200	4100

附表14　爆炸性粉尘环境区域的划分和代号

代号	爆炸性粉尘环境特征
0区	正常情况下形成爆炸性混合物（气体或爆炸性）的爆炸危险场所
1区	在不正常情况下能形成爆炸性混合物的爆炸危险场所
2区	在不正常情况下能形成爆炸性混合物不可能性较小的爆炸危险场所
10区	在正常情况下能形成粉尘或纤维性混合物的爆炸危险场所
11区	在不正常情况下能形成粉尘或纤维性混合物的爆炸危险场所
21区	在生产（使用、加工储存、转运）过程中，闪点高于环境温度的可燃液体易引起火灾的场所
22区	在生产过程中，粉尘或纤维可燃物不可能爆炸但可引起火灾危险的场所

附表 15　S11－M 系列 6～10kV 铜绕组全封闭低损耗电力变压器技术数据

<table>
<tr><th rowspan="2">本系列
具体型号</th><th colspan="2">额定电压/kV</th><th rowspan="2">联结组别</th><th rowspan="2">无负荷
损耗/kW</th><th rowspan="2">负荷损耗/kW</th><th rowspan="2">短路损
耗率（%）</th><th rowspan="2">无负荷
损耗率（%）</th></tr>
<tr><th>高压及分接范围</th><th>低压</th></tr>
<tr><td>M11－M30</td><td rowspan="20">6
6.3
10.5
11±5%
或
±2×2.2%</td><td rowspan="20">0.4</td><td rowspan="20">Yyn0
Dyn11</td><td>0.10</td><td>0.60/0.63</td><td rowspan="12">4</td><td>1.5</td></tr>
<tr><td>M11－M50</td><td>0.13</td><td>0.87/0.91</td><td>1.4</td></tr>
<tr><td>M11－M63</td><td>0.15</td><td>1.04/0.109</td><td>1.3</td></tr>
<tr><td>M11－M80</td><td>0.18</td><td>1.25/0.131</td><td>1.2</td></tr>
<tr><td>M11－M100</td><td>0.20</td><td>1.50/1.58</td><td>1.1</td></tr>
<tr><td>M11－M125</td><td>0.24</td><td>1.80/1.89</td><td>1.0</td></tr>
<tr><td>M11－M160</td><td>0.28</td><td>2.20/2.31</td><td>1.0</td></tr>
<tr><td>M11－M200</td><td>0.34</td><td>2.60/2.73</td><td>0.9</td></tr>
<tr><td>M11－M250</td><td>0.40</td><td>3.05/3.20</td><td>0.8</td></tr>
<tr><td>M11－M315</td><td>0.48</td><td>3.65/3.83</td><td>0.8</td></tr>
<tr><td>M11－M400</td><td>0.57</td><td>4.30/4.52</td><td>0.7</td></tr>
<tr><td>M11－M500</td><td>0.68</td><td>5.15/5.41</td><td>0.7</td></tr>
<tr><td>M11－M630</td><td>0.81</td><td>6.20</td><td rowspan="7">4.5</td><td>0.6</td></tr>
<tr><td>M11－M800</td><td>0.98</td><td>7.50</td><td>0.6</td></tr>
<tr><td>M11－M1000</td><td>1.15</td><td>10.30</td><td>0.5</td></tr>
<tr><td>M11－M1250</td><td>1.36</td><td>12.00</td><td>0.4</td></tr>
<tr><td>M11－M1600</td><td>1.64</td><td>14.50</td><td>0.4</td></tr>
<tr><td>M11－M2000</td><td>2.10</td><td>16.50</td><td>0.32</td></tr>
<tr><td>M11－M2500</td><td>2.50</td><td>19.30</td><td>5.0</td><td>0.32</td></tr>
</table>

附表 16　常用高压断路器的技术参数

<table>
<tr><th>类别</th><th>型号</th><th>额定
电压/kV</th><th>额定
电流/A</th><th>分断
电流/kA</th><th>断流
容量
/MV·A</th><th>动态稳
定电流
峰值/kA</th><th>热稳定
电流/kA</th><th>固有分闸
时间/s</th><th>合闸
时间/s</th></tr>
<tr><td rowspan="2">少油户外</td><td>SW2－35/1000</td><td rowspan="2">35</td><td>1000</td><td>16.5</td><td>1000</td><td>45</td><td>16.5（4s）</td><td rowspan="2">≤0.06</td><td rowspan="2">≤0.4</td></tr>
<tr><td>SW2－35/1500</td><td>1500</td><td>24.8</td><td>1500</td><td>63.5</td><td>24.8（4s）</td></tr>
<tr><td rowspan="6">少油户内</td><td>SN10－35I</td><td rowspan="2">35</td><td>1000</td><td>16</td><td>1000</td><td>45</td><td>16（4s）</td><td rowspan="2">≤0.06</td><td>≤0.2</td></tr>
<tr><td>SN10－35II</td><td>1250</td><td>20</td><td>1000</td><td>50</td><td>20（4s）</td><td>≤0.25</td></tr>
<tr><td>SN10－10I</td><td rowspan="4">10</td><td>630</td><td>16</td><td>300</td><td>40</td><td>16（4s）</td><td rowspan="2">≤0.06</td><td>≤0.15</td></tr>
<tr><td rowspan="2">SN10－10II</td><td>1000</td><td>16</td><td>300</td><td>40</td><td>16（4s）</td><td>≤0.2</td></tr>
<tr><td>1000</td><td>31.5</td><td>500</td><td>80</td><td>31.5（4s）</td><td>0.06</td><td>0.2</td></tr>
<tr><td>SN10－10III</td><td>1250</td><td>40</td><td>750</td><td>125</td><td>40（4s）</td><td>0.07</td><td>0.075</td></tr>
<tr><td rowspan="9">真空户内</td><td>ZN23－35</td><td>35</td><td>1600</td><td>25</td><td>—</td><td>63</td><td>25（4s）</td><td>0.06</td><td>0.15</td></tr>
<tr><td>ZN3－10I</td><td rowspan="8">10</td><td>600</td><td>8</td><td>—</td><td>20</td><td>8（4s）</td><td>0.07</td><td>0.1</td></tr>
<tr><td>ZN3－10II</td><td>1000</td><td>20</td><td>—</td><td>50</td><td>20（20s）</td><td rowspan="5">0.05</td><td rowspan="2">0.2</td></tr>
<tr><td>ZN4－10/1000</td><td>1000</td><td>17.3</td><td>—</td><td>44</td><td>17（4s）</td></tr>
<tr><td>ZN4－10/1250</td><td>1250</td><td rowspan="3">20</td><td>—</td><td rowspan="3">50</td><td rowspan="3">20（2s）</td><td rowspan="5">0.1</td></tr>
<tr><td>ZN5－10/630</td><td>630</td><td>—</td></tr>
<tr><td>ZN5－10/1000</td><td>1000</td><td>—</td></tr>
<tr><td>ZN5－10/1250</td><td>1250</td><td rowspan="2">25</td><td>—</td><td rowspan="2">63</td><td>25（2s）</td><td rowspan="2">0.06</td></tr>
<tr><td>ZN12－10/1250</td><td>1250</td><td>—</td><td>25（4s）</td></tr>
</table>

（续）

类别	型号	额定电压/kV	额定电流/A	分断电流/kA	断流容量/MV·A	动态稳定电流峰值/kA	热稳定电流/kA	固有分闸时间/s	合闸时间/s
真空户内	ZN12－10/2000	10	2000	25	—	63	25（4s）	0.06	0.1
	ZN12－10/1250		1250	31.5	—	80	31.5（4s）		
	ZN12－10/2000		2000		—				
	ZN12－10/2500		2500	40	—	100	40（4s）		
	ZN12－10/3150		3150		—				
	ZN24－10/1250－20		1250	20	—	50	20（4s）		
	ZN24－10/1250		1250	31.5	—	80	31.5（4s）		
	ZN24－10/2000		2000		—				

附表 17　S9 系列 6～10kV 级铜绕组低损耗电力变压器技术参数

额定容量/V·A	额定电压/kV		联结组别	无负荷损耗/W	负荷损耗/W	阻抗电压（%）	无负荷电流（%）
	一次	二次					
30	10.5，6.3	0.4	Yyn0	130	600	4	2.1
50	10.5，6.3	0.4	Yyn0	170	870		2.0
63	10.5，6.3	0.4	Yyn0	200	1040		1.9
80	10.5，6.3	0.4	Yyn0	240	1250		1.8
100	10.5，6.3	0.4	Yyn0	290	1500		1.6
		0.4	Dyn11	300	1470		4.0
125	10.5，6.3	0.4	Yyn0	340	1800		1.5
		0.4	Dyn11	360	1720		4.0
160	10.5，6.3	0.4	Yyn0	400	2200		1.4
		0.4	Dyn11	430	2100		3.5
200	10.5，6.3	0.4	Yyn0	480	2600		1.3
		0.4	Dyn11	500	2500		3.5
250	10.5，6.3	0.4	Yyn0	560	3050		1.2
		0.4	Dyn11	600	2900		3.0
315	10.5，6.3	0.4	Yyn0	670	2650		1.1
		0.4	Dyn11	720	3450		1.0
400	10.5，6.3	0.4	Yyn0	800	4300		3.0
		0.4	Dyn11	870	4200		1.0
500	10.5，6.3	0.4	Yyn0	960	5100		3.0
		0.4	Dyn11	1030	4950		1.0
630	10.5，6.3	0.4	Yyn0	1200	6200	4.5	0.9
		0.4	Dyn11	1300	5800	5	1.0
800	10.5，6.3	0.4	Yyn0	1400	7500	4.5	0.8
		0.4	Dyn11	1400	7500	5	2.5
1000	10.5，6.3	0.4	Yyn0	1700	10300	4.5	0.7
		0.4	Dyn11	1700	9200	5	1.7
1250	10.5，6.3	0.4	Yyn0	1950	12000	4.5	0.6
		0.4	Dyn11	2000	11000	5	2.5
1600	10.5，6.3	0.4	Yyn0	2400	14500	4.5	0.6
		0.4	Dyn11	2400	14000	6	2.5

参 考 文 献

[1] 黄伟．供配电技术及成套设备［M］．北京：国防工业出版社，2016.
[2] 关大陆，张晓娟．工厂供电［M］．北京：清华大学出版社，2006.
[3] 包晓军，林朝明，肖方顺．供配电实用技术1000问［M］．北京：中国电力出版社，2015.
[4] 孙琴梅．工厂供配电技术［M］．北京：化学工业出版社，2010.
[5] 方建华，陈志文．工厂供配电技术［M］．北京：人民邮电出版社，2010.
[6] 张琴．工厂供配电技术［M］．北京：电子工业出版社，2010.
[7] 高宇，孙成普．工厂供电技术［M］．北京：中国电力出版社，2009.
[8] 刘燕．供配电技术［M］．西安：西安电子科技大学出版社，2007.
[9] 刘介才．供配电技术［M］．3版．北京：机械工业出版社，2014.
[10] 黄绍平．成套电气技术［M］．北京：机械工业出版社，2005.
[11] 陈小虎．工厂供电技术［M］．北京：高等教育出版社，2006.
[12] 田淑珍．工厂供配电技术及技能训练［M］．3版．北京：机械工业出版社，2018.
[13] 曹蒙周．电气设备故障诊断及检修［M］．北京：中国电力出版社，2013.
[14] 汤继东．中低压电气设计与电气成套技术［M］．北京：机械工业出版社，2012.
[15] 唐志平．供配电技术［M］．北京：电子工业出版社，2013.
[16] 黄绍平，金国彬，李玲．成套开关设备实用技术［M］．北京：机械工业出版社，2008.
[17] 黄伟．机电设备维护与管理［M］．北京：机械工业出版社，2018.
[18] 王秀和．电机学［M］．北京：机械工业出版社，2017.